주기율표

atomic number **Symbol** **name** standard atomic weight

1	2	3	4	5	6	7	8	9
1 **H** hydrogen [1.007, 1.009]								
3 **Li** lithium [6.938, 6.997]	4 **Be** beryllium 9.012							
11 **Na** sodium 22.99	12 **Mg** magnesium [24.30, 24.31]							
19 **K** potassium 39.10	20 **Ca** calcium 40.08	21 **Sc** scandium 44.96	22 **Ti** titanium 47.87	23 **V** vanadium 50.94	24 **Cr** chromium 52.00	25 **Mn** manganese 54.94	26 **Fe** iron 55.85	27 **Co** cobalt 58.93
37 **Rb** rubidium 85.47	38 **Sr** strontium 87.62	39 **Y** yttrium 88.91	40 **Zr** zirconium 91.22	41 **Nb** niobium 92.91	42 **Mo** molybdenum 95.95	43 **Tc** technetium	44 **Ru** ruthenium 101.1	45 **Rh** rhodiur 102.9
55 **Cs** caesium 132.9	56 **Ba** barium 137.3	57-71 lanthanoids	72 **Hf** hafnium 178.5	73 **Ta** tantalum 180.9	74 **W** tungsten 183.8	75 **Re** rhenium 186.2	76 **Os** osmium 190.2	77 **Ir** iridiur 192.2
87 **Fr** francium	88 **Ra** radium	89-103 actinoids	104 **Rf** rutherfordium	105 **Db** dubnium	106 **Sg** seaborgium	107 **Bh** bohrium	108 **Hs** hassium	109 **Mt** meitneri

Lathanides	57 **La** lanthanum 138.9	58 **Ce** cerium 140.1	59 **Pr** praseodymium 140.9	60 **Nd** neodymium 144.2	61 **Pm** promethium	62 **Sm** samariu 150.4
Actinides	89 **Ac** actinium	90 **Th** thorium 232.0	91 **Pa** protactinium 231.0	92 **U** uranium 238.0	93 **Np** neptunium	94 **Pu** plutoniu

10	11	12	13	14	15	16	17	18
								2 **He** helium 4.003
			5 **B** boron [10.80, 10.83]	6 **C** carbon [12.00, 12.02]	7 **N** nitrogen [14.00, 14.01]	8 **O** oxygen [15.99, 16.00]	9 **F** fluorine 19.00	10 **Ne** neon 20.18
			13 **Al** aluminium 26.98	14 **Si** silicon [28.08, 28.09]	15 **P** phosphorus 30.97	16 **S** sulfur [32.05, 32.08]	17 **Cl** chlorine [35.44, 35.46]	18 **Ar** argon 39.95
28 **Ni** nickel 58.69	29 **Cu** copper 63.55	30 **zn** zinc 65.38(2)	31 **Ga** gallium 69.72	32 **Ge** germanium 72.63	33 **As** arsenic 74.92	34 **Se** selenium 78.97	35 **Br** bromine [79.90, 79.91]	36 **Kr** krypton 83.80
46 **Pd** alladium 106.4	47 **Ag** silver 107.9	48 **Cd** cadmium 112.4	49 **In** indium 114.8	50 **Sn** tin 118.7	51 **Sb** antimony 121.8	52 **Te** tellurium 127.6	53 **I** iodine 126.9	54 **Xe** xenon 131.3
78 **Pt** olatinum 195.1	79 **Au** gold 197.0	80 **Hg** mercury 200.6	81 **Tl** thallium [204.3, 204.4]	82 **Pb** lead 207.2	83 **Bi** bismuth 209.0	84 **Po** polonium	85 **At** astatine	86 **Rn** radon
110 **Ds** mstadtium	111 **Rg** roentgenium	112 **Cn** copernicium	113 **Uut** ununtrium	114 **Fl** flerovium	115 **Uup** ununpentium	116 **Lv** livermorium	117 **Uus** ununseptium	118 **Uuo** ununoctium

63 **Eu** uropium 152.0	64 **Gd** gadolinium 157.3	65 **Tb** terbium 158.9	66 **Dy** dysprosium 162.5	67 **Ho** holmium 164.9	68 **Er** erbium 167.3	69 **Tm** thulium 168.9	70 **Yb** ytterbium 173.0	71 **Lu** lutetium 175.0
95 **Am** nericium	96 **Cm** curium	97 **Bk** berkelium	98 **Cf** californium	99 **Es** einsteinium	100 **Fm** fermium	101 **Md** mendelevium	102 **No** nobelium	103 **Lr** lawrencium

General Chemistry

자연계 / 의학계열을 위한

NEW 일반화학

공학박사 / 기술사

허윤행 / 이강윤 / 강윤진 / 남진식/ 도성탁

이정선 / 정무상 / 조수준 / 황성규

지구문화사

JIGU PUBLISHING Co.

머리말

화학은 물질에 대한 과학으로서 물질의 성질, 조성, 구조 및 상호간의 작용과 변화를 연구하는 학문이다.

특히 화학은 자연과학과 산업기술을 비롯하여 의학, 공학, 농학, 지질학, 기계금속학, 식품학 등과 같은 분야에서 기본적인 기초과학으로서 다뤄지고 있으며 근대에 이르러 필수불가결한 학문이 된 이래 오늘날에는 세계 각국의 고등교육기관에서 교양과목으로 가르치는 등 그 중요성이 더욱 강조되고 있다.

그러나 화학은 기초가 없이는 이해하기 어려운 학문이다.

따라서 이 책은 효과적인 화학교육을 위하여 단계적으로 화학을 이해할 수 있도록 구성하였다. 특히, 공과대학, 이과대학은 물론 의학, 공학, 섬유, 환경, 식품, 가정학 등에서 한 학기에 화학의 기초를 익히도록 그 양과 질적인 측면을 고려하였다.

이 책을 구성하면서 Steven S. Zumdal, John Mcmurry, Robert C. Fay 교수의 "CHEMISTRY"의 내용체계를 참고하였다. 애초에 목적했던 바가 이뤄질 수 있도록 열과 성을 다하였으나, 미숙한 점이 남아 있으리라고 생각된다. 이 점에 대해서는 앞으로 기회가 되는 대로 보완할 것을 약속하면서 아낌없는 지도와 격려를 부탁드린다.

본 교재를 엮으면서, 전문용어인 화학술어 및 물질명 등은 대한화학회에서 제정한 화학술어집을 따랐으니, 참조해 주시기 바란다.

끝으로 이 책이 화학의 이해와 전공분야 연구에 대한 기초를 닦는 데 도움이 되기를 기대하면서 이 책이 출간되기까지 힘써 주신 지구문화사 주병오 사장님께 깊은 사의를 표한다.

무술년 원단

필 자

차례

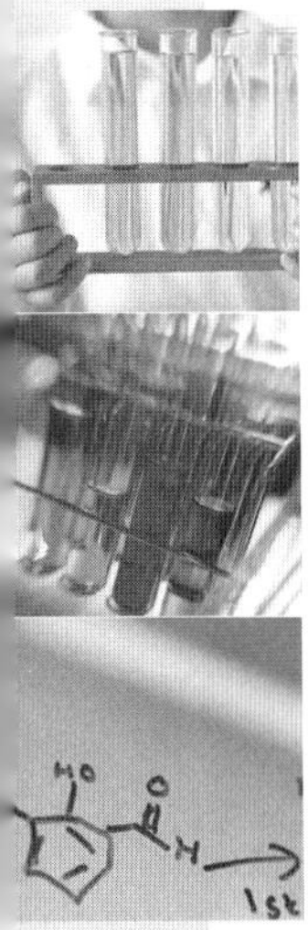

CONTENTS

제 4 장 화학식과 화학반응식

제 5 장 현대 원자이론

제 6 장 화학결합

차례

제 10 장 기체법칙

제 11 장 원소의 주기율

제 12 장 화학평형

제 13 장 화학 열역학

차례

제 17 장 환경과 화학

NEW 일반화학

General Chemistry

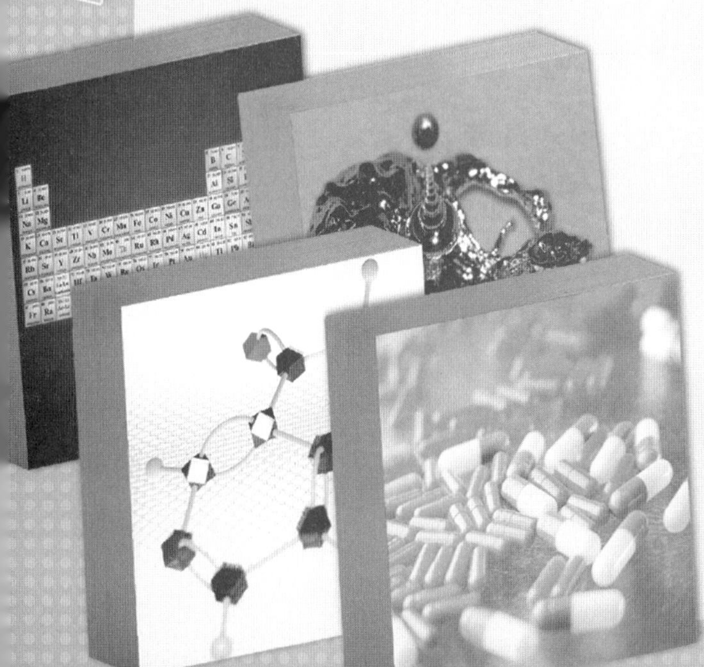

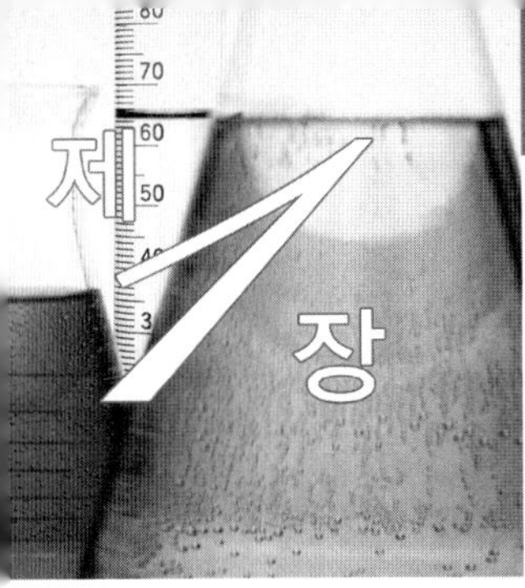

제1장 서 론

1-1 화학의 정의와 특성

1. 화학의 분야

화학의 사전적 정의는 “화학은 물체 특히 원자 및 분자계의 조성, 구조, 성질, 반응에 대하여 연구하는 학문” 또는 “화학은 물체의 조성과 물체에서 일어나는 조성의 변화를 다루는 과학”이다.

화학은 다루는 범위가 대단히 넓어서 물리학, 지구과학, 약학, 공학, 생물학 등과의 한계가 불분명한 경우가 많다. 따라서 이 분야의 기초지식은 다른 분야에서도 적극적으로 응용된다.

화학은 분야에 따라 다음과 같이 몇 가지로 나눌 수 있다. 즉, 탄소를 포함하는 여러 가지 물질을 취급하는 유기화학, 그 밖의 다른 모든 물질을 취급하는 무기화학, 원자핵에서 일어나는 반응을 연구하는 핵화학 등이 있다.

또 화학을 연구하는 목적에 따라 분류하는 방법도 다르다. 이 경우에는 물질의 성분을 정성적 및 정량적 방법으로 조사 · 연구하는 분석화학, 물질의 성질 및 구조와 화학에 관한 법칙 및 이론을 취급하는 물리화학 등이 있다.

2. 화학의 범위

특히 화학은 물질과학의 분야이다. 흔히 물질(substance)은 일정한 공간을 차지하고 우리들의 감각으로 그 존재를 확인할 수 있는 것이며, 물체(matter)는 이 물질이 형태를 이루고 있는 것이다.

물리적 변화(physical change)는 물질의 크기, 형태, 색깔 등이 변화해도 그의 화학적 조성이 변화하지 않는 경우이다. 가령 물이 얼음으로 변하는 것은 물리적 변화라고 할 수 있다. 화학적 변화(chemical change)는 물질이 새로운 물질로 변하여 그 화학적 조성이 변화하는 경우를 가리킨다.

또 물질의 성질이란 그 물질이 가지고 있는 고유의 특성을 말하며, 이 가운데에서 화학적 변화에 관련되는 것을 화학적 성질(chemical property)이라고 하며, 화학적 변화와는 관계없이 물질, 그 자체가 가지고 있는 특성을 물리적 성질(physical property)이라고 한다.

예를 들면, 염화나트륨은 입자 상태나 결정 모양의 소금 또는 자연에서 산출되는 암염 등 여러 가지 형태로 얻을 수 있는데 그 화학적 조성은 일정하므로 어떤 동일한 특성을 가지고 있다. 즉, 염화나트륨은 물 100g에서 녹는 양에 한도가 있다. 실온에서는 모두 36g 이상은 녹지 않는다. 따라서 염화나트륨의 용해도가 36이라는 공통된 물리적 성질은 바로 염화나트륨의 특성이다.

또 그 밀도(density)는 2.16g/mL이므로 비중(specific gravity)이 2.16이라는 특성도 가진다. 녹는점(melting point), 끓는점(boiling point), 색깔, 열 또는 전기의 전도도(conductivity), 비열, 특히 금속에 대해서는 전성(malleability)과 연성(ductility) 및 굳기(hardness) 등이 그 물질의 특성을 나타내며, 중요한 물리적 성질이기도 하다.

탄소가 연소해서 이산화탄소가 되거나, 우유가 산패해서 젖산이 되거나, 철이 녹스는 변화 등은 그들의 화학적 조성에 변화가 생기는 것이므로 화학적 변화이다. 이와 같이 어떤 물질이 화학적 변화를 일으켜 다른 물질로 변하는 경우에 화학반응(chemical reaction)이 일어났다고 한다.

한편, 얼음이 녹아서 물이 된다든가, 물이 끓어서 수증기가 되는 것, 철이 빨갛게 달아서 빛을 내거나 또는 부러지는 변화 등은 그 물질의 조성에 조금도 변화가 일어나지 않았으므로 화학반응이 아니라 물리적 변화만이 일어난 것이다.

3. 일반화학

일반화학은 생물학, 농학, 약학, 의학, 보건학, 환경과학, 분자생물학, 미생물학, 그리고 유전공학 등 과학분야의 기본을 이루는 학문이므로 일반화학의 습득은 다른 학문을 이해하는 지름길이라고 할 수 있다.

기존의 일반화학 교재는 체계적인 학문체계를 갖춘 것들도 많지만, 화학의 기초와 응용능력을 갖추고 있어야만 탐구될 수 있는 것들이 많다.

본 교재는 대학의 학문생활에서 흔히 탐구되는 내용을 수록하였고, 기초지식이 많지 않은 학생들과 연구원들에게도 적용될 수 있도록 핵심 요약 형태로 집필하였다.

1-2 과학적 방법

화학(Chemistry)은 자연과학의 한 분야로 물질에 관한 과학으로서 물질의 반응, 성질, 조성, 구조 및 변화를 연구하는 학문이라고 할 수 있다.

화학이 문명을 주도적으로 변화시켜 온 것은 대부분의 옷이나 자동차 등 일상생활과 밀접하게 관련된 제품들이 20세기 전에는 없었던 재료로 이루어져 있는 것만 보아도 알 수 있다.

화학자들이 문제를 해결하기 위해 사용하는 과학적 방법(scientific method)은 다음과 같다.

1. 문제점이나 의문점과 관련이 있는 사실들 또는 자료를 수집한다. 이것은 계획된 실험을 통해서 이루어진다. 그런 다음 문제점과 관련이 있는 경향이나 규칙성을 찾기 위해 자료를 분석한다.
2. 축적된 자료에 대한 설명이 가능하고, 추가 실험을 통해 시험해 볼 수 있는 가설을 세운다.
3. 가설을 시험하기 위한 추가 실험을 계획하고 수행한다.
4. 필요에 따라 얻어진 자료들과 모순되지 않도록 가설을 수정한다.

잘 설정된 가설은 이론(theory) 또는 모형으로 부르기도 한다. 이론이란 그것을 뒷받침할만한 상당한 증거와 사실을 가지고 어떤 현상의 일반적인 원리를 설명하는 것이다. 가설과 이론이 자연현상을 설명하는 데 반해, 과학적 법칙(scientific law)은 자연현상을 간단히 서술하는 것으로서 주어진 조건에서 예외를 허용하지 않는다.

대부분의 과학적 연구는 일반적으로 위와 같이 네 단계의 과정으로 이루어진다. 그렇지만 화학은 실험과학이며, 발전은 체계적인 연구를 통한 과학적 방법의 적용에 기인한다.

과거에 위대한 과학자들에 의해 발견된 이론 중에 어떤 것들은 그후 계속해서 수정되고 변화해 나가기도 한다. 새로운 실험적 증거를 통하여 기존의 이론을 수정하는 것은 과학적 지식의 성장과 전개에 필수적이다. 과학은 동적이다.

물질의 측정방법에는 정성적(qualitative) · 정량적(quantitative) 측량이 있다. 예를 들면, 수소기체와 산소기체가 함께 가열될 때 맹렬한 폭발이 일어나서 수증기가 생기는 것을 관찰하는 것이다.

Essential Concepts

과학적 방법을 이용하는 학문으로는 화학 외에도 의학, 공학, 농학, 생물학, 물리학 및 심리학 등이 있다.

Essential Concepts

물질의 측정방법

- **정량적** : 물질을 구성하는 양적 관계를 명확하게 나타낸다.
- **정성적** : 어떤 성분으로 구성되어 있는지를 알아낸다.

이와 같이 조직화된 지식을 이용하여 우리의 생명을 보존하고, 나아가서는 생활을 보다 윤택하게 하려는 것이 화학을 연구하는 목적의 하나이다.

1-3 Definition of General Chemistry

Definition of General chemistry by L. Pauling professor.

Chemistry is the science of substance - their structure, their properties and the reaction that change them into other substance.

This definiton of chemistry is both too narrow and too broad.

It is too narrow because the chemist, in his study of substance, must also study radiant energy-light, x-ray radiowave-in its interaction with substance.

He may be interested in the color of substance, which is produced by the absorption of light.

Or he may be interested in the atomic structure of substances, as determined by the diffraction of x-rays, or even by the absorption of emission of radiowave by the substance.

On the other hand, the definition is too broad, in that almost all of science could be included within it.

The astrophysicist is interested in the substances that are present in stars and other celestial bodies, or that are distributed in very low concentrations, through interstellar space.

The nuclear physicist studies the substances that constitute(made up) the nucles of atoms.

The biologist is interested in the substances that are present in living organisms. The geologist is interested in the substances, Called minerals, that make up the earth.

It is, indeed, hard to draw a line between Chemistry and other sciences.

제 2 장 물질의 유형과 종류

2-1 물질의 분류

1. 물리적 상태에 의한 분류

물질(matter)은 질량을 가지고 공간을 차지하는 것들을 말한다. 그것은 고체, 액체, 기체의 세 가지 상으로 존재한다.

고체는 단단한 모양과 고정된 부피를 가지고 있다. 액체는 고정된 부피를 가지고 있지만 단단한 모양을 가지고 있지 않으며, 용기의 모양을 따른다. 기체는 고정된 부피나 단단한 모양을 가지고 있지 않으며, 용기의 부피와 모양을 따른다.

이러한 성질, 즉 압축성과 비압축성, 유동성과 견고함 및 낮은 밀도와 높은 밀도 등은 물질의 구조에 기인한다.

(1) 고체

고체(solid)의 특성은 견고함을 지니고 있다는 것이다. 고체는 흐르지도 않고 거의 압축되지도 않는다. 고체는 정해진 부피와 형태를 가지고 있으며, 비교적 그 구조가 조밀하다.

고체의 구조 단위는 원자, 이온 또는 분자이다. 이들 기본단위는 서로 가까이 있으므로 고체의 밀도를 비교적 크게 하고 또한 거의 고정된 자리에 있으므로 견고한 강성을 가진다.

(2) 액체

액체(liquid)는 정해진 부피를 갖지만 고체와는 달리 정해진 형태를 갖지 않으므로 어떤 용기에서 다른 용기로 부었을 때 흘러서 용기와 같은 높이를 차지한다.

그러나 액체는 고체와 같이 거의 비압축성이다. 또한 한 물질에 있어서 액체의 밀도는 고체의 밀도와 거의 같다. 액체의 이러한 성질은 고체와 같이 서로 가까이 있는 원자와 이온 및 분자로 이루어지는 데 기인한다. 다만 액체에서 이러한 기본단위는 고정된 자리에 있지 않고 끊임없이 운동하고 있으므로 이것들의 배열은 제멋대로 변한다(그림 2-1 중앙).

(3) 기체

기체(gas)는 유체라는 점에서 액체와 비슷하지만 압축성이고 비교적 낮은 밀도를 가진다는 점에서 액체와 다르다. 기체의 이러한 성질은 액체 또는 고체와는 달리 대부분이 빈 공간에서 연속적으로 부정형으로 움직이는데, 이들이 분자 · 원자 이온이다.

물은 얼음(고체), 물(액체) 및 수증기(기체)로서 존재한다. 이들 여러 가지 형태를 물질의 상태(state of matter)라고 한다. 이들은 압축성과 유동성 및 밀도와 같은 물리적 성질이 각각 다르다.

물질에 어떤 형태의 작은 압력을 가할 때 그것의 부피가 쉽게 작아지면 압축성이라고 하는데, 공기는 압축성이다. 공기를 타이어 속에 계속해서 넣어도 타이어의 부피는 조금 증가할 뿐이다. 강철 조각은 거의 비압축성이다.

밀도는 단위 부피당 물질의 양(질량)이다. 물질의 고체상태와 액체상태는 비교적 높은 밀도를 가지지만 기체상태는 대단히 낮은 밀도를 가진다. 얼음과 물의 밀도는 각각 0°C, 1atm에서 $0.92g/cm^3$과 $1.00g/cm^3$이고, 수증기의 밀도는 $5.9 \times 10^{-4}g/cm^3$이다.

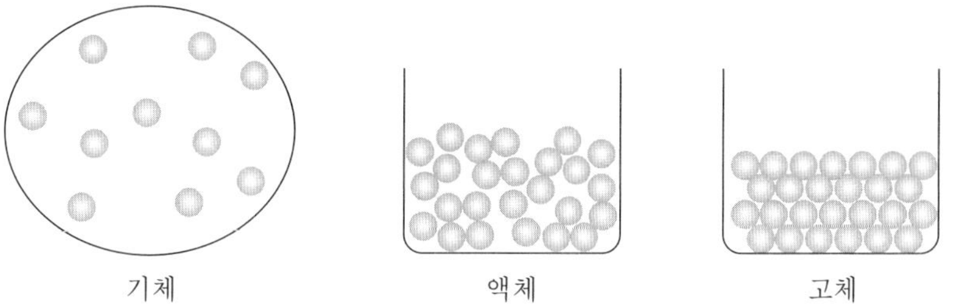

그림 2-1 물질의 상태

표 2-1 물질의 상태의 특성

물질의 상태	압축률	유체 또는 강체	상대밀도	구 조
gas (기체)	높음	유체	낮음	대부분이 비어 있는 공간을 통하여 끊임없이 제멋대로 움직이는 원자, 이온 또는 분자
liquid (액체)	대단히 낮음	유체	높음	서로 가까이 위치하지만 끊임없이 움직이는 원자, 이온 또는 분자
solid (고체)	대단히 낮음	강체	높음	서로 가깝고 거의 고정된 자리에 위치한 원자, 이온 또는 분자

또한, 물질의 상태(state of matter)는 고체, 액체, 기체의 형태로 존재할 수 있다. 물질의 상(phase)은 물질과 물질 사이에 경계가 있는 상태이다. 그 예로, 불균일 혼합물은 두 가지 상이지만 균일 혼합물은 한 가지 상을 나타낸다. 즉, 고체는 압축성이 없고, 경도가 있으며 밀도가 크다. 이온, 원자, 분자는 밀집이 치밀하며 위치는 고정되어 있다.

액체는 압축성이 없고 유동성이 있으며 밀도가 고체와 비슷하고, 이온 · 원자 · 분자배열이 조밀하며 불규칙적으로 계속 운동하는 유동성 물질이다. 기체는 압축성이 있고, 밀도가 낮으며, 유동성이 있어서 이온 · 원자 · 분자들은 계속적으로 공간을 운동하는 물질이다.

2. 화학적 조성에 의한 분류

(1) 원소(element)

지구상에 존재하는 모든 물질은 100여 개의 원소로 구성되어 있다. 원소는 화학적 방법으로 더 간단한 물질로 나눌 수 없는 기본적인 것으로 모든 물질을 만드는 기본재료라고 할 수 있다. 원소는 수소를 1번으로 시작하여 복잡성이 증가하는 순서대로 번호를 붙인다. 92개의 원소 중에서 88개는 자연계에 존재한다. 나머지 4개, 즉 Technetium(43), Promethium(61), Astatine(85), Francium(87)은 자연계에 존재하지 않거나, 방사선 붕괴에 의해 순간적으로 존재한다. 지구상에 존재하는 원소 이외의 어떤 원소도 우주의 다른 천체에서 탐지되었다는 보고는 아직 없다.

표 2-2 원소들과 백분율

원소 기호 (elemant symbol)	백분율 존재비 (rate)	원소 기호 (elemant symbol)	백분율 존재비 (rate)
Al(알루미늄)	7.5	Mg(마그네슘)	1.9
Br(브로민)	0.00025	Mn(망가니즈)	0.09
Ca(칼슘)	3.4	Hg(수은)	0.00005
C(탄소)	0.08	N(질소)	0.03
Cl(염소)	0.2	O(산소)	49.4
Cr(크로뮴)	0.0187	P(인)	0.12
Cu(구리)	0.07	K(포타슘)	2.4
Au(금)	0.0000005	Si(실리콘)	25.8
H(수소)	0.9	Ag(은)	0.00001
I(아이오딘)	0.0003	Na(소듐)	2.6
Fe(철)	4.7	S(황)	0.06
Pb(납)	0.0016	Zn(아연)	0.008

대부분의 물질은 두 개 이상의 더 간단한 물질로 분해될 수 있다. 물은 수소와 산소로 분해될 수 있다. 소금은 나트륨과 염소로 쉽게 분해된다. 그러나 원소는 일반적인 화학 반응을 통하여 더 간단한 물질로 분해될 수 없다.

(2) 화합물(compound)

화합물은 두 가지 이상의 원소가 일정 질량비로 화학적으로 결합하여 일정 성분비를 이루어서 원래 갖고 있는 성질이 아닌 다른 성질을 갖는 물질을 말한다. 원소와는 달리 화합물은 화학적으로 더 간단한 물질, 즉 더 간단한 화합물 또는 원소로 분해될 수 있다.

화합물을 구성하는 각 원소의 원자들은 정수비로 결합하며, 분수형태로는 결합하지 않는다. 화합물은 분자화합물과 이온결합화합물로 나누어진다.

일반적인 물리적 성질에는 색깔, 맛, 냄새, 물리적 상태(고체, 액체, 기체), 밀도, 녹는점, 끓는점 등이 있다.

화합물들은 고정된 조성들을 가지고 있다. 즉, 하나의 주어진 화합물은 항상 질량에 있어서 같은 비율(%)을 가지고 있는 같은 원소들로 구성되어 있다. 예를 들면, 순수한 물은 정확하게 11.11%의 수소와 88.89%의 산소로 구성되어 있다.

반대로, 혼합물들은 조성에 있어서 변화될 수 있다. 예를 들면, 수소와 산소의 혼합물에서 수소의 비율이 5%, 10%, 25% 또는 60%라면 이에 따라 산소의 비율은 95%, 90%, 75% 혹은 40%가 될 것이다.

화합물인 메테인, 아세틸렌, 그리고 나프탈렌은 모두 원소인 탄소와 수소를 서로 다른 비율로 함유하고 있다.

화합물의 성질은 화합물이 함유하고 있는 각 원소들의 성질과 크게 다르다. 보통 식염으로 쓰이는 염화나트륨(NaCl)은 백색의 비반응성 고체이다. 그 명칭에서 짐작해 볼 수 있듯이 식염은 나트륨과 염소라는 두 가지 원소를 함유하고 있다. 나트륨(Na)은 광택을 내며, 극도로 반응성이 강한 금속이고, 염소(Cl)는 독성이 강하고 녹황색을 띤 기체이다. 이 두 원소가 결합해서 염화나트륨을 형성할 때는 근본적인 변화가 일어난다.

화합물을 원소로 분해하는 통상적인 방법은 전기분해이다. 이 방법은 흔히 액체상태에 있는 화합물에 전류를 통해 주는 것이다. 전기분해 과정을 거치면 물은 기체상태의 수소와 산소로 분리된다.

30년 전에 전기분해 과정을 거쳐 생성된 수소 기체를 사용하여 해저에 잠겨져 있는 타이타닉 호(RMS Titanic)를 캐나다의 뉴펀들랜드 연안으로 끌어 올리자는 제안이 있었다.

이 밖에도 서로 다른 여러 가지 방법을 사용하여 화합물을 그 구성 원소로 분해할 수 있다. 흔한 경우는 아니지만 열만으로도 충분한 경우가 있다. 예를 들면, 산화수은(II)은 수은과 산소의 화합물인데, 600°C로 가열하면 두 가지 원소로 분해된다.

(3) 혼합물(mixture)

각각의 물질이 그 자체가 갖고 있는 화학적 성질은 유지하면서 두 가지 또는 그 이상의 물질로 이루어진 것이다. 이렇게 혼합된 물질은 분리하면 순수한 물질로 나눌 수 있다. 혼합물은 균일 혼합물(homogeneous mixture, unform mixture)과 불균일 혼합물(heterogeneous mixture, nonuniform mixture)의 두 가지 종류가 있다.

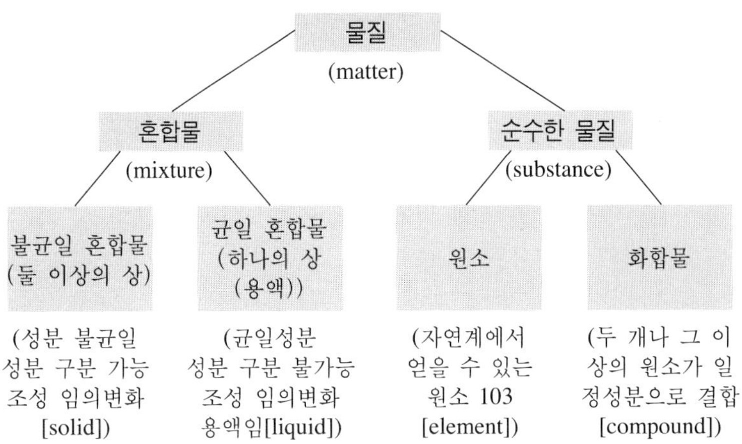

그림 2-2 물질의 분류

① 균일 혼합물(homogeneous mixture, unform mixture)

조성이 일정하고, 균일하게 섞인 혼합물로 용액(solution)이라고도 한다. 용액은 용질(solute)이 용매(solvent)에 균일하게 녹아서 만들어진다. 예를 들면, 설탕물은 설탕(용질), 물(용매)로 되어 있는 용액이다. 즉, 성분 구분이 불가능하고 조성에서 임의 변화가 가능한 용액이다.

② 불균일 혼합물(heterogeneous mixture, nonuniform mixture)

돌과 모래의 혼합물과 같이 균일하게 섞이지 않고 각각의 성분들이 고유의 화학적 조성으로 유지되면서 성분들이 분리되어 있는 혼합물이다. 불균일 혼합물에는 여과(filteration), 증류(disillation)와 같이 간단하게 분리할 수 있는 방법과 좀더 세밀하고 복잡한 분리방법인 PC, LC, GC, HPLC와 같은 크로마토그래피(Chromatography)의 방법이 사용된다.

3. 혼합물의 분리

혼합물을 그들의 성분으로 분리하는 과정은 실험실에서 순수한 화합물을 만드는 데 필요한 단계일 뿐만 아니라 공업적으로 대단히 중요하다. 흔히 천연광석을 처리하여 순수한 금속화합물을 얻은 다음에 이 금속화합물로 하여금 여러 단계를 거치게 함으로써 금속을 분리할 수 있다.

사탕무나 사탕수수는 즙을 농축하고 결정화한 후 원심분리하여 설탕을 얻으며, 재생공장에서는 자기분리기에 의하여 쇠붙이를 폐물로부터 골라낸다. 이 절에서 혼합물의 세 가지 분류법, 즉 거르기와 증류 및 크로마토그래피에 관하여 설명하기로 한다.

(1) 거르기

거르기(filtration)는 화합물을 깔대기에 부어서 액체용액에 현탁된 고체 입자를 분리하는 과정이다. 예를 들면, 은화합물이 들어 있는 사진 전개용액에 염화나트륨을 가하면 염화은의 미세한 결정이 생긴다. 이 화합물을 원추형 거름종이에 부으면(그림 2-3) 용액이 거름종이를 통과하고 염화은만 남는다. 이런 방법으로 염화은을 전개용액에서 회수할 수 있다.

그림 2-3 여과

(2) 증류

쉽게 기체상태로 변하는 액체 또는 고체를 휘발성이라고 한다. 휘발성 액체의 온도가 높아지면 액체는 끓어서 급속히 기체나 증기상태로 변한다. 증류(distillation)는 액체를 성분별로 분리하는 것인데, 성분들의 휘발성 차이를 이용한다. 예를 들면, 염화나트륨 수용액을 가열하면 어느 정도 휘발성인 물은 끓어서 날아가고 비휘발성인 염화나트륨이 남는다.

그림 2-4는 실험실에서 쓰이는 대표적인 증류장치이다. 염화나트륨 수용액을 증류플라스크에 넣고 가열한다. 물이 증발하여 냉각기를 통과하면 염화나트륨 결정은 플라스크에 남고 냉각기에서 수증기가 냉각되어 물로 변한다. 그리고 순수한(증류된) 물이 flask 수기에 모인다.

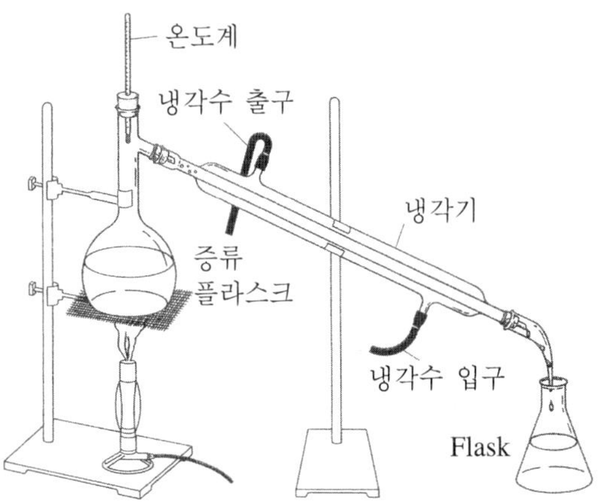

그림 2-4 간단한 증류장치

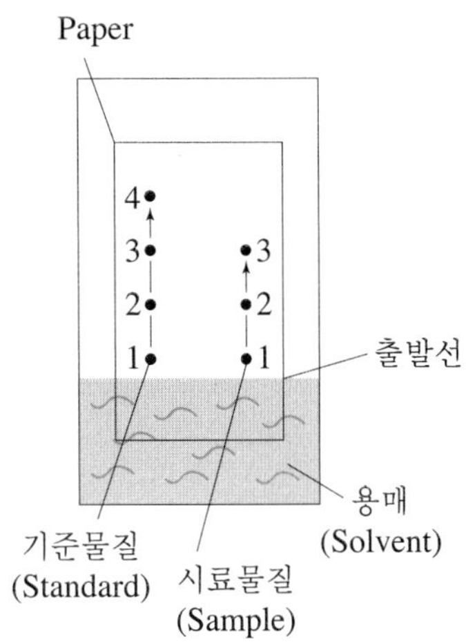

그림 2-5 PC(Paper Chromatography)

(3) 크로마토그래피

크로마토그래피(chromatography)는 고정상과 이동상을 포함하는 대단히 쓸모 있고 비슷한 여러 분리방법에 붙여진 이름이다. 잉크 한 방울을 종이 위에 떨어뜨리면 크로마토그래피에 의하여 물감이 분리되는 것을 볼 수 있다. 이때 반점은 모세관 작용, 즉 습윤에 의하여 바깥쪽으로 퍼져나가고, 각 물감은 특유한 속도로 이동한다.

그 결과 색깔을 띤 여러 개의 고리가 합쳐져서 원판이 생긴다. 젖은 종이가 고정상이 되고 잉크 용액은 이동상이 된다. 각 물감의 이동속도는 물감이 종이 속의 젖은 섬유에 얼마나 세게 끌리는가에 달려 있다.

그림 2-5에서 Rf값은 다음과 같이 구한다.

$$Rf = \frac{\text{물질의 이동거리(시료의 이동거리)(3)}}{\text{기준물질의 이동거리(용매의 이동거리)(4)}}$$

러시아의 식물학자 Mikhail Tswett은 처음으로 화학물질을 크로마토그래피로 분리시켰다. Tswett은 식물의 잎으로부터 얻은 물감을 액체 석유에테르에 녹이고, 유리관을 탄산칼슘($CaCO_3$)으로 채운 후, 관 꼭대기에 물감 용액을 부었다. 그리고 순수한 석유 에테르를 더 부어서 관을 씻었을 때 뚜렷한 녹색띠와 황색띠가 나타나기 시작하였다.

이 띠들은 각각 순수한 물감으로 이루어져 있으며 이것들이 관 아래로 이동함에 따라 쉽게 분리되므로 순수한 물감을 얻을 수 있었다.

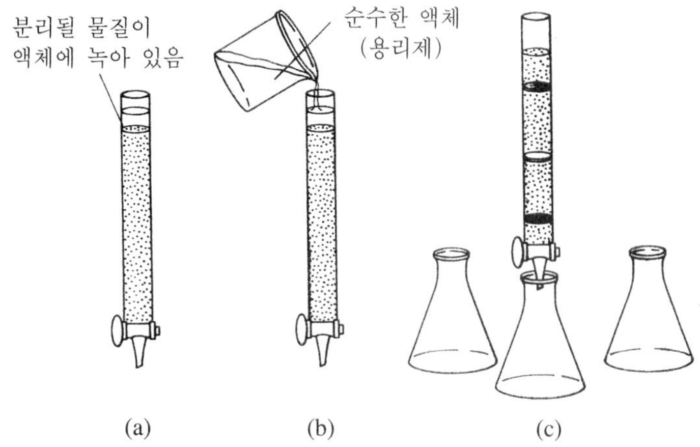

그림 2-6 관 크로마토그래피

(a) 분리될 물질을 포함한 용액을 관의 꼭대기에 붓는다.
(b) 순수한 액체를 관에 붓는다.
(c) 물질들은 관 아래로 이동하는 띠로서 분리된다. 물질의 각 띠가 관에서 빠져나옴에 따라, 물질이 플라스크에 모인다.
* 용리제 : 크로마토그래피법에서 고정상에 머물러 있는 물질을 용리시키기 위해서 흘려 주는 시약

가스 크로마토그래피(gas chromatography; GC)라고도 부르는 증기상 크로마토그래피(vapor phase chromatography; VPC)는 더 현대적인 분리법이다. 여기서 이동상은 기체혼합물과 용리제로서 작용하는 헬륨 같은 운반체이고, 고정상은 관 속에 채워진 고체나 고체에 부착된 액체이다.

기체가 관 속을 통과할 때 혼합물 속의 물질들은 고정상에 끌리는 힘이 각기 다르므로 각각 분리된다.

증기상 크로마토그래피는 빠른 시간 안에 혼합물을 분리할 수 있기 때문에 간단한 물질에서 복잡한 물질을 만들어 내는 화학합성에서 중요하다. 물질의 합성은 많은 화학반응을 필요로 하며, 각 반응마다 생성물의 분리를 수반한다. VPC를 씀으로써 몇 개월이 걸렸던 합성도 며칠 안에 끝낼 수 있게 되었다. 또한 특수한 검출기가 달린 VPC를 사용하면 오줌 속에서 10^{-12} g 정도의 암페타민도 검출할 수 있다.

4. 물질의 성질(properties of matter)

성질은 시료의 크기에 의존하는 크기 성질(extensive properties)과 시료의 크기와는 관계없는 세기 성질(intensive properties)로 분류된다. 순수한 물질은 양과 관계없이 세기 성질이 같으므로 두 성질 중에서 세기 성질이 더 유용하다.

물질의 양이 많아짐에 따라 질량과 부피가 증가하는 것은 크기 성질이다. 세기 성질의 예는 녹는점과 끓는점 및 밀도(density)이다(이것은 물체의 질량과 부피의 비로써 정의된다).

예를 들면, 물의 밀도는 1g/mL이다. 이것은 1g의 물이 1mL의 부피를 차지한다는 것을 뜻한다. 20g의 물은 20mL의 부피를 차지하지만 물의 질량과 부피의 비, 20g/20mL는 여전히 1g/1mL와 같다. 따라서 밀도는 시료의 크기에 의존하지 않는 성질임을 알 수 있다. 또한 두 크기 성질, 질량과 부피의 비로서 산출됨을 알 수 있다.

물질의 성질에 관해서 말할 때는 물리적 성질(physical properties)과 화학적 성질(chemical properties)을 구별한다. 물리적 성질은 다른 물질과 관계없이 규정된다. 이에 반해 화학적 성질은 물질과의 상호작용을 말한다.

예를 들면, 나트륨은 물에 대한 반응성이 대단히 세다고 말한다. 여기서 반응성은 한 물질이 어떤 화학반응을 일으키려는 경향을 뜻하는 화학적 성질이다. 그러나 대상과 조건을 밝히지 않고 반응성이 세다고만 말하는 것은 별로 도움이 되지 못한다. 가령, 나트륨은 물과 반응성은 대단히 세지만 헬륨 기체와 전혀 반응하지 않는다.

(1) 물리적 성질(physical properties)

물리적 성질은 어떤 물질의 화학적 본질은 손상되지 않고 관찰되는 것으로 색깔, 맛, 냄새, 물리적 상태(고체, 액체, 기체), 밀도, 녹는점, 끓는점 등이 있다. 물질을 확인하는 데 특별히 유용한 두 가지 성질은 다음과 같다.

① 녹는점(melting point) : 어떤 물질이 고체상태에서 액체상태로 변하는 때의 온도이다.

② 끓는점(boiling point) : 증발된 기체로 가득 찬 기포가 그 액체의 내부에 형성될 때의 온도이다. 만약 물질이 0°C에서 녹고 100°C에서 끓는다면 그 물질은 물일 것이라고 생각하지 않을 수 없다.

(2) 화학적 성질(chemical properties)

화학적 성질은 어떤 물질이 화학적 반응(chemical reaction)을 통해서 새로운 물질로 변환할 때 관찰되는 것이다. 예를 들면 산화수은(II)은 600°C에서 가열하면 수은과 산소로 분해된다는 사실에서 산화수은(II)을 확인할 수 있다. 또한, 헬륨의 불활성은 수소나 산소와 같은 반응성이 있는 기체에서 헬륨을 구별해 내는 데 도움을 준다.

2-2 물질의 밀도와 비중

1. 물질의 밀도(density)

질량(g)을 부피(mL 또는 cm^3)로 나눈 값으로서 단위 부피당 물질의 질량이다.

- $\text{밀도} = \dfrac{\text{질량(g)}}{\text{부피(mL 또는 cm}^3)}$
- $d = \dfrac{m}{V}$
- $\text{부피} = \dfrac{\text{질량}}{\text{밀도}}$

질량과 부피는 크기적 성질이고, 부피에 대한 질량비는 세기적 성질이다.

예를 들면, 에틸알코올 1.55g이 필요하다고 할 때, 무게로 측정하기보다는 에틸알코올의 밀도(20°C에서 0.7893g/mL)를 알고 주사기로 정확히 부피를 측정하는 것이 편리하다.

$$\text{부피} = \frac{\text{질량}}{\text{밀도}} = \frac{\text{1.55g 에틸알코올}}{\text{0.7893g/mL}} = \text{1.96mL 에틸알코올}$$

표 2-3 일반 물질의 밀도

물 질	상 태	밀 도(g/cm^3)
얼음(0°C)	고체	0.917
He(25°C)	기체	0.000164
공기(25°C)	기체	0.001185
지구	고체	5.54
산소	기체	0.0013
수소	기체	0.000084
에탄올	액체	0.789
물(3.98°C)	액체	1
황산	액체	1.8
마그네슘	고체	1.74
철	고체	7.87
수은	액체	13.6
금	고체	19.32

2. 물질의 비중(specific gravity)

비중은 물의 밀도에 대한 다른 물질의 밀도의 비율이다. 일반적으로 4°C의 물의 밀도에 대한 어떤 물질의 밀도의 비이다.

$$\text{비중} = \frac{\text{어떤 물질의 밀도(g/mL)}}{\text{4°C 물의 밀도(g/mL)}}$$

[예제 2-1] 금의 밀도는 193g/mL이다. 금 20.0mL의 질량은 얼마인가?

풀이 밀도를 환산인자로 사용하여 mL를 g으로 변환한다.

$$\text{mL} \times \frac{\text{g}}{\text{mL}} = \text{g}$$

$$20\text{mL} \times \frac{19.3\text{g}}{\text{mL}} = 386\text{g}$$

2-3 물질의 온도 측정

열은 물질의 작은 입자들의 운동과 관련된 에너지의 형태이다. 열이란 용어는 계 내의 에너지양 또는 계에 가해지거나 빼앗기는 에너지양으로 설명된다. 여기에서 계(system)라는 것은 단순히 가열되거나 냉각되는 실체를 의미한다. 존재하는 열 에너지의 양에 따라, 주어진 계가 '뜨겁다' 또는 '차갑다' 라고 말한다. 온도(temperature)는 열의 세기에 대한 측정으로, 계의 크기에 관계없이 계가 얼마나 뜨거운지를 나타낸다.

온도의 SI 기본단위는 켈빈(Kelvin, K)이다. 이는 절대온도 척도에서의 온도 단위로서, 흔히 과학연구에서 많이 사용한다.

섭씨눈금은 물의 어는점을 0°C, 그리고 물의 끓는점을 100°C로 표시하지만, 켈빈눈금은 가장 차가운 온도, 즉 −273.15°C를 절대 0도(absolute zero)라고 부르는 K값을 사용한다.

$$K = -273.15°C$$

$$273.15K = 0°C$$

25°C의 켈빈온도는 (25 + 273.15)K = 298K이다.

따라서 다음과 같이 나타낼 수 있다.

$$K\text{ 온도} = °C + 273.15$$

$$°C\text{온도} = K - 273.15$$

또 화씨눈금(Fahrenheit)은 물의 어는점(32°F)과 끓는점(212°F) 사이에 180°F의 간격을 가지며, 0°C가 32°F와 같다.

$$°F = (1.8 \times °C) + 32 \text{ 또는 } °F = \left[(°C + 40)\frac{9}{5}\right] - 40$$

과학에서는 섭씨온도(celsius scale, 전에는 Centigrade scale)가 흔히 쓰이며, 다음 식이 유도된다.

$$°C = \left[(°F + 40)\frac{5}{9}\right] - 40$$

예 정상체온 98.6°F가 °C로는

$$°C = \frac{5}{9}(F - 32°) = \frac{5}{9}(98.6 - 32) = 37°C$$

Essential Concepts

1화씨온도 눈금은 1켈빈 또는 1섭씨 눈금의 $^5/_9$ 크기이므로, 이 예에서 켈빈은 37°C+273=310이 된다.

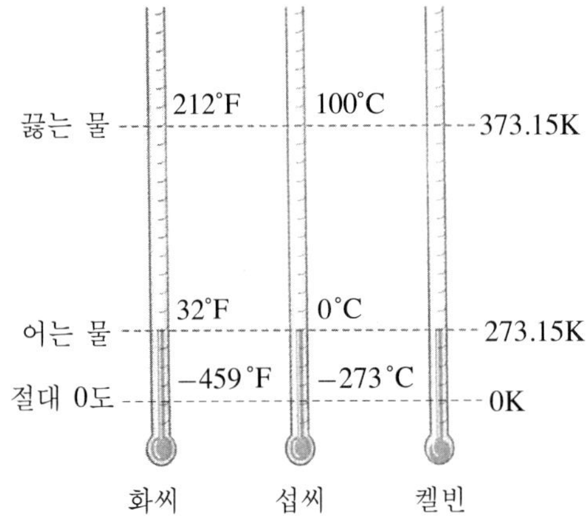

그림 2-7 켈빈(절대온도), 섭씨, 화씨온도 눈금의 관계

[예제 2-2] 1474°F를 섭씨온도와 켈빈온도로 나타내 보자.

풀이 $°C = \left(\frac{5}{9}\right)(1474 - 32) = 801°C$

$(801 + 273.15)K = 1074K$

2-4 물질의 단위

단위(elapstus)는 측정의 기준으로서 1791년에 프랑스 과학학술위원회에서 미터법을 제정한 후 대부분의 국가들이 미터법을 사용하여 왔다.

표 2-4 SI 기본단위

양	단 위	기 호
시간	초(second)	s
온도	켈빈(kelvin)	K
질량	킬로그램(kilogram)	kg
길이	미터(meter)	m
물질의 양	몰(mol)	mol
조도	칸델라(candela)	cd
전류	암페어(ampere)	A

정량과학이 발전함에 따라 같은 양에 대하여 여러 가지 미터단위가 쓰이게 되자, 단위계를 단순화하고 표준단위를 고정하기 위하여 1960년 10월에 국제도량형회의는 특정의 미터단위를 채택하였다. 표준단위로서 선택된 단위계는 국제단위계(International System of Units 또는 SI : 프랑스어의 le Systeme International d'Unites의 약칭)이다.

이것은 7개의 기본량과 기본단위(base unit)를 포함하며, 이것에서 다른 모든 양과 단위가 유래하였다.

미터계의 이점 중 하나는 십진법이라는 것이다. 어떤 물리적 양의 더 큰 단위와 더 작은 단위는 10의 멱수로 나타내고, 적당한 미터 접두사(prefix)를 단위 이름 앞에 붙인다.

예를 들면, 미터계에서 길이의 단위는 미터이고 1센티미터는 10^{-2}미터이다. 그러므로 2.54 센티미터는 0.0254미터와 같다. 이와 같이 소수점을 옮김으로써 센티미터를 미터로 바꿀 수 있다.

표 2-5 SI 접두사

배수	접두사	기호
10^{-1}	deci-	d
10^{-2}	centi-	c
10^{-3}	milli-	m
10^{-6}	micro-	μ, ppm
10^{-9}	nano-	n
10^{-12}	pico-	p
10^{-15}	femto-	f
10^{-18}	atto-	a
10^{18}	exa-	E
10^{15}	peta-	P
10^{12}	tera-	T
10^{9}	giga-	G
10^{6}	mega-	M
10^{3}	kilo-	k
10^{2}	hecto-	h
10	deka-	da

물질의 측정값을 단위로 표시하면 대단히 크거나 또는 작은 수일 때가 있다. 이런 경우에는 많은 개수의 0을 적는 것을 피하기 위하여 측정값을 1과 10 사이의 수와 10의 멱의 곱으로 나타내는 것이 편리하다.

이러한 표시법을 지수표시법(exponential notation) 또는 과학적 표기법(scientific notation)이라고 한다.

이 표시법은 $N \times 10^n$으로 나타내는데 N은 1과 10 사이의 숫자이고 n은 양 또는 음의 정수로 지수이다.

이 표시법은 1kg = 1000g라고 적지 않고, $1kg = 1 \times 10^3 g$이라고 적는다.

수를 이러한 방법으로 적으면 어떤 미터계 단위를 다른 미터계 단위로 환산할 때 10의 지수만을 변화시키면 되므로 미터계가 유용하다는 것을 알 수 있다. 예를 들면 다음과 같다.

$$1km = 1 \times 10^3 m = 1 \times 10^5 cm = 1 \times 10^6 mm$$

이것은 영국계의 mile, yd, ft 및 in 사이의 환산과 비교된다.

Essential Concepts

$$ppm = \frac{용질\ 1mg}{용질\ 1L}$$

표 2-6 영국계 단위와 미터계의 비교

길 이	• 1m = 39.37inch • 1inch = 2.540cm
질 량	• 1kg = 2.204pound • 1pound = 453.6g
부 피	• 1L = 1.057quart • 1ounce = 29.57mL • $1m^3$ = 1,000L

표 2-7 미터계의 여러 단위 사이의 관계

접두사	곱하기 인자	예	약자
Kilo-	1000	1kilometer = 1000meter 1kilogram = 1000gram	km kg
Deci-	1/10	1decimeter = 0.1meter	dm
Centi-	1/100	1centimeter = 0.01meter	cm
Milli-	1/1,000	1millimeter = 0.001meter 1milliliter = 0.001liter 1milligram = 0.001gram	mm mL mg
Micro-	1/1,000,000	1micrometer = 0.00000meter 1microgram = 0.000001meter 1microliter = 0.000001liter	μm μg μL

1. 유효 숫자의 결정

어떤 수는 여러 개의 0이 있어서 유효 숫자의 개수를 결정하기 어려울 때가 있다. 이런 경우는 지수표시법을 써서 혼동을 없앤다.

예를 들면, 어떤 물체의 길이를 자로 측정하였더니 1.2m였다. 이 수는 두 개의 유효 숫자를 가지며 부정확도는 약 1/12(0.1/1.2 = 1/12)이다. 또한 이 길이는 1200mm로 나타낼 수 있을 것이다. 이것도 같은 측정을 나타내므로 두 개만의 유효 숫자인 1과 2를 가져야 한다.

1200에서 두 개의 0은 오직 소수점의 자리를 나타내려고 사용했을 뿐이다. 불행히 이 실험을 이해하지 못하면 숫자가 모두 유효 숫자이며, 1/1200의 부정확도만이 있다고 생각할지 모르지만, 이것은 측정결과의 뜻과 다르다.

수를 지수표시법에 따라 적으면 이와 같은 혼동을 피할 수 있다. 즉, 1200mm는 1.2×10^3mm로 적을 수 있을 것이다. 이 수의 처음 부분은 두 개의 유효 숫자만을 나타낸다. 이 수가 네 개의 유효 숫자를 갖도록 하려면 1.200×10^3 mm라고 적으면 된다.

화학에서는 질량, 길이 및 부피를 측정할 필요가 있다. 화학자가 이들 양을 나타내기 위하여 보통 쓰는 단위는 g과 m 및 L이다. 미터계의 다른 단위는 적당한 접두사를 써서 이들 단위로부터 유도되고 또 십진법에 의하여 서로 연관된다.

예를 들면, 1m = 100cm = 1000mm이다. 1L는 정확히 1000cm^{3}로서 정의되고, 따라서 1mL = 1cm^{3}이므로 길이의 단위와 부피의 단위는 서로 연관되어 있다.

2. 지수표시법(exponential notation)으로 나타낸 수(표준지수 형태 : standard exponential form, 과학적 표기법 : scientific notation)

$\underline{1.73} \times 10^3 = 1.73 \times 10 \times 10 \times 10 = 1{,}730$

계수 밑 지수

coefficient base exponent

지수 부분(exponential part)

$1{,}000{,}000 = 1 \times \underbrace{10 \times 10 \times 10 \times 10 \times 10 \times 10}_{6개} = 1 \times 10^6$

※ 공학 형식 engineering format → 지수형식으로도 나타낸다.

※ 표준 지수 형태 = 계수는 1이상이고 10보다 작다.

- 과학적 표기법의 예 = 2.01×10^4, 1.66×10^0
- 과학적 표기법이 아닌 것 = 73×10^4(계수 두 자리),

$$0.131 \times 10^{4}(\text{계수가 정수가 아님})$$
$$1.001 \times 10^{2.5}(\text{지수가 정수가 아님})$$

• 형태 바꾸기

$$1.25 \times 10^4 = 1.25 \times \underbrace{10 \times 10 \times 10 \times 10}_{4\text{개}}$$
$$= 1.25 \times 10 \times \underbrace{(10 \times 10 \times 10)}_{3\text{개}} = 12.5 \times 10^3$$
$$= 1.25 \times 10 \times 10 \times \underbrace{(10 \times 10)}_{2\text{개}} = 125 \times 10^2$$
$$= 1.25 \times 10 \times 10 \times 10 \times \underbrace{(10)}_{1\text{개}} = 1{,}250 \times 10^1$$
$$= 1.25 \times \underbrace{10 \times 10 \times 10 \times 10}_{4\text{개}} = \underbrace{12{,}500 \times 10^0}_{0\text{개}} = 12{,}500$$

2-5 측정과 불확실성

화학을 이해하기 위해서는 문제를 수식으로 이해하고 풀어야 할 필요가 있다. 문제를 풀기 위해서 수학적 연산을 이해해야 한다. 자료, 즉 수치들을 실험적으로 측정하여 얻는다.

화학자들은 이 자료들을 이용하여 물질에서 일어나고 있는 물리적 · 화학적 변화의 정도를 알아낸다.

측정으로 얻은 결과는 수치를 측정단위와 함께 나타낸다.

50.0 킬로그램 = 110파운드

온도계나 자와 같은 기구를 이용하여 측정을 할 때에는 추증이 필요하다. 눈금이 1도 단위로 표시되어 있는 온도계로 온도를 측정하였을 때, 그림 2-8 a와 같이 수은이 37과 38 사이에서 멈추었다고 하자(그림 2-8). 그러면 온도는 37도보다는 높고 38도보다는 낮다는 것을 알 수 있다.

수은이 37과 38 사이의 약 $^{2}/_{10}$위치에 있다고 어림잡아 읽는다. 그러면 온도는 37.2°C가 된다. 마지막 숫자 2는 어림잡은 값이기 때문에 불확실성을 갖고 있다. 마지막 숫자가 불확실성을 가지고 있기 때문에 다른 사람이 측정하였을 때, 다를 수 있다.

사람	측정값	사람	측정값
1	37.2	3	37.1
2	37.3	4	37.2

측정값의 처음 두 숫자는 변하지 않는다. 이 측정값에서 마지막 숫자가 불확실(uncertain)하다. 측정결과는 확실한 모든 숫자와 불확실한 첫 번째 숫자를 써서 표시한다. 이와 같은 불확실성 때문에 측정결과를 나타내는 모든 수는 제한된 개수의 숫자만을 가질 수 있다.

측정한 양을 나타내기 위해 사용된 숫자를 유효 숫자(significant figure)라고 한다. 만일 그림 2-8 b와 같이온도계가 1/10도 단위까지 표시되어 있다면 37.21°C(네 개의 유효 숫자)로 읽게 된다.

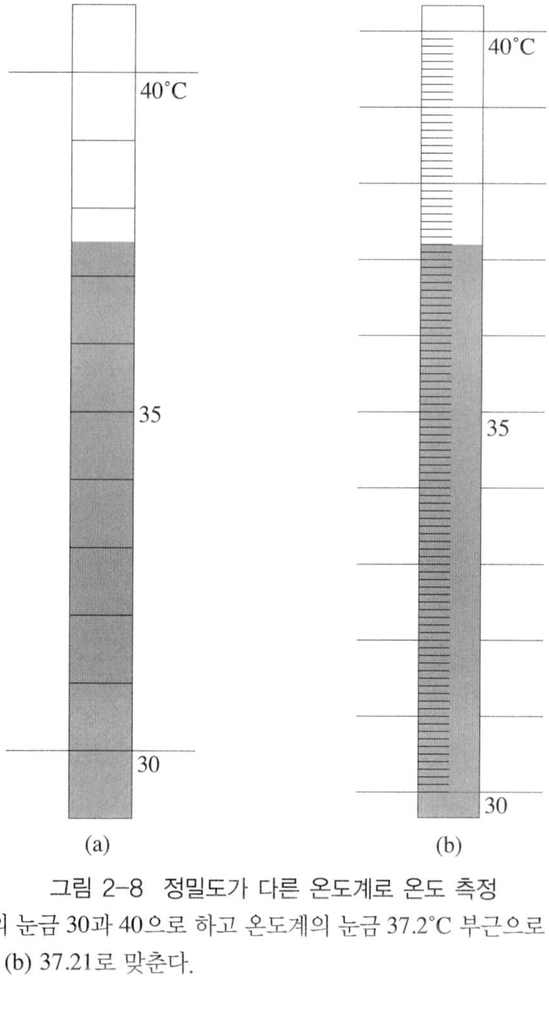

그림 2-8 정밀도가 다른 온도계로 온도 측정
온도계의 눈금 30과 40으로 하고 온도계의 눈금 37.2°C 부근으로 맞춘다.
(a) 37.2 (b) 37.21로 맞춘다.

2-6 유효 숫자

모든 측정이 불확실성을 가지고 있기 때문에, 측정값에는 적당한 유효 숫자를 사용하여야 한다. 화학에서는 측정값을 포함한 계산을 자주하므로, 불확실한 숫자를 가진 수를 계산하는 방법을 알아야 한다.

1. 유효 숫자를 세는 규칙

규칙 1. 0이 아닌 숫자. 0이 아닌 모든 숫자들은 유효 숫자이다.

규칙 2. 정확한 수. 정확하고 무한한 개수의 유효 숫자를 갖는 수이다. 정확한 수는 단순히 물질을 세는 과정에서 생긴다. 1,000원짜리 7장을 세면 정확히 7,000원이다. 1미터는 100센티미터, 1시간은 60분처럼 정의된 수도 정확한 수이다. 정확한 수는 불확실성이 없다.

규칙 3. 다음과 같을 때 0은 유효 숫자이다.

• 0이 아닌 숫자들 사이에 있을 때
107은 세 개의 유효 숫자를 갖는다.
61.02는 네 개의 유효 숫자를 갖는다.

• 소수점을 포함하는 수의 끝에 있을 때
4.00은 세 개의 유효 숫자를 갖는다(4, 0, 0).
30.은 두 개의 유효 숫자를 갖는다(3, 0).

다음과 같을 때 0은 유효 숫자가 아니다.

• 첫 번째 0이 아닌 숫자 앞에 있을 때
0.078은 두 개의 유효 숫자를 갖는다(7, 8).
0.00567은 세 개의 유효 숫자를 갖는다(5, 6, 7).

• 소수점이 없는 수의 끝에 있을 때
1,000은 한 개의 유효 숫자를 갖는다(1).
950은 두 개의 유효 숫자를 갖는다(9, 5).

이러한 0이 유효 숫자인지를 나타내는 방법은 과학적 표기법을 사용하는 것이다. 즉, 1000이 세 개의 유효 숫자를 가지고 있다면 1.00×10^3으로 적는다. 950이 단지 두 개의 유효 숫자를 갖는다면 9.5×10^2으로 표기한다.

2. 수의 반올림

계산기로 계산을 할 때 우리가 얻고자 하는 것보다 더 많은 개수의 숫자를 가진 답들이 얻어진다. 이때 적절한 개수의 유효 숫자를 갖는 답을 나타내기 위해서는 무의미한 숫자를 버려야 한다. 수에서 숫자들을 버릴 때, 유지하여야 할 마지막 숫자의 값은 수의 반올림으로 결정한다.

3. 반올림 규칙

그대로 남겨 두고자 하는 숫자 다음에 있는 숫자가 4 또는 그보다 작을 때는 그 숫자와 그 오른쪽에 있는 나머지 숫자들을 모두 버린다. 그대로 남겨진 마지막 숫자는 변하지 않는다. 그대로 두고자 하는 숫자 다음에 있는 첫 번째 숫자가 5 또는 5보다 클 때는 그 숫자와 그 오른쪽에 있는 나머지 숫자들을 모두 버리고 유지하여야 할 마지막 숫자에 1을 더한다.

67.5473 = 67.547 (이 숫자는 버린다: 3)

1.0741 = 1.07 (이 두 숫자는 버린다: 41)

1.05697 = 1.06 (이 세 숫자는 버린다: 697)

13.797 = 13.80 (이 숫자는 버린다: 7)

4. 곱셈 또는 나눗셈

곱셈이나 나눗셈을 포함하는 계산에서 답은 가장 작은 개수의 유효 숫자를 가지는 측정값과 같은 개수의 유효 숫자를 가진다.

[예제 2-3] (342.1)(1.8) = 615.78

풀이 615.78의 값을 계산기로 얻었다. 가장 작은 유효 숫자를 가진 수가 1.8이므로 답은 두 개의 유효 숫자를 가져야 한다.

정답은 620 또는 6.2×10^2이다.

[예제 2-4] (342.1)(1.8)/15 = 41.052

풀이 41.052의 값을 계산기로 얻었다. 가장 작은 유효 숫자를 가진 수가 1.8 또는 15이므로 답은 두 개의 유효 숫자를 가져야 한다.

정답은 41 또는 4.1×10이다.

4. 덧셈 또는 뺄셈

덧셈이나 뺄셈의 답은 정밀도가 최소인 측정값과 같은 정밀도로 나타내어야 한다. 즉, 답은 가장 작은 소수자리를 가진 수와 같은 소수자리를 갖도록 반올림하여야 한다.

[예제 2–5] 345.12와 38.2를 더하시오.

풀이 $345.12 + 38.2 = 383.32$

38.2가 최소의 정밀도를 가진 수이다.

정답은 383.3이다.

[예제 2–6] $(2.039 - 2.020)/1.039 = ?$

풀이 $(2.039 - 2.020)/1.039 = 0.18286814$

분자의 2.039에서 2.020을 빼면 0.019이고, 유효 숫자는 네 개에서 두 개로 변한다. 따라서 답은 두 개의 유효 숫자를 가진다.

정답은 0.018 또는 1.8×10^{-2}이다.

Question

1. 물질을 상태에 따라 세 가지로 분류하고, 각 상태로 존재하는 물질 네 가지씩을 열거하시오.

2. 원소와 화합물을 구별하시오.

3. 화합물과 혼합물을 구별하시오.

4. 화합물의 두 가지 종류는 무엇인가? 그들은 서로 어떻게 다른가?

5. 두 개 이상의 물질을 포함하는 계는 반드시 불균일한가?

6. 균일 혼합물과 불균일 혼합물을 구별하시오.

7. 다음 각 혼합물이 균일한지, 불균일한지 결정하시오.
   (a) 수돗물 (b) 탄산음료 (c) 흙 (d) 나무

8. 다음 설명이 물리적 성질인지 화학적 성질인지 결정하시오.
   (a) 탄소는 분해될 수 없다.
   (b) 염화나트륨은 결정성 고체이다.
   (c) 수은은 25°C에서 액체이다.
   (d) 알루미늄은 산소와 결합하여 산화 보호막을 만든다.

9. 진한 염산의 밀도는 1.19g/mL이다. 이 염산 200.0mL의 질량을 계산하시오.

10. 빈 눈금 실린더의 질량이 46.12g이었다. 미지 액체로 100.0mL까지 채웠을 때 질량은 230.7g이었다. 이 액체의 밀도는 얼마인가?

11. 다음의 변환을 식으로 완결하시오.
    (a) 89°F를 °C로 (b) 27.3°C를 K로 (c) 100K를 °F로

12. 다음 측정값에는 몇 개의 유효 숫자가 있는가?
    (a) 12.2센티미터 (b) 50.0킬로그램 (c) 0.0001리터

13. 다음의 식을 계산하시오.
    (a) (231cm)(27cm) =
    (b) 350km/3.30시간 =
    (c) (1.76)(2.4)/450 =
    (d) 2100 + 3.12 =
    (e) 4.5 + 56 − 0.006 =
    (f) 189.3 − 6.23 =

제 3 장 화학의 기본법칙과 원자의 구조

3-1 질량보존의 법칙

질량은 화학반응에서 생성되거나 창조되지 않고 소멸되지도 않는다. 화학변화에서는 한 물질에서 다른 물질로 변화될 뿐이다.

질량보존의 법칙의 유용성은 실험으로 쉽게 보여 줄 수 있다. 3.25g의 질산수은[$Hg(NO_3)_2$]과 3.32g의 아이오딘화포타슘(KI)을 물에 녹이고 그 용액을 섞으면 바로 화학반응이 일어나 불용성 주황색 아이오딘화수은(HgI_2) 고체를 형성한다.

이 혼합물을 여과하면 4.55g의 아이오딘화수은이 생기고, 물이 증발하면 2.02g의 질산포타슘(KNO_3)이 남는다.

그러므로 반응물 질량의 합(3.25g + 3.32g = 6.57g)은 정확히 생성물 질량의 합(4.55g + 2.02g = 6.57g)과 같다.

두 가지 반응물을 합친 질량 = 두 가지 생성물을 합친 질량

$$Hg(NO_3)_2 + 2KI \longrightarrow HgI_2 + 2KNO_3$$

1774년에 Lavoisier는 닫힌 용기 안에서의 연소에 대한 자세한 관찰을 통해 연소 생성물의 질량은 출발물질의 질량과 정확히 똑같다는 것을 증명하였다.

예를 들면, 수소가스를 연소하여 산소와 결합하면 물(H_2O)을 생성하고 물의 질량은 소모된 수소와 산소의 질량과 같다.

이 증명은 질량보존의 법칙(The law of mass consevation)이라는 원리의 기초가 되었다.

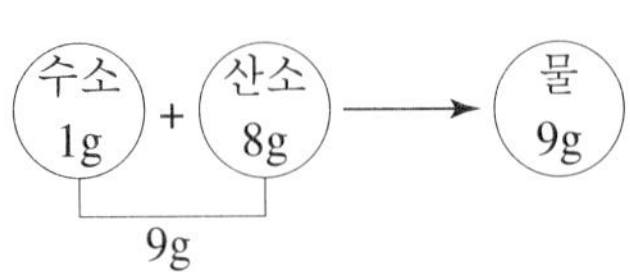

그림 3-1 질량보존의 법칙

즉, C(탄소) 12g과 O_2(산소) 32g이 반응하면 CO_2(이산화탄소)가 44g이 생긴다. 탄소와 산소의 전체 질량은 반응하여 생긴 이산화탄소의 질량과 같다. 이와 같이 화학변화에서 반응물질 질량의 총합은 반응 후에 생긴 생성물의 총합과 같다.

3-2 일정성분비의 법칙

같은 화합물에서 성분원소의 무게비(질량비)는 항상 일정하며, 화학적으로 순수한 어떤 화합물의 다른 시료에서도 원소들은 항상 동일한 무게비로 존재한다. 1799년에 프랑스 과학자 Joseph Proust가 이끌어 낸 이 원리는 일정성분비의 법칙(정비례의 법칙 ; The law of constant composition)이라고 부르는 화학의 기본원리가 되었다.

예를 들면, 어디에 존재하든, 어디에서 얻어졌든, 물의 수소와 산소의 질량비는 1 : 8이다. 그러므로 물 9.0g을 분해하면 수소 1.0g과 산소 8.0g이 생기고 물 18.0g을 분해하면 수소 2.0g과 산소 16.0g이 생긴다.

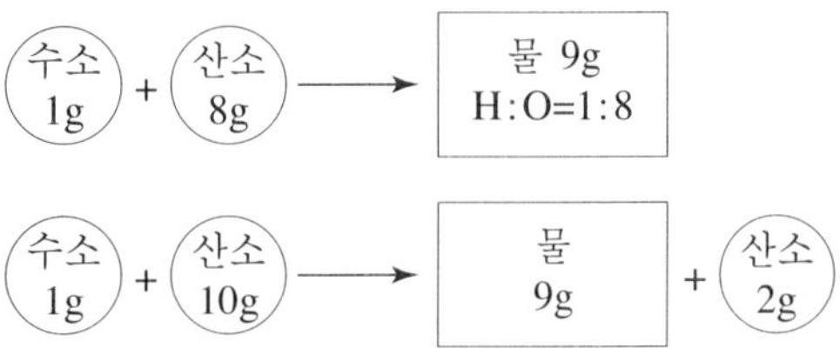

그림 3-2 일정성분비의 법칙

즉, 모든 물(H_2O) 시료는 항상 질량으로 수소 1부분과 산소 8부분을, 모든 이산화탄소(CO_2) 시료는 질량으로 탄소 1부분과 산소 2.7부분을 함유한다. 원소들은 불규칙한 비율이 아닌 일정한 비율로 결합한다.

Essential Concepts

오늘날에는 핵반응으로 인하여 원자를 더 작은 입자로 쪼갤 수 있게 되었다.

3-3 Dalton의 원자설

1803년에 John Dalton은 원자설(The atomic theory)을 발표하였다.

① 모든 물질(원소, 원자)은 더 이상 나눌 수 없는 작은 원자로 되어 있다.

② 원자는 두 가지 이상으로 쪼개지지 않고 다른 종류의 원자로 변화되지 않는다.
갈은 원소의 원자는 같은 질량을 갖지만, 다른 원소의 원자는 다른 질량을 갖는다. Dalton은 한 종류의 원자는 다른 원소의 원자와 분별되는 어떤 특징이 있어야 한다는 사실을 발견했다.

③ 화합물은 두 가지 이상의 원소의 원자가 일정한 비율, 즉 일정한 정수비로 결합한다. Dalton은 이 이론으로 질량보존의 법칙과 일정성분비의 법칙을 제안했다. 원자들은 범자연수(whole number)의 비로 결합하여 서로 다른 순수한 화합물을 만들며 항상 동일한 질량비로 원소를 함유한다(일정성분비의 법칙). 원자들은 절대로 분수의 비로 화학반응에 참여하지 않는다.

④ 원자는 화합반응의 기본단위이며, 창조되지 않고 파괴되지도 않는다.
화학변화는 원자들이 결합 · 분리 · 재배열되는 것이며, 화학반응은 원자들이 결합하는 방법을 다시 배열할 뿐이다. 원자 자체는 불변이다.
Dalton은 질량보존의 법칙을 위해서는 원자들이 화학적으로 파괴되지 않아야 한다는 것을 알았다. 만약 반응물과 생성물에 존재하는 원자의 종류와 수가 같으면, 반응물과 생성물의 질량은 같을 수밖에 없다. 그러나 과학의 발달로 ②와 ⑤ 조항은 핵반응에서 모순성이 발견되었고, 같은 원소의 원자는 질량 · 크기 · 성질이 모두 같다는 설은 동위원소의 발견으로 수정되었다.

⑤ 같은 원소의 원자는 질량, 크기, 성질이 모두 같다.
이 이론으로 배수비례의 법칙(The law of multiple proportions)을 예측하였다.

3-4 배수비례의 법칙

1802년에 Dalton은 일정한 양의 한 원소가 다른 원소와 반응하여 두 가지 이상의 화합물을 만들 때 다른 원소의 무게는 간단한 정수비를 이룬다고 주장했다.

원소들은 다른 방법으로 결합하여 다른 화합물을 만들고, 서로 다른 화합물에서 원소 간의 질량비는 범자연수의 배이다.

예를 들면, 질소와 산소는 7 : 8의 질량비로 결합하여 NO라고 알려진 물질을 만들거나, 7 : 16의 질량비로 결합하여 NO_2라고 알려진 물질을 만들 수도 있다. 이때 두 번째 물질은 첫 번째 물질보다 산소를 두 배 포함한다.

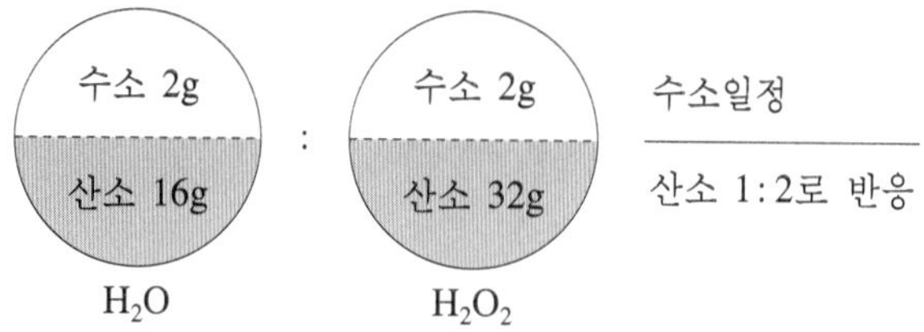

그림 3-3 배수비례의 법칙

이는 물질이 별개의 원자로 구성되고 명확한 방식으로 서로 결합한다고 가정할 때만 의미가 있다. 동일한 원소의 모든 원자는 동일한 질량을 갖고 다른 원소의 원자는 다른 질량을 갖는다.

예를 들면, 탄소와 산소의 화합물에서 일산화탄소는 탄소 42.88%와 산소 52.12%로, 이산화탄소는 탄소 27.29%와 산소 72.71%로 이루어진다. 이들 화합물에서 탄소에 대한 산소의 질량은 일산화탄소에서는 1.33, 이산화탄소에서는 2.67이 되므로 1 : 2라는 간단한 정수비가 성립된다.

- 일산화탄소 (CO) 중의 O $= \frac{16}{12} = 1.33$
- 이산화탄소 (CO_2) 중의 O $= \frac{16 \times 2}{12} = 2.67$
- 일산화탄소 : 이산화탄소 = 1.33 : 2.67 = 1 : 2.01

3-5 에너지

에너지란 물체의 일할 수 있는 능력이다. 에너지는 여러 가지 형태로 존재한다. 즉 기계, 화학, 전기, 열, 핵, 그리고 복사 또는 빛 에너지를 들 수 있다.

퍼텐셜에너지(potential energy)는 축적된 에너지 또는 대상물이 그것의 상대적인 위치 때문에 지니게 되는 에너지이다. 예를 들면, 지상 30m에 있는 공은 지상 10m에 있을 때보다 더 많은 퍼텐셜에너지를 가지므로 떨어뜨리면 더 높게 튕겨 올라갈 것이다. 댐 안에 갇혀있는 물은 전기 또는 기계에너지의 형태로 전환될 수 있는 퍼텐셜에너지를 가진다.

운동에너지(kinetic energy)는 물체의 운동에 기인하는 에너지이다. 댐 안에 갇힌 물을 방류하면 그것의 퍼텐셜에너지는 운동 에너지로 바뀌게 되고, 이러한 운동 에너지는 발전기를 돌려서 전기를 생산하는 데 사용될 수 있다. 모든 움직이는 물체들은 운동에너지를 가지고 있다.

에너지는 한 형태에서 다른 형태로 변화로 전환될 수 있다. 예를 들면, 기계에너지는 전기 발전기를 이용해서 90% 이상의 효율로 전기 에너지로 전환된다.

3-6 에너지보존의 법칙

에너지 변환은 화학 변화가 일어날 때마다 일어난다. 변화하는 동안 에너지가 흡수된다면 생성물은 반응물보다 많은 화학적 퍼텐셜을 가질 것이고, 반대로 화학 변화를 하는 동안 에너지가 방출된다면 생성물은 반응물보다 적은 화학적 퍼텐셜에너지를 가질 것이다.

물은 전해전지에서 전기에너지를 흡수하여 분해될 수 있다. 생성물인 수소와 산소는 물보다 높은 화학적 퍼텐셜을 갖는다(그림 3-4a). 이 퍼텐셜에너지는 수소와 산소가 다시 물을 형성하기 위해 연소될 때 열과 빛의 형태로 방출된다(그림 3-4b). 따라서 에너지는 한 형태에서 다른 형태로 또는 한 물질에서 다른 물질로 전환될 수 있으므로 손실되지 않는다.

어떠한 계도 다른 계가 갖고 있던 에너지의 소모 없이는 에너지를 얻지 못한다. 이것이 에너지 보존의 법칙(law of conservation of energy)이다.

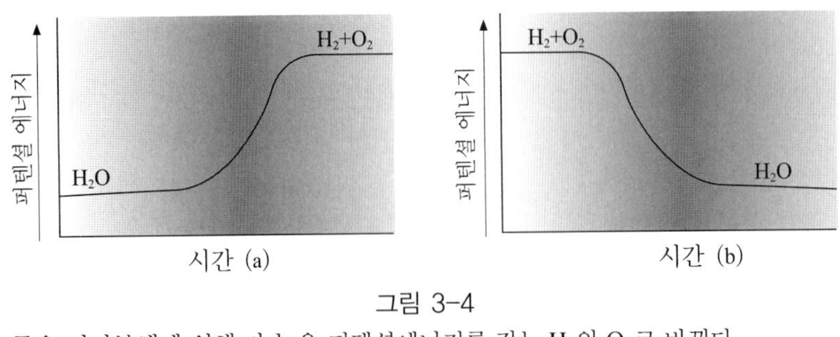

그림 3-4

(a) 물은 전기분해에 의해 더 높은 퍼텐셜에너지를 갖는 H_2와 O_2로 바뀐다.
(b) 수소가 산소에 의해 연소될 때, 에너지는 방출되고 생성물인 H_2O는 더 낮은 퍼텐셜에너지를 갖는다.

3-7 열에너지 측정

에너지에 대한 SI단위는 줄(joule)이다. 또 다른 단위는 칼로리(calorie)인데 이들 사이의 관계는 다음과 같다.

4.184 J = 1cal (정확하게)

4.184 J이나 1cal는 1g의 물을 보통 14.5°C에서 15.5°C까지 1°C 변화시키는 데 필요한 열에너지의 양이다.

열과 온도라는 용어의 의미의 차이는 다음 예로 알 수 있다. 두 개의 비커 A와 B가 있다. 비커 A에는 25°C의 물 100g이 있고, 비커 B에는 25°C의 물 200g이 들어 있다. 이들 모두 물의 온도가 35°C가 될 때까지 각각의 비커를 가열하여, 물의 온도가 똑같이 10°C 상승하였다. 그러나 비커 B 안의 물의 온도를 올리는 데는 비커 A 안의 물의 온도를 올리는 데 필요한 열(4184J)의 두 배의 열(8368J)이 필요하였다.

열용량은 비열로 환산하여도 좋다. 물질의 비열(specific heat)은 그 물질 1g의 온도를 1°C 변화시키는 데 필요한 열의 양이다. 물의 비열은 대부분의 물질보다 높다. 물의 비열이 1cal인 데 비하여 철과 구리의 비열은 0.113cal와 0.0921cal이다(표 3-3).

표 3-1 몇 가지 물질의 비열

물질	줄 열(J/g°C)	칼로리(cal/g°C)
물	4.184	1.000
에틸알코올	2.138	0.511
얼음	2.059	0.492
철	0.473	0.113
구리	0.385	0.0921
금	0.128	0.0312

한 계가 얻거나 잃은 열의 양 사이의 관계는 다음과 같이 나타낼 수 있다.

(물질의 질량)(물질의 비열)(Δt) = 열

여기서 Δt는 온도변화를 말한다.

따라서 물 100.0g의 온도를 10.0°C 상승시키는 데 필요한 열의 양은 다음과 같다.

$$(100.0g)(4.184J/g^\circ C)(10.0^\circ C) = 4.18 \times 10^3 J$$

[예제 3-1] 고체 200g의 온도를 20.0°C에서 70.2°C 상승시키는 데 1135cal가 필요하였다. 고체의 비열을 cal/g°C로 계산하시오.

풀이 열 = 1135cal, $\Delta t = 70.2^\circ C - 20.0^\circ C = 50.2^\circ C$
비열 = 1135cal/(200g)(50.2°C) = 0.113cal/g°C

3-8 원자의 구조

1. 원자의 구성

원자는 일정 수의 중성자와 양성자로 구성된 핵과 그 주위를 움직이는 음으로 하전된 전자로 구성된다. 즉, 원자의 중심에는 한 개의 원자핵(atomic nucleus)이 있고 그 주위를 전자가 둘러싸고 있다.

원자핵은 $10^{-5} \sim 10^{-4}$ Å 정도의 크기를 가진 입자로서, 수소의 원자핵을 제외하면 어느 것이나 양성자와 중성자로 되어 있다. 이 양성자와 중성자를 통틀어서 핵자(核子, nucleon)라고 한다. 각 원소의 원자핵에 들어 있는 양성자의 수는 같은 원소에서는 일정하며, 그 원소의 원자번호(atomic number)와 일치한다. 그러나 중성자의 수가 같은 원소라고 해도 반드시 일치하는 것은 아니다.

양성자는 단위 양전하($+4.80298 \times 10^{-10}$e.s.u)를 가지며, 그 질량은 1.6725×10^{-24}g이다. 중성자는 전하를 가지지 않으며, 양성자와 비슷한 1.6748×10^{-24}g의 질량을 가진다. 전자는 단위 음전하(-4.80298×10^{-10} e.s.u)와 9.1091×10^{-28}g의 질량을 가지고 있어서, 양성자의 질량에 비하여 1/1836에 불과하다.

그러므로 원자의 질량은 너무도 적어서 사용하는 데 크게 불편하기 때문에 각 원자 간의 질량비를 구하고, 다시 이것을 다루기 편한 값으로 환산하여 사용한다.

국제협약에 의하여, 양성자 6개와 중성자 6개를 가진 탄소 원자의 질량을 12.0000으로 정하고, 이것을 기준으로 하여 이것에 대한 다른 원자의 질량비를 구하여, 각 원소의 원자량으로 한다. 이 탄소-12 원자가 기준물질이 되므로 1원자 질량단위는 탄소-12 원자 1개 질량의 $^1/_{12}$에 해당하는 질량으로 정의된다.

$$\text{탄소}-12 \text{ 원자 1개의 질량} = 12\text{amu}$$

$$1\text{amu} = \frac{\text{탄소원자 1개의 질량}}{12}$$

양성자와 전자가 가지는 전하의 절대값은 같으며, 각 원소의 원자가 전기적으로 중성인 것은 원자핵 내의 양성자 수와 핵외 전자 수가 같음을 나타낸다. 따라서 원소의 성질을 지배하는 것은 원자번호로 표시되는 양성자 수와 핵 바깥의 전자 수와 그 배치상태이다.

원자핵에 포함되어 있는 양성자수와 중성자수를 합한 것을 질량수(mass number)라고 한다. 원자번호와 질량수에 의하여 구성된 원자 또는 원자핵의 하나하나를 핵종(核種, nuclide)이라고 하는데, 어떤 핵종을 나타낼 때는 일반적으로 원소기호의 왼쪽 위에 질량수를, 왼쪽 아래에 원자번호를 붙여 쓴다.

표 3-2 원자 내부의 입자들

입자	기호	질량	전하	원자 내에서의 위치
양성자	p^+	1	1^+	핵
중성자	n	1	0	핵
전자	e^-	1/1837	1^-	핵 바깥

2. 원소기호

원소기호는 라틴어에서 유래하였으며, 영어로 사용한다.

$^{23}_{11}\text{Na}$

- 23 → 질량수 = 양성자수 + 중성자수
- Na → 원소기호
- 11 → 원자번호 = 양성자수 = 전자수(중성원자)

그림 3-5 원소의 표시법 예

각 원소는 화학기호(chemical symbol)로 표기되는데, 대문자를 사용하고 2자 이상일 경우에는 첫 글자만 대문자를 사용한다.

예를 들면, carbon(탄소)=C, chlorine(염소)=Cl, nitrogen(질소)=N, zinc(아연)=Zn 등이 있다. 그러나 어떤 원소들은 그들의 이름과 전혀 관계가 없는 것 같이 보이는데, 이들은 라틴어명에서 따왔기 때문이다.

kalium(칼륨)=K, natrium(나트륨)=Na, argentum(은)=Ag, hydrargyrum (수은)=Hg, cuprum(구리)=Cu 등이 여기에 속한다.

3. 원자번호(atomic number)

원자핵에 있는 양성자의 수를 원자번호라고 한다. 원자의 성질은 원자핵에 있는 양성자의 수로 결정되며, 원자의 성질은 원자번호로 결정된다.

수소핵의 양성자는 1개이고 산소핵의 양성자는 8개이므로 수소의 원자번호는 1이고 산소의 원자번호는 8이다. 원자번호는 $_1H$, $_8O$와 같이 원소기호 왼쪽 아래에 표기한다. 그러므로 원소명은 원자번호가 같은 원소의 총칭이라고 생각할 수 있다.

원소들은 그 원자에 있는 양성자 수에 따라 서로 다르다. 이 값을 원소의 원자번호(Z)라고 부른다. 동일한 원소의 모든 원자들은 같은 수의 양성자를 포함한다.

- 원자번호(Z) = 양성자 수 = 전자 수(중성원자)
- 질량수(A) = 양성자 수(Z) + 중성자 수(N) = 핵자

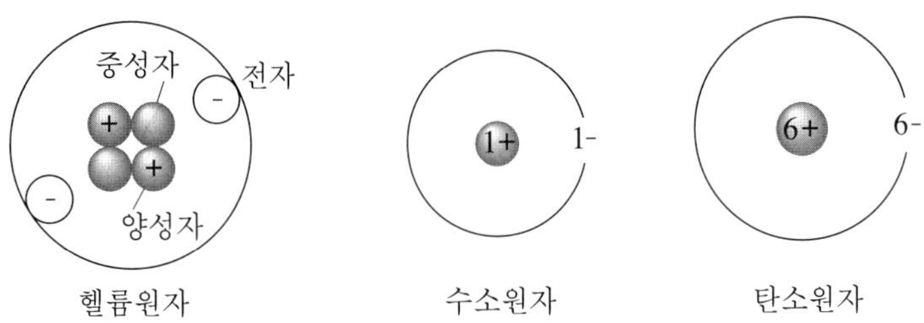

그림 3-6 수소, 탄소, 원자의 구조

대부분의 수소원자는 중성자가 없고 양성자 한 개만 가지므로 질량수(A)는 1(1+0)이다. 대부분의 헬륨 원자는 양성자 두 개와 중성자 두 개를 가지므로 질량수(A)는 4(2+2)이다. 또한 대부분의 탄소원자는 양성자 6개와 중성자 6개를 가지므로 질량수(A)는 12(6+6)이다.

이처럼 수소를 제외한 모든 원자들은 적어도 양성자 수만큼의 중성자 수를 가지고 있다. 그러나 특정 원자들이 몇 개의 중성자 수를 가질 수 있는가를 예측할 수 있는 간단한 방법은 없다.

대부분의 수소원자는 질량수가 1이고, 대부분의 헬륨원자는 질량수가 4이며, 대부분의 탄소 원자는 질량수가 12라는 것에 주목하자.

실제로 한 원소의 원자들이 중성자를 얼마나 갖는가에 따라 서로 다른 질량수를 가질 수 있다.

원자번호는 같으나 질량수가 서로 다른 핵종을 동위원소(isotope)라고 한다. 같은 원소의 동위 원소는 일반적으로 화학적 성질이 같다. 이 사실은 화학 변화를 할 때 원자핵은 관여하지 않고 핵외 전자만이 관여하고 있음을 의미한다. 예를 들면 수소는 세 종류의 동위원소들을 가진다.

모든 수소 원자들은 핵에 1개의 양성자를 갖지만(그렇지 않으면 수소가 아니다) 대부분(99.985%)은 중성자는 가지지 않는다. 이러한 수소원자를 프로튬(protium)이라고 부르며 질량수는 1이다. 나머지 0.015%는 1개의 중성자를 가지며 그 질량수는 2이다.

이런 수소를 중수소(deuterium)라고 하며, 중성자 2개를 가진 질량수 3인 수소를 삼중수소(tritium)라고 한다. 불안정한 방사성 동위원소인 삼중수소는 미량만 존재하고 핵 반응기에서 인공적으로 만들어진다.

Essential Concepts

동위원소(isotope)

- 원자번호는 같고, 질량수가 다른 원소
- 양성자 수는 같고 중성자 수가 다른 원소
- 화학적 성질은 같고 물리적 성질이 다른 원소를 말한다.

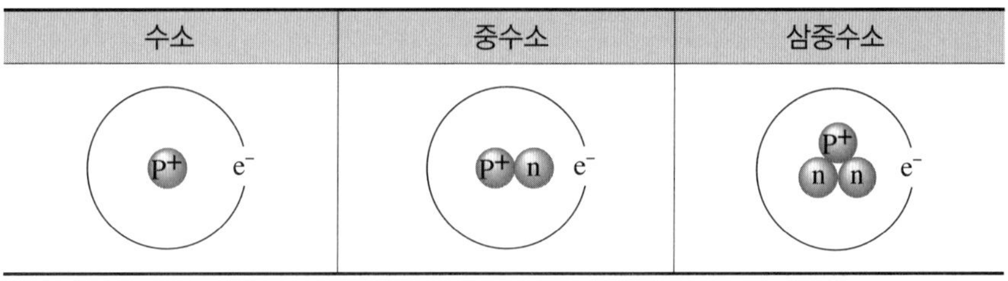

그림 3-7 수소의 세 가지 동위원소

다른 예로, 탄소는 13가지 동위원소가 알려져 있으나 보통 두 가지만 존재하며, 우라늄은 25가지 동위원소가 알려져 있으나 보통 세 가지만 존재한다.

일정한 동위원소는 원소기호에 질량수를 왼쪽 위첨자로, 그리고 원자번호를 왼쪽 아래첨자로 표시한다. 가령, 수소는 $^{1}_{1}H$로, 중수소는 $^{2}_{1}H$로, 삼중수소는 $^{3}_{1}H$로 표시한다. 이와 유사하게 자연계에 존재하는 탄소의 두 동위원소는 $^{12}_{6}C$(탄소−12라고 부른다)와 $^{13}_{6}C$(탄소−13이라고 부른다)로 표시할 수 있다.

동위원소에 있는 중성자 수는 질량수(위첨자)에서 원자번호(아래첨자)를 빼서 계산한다. 예를 들어 $^{12}_{6}C$는 6개(12−6)의 중성자를 가진다.

중성자 수는 원소의 화학적 성질에 거의 영향을 주지 않는다. 원소의 화학적 성질은 전자 수에 따라 결정되고 전자 수는 양성자 수에 따라 결정된다. 수소의 세 가지 동위원소는 화학반응에서 거의 동일하게 행동한다.

① 원자 : 원자는 중심에 플러스 전하를 띤 원자핵(nucleus)과 주위에 마이너스 전하를 띤 여러 개의 전자(electron)로 되어 있다. 원자핵의 양전기량과 전자의 음전기량은 같아서 원자 전체는 전기적으로 중성이다.

② 원자핵 : 원자핵은 +전하인 양성자와 전기적으로 중성인 중성자로 이루어져 있으며, 같은 원소의 원자핵 속에는 같은 수의 양성자가 들어 있다.

③ 양성자 : 양성자 1개와 전자 1개의 전기량이 같으므로 원자핵 중의 양성자 수와 원자핵 주위에 존재하는 전자(핵외 전자)의 수는 같다.

④ 중성자 : 원자핵을 이루고 전기적으로 중성이며 양성자와 질량이 같다.

⑤ 전 자 : 원자핵 주위를 회전하는 전자의 수는 원자핵에 있는 양성자 수와 같다. 원자의 화학적인 성질은 전자의 수로 결정되며, 중성자의 수와는 관계없다. 그 예로 수소의 원자핵에는 한 개의 양성자가 있으나 중성자는 0개 · 1개 · 2개인 것이 있으며, 전자는 모두 한 개이다. 그리고 화학적 성질은 모두 같다.

원자는 매우 작아서 맨눈에 보이는 가장 작은 먼지 조각일지라도 약 10^{16}개 원자를 포함한다. 그램(g)으로 표시하는 단일 원자의 질량은 일상적으로 사용하기에 너무 작아서 화학자들은 원자질량단위(amu ; atomic mass unit)를 사용하며 이 단위는 달톤(Dalton ; Da)이라고도 한다.

1질량단위는 ${}^{12}_{6}C$ 원자량의 $1/_{12}$로 정의되며, 1.661×10^{-24}g과 같다.

① $$\text{탄소} - 12\text{원자 1개} \times \frac{\text{탄소} - 12\ \text{원자 1mol}}{\text{탄소} - 12\ \text{원자}\ 6.022 \times 10^{23}\text{개}} \times$$

$$\frac{\text{탄소} - 12\ \text{원자 12.009g}}{\text{탄소} - 12\ \text{원자 1 mol}} = 1.993 \times 10^{-23}\text{g 탄소} - 12\text{원자}$$

② $$\frac{\text{g}}{\text{amu}} = \frac{1.993 \times 10^{-23}\text{g}}{12\text{amu}} = 1.661 \times 10^{-24}\text{g/amu}$$

4. 원자량(atomic mass)

원자의 질량은 원자핵을 구성하고 있는 양성자와 중성자의 수로 결정되며, 양성자와 중성자 수를 합한 것을 질량수라고 한다. 양성자의 질량과 중성자의 질량은 거의 같고, 전자의 질량은 양성자 질량의 1/1,836이므로 원자의 질량은 양성자 수와 중성자 수에 의하여 결정된다.

전자 한 개의 질량은 양성자와 중성자의 질량에 비해서 무시할 정도로 작기 때문에 1amu를 $^{12}_{6}C$ 원자량의 $^{1}/_{12}$로 정의하는 것은 양성자와 중성자의 질량이 1amu와 거의 일치한다는 것을 의미한다.

그러므로 동위원소질량(isotopic mass)이라는 원자질량단위로 표시한 원자량은 산술적으로 원자의 질량에 매우 가깝다. 예를 들면 $^{1}_{1}H$ 원자는 질량이 1.007825amu이고 $^{235}_{92}U$ 원자는 질량이 235.043924amu다.

자연계에 존재하는 대부분의 원소는 다른 동위원소들과 혼합물로 존재한다. 주기율표를 살펴보면 각 원소의 밑에 원소의 원자량이라는 값을 볼 수 있다(특별히 표시하지 않았지만 amu 단위이다).

원자번호 ⟶ $_{11}$Na ⟵ 기호

22.98977 ⟵ 원자 질량

그림 3-8 나트륨 원자 표기법

한 원소의 원자량(atomic mass)은 자연계에 존재하는 동위원소들의 존재비를 고려한 동위원소질량의 가중평균값이다. 즉 평균 원자량이다.

예를 들면 지구상의 탄소는 $^{12}_{6}C$(98.89% 존재)와 $^{13}_{6}C$(1.11% 존재)의 두 가지 동위원소 혼합물로 존재한다.

개별적으로 각 탄소는 질량이 12amu(탄소−12)와 13.0034amu(탄소−13)이지만, 탄소 동위원소 원자들의 평균질량, 즉 원자량은 12.011amu이다(탄소의 동위원소 $^{14}_{6}C$는 성층권에서 우주방사선이 $^{14}_{7}N$과 충돌할 때 생성되고 너무 적은 양으로 존재하므로 원자량을 계산할 때 무시할 수 있다).

$$\begin{aligned} \text{C 원자량} &= (^{12}_{6}\text{C 질량})(^{12}_{6}\text{C 존재비}) + (^{13}_{6}\text{C 질량})(^{13}_{6}\text{C 존재비}) \\ &= (12\ \text{amu})(0.9889) + (13.0034\text{amu})(0.0111) \\ &= 11.867\text{amu} + 0.144\text{amu} = 12.011\text{amu} \end{aligned}$$

원자량을 이용하면 원소 시료의 무게를 측정하여 많은 원자수를 계산할 수 있다. 예를 들면 1.00mg(1.00×10^{-3}g) 무게를 갖는 작은 탄소 조각은 5.01×10^{19} 탄소 원자가 포함되어 있다.

$$1.00 \times 10^{-3}\cancel{g} \times \frac{1\cancel{amu}}{1.661 \times 10^{-24}\cancel{g}} \times \frac{1\text{ C 원자}}{12.01\cancel{amu}} = 5.01 \times 10^{19}\text{C원자}$$

원자는 매우 작기 때문에 개개 원자의 질량을 결정할 수는 없지만 상대적 원자량은 결정할 수 있다(원자 질량과 원자량은 같은 뜻으로 쓰인다).

예를 들면, 탄소와 산소 사이에 생성된 화합물에서 탄소 3.0g이 산소 4.0g과 화합할 때 산소는 탄소가 이 화합물에 대하여 기여하는 질량의 4/3배를 기여한다. 만약 이 물질이 탄소원자 1개와 산소원자 1개로 된 분자로 이루어진다면 산소의 질량은 탄소의 질량의 4/3가 되므로 두 원소의 상대적 질량을 결정할 수 있다.

5. 몰(mol)

(1) 몰의 개념

① 아보가드로 수 : 탄소 원자의 질량은 수소 원자의 12배이므로, 12g의 탄소와 수소 1g에 들어 있는 원자수는 같다. 따라서 어떤 원소의 원자량에 g을 붙인 질량에 들어 있는 원자수 N은 모두 같다.

- 탄소 원자의 N값 계산 : 탄소 원자량은 12이고, 탄소 원자 1개의 질량은 1.993×10^{-23} g이다. 그러므로 탄소 12g이 들어 있는 탄소 원자의 개수 N은 다음과 같다.

$$N = \frac{12g}{1.993 \times 10^{-23}g} = 6.02 \times 10^{23}$$

- 아보가드로 수(Avogadro' number) : 6.02×10^{23}개의 숫자를 말한다. 원자의 경우, 원자량에 g을 붙인 질량에는 아보가드로 수만큼의 원자들이 들어 있다.

② 몰 : 개수를 나타내는 단위

예 : 연필 12자루 : 1다스, 달걀 30개 : 1판, 배추 100포기 : 1접

- 1몰 : 6.02×10^{23}개의 입자(원자, 분자, 이온, 전자)의 집단

  원자 1몰 = 원자 6.02×10^{23}개 (아보가드로 수)

  분자 1몰 = 분자 6.02×10^{23}개

  이온 1몰 = 이온 6.02×10^{23}개

- 몰 수 = 입자수/6.02×10^{23}
- 분자수와 원자수 : 분자나 물질은 일정한 개수의 원자나 이온으로 이루어져 있으므로 분자나 물질의 몰 수를 알면 구성원자의 몰 수도 알 수 있다.

  예 : 물(H_2O) 1몰 ⇒ H_2O 분자 1몰 ⇒ H 원자 2몰과 O 원자 1몰

(2) 물질의 양과 몰

① 1몰의 질량 : 원자나 분자, 이온 1몰의 질량은 원자량, 분자량, 이온식량에 g을 붙인 값으로 원자 · 분자 · 이온 6.02×10^{23}개의 질량이다.

표 3-3 몰과 화학식량의 관계

H의 원자량 : 1
H_2O의 분자량 : 18
NaCl의 화학식량 : 58.5

g을 붙이면 →

1g : H 원자 1몰
18g : H_2O 1몰
58.5g : NaCl 1몰

포함된 입자수 →

H원자 6.02×10^{23}개
H_2O분자 6.02×10^{23}개
Na^+ 6.02×10^{23}개
Cl^- 6.02×10^{23}개

표 3-4 몰과 입자수

1몰의 질량(g)		입자 1몰		1몰 입자의 수(개)
분자량에 g	⟺	분자 1몰	⟺	6.02×10^{23}개의 분자
원자량에 g	⟺	원자 1몰	⟺	6.02×10^{23}개의 분자
이온식량에 g	⟺	이온 1몰	⟺	6.02×10^{23}개의 이온

② 원자와 분자의 실제 질량

$$\text{원자(분자) 1개의 실제 질량} = \frac{\text{원자량(분자량)}}{N}\,\text{g}$$

$$N = \text{아보가드로 수}(6.02 \times 10^{23})$$

예 : 탄소원자 한 개의 실제 질량은 탄소원자 1몰(=12g) 중에 C원자 6.02×10^{23}개가 들어 있으므로

$$\text{C원자 한 개의 질량} = \frac{12}{6.02 \times 10^{23}} = 1.99 \times 10^{-23}(g)$$

③ 이온결정 물질의 질량 관계 : 이온결정 물질의 실험식량과 이온들의 이온량에 g을 붙인 값은 그 물질이나 이온들의 1몰 질량과 같다.

표 3-5 이온결정 물질의 질량 관계

물질	화학식량	1몰의 질량	구성입자의 몰 수	구성입자의 수
$MgCl_2$	95.3	95.3g	Mg^{2+} 1몰 Cl^- 2몰	Mg^{2+} : 6.02×10^{23}개 Cl^- : $2 \times 6.02 \times 10^{23}$개
SO_4^{2-}	96.0	96.0g	S 원자 1몰 O 원자 4몰	S : 6.02×10^{23}개 O : $4 \times 6.02 \times 10^{23}$개

(3) 몰 부피

① 기체 1몰의 부피 : 0°C, 1기압(표준 상태)에서 기체 1몰은 22.4L를 차지하며, 그 속에는 6.02×10^{23}개의 분자가 들어 있다.

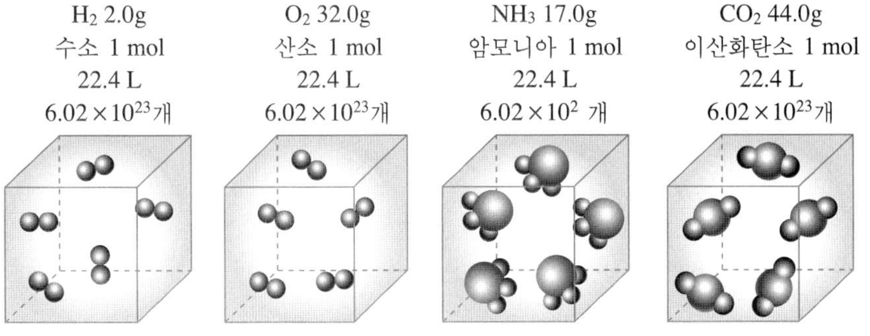

그림 3-9 기체 1몰의 부피

② 기체의 몰 수와 부피 관계 :

$$\text{기체의 몰 수} = \frac{VL}{22.4L}(\text{°C, 1기압}),\ \text{기체의 부피}(V) = n \times 22.4L$$

③ 물질의 양, 입자수, 질량, 부피의 관계

1 몰 = (화학식량)g = 6.02×10^{23}개 = 22.4L(0°C, 1기압)

(4) 몰과 화학식량

① 1몰의 질량 = 화학식량 g

② 몰 수 = 질량/화학식량, 몰 수 = 질량/원자량, 몰 수 = 질량/분자량
③ 원자(분자)1개의 질량 = 원자량(분자량)/6.02 × 10^{23}

표 3-6 몰과 화학식량과 입자수

입 자	화학식	화학식량	1몰의 질량	1몰 속의 각 입자수
탄소 원자	C	12.0	12.0 g	C 원자 6.02 × 10^{23}개
물	H_2O	18.0	18.0 g	물분자 6.02 × 10^{23}개
염화나트륨	NaCl	58.5	58.5 g	Na^+, Cl^- 각각 6.02 × 10^{23}개

Question

1. 철 65g의 온도를 25°C에서 75°C로 상승시키는 데 몇 줄(J)의 에너지가 필요한가?(단, 철의 비열은 0.473J/g°C이다.)

2. 에탄올 25.0g을 25.0°C에서 끓는점 78.5°C로 상승시키는 데 몇 줄(J)의 에너지가 필요한가?(단, 에탄올의 비열은 2.138J/g°C이다.)

3. 거의 모든 원자의 질량은 원자의 어느 부분에 들어 있는가?

4. 원소의 원자 질량이 정수가 아닌 이유를 설명하시오.

5. 다음의 각 원자를 동위원표기법으로 나타내시오.
   (a) 원자번호 = 8, 질량수 = 16
   (b) 원자번호 = 20, 질량수 = 45
   (c) 원자번호 = 15, 질량수 = 31

6. 자연에 존재하는 두 가지 동위원소만 존재하는 어떤 원소에서 질량이 68.9257amu인 원자가 60.4%이다. 다른 동위원소의 원자 질량이 70.9249amu일 때, 이 원소의 평균원자질량을 계산하고, 이 원소를 확인하시오.

제 4 장 화학식과 화학반응식

4-1 화학식(chemical formula)

1. 화합물을 나타내는 식

화합물(compound)은 둘 이상의 원소들의 원자들로 구성되어 있다. 화학식(chemical formula)은 화합물 내 원소들의 기호와 원자의 비를 나타낸다. 염화 포타슘은 염소 한 원자당 포타슘 한 원자를 포함하고 있고 화학식은 KCl이다. 물의 화학식은 H_2O이며, 이는 물분자 하나가 수소원자 두 개와 산소원자 한 개를 가지고 있다는 것이다.

화합물의 화학식은 화합물을 구성하는 원소가 무엇이며, 한 화학식의 단위에 존재하는 각 원소의 원자수가 얼마나 되는지를 알려준다. 예를 들면 글루코오스의 한 단위는 탄소원자 여섯 개, 수소원자 열두 개, 산소원자 여섯 개로 구성되어 있다. 우리는 이 화합물을 $C_6H_{12}O_6$로 표시할 수 있다.

이 화학식은 "C-six-H-twelve-O-six"로 읽는다. 원소기호의 오른쪽 아래 쓴 숫자를 아래첨자라 부른다. 글루코오스에서 6, 12, 6이 아래첨자이다.

화학식을 쓰는 규칙

- 각 원자는 원소기호로 나타낸다.
- 원자 각각의 개수는 원소기호 오른쪽에 아래첨자로 나타낸다.
- 원자가 1개만 존재할 때, 아래첨자 1은 쓰지 않는다.

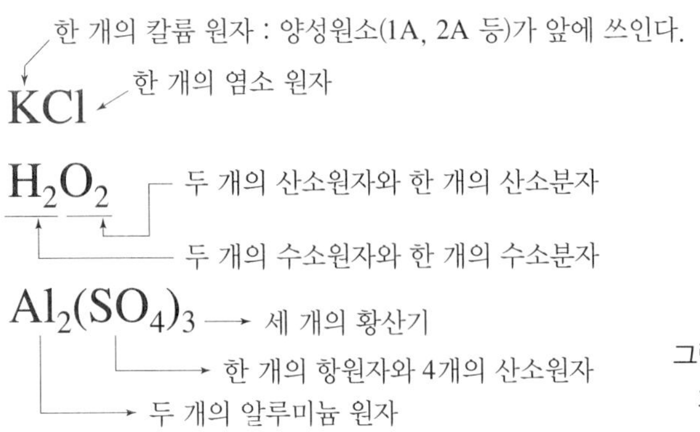

그림 4-1
화학식의 의미

[예제 4-1] 다음 화합물 각각에 대한 화학식을 쓰시오.
(a) 염화수소 : 수소 1원자 + 염소 1원자
(b) 황산 : 수소 2원자 + 황 1원자 + 산소 4원자
(c) 염화알루미늄 : 알루미늄 원자 1원자 +염소 3원자

풀이 (a) HCl (b) H_2SO_4 (c) $AlCl_3$

화학식은 화합물을 구성하는 원자, 분자의 기를 화학기호로 표시한 것이다. 이와 유사한 것으로 화학구조식, 시성식, 분자식, 실험식 등이 있다.

화합물은 화학식으로 나타낼 수 있다. 많이 쓰이는 화합물을 화학식으로 표시하면 다음과 같다.

• 염산	HCl	• 질산	HNO_3
• 이산화탄소	CO_2	• 포도당	$C_6H_{12}O_6$
• 설탕	$C_{12}H_{22}O_{11}$	• 인산	H_3PO_4
• 수산화나트륨	NaOH	• 초산	CH_3COOH
• 이인산칼륨	K_2HPO_4	• 디에틸에테르	$C_2H_5OC_2H_5$
• 아세톤	CH_3COCH_3	• 황산	H_2SO_4
• 염화칼슘	$CaCl_2$	• 염화마그네슘	$MgCl_2$
• 탄산나트륨	$NaCO_3$	• 염화암모늄	NH_4Cl
• 중탄산나트륨(중조)	$NaHCO_3$	• 차아염소산소다	NaClO

2. 실험식과 분자식

실험식(empirical formula)은 화합물에 존재하는 원자의 가장 작은 정수비를 나타낸다. 이 화학식은 화합물에 들어 있는 각 원소의 상대적인 원자수를 나타낸다.

분자식(molecular formula)은 한 개의 분자에 존재하는 각 원소의 종류와 총 수를 나타내는 화학식이다. 둘 이상의 물질이 서로 다른 화합물일지라도 같은 조성 백분율을 가질 수 있다. 예를 들면, 아세틸렌(C_2H_2)은 용접에 사용하는 기체이며, 벤젠(C_6H_6)은 콜타르에서 얻는 용매로서 스타이렌과 나일론 합성에 사용한다.

아세틸렌과 벤젠은 모두 92.3%의 C와 7.7%의 H를 함유하고 있다. 이러한 백분율에 해당하는 C와 H의 가장 작은 비는 1 : 1이다. 그러므로 아세틸렌과 벤젠의 분자식은 각각 C_2H_2와 C_6H_6이지만, 실험식은 모두 CH이다.

간혹 실험식과 분자식이 동일한 경우가 있다. 만약 분자식이 실험식과 동일하지 않다면, 분자식은 실험식의 정수배일 것이다. 예를 들면

CH = 실험식

$(CH)_2$ = C_2H_2 = 아세틸렌(분자식)

$(CH)_6$ = C_6H_6 = 벤젠(분자식)

3. 분자식과 시성식

(1) 시성식(rational formula)

화합물에서 물질의 성질은 그 물질의 분자에 함유된 기(radical) 또는 원자단(group)에 의해서 나타난다. 시성식은 분자 내에 기와 원자단을 명기한 화학식이다. 화합물의 특성을 일일이 구조식으로 표기하는 것은 복잡하므로 그 화합물의 특성을 나타내는 원자단의 결합상태를 명기한 식이다.

예를 들면, 다음과 같은 다양한 표현이 가능하다.

CH_2CH_3OH
C_2H_5OH (ethylalcohol), CH_3COOH (acetic acid)

표 4-1 분자식과 시성식

물질	에탄올	아세트알데히드	아세톤	디메칠메테르
작용기	–OH	–CHO	–CO–	–O–
분자식	C_2H_6O	C_2H_4O	C_3H_6O	C_2H_6O
시성식	C_2H_5OH	CH_3CHO	CH_3COCH_3	CH_3OCH_3

(2) 구조식(structural formula, constitution formula)

분자 내의 각 원자들의 결합상태를 원자가와 같은 수의 결합선으로 이어서 나타낸 식이다. 유기화합물 중에는 분자식은 같으나 성질이 다른 화합물이 많다. 이와 같은 화합물을 이성체(isomer)라고 부르며, 구조식을 사용하여 구별한다. 즉, 선이 2개면 이중결합이라고 하며 3개면 삼중결합이라고 부른다. 그리고 2개, 3개의 결합은 각각 4개, 6개의 전자를 공유한다.

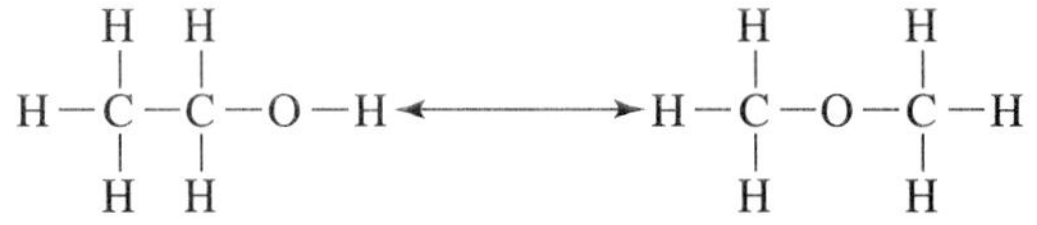

ethyl alcohol ($CF=C_2H_6O$)　　methyl ether ($CF=C_2H_6O$)

그림 4-2 C_2H_6O의 이성체

4. 실험식의 계산

화합물에서 가장 중요한 것 중 하나가 화학식이다. 화합물의 화학식을 계산하기 위해서는 먼저 존재하는 원소들의 상대적인 질량을 정해야 한다.

예를 들어, 2.636g의 순수한 니켈 금속을 초자에 넣고 공기 중에서 가열하여 니켈이 공기 중의 산소와 반응하여 산화니켈을 만들었다. 시료를 식힌 후에 다시 그 질량을 측정하니 3.354g이었다. 화합물에서 산소가 차지하는 질량은 생성물의 총 질량에서 니켈의 질량을 뺀 것이다.

산화니켈의 전체 질량 − 원래 존재하는 니켈의 질량 = 니켈과 반응한 산소의 질량

즉, 3.354g − 2.636g = 0.718g

따라서 산화니켈에는 2.636g의 니켈과 0.718g의 산소가 있다. 산화니켈의 화학식을 구하기 위해서는 각 원자의 원자 질량을 사용하여 원자의 질량을 원자수로 변환하여야 한다.

2.636g Ni × 1mol Ni 원자/58.69g = 0.04491mol Ni 원자

0.718g O × 1mol O 원자/16.00g = 0.04491mol O 원자

원자의 몰 수로부터 화합물에는 같은 수의 Ni과 O원자가 있다는 것을 알 수 있으므로, 화학식은 NiO가 된다.

화합물의 실험식을 계산하는 절차

단계 1. 각 성분 원소의 질량을 구한다.

단계 2. 각 원자에 대하여 몰 수를 계산한다.

단계 3. 각 원소의 몰 수를 두 수 중 더 작은 몰수로 나누어 최솟값이 1이 되도록 변환한다. 얻은 값이 모두 정수이면, 이 값들이 실험식의 아래첨자가 된다. 하나 이상의 숫자가 정수가 아니면 다음 단계를 진행한다.

단계 4. 앞 단계에서 구한 숫자에 적절한 최소한의 정수를 곱하여 모든 숫자가 정수가 되게 한다. 이렇게 구한 정수들이 실험식의 아래첨자가 된다.

[예제 4-2] 철(Fe)과 2.367g과 황(S) 1.926g을 결합하여 철 황화물을 생성하였다. 이 화합물의 실험식은 무엇인가?

풀이 단계 1과 2 각 원소의 상대적인 몰 수를 구한다.

Fe : (2.3669g Fe)(1 mol Fe 원자/55.85g Fe) = 0.04238 mol Fe 원자

S : (2.0400g S)(1 mol S 원자/32.07g S) = 0.06361 mol S 원자

단계 3. 각 몰 수를 두 수 중 더 작은 몰 수로 나눈다.

Fe = 0.04238mol/0.04238mol = 1.000

S = 0.06361mol/0.04238mol = 1.501

단계 4. 정수비를 얻지 못했으므로, 각각의 값에 2를 곱하여 Fe 2.000원자 대 S 3.000 원자의 비를 얻는다.

Fe : (1.000)2 = 2.000 S : (1.501)2 = 3.002

따라서 실험식은 Fe_2S_3이다.

5. 분자식의 계산

몰 질량을 안다면 분자식은 실험식으로부터 계산할 수 있다. 분자식은 실험식과 같거나 몇 배를 한 것이다. 예를 들면, 탄소와 수소의 화합물의 실험식이 CH이면 분자식은 (CH)n, n = 1, 2, 3, 4, … 로 나타낼 수 있다. 즉 분자식이 CH, C_2H_2, C_3H_3, C_4H_4 등일 수 있다는 것을 의미한다. 분자식을 결정하기 위해서는 n값을 구해야 한다.

n = 몰 질량 / 실험식의 질량 = 실험식의 단위 수

[예제 4-3] 포도당에는 질량 백분율로 탄소가 40.0%, 수소가 6.71%, 그리고 산소가 52.3% 들어 있다는 것을 확인하였고, 다른 실험으로 포도당의 분자량이 180임을 알았다. 포도당의 분자식을 구하시오.

풀이 100.0g의 포도당을 사용하였다면 각 원소의 몰 수는 다음과 같다.

C : 40.00g C/ (12.01g C/ 1mol C) = 3.33mol

H : 6.71g H/ (1.01g H/ 1mol H) = 6.64mol

O : 52.3g O/ (16.00g O/ 1mol C) = 3.33mol

세 원소의 몰 수의 비는 C : H : O = 3.33 : 6.64 : 3.33 = 1 : 2 : 1 이므로 실험식은 CH_2O가 된다.

CH_2O의 실험식 량 = 12.01 + 2 × 1.01 + 16.00 = 30.03이다.

$(CH_2O)n$ = 180에서 (30.03)n = 180 이므로 n = 6이다.

따라서 포도당의 분자식은 $C_6H_{12}O_6$가 된다.

4-2 화학물 명명(법)

1. 화합물의 명명

두 원소로 구성된 화합물인 이성분 화합물(binary compound)은 크게 두 종류로 나눌 수 있다.

(1) 금속과 비금속으로 이루어진 화합물
(2) 두 개의 비금속으로 이루어진 화합물

2. 금속과 비금속으로 이루어진 이성분 화합물의 명명(유형 I 과 II)

나트륨과 같은 금속이 염소와 같은 비금속과 결합할 때 생성되는 화합물은 이온을 포함한다. 금속은 하나 이상의 '전자를 잃어 양이온(cation)이 되고, 비금속은 하나 이상의 전자를 얻어 음이온(anion)이 된다. 이렇게 생성된 물질을 이성분 이온결합 화합물(binary ionic compound)이라고 한다.

이성분 이온 결합 화합물은 양이온과 음이온으로 이루어지는데, 화학식은 양이온을 먼저 쓰고, 나중에 음이온을 쓴다. 이들 화합물을 명명하기 위해서 이온들을 간단히 명명한다.

화합물에 포함된 양이온에 따라 두 가지 유형의 이성분 이온결합 화합물이 있다. 어떤 금속원자들은 한 개의 양이온만을 형성한다. 예를 들면 나트륨(Na)은 항상 Na^+를 이루며, Na^{2+}나 Na^{3+}를 형성하지 않는다. 또한 Cs은 Cs^+, Ca은 Ca^{2+}, 그리고 Al은 언제나 Al^{3+}만을 형성한다.

이러한 유형의 금속이온을 포함하는 화합물을 유형 I 이성분 화합물이라고 하고, 이들이 포함하는 양이온을 유형 I 양이온이라고 한다. Na^+, Ca^{2+}, Cs^+, Al^{3+}는 유형 I 양이온이다.

다른 금속은 둘 이상의 양이온을 형성할 수 있다. 예를 들면, 크로뮴(Cr)은 Cr^{2+}와 Cr^{3+}를 형성할 수 있고, Cu는 Cu^+와 Cu^{2+}를 형성할 수 있다. 이러한 이온은 유형 II 양이온이라고 하고, 이들 화합물은 유형 II 이성분이라고 한다. 요약하면,

① 유형 I 화합물 : 한 가지의 양이온만 형성하는 금속
② 유형 II 화합물 : 두 가지 이상의 서로 다른 전하를 갖는 양이온을 형성하는 금속

몇 가지 일반적인 양이온과 음이온의 이름을 표 4-1에 나열하였다.

표 4-2 일반적인 간단한 양이온과 음이온

양이온	이름/영문(국문)	음이온	이름/영문(국문)
H^+	hydogen(수소)	H^-	hydride(수소화)
Li^+	lithium(리튬)	F^-	fluoride(플루오린화)
Na^+	sodium(소듐 또는 나트륨)	Cl^-	chloride(염화)
K^+	potassium(포타슘 또는 칼륨)	Br^-	bromide(브로민화)
Cs^{2+}	cesium(세슘)	I^-	iodide(아이오딘화)
Be^{2+}	beryllium(베릴륨)	O^{2-}	oxide(산화)
Mg^{2+}	magnesium(마그네슘)		
S^{2+}	sulfide(황화)		
Ca^{2+}	calcium(칼슘)		
Ba^{2+}	barium(바륨)		
Al^{3+}	aluminum(알루미늄)		
Ag^+	silver(은)		
Zn^{2+}	zinc(아연)		

유형 I 이온결합 화합물의 명명규칙

단계 1. 음이온을 항상 먼저 쓰고 양이온을 나중에 쓴다(영어에서는 양이온을 먼저 쓰고 음이온을 나중에 쓴다).

단계 2. 단일 원자로 된 양이온은 원소의 이름을 그대로 쓴다. 예를 들어, Na^+는 이 이온을 포함하는 화합물의 명명에서 나트륨 또는 소듐(sodium)이라고 한다.

단계 3. 단일 원자로 된 음이온은 원소의 이름의 어근에 -화(-ide)를 붙여 명명한다. 따라서 Cl^-는 염화(chloride) 이온이라고 한다.

몇 가지 화합물을 명명하면서 이 규칙을 설명해 보기로 하자. 예를 들어, NaI라는 화합물은 아이오딘화 소듐(sodium iodide)이라고 부른다. 이것은 Na^+(모체가 되는 금속의 이름인 소듐 양이온, sodium cation)과 I^-(아이오딘화 이온, 아이오딘의 어근에 화를 붙임, iodide)를 포함한다. 마찬가지로, CaO는 Ca^{2+}(칼슘 양이온, calcium cation)과 O^{2-}(산화 음이온, oxide anion)을 포함하고 있으므로 산화칼슘(calcium oxide)이라고 부른다.

이성분 화합물을 명명하는 규칙은 또한 다음 예를 통해서도 나타낼 수 있다.

화합물	존재하는 이온	영어명	한글명
NaCl	Na^+, Cl^-	sodium chloride	염화 소듐
KI	K^+, I^-	potassium iodide	아이오딘화 포타슘
CaS	Ca^{2+}, S^{2-}	calcium sulfide	황화 칼슘
CsBr	Cs^+, Br^-	cesium bromide	브로민화 세슘
MgO	Mg^{2+}, O^{2-}	magnesium oxide	산화 마그네슘

이온결합 화합물의 화학식에서 단일 이온은 그 원소기호로 나타낸다는 것을 기억하는 것이 중요하다. 즉, Cl은 Cl^-를, Na는 Na^+를 의미한다. 하지만 각각의 이온을 나타낼 때에는 전하를 항상 포함시킨다.

따라서 브로민화 포타슘의 화학식은 KBr로 쓰지만 포타슘이나 브로민화 이온을 따로 나타낼 때는 K^+와 Br^-로 쓴다.

[예제 4-4] 다음 각 이성분 화합물을 명명하시오.

(a) LiF (b) $AlCl_3$ (c) MgI_2

풀이 a. 플루오린화리튬(lithium fluoride)
b. 염화알루미늄(aluminium chloride)
c. 아이오딘화 마그네슘(magneium iodide)

유형 II 이성분 이온결합 화합물 명명

이제까지는 항상 같은 양이온을 만드는 금속을 포함하는 유형 I 이성분 이온 결합 화합물에 대하여 설명하였다. 그러나 두 가지 이상의 양이온을 형성할 수 있는 금속이 많이 있다.

예를 들면, 납(Pb)은 이온결합 화합물에서 Pb^{2+}나 Pb^{4+}를 형성할 수 있다. 또한 철(Fe)은 Fe^{2+}와 Fe^{3+}, 크로뮴(Cr)은 Cr^{2+}와 Cr^{3+}, 금(Au)은 Au^{2+}, Au^{3+} 등을 형성할 수 있다.

따라서 두 가지 이상의 양이온을 형성할 수 있는 금속을 포함하는 화합물에서는 어떤 양이온이 존재하는지를 분명히 나타내는 방법이 필요하다.

이러한 경우에 화학자들은 양이온의 전하를 나타내기 위해 로마 숫자를 사용하도록 결정하였다. 화합물 $FeCl_2$를 이용해서 로마 숫자 표기를 어떻게 사용하는지 알아보기로 하자.

철은 Fe^{2+} 또는 Fe^{3+}를 형성할 수 있으므로 먼저 어떤 양이온이 존재하는지를 결정하여야 한다.

1−의 전하를 가지는 음이온(염화이온)두 개의 전하에 균형을 맞추어야 한다는 것을 알기 때문에 철 양이온의 전하를 결정할 수 있다. 따라서 전하를 다음과 같이 나타내면

$$?(\text{철 양이온의 전하}) + 2 \times (1-) = 0$$

↑ Cl^-의 전하 ↑ 알짜 전하

물음표(?)는 아래의 식을 보아서 2가 되어야 한다는 것을 알 수 있다.

$$(2+) + 2(-1) = 0$$

그렇다면 화합물 $FeCl_2$는 Fe^{2+} 이온 한 개와 Cl^-이온 두 개를 포함하고 있는 것이다. 이 화합물은 염화 철(II)[iron(II) chloride)이라고 하는데, 여기서 II는 철 양이온의 전하를 말한다. 즉 Fe^{2+}는 철(II)[iron(II)]이라고 부른다. 마찬가지로 Fe^{3+}는 철(III)[iron(III)]이라고 부른다.

로마 숫자는 화합물 안에 있는 이온의 수를 말하는 것이 아니라 이온의 전하(charge)를 말한다.

표 4-3 일반적인 유형 II의 양이온

이온	계통명	관용명
Fe^{3+}	철(III) [iron(III)]	제이철(ferric)
Fe^{2+}	철(II) [iron(II)]	제일철(ferrous)
Cu^{2+}	구리(II) [copper(II)]	제이구리(cupric)
Cu^{+}	구리(I) [copper(I)]	제일구리(cuprous)
Co^{3+}	코발트(III) [cobalt(III)]	제이코발트(cobaltic)
Co^{2+}	코발트(II) [cobalt(II)]	제일코발트(cobaltous)
Sn^{4+}	주석(IV) [tin(IV)]	제이주석(stannic)
Sn^{2+}	주석(II) [tin(II)]	제일주석(stanous)
Pb^{4+}	납(IV) [lead(II)]	제이납(plumbic)
Pb^{2+}	납(II) [lead(II)]	제일납(plumous)
Hg^{2+}	수은(II) [mercury(II)]	제이수은(mercuric)
Hg^{+}	수은(I)[mercury(I)]	제일수은(mercurous)

PbO_2를 예를 들어 생각해 보자. 산화이온은 O^{2-}이므로 PbO_2에 대해서는 다음과 같다.

$$(?+) \quad +2 \times (2-) \quad = 0$$

↑ 납 이온의 전하 ↑ 두 개의 O^{2-}의 전하 ↑ 알짜 전하

따라서 두 산화 이온의 전하인 4−와 균형을 이루기 위하여 납 이온의 전하는 4+가 되어야 한다. 그러므로 PbO_2의 이름은 산화 납(IV) [lead(IV) oxide]이며, IV는 Pb^{4+} 양이온이라는 것을 나타낸다.

두 개의 양이온을 형성하는 금속을 포함하는 이온 결합 화합물에 대하여 명명하는 다른 방법이 있다. 더 높은 전하를 갖는 이온이 '제이' 라는 접두어를 갖고, 더 낮은 전하를 갖는 이온은 '제일' 이라는 접두어를 갖는다. 영어명에서는 더 높은 전하의 이온에는 '–ic', 더 낮은 전하의 이온은 'ous' 이라는 어미를 붙인다.

이 방법에 의한 예를 들면, Fe^{3+} 이온은 제이철 이온(ferric ion)이라고 하며, Fe^{2+} 이온은 제일철 이온(ferrous ion)이라고 한다. 이 방법으로 $FeCl_3$와 $FeCl_2$의 이름을 붙이면, 각각 염화 제이철(ferric chloride)과 염화 제일철(ferrous chloride)이라 할 수 있다.

표 4–3에 유형 II 양이온의 두 가지 이름들을 나타내었다. 이 책에서는 로마 숫자 체계를 사용한다.

유형 I과 유형 II의 양이온을 족으로 구분하자면, I족과 II족 금속은 항상 유형 I이고, 전이 금속은 거의 유형 II이다.

유형 II 화합물의 명명규칙

단계 1. 음이온을 항상 먼저 명명하고 나서 양이온을 명명한다(영어에서는 양이온을 항상 먼저 명명하고 나서 음이온을 명명한다).

단계 2. 양이온은 두 가지 이상의 잔하를 가질 수 있기 때문에, 괄호 안에 로마 숫자로 전하를 표시한다.

[예제 4–5] 다음 각 화합물의 계통명을 쓰시오.

(a) CuCl (b) HgO (c) Fe_2O_3

풀이 (a) 염화구리(I)
(b) 산화수은(II)
(c) 산화철(III)

이성분 이온결합 화합물을 명명할 때 아래 도표가 유용할 것이다.

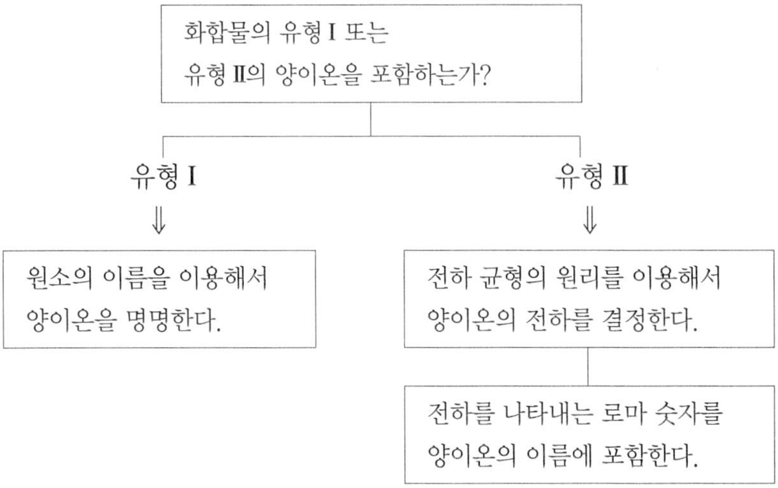

3. 비금속만으로 이루어진 이성분 화합물의 명명(유형 III)

비금속만을 포함하는 이성분 화합물은 이성분 이온 결합 화합물을 명명하는 규칙과 비슷한 방법으로 명명하지만, 중요한 차이점들이 있다.

유형 III의 이성분 화합물은 비금속만을 포함한다. 다음 규칙은 이들 화합물의 명명에 관한 것이다.

유형 III 이성분 화합물의 명명 규칙

단계 1. 화학식에서 첫 번째 원소를 나중에 명명하고, 원소의 이름을 사용한다(영어로는 화학식에서 첫 번째 원소를 먼저 명명하고, 원소의 이름을 사용한다).

단계 2. 두 번째 원소는 음이온인 것처럼 명명한다.

단계 3. 존재하는 원자의 수를 나타내기 위해 접두사를 사용한다. 이들 접두사는 표 4-4에 나타내었다.

단계 4. 접두사를 일(mono-)은 첫 번째 원소의 명명에는 사용하지 않는다. 예를 들면, CO는 일산화 탄소(carbon monoxide)라고 하며, 일산화 일탄소(monocarbon monoxide)라고는 하지 않는다.

이러한 규칙의 적용을 [예제 4-6]에 나타내었다.

[예제 4-6] 두 개의 비금속을 포함하는 다음 이성분 화합물(유형 III)을 명명하시오.

(a) BF_3 (b) NO (c) N_2O_5

풀이 (a) 삼플루오린화 붕소(boran trifluoride)
(b) 일산화질소(nitrogen mono oxide)
(c) 오산화이질소(dinitrogen pentoxide)

앞의 예제에서 두 번째 원소가 산소일 때 영문명에서 발음상의 편의를 위해 접두어의 끝에 있는 o나 a를 떼는 경우가 있는 것을 보았다. 예를 들어, N_2O_4는 dinirogen tetraoxide가 아니라 dinirogen tetroxide라고 부르며, CO는 carbon monooxide가 아니라 'carbon monoxide'라고 한다.

어떤 화합물들은 항상 관용명으로 부른다. 두 가지 잘 알려진 예는 물(water)과 암모니아(ammonia)이다. H_2O와 NH_3에 대한 체계적 이름은 결코 사용되지 않는다.

표 4-4 화학명에서 숫자를 나타내는 데 사용하는 접두어

접두어	나타내는 수
일(mono–)	1
이(di–)	2
삼(tri–)	3
사(tetra–)	4
오(penta–)	5
육(hexa–)	6
칠(hepta–)	7
팔(octa–)	8

4-3 아보가드로 수 : 6.02 × 10^{23}

아보가드로의 가설은 같은 온도와 압력에서 같은 부피의 기체는 같은 수의 분자를 갖는다는 것이다. 이것은 같은 부피의 몇 가지 기체의 질량을 측정하면 이 질량비가 분자들 자체의 질량비와 같아야 한다는 뜻이다.

아보가드로는 주어진 부피의 기체가 얼마나 많은 분자를 갖는지 몰랐다. 아보가드로 시대 이후부터 과학자들은 다양한 질량의 물질에 있는 원자의 수를 결정하였다. 이 수는 아주 작은 시료에 대해서도 아주 크다.

원자 질량을 정의할 때는 탄소-12의 질량을 12amu로 정의한다. 탄소-12, 12g에 있는 탄소-12의 수를 아보가드로 수(Avogadeo's number)라고 하고 실험적으로 6.0221367×10^{23}으로 결정되었다. 보통 반올림하여 유효숫자 3자리인 6.02×10^{23}으로 쓴다.

화학자들은 분자들을 몰(mol) 단위로 센다. 탄소 원자 1개는 너무 작아서 보이지도 않고 무게를 잴 수도 없다. 그러나 탄소 1몰은 큰 수저를 채울 수 있고, 무게도 12g이나 된다. 탄소 1몰과 티타늄 1몰은 같은 수의 원자를 갖는다. 그러나 티타늄의 무게는 탄소 원자의 4배이다. 따라서 1몰의 티타늄은 1몰의 탄소보다 4배의 질량을 갖는다.

1몰(mol)은 탄소-12 12g이 갖는 원자의 수와 같은 수를 갖는 물질의 양이다. 이 수는 아보가드로 수 6.02×10^{23}이다. 기본 단위는 원자(S나 Ca 같은) 분자(O_2나 CO_2 같은), 이온(K^+나 SO^{2-} 같은)이나 다른 종류의 식이 될 수 있다.

화학 계산을 하기 위해서는 몰의 의미와 물질의 질량으로부터 몰 수를 계산하는 법을 이해해야만 한다. 그렇지만 계산을 해보기 전에, 무게달기로 숫자를 셈하는 과정을 명확히 해야 한다. 1mol(6.022×10^{23})개의 수소원자가 들어있고 질량이 1.008g인 수소원자(점으로 표시되었음) 한 '봉지'로 생각해 볼 수 있다. 물론 봉지 자체의 질량은 없다고 가정하여야 한다.

아보가드로 수는 막대한 수이다. 1캐럿(0.2g)의 다이아몬드 속에는 1×10^{22}개의 탄소원자가 존재한다. 1×10^{22}개는 1조(1×10^{12})의 100억 배이다. 시간단위인 초로 계산하면 1년이 3.2×10^7초 이므로 6.022×10^{23}초는 2×10^{16}년이 된다. 이는 우주의 나이로 추증되는 130억년의 100만배에 해당하는 수치이다.

4-4 원자가와 화학당량

원자가란 분자 내에서 한 원자가 다른 원자와 결합하는 수, 또는 결합선의 수를 나타낸다. 수소원자의 원자가를 1로 하고 수소원자와 결합하는 수가 곧 원자가가 된다. 물(H_2O)에서 수소원자는 산소와 하나의 결합을 하므로 원자가는 1, 산소원자는 두 개의 결합을 하므로 원자가는 2가 된다. 또한 CO_2(O=C=O)에서 산소 2개와 결합하는 탄소의 원자가는 4가 된다.

원자의 원자가는 항상 고정된 값은 아니다. 특히 전이원소들에서 원자가는 형성하는 화합물에 따라 다를 수 있다. 철의 경우, FeO에서는 2, Fe_2O_3에서는 3의 원자가를 가지게 된다. 원자가는 원자의 가장 바깥껍질에 있는 전자의 수를 나타내는 원자가 전자에 의해 나타나며, 화학적인 성질과 반응을 결정하는 데 큰 영향을 미친다.

일반적으로 주기율표 상에서 같은 족(group)이면 같은 원자가를 갖는다. 1~4족은 1~4의 원자가, 5~8족은 8에서 그 족의 번호를 뺀 값의 원자가를 갖는다. 즉 7족은 원자가가 1(8−7=1)이며, 6족은 원자가가 2(8−6=2)이다.

당량(equivalent)은 1몰의 단위 전하(6.022×10^{23}개의 전자 또는 양성자)를 방출하거나 받아들이는 물질의 양이다. 이 정의에 의하면 당량은 원자량이나 분자량과 달리 일정하지 않은 양임을 알 수 있다. 즉, 당량은 반응의 성질에 따라 정해지므로 주어진 반응을 알고 있어야 물질의 당량을 정확히 정할 수 있다.

물질의 당량은 물질 자체의 성질로 결정되는 것이 아니라 물질이 어떻게 반응하는가에 따라서 결정되므로 주어진 반응에서 한 반응물의 당량수는 다른 반응물의 당량수 및 생성된 각 생성물의 당량수와 같다.

산 · 염기반응에 포함되는 시약에 대해서는 1당량은 1몰의 수소이온이나 수산이온과 반응하거나 생성하는 물질의 양으로 정의한다. 산 1당량은 H^+ 1몰을 내는 양으로, 염기 1당량은 OH^- 1몰을 내는 양으로 정의한다.

이렇게 정의하면 산 1당량은 항상 정확히 염기 1당량과 반응한다는 것을 알 수 있다.

H_2SO_4와 NaOH의 반응을 고려하면

$$H_2SO_4 + 2NaOH \longrightarrow Na_2SO_4 + 2H_2O$$

H_2SO_4 1몰은 H^+ 2몰을 제공하므로 H_2SO_4 1몰은 2당량과 같다. 또, NaOH 1몰은 OH^- 1몰을 제공하므로 1당량과 같다. 따라서

$$\text{당량수} = \text{몰 수} \times n, \quad \text{당량무게} = \frac{\text{1몰의 무게}}{n}$$

인데, 여기서 n은 정수로서 산 · 염기반응에서 산 1분자가 내는 H^+의 수 또는 염기 1분자가 내는 OH^-의 수와 같다. 당량무게는 1당량의 질량이다. H_2SO_4에서 n=2 이므로 H_2SO_4의 당량무게는 49.0g이다. 당량과 원자가 사이에는 다음과 같은 관계가 있다.

$$당량 = \frac{원자량}{원자가}$$

4–5 화학반응식

화학자들은 화학 변화가 항상 원자들이 묶여 있는 방식에서 재배열됨을 알아냈다. 예를 들면, 천연 가스 중의 메테인은 공기 중의 산소와 결합하여 연소할 때, 이산화탄소와 물을 형성한다. 이러한 화학적 변화를 화학반응(chemical reaction)이라고 부른다.

화학반응은 화학반응식(chemical equation)을 써서 나타내는데, 화학반응식에서는 반응 전의 화학물질, 즉 반응물(reactant)을 화살표의 왼쪽에 나타내고 반응에 의해 생성된 화학물질, 즉 생성물(product)을 화살표의 오른쪽에 나타낸다. 화살표는 변화의 방향을 나타내고 "생성한다"라고 읽는다.

$$반응물 \rightarrow 생성물$$

메테인과 산소의 반응에 대해서는 다음과 같이 적는다.

$$\underset{메테인}{CH_4} + \underset{산소}{O_2} \longrightarrow \underset{이산화탄소}{CO_2} + \underset{물}{H_2O}$$

이 반응식에서 생성물들은 반응물들과 동일한 원자들로 이루어져 있지만 원자들이 묶여 있는 방식이 다르다. 즉, 화학반응에서는 원자들을 묶는 방식에 변화가 일어난다.

화학반응에서 원자들은 생성되지도 소멸되지도 않는다. 반응물에 존재하는 모든 원자들이 반드시 생성물에도 포함되어 있어야 한다. 다시 말해서 화살표의 반응물 쪽에 있는 것과 같은 수의 각 원자들이 생성물 쪽에도 있어야 한다. 반응식이 이러한 규칙을 따르도록 만드는 것을 화학반응식의 균형 맞추기라고 부른다.

메테인과 산소 사이의 반응에 대해 위에서 적은 반응식은 균형이 맞지 않았다. 반응물과 생성물을 따로 살펴봄으로써 균형이 맞지 않음을 알 수 있다.

$$\frac{CH_4}{전체\ 1C\ 4H} + \frac{O_2}{2\,O} \longrightarrow \frac{CO_2}{1C\ 2O} + \frac{H_2O}{2H\ 1O}$$

이 반응이 이런 방식으로 일어날 수는 없다. 왜냐하면 이 반응식은 하나의 산소원자가 생성되고 두 개의 수소원자가 없어짐을 나타내기 때문이다. 반응은 원자들을 없애는 것이 아니라, 원자들을 묶는 방식에 변화를 가져올 뿐이다. 각 원자들의 총 수는 화살표의 반드시 같아야 한다.

왼쪽에 산소분자 하나를 더 포함시키고, 오른쪽에 물 분자 하나를 더 첨가함으로써 이 식의 불균형을 바로잡을 수 있다.

$$\underbrace{CH_4}_{\text{전체 1C 4H}} + \underbrace{O_2 + O_2}_{4\,O} \longrightarrow \underbrace{CO_2 + H_2O + H_2O}_{1C \quad 4O \quad 4H}$$

이 균형을 맞춘 화학반응식(balanced chemical equation)은 이 반응과 연관된 분자들의 실제 수를 보여준다. 반응에 대한 균형 반응식을 적을 때, 같은 분자들을 함께 묶는다. 따라서,

$$CH_4 + 2O_2 \longrightarrow CO_2 + 2H_2O$$

이라 적는다.

반응에 대한 화학반응식은 다음의 두 가지 중요한 정보를 제공한다.

(1) 반응물과 생성물의 실체(identity)

(2) 각각의 상대적인 개수

반응식에서는 반응에 연관된 화합물을 적는 것 이외에, 종종 반응물과 생성물들의 물리적인 상태를 아래에 나타낸 기호를 사용하여 나타낸다.

기 호	상 태
(s)	고체
(l)	액체
(g)	기체
(aq)	물에 녹은 상태(수용액)

예를 들어 고체 포타슘(칼륨)이 액체인 물과 반응할 때 생성물은 수소 기체와 수산화포타슘이다. 수산화포타슘은 물에 녹은 상태로 남아 있게 된다. 반응물과 생성물에 대한 이러한 정보로부터 우리는 이 반응에 대한 반응식을 쓸 수 있다. 고체 포타슘(칼륨)은 $K(s)$로 표시하고 액체인 물은 $H_2O(l)$로 쓰고, 이원자 분자인 수소 기체는 나타내고. 물 속에 녹아 있는 수산화 포타슘은 $KOH(aq)$로 쓴다. 따라서, 이 반응에 대해 아직 균형을 맞추지 않은 반응식(불균형 반응식)은 다음과 같다.

$$K(s) + H_2O(l) \longrightarrow H_2(g) + KOH(aq)$$

이 반응에서 생성된 수소 기체가 공기 중의 산소 기체와 반응하여 기체 상태의 물과 불꽃을 생성한다. 이 두 번째 반응에 대해 아직 균형을 맞추지 않은 반응식은 다음과 같다.

$$H_2(g) + O_2(g) \longrightarrow H_2O(g)$$

위의 두 반응은 둘 다 많은 열을 생성한다. [예제 4-7]에서는 반응들에 대해 아직 균형을 맞추지 않은 반응식을 쓰는 방법을 연습할 것이다. 그리고 다음 절에서 반응식의 균형을 맞추기 위한 체계적인 절차를 논의할 것이다.

[예제 4-7] 다음 반응 각각에 대해 아직 균형을 맞추지 않은 화학반응식을 적으시오.

(a) 고체탄소와 산소기체가 반응하여 이산화탄소기체를 생성한다.

(b) 고체아연을 염화수소가 녹아있는 수용액에 첨가하면, 수소기체와 염화아연을 생성하는데, 수소 기체는 기포로 용액에서 빠져나가고 염화아연은 물에 녹아 있다.

풀이 (a) 이 경우, $C(s)$로 표기되는 고체 탄소가 산소기체인 $O_2(g)$와 반응하여 $CO_2(g)$로 표기되는 이산화 탄소기체를 생성한다. 반응식은 다음과 같다.

$$\underbrace{C(s) + O_2(g)}_{\text{반응물}} \longrightarrow \underbrace{CO_2(g)}_{\text{생성물}}$$

(b) 이 반응에서 고체아연인 $Zn(s)$을, $HCl(aq)$로 표기하고 염산이라 부르는 염화수소 수용액에 첨가한다. 이것들을 반응물이다. 이 반응의 생성물은 수소기체인 $H_2(g)$와 염화아연 수용액이다.

염화아연이라는 이름은 Zn^{2+}이온이 존재함을 의미하며, 따라서 알짜 전하를 영으로 갖추기 위해 두 개의 Cl^-이온이 필요하다. 그러므로 물에 녹아 있는 염화이온은 염화아연 $ZnCl(aq)$라 표기한다. 이 반응에 대한 아직 균형을 맞추지 않은 반응식은 다음과 같다.

$$\underbrace{Zn(s) + HCl(aq)}_{\text{반응물}} \longrightarrow \underbrace{H_2(g) + ZnCl_2(aq)}_{\text{생성물}}$$

4-6 화학반응식의 균형 맞추기

균형을 맞추지 않은 화학반응식은 반응에 대한 정확한 표현이 아니다. 어떤 반응에 대한 식을 볼 때마다 이 식이 균형이 맞추어져 있는지 의문을 가져야 한다. 균형을 맞추는 과정에서 가장 핵심이 되는 원리는 화학반응에서 원자들은 보존된다는 것이다. 즉, 원자들은 생성되지도 소멸되지도 않는다. 그들은 단지 달리 묶일 뿐이다. 반응물들에 있는 각 원자의 수와 생성물들에 있는 각 원자의 수는 같다.

화학자들은 실험적인 관찰을 통해 반응의 반응물과의 생성물들의 실체를 알아낸다. 예를 들어, 천연 가스인 메테인이 충분한 산소기체 하에서 연소하는 경우, 그 생성물은 항상 이산화탄소와 물이다.

화학반응식의 균형을 맞출 때 화합물의 실체, 즉 화학식은 절대로 바꾸어서는 안 된다. 다시 말해서, 화학식에서 아래첨자는 바꿀 수 없으며, 또한 화학식에서 원자들은 추가하거나 빼낼 수 없다.

대부분의 화학반응식은 시행착오, 즉 검사에 의해 균형을 맞출 수 있다. 화살표의 양쪽에 있는 각 원자가 수가 같아질 때까지 생성물과 반응물의 수를 바꾸면서 계속 시도하는 것이다. 예를 들어, 수소기체와 산소기체가 액체 상태인 물을 생성하는 반응을 살펴보자.

우선, 반응에 대한 정보로부터 아직 균형을 맞추지 않은 반응식을 쓴다.

$$H_2(g) + O_2(g) \longrightarrow H_2O(l)$$

화살표 양쪽에 있는 원자들의 수를 세어 보면 이 반응식은 균형이 맞지 않음을 알 수 있다.

$$\begin{array}{ccccc} H_2(g) & + & O_2(g) & \longrightarrow & H_2O(l) \\ 2H & & 2O & & 2H\ 1O \end{array}$$

생성물 쪽보다 반응물의 쪽에 산소원자가 하나 더 많음을 알 수 있다. 원자는 생성되거나 소멸될 수 없고 반응물이나 생성물의 화학식도 바꿀 수 없기 때문에 생성물 또는 반응물의 분자수를 추가하여 반응식의 균형을 맞추어야 한다. 이 경우, 오른쪽에 산소원자가 하나 더 필요하므로 물 분자(하나의 산소원자를 포함하고 있음)를 하나 추가한다. 그리고 다시 모든 원자들의 수를 세어 본다.

$$\underbrace{H_2(g)}_{\text{전체 2H}} + \underbrace{O_2(g)}_{2O} \longrightarrow \underbrace{H_2O(l)}_{2H\ 1O} + \underbrace{H_2O(l)}_{2H\ 1O}$$

산소원자의 수는 맞추어졌지만 수소원자의 수가 맞지 않게 되었다. 왼쪽보다 오른쪽에 수소원자가 더 많다. 반응물 쪽에 수소 분자(H_2) 하나를 추가하여 이 문제를 해결할 수 있다.

$$\underbrace{H_2(g) + H_2(g)}_{\text{전체 4H}} + \underbrace{O_2(g)}_{2O} \longrightarrow \underbrace{H_2O(l) + H_2O(l)}_{4H\ 2O}$$

이제 반응식의 균형을 맞추었다. 화살표의 양쪽에 같은 수의 수소와 산소 원자를 갖게 되었다. 같은 분자들을 모아서 균형 반응식을 쓰던 다음과 같다.

$$2\,H_2(g) + O_2(g) \longrightarrow 2\,H_2O(l)$$

다음으로 만일 이 균형 반응식의 모든 부분에 2를 곱하면 어떻게 되는지를 살펴보자.

$$2 \times [2\,H_2(g) + O_2(g) \longrightarrow 2\,H_2O(l)] \text{ 는}$$
$$4\,H_2(g) + 2\,O_2(g) \longrightarrow 4\,H_2O(l)$$

가 된다. 이 식도 균형이 맞추어져 있다(원자의 수를 세어서 이를 확인하라). 실제로 우리는 원래의 균형 반응식의 모든 부분에 어떤 수를 곱하거나 나누어 새로운 균형 반응식을 얻을 수 있다. 따라서 각 화학 반응에 많은 수의 균형 반응식을 적을 수 있다. 따라서 각 화학반응식들 중에서 어느 하나가 다른 것들에 비해 더 나을까? 답은 "그렇다"이다.

채택된 관례에 따르면 '최상의' 균형 반응식은 가장 작은 크기의 정수(자연수)를 갖는 것이다. 이 정수를 균형 반응식에 대한 계수(coefficient)라고 부른다. 따라서, 수소와 산소가 물을 생성하는 반응에서 "정확한" 균형 반응식은 다음과 같다.

$$2\,H_2(g) + O_2(g) \longrightarrow 2\,H_2O(l)$$

각각의 계수인 2, 1 (1을 실제로 적지는 않는다) 및 2는 이 반응의 균형 반응식을 얻기 위한 가장 작은 크기의 정수이다.

식을 적고 균형을 맞추는 방법

1단계. 화학반응에 대해 기술된 내용을 읽어라. 반응물과 생성물, 그리고 이들의 물리적 상태는 무엇인가? 적합한 화학식들을 적어라.

2단계. 1 단계에서 얻은 정보를 요약해서 아직 균형을 맞추지 않은

(unbalanced) 반응식을 적어라.

3단계. 식을 살펴보고 가장 복잡한 분자부터 시작해서 균형을 맞추어라. 각 원소별로 반응물 쪽과 생성물 쪽에 있는 각 원자의 수가 같아지도록 필요한 계수를 정하라. 반응물이나 생성물들 중에서 그 어느 것의 실체(화학식)도 바꾸지 말라.

4단계. 사용된 계수가 화살표 양쪽에 있는 각 원자들의 수를 같게 하는지를 점검하라('원자'는 원소나 화합물, 혹은 이온 속에 존재할 수 있음을 주목하라). 또한 사용된 계수가 균형 반응식을 얻기 위한 가장 작은 크기의 정수인지 확인하라. 이것은 모든 계수들을 하나의 같은 정수로 나누어서 더 작은 정수들로 된 계수들을 얻을 수 있는 지의 여부를 결정하면 알 수 있다.

[예제 4-8] 다음 반응에 대해 아직 균형을 맞추지 않은 반응식을 먼저 쓴 다음, 이 식의 균형을 맞추시오. 고체 포타슘(칼륨)이 물과 반응하여 수소기체와 물에 녹아 있는 수산화포타슘을 생성한다.

풀이 1단계. 반응에 대한 내용으로부터 반응물은 고체포타슘($K(s)$)과 물($H_2O(L)$)이며, 생성물은 수소기체($H_2(g)$)와 물에 녹아있는 수산화포타슘($KOH(aq)$)을 생성한다.

2단계. 아직 균형을 맞추지 않은 반응식은 다음과 같다.

$$K(s) + H_2O(L) \longrightarrow H_2(g) + KOH(aq)$$

3단계. 가장 많은 원소(3개)를 포함하고 있는 KOH에서 시작하기로 하자. 먼저 수소원자부터 살펴보자. 2단계에 있는 식의 반응물 쪽에는 수소원자가 2개 있으나 생성물 쪽에는 3개가 있다. 만일 KOH의 앞과 H_2O의 앞에다 모두 계수 2를 두면, 화살표 양편에 각각 4개의 수소가 있게 된다.

$$K(s) + \underset{4\text{H원자}}{\underline{2H_2O(L)}} \longrightarrow \underset{2\text{H원자}}{\underline{H_2(g)}} + \underset{2\text{H원자}}{\underline{2KOH(aq)}}$$

산소원자도 균형이 맞추어져 있음을 주목하자.

$$K(s) + \underset{2\text{O원자}}{\underline{2H_2O(L)}} \longrightarrow H_2(g) + \underset{2\text{O원자}}{\underline{2KOH(aq)}}$$

그러나 K원자는 왼쪽에 한 개, 오른쪽에 두 개가 있어 균형이 맞지 않는다. 이는 $K(s)$앞에 계수 2를 쓰면 쉽게 해결할 수 있으며, 다음의 균형 맞추어진 반응식을 얻는다.

$$2K(s) + 2H_2O(l) \longrightarrow H_2(g) + 2KOH(aq)$$

4단계. 화살표 양쪽에 2K, 4H, 2O가 있으며, 식의 계수들은 균형 반응식을 얻기 위한 가장 작은 크기의 정수들이다. 식의 계수들을 어떤 정수로 나누어서 더 작은 정수(자연수)들로 이루어진 계수들을 얻을 수 없다. 사실이 이를 말해 준다. 예를 들어, 모든 계수들을 2로 나누면 다음의 식을 얻는다.

$$K(s) + H_2O(l) \longrightarrow {}^1/_2H_2(g) + KOH(aq)$$

이 식은 H_2의 계수가 정수가 아니므로 받아들일 수 없다.

4-7 화학반응식으로부터 얻을 수 있는 지식

완결된 화학반응식은 관측된 화학변화보다도 더 많은 것을 나타낸다. 예를 들면, 계수는 반응물과 생성물의 상대적인 분자수를 잘 표현한다. 계수가 갖는 의미를 요약하면 다음과 같다.

$$\underset{\text{1몰의 } C_3H_8}{\underline{C_3H_8}} + \underset{\text{5몰의 } O_2}{\underline{5O_2}} \longrightarrow \underset{\text{3몰의 } CO_2}{\underline{3CO_2}} + \underset{\text{4몰의 } H_2O}{\underline{4H_2O}}$$

6.02×10^{23}개의	$5\times6.02\times10^{23}$개의	$3\times6.02\times10^{23}$개의	$4\times6.02\times10^{23}$개의
C_3H_8 분자	O_2 분자	CO_2 분자	H_2O 분자
44.1g C_3H_8	5×32.0g O_2	3×44.0g CO_2	4×18.0g H_2O분자

위에 표시한 바와 같이 화학방정식에 있는 화학식은 상대적인 분자 또는 상대적인 몰의 양을 나타낸다. 화학반응이라고 해서 모두 다 완전히 또는 정량적으로 일어나는 것은 아니다. 따라서 모든 반응물은 적당한 비율로 생성물로 바뀐다는 것이다.

화학방정식을 쓴다고 해서 반드시 반응물이 적당한 비로 혼합될 때에 정량적으로 활발하게 지시된 반응이 일어난다는 뜻은 아니다. 반응백분율은 화학반응의 종류, 온도, 농도, 압력 및 그 밖에의 반응조건에 따라 바뀐다. 반응물은 주반응 이외에 다른 부반응도 일으키며, 전혀 반응이 일어나지 않을 때도 있다.

[예제 4-9] 염소는 다음 반응에 의해서 제조될 수 있다.

$$MnO_2 + 4HCl \longrightarrow MnCl_2 + 2H_2O$$

(a) 21.75g의 MnO_2와 반응하는 데 몇 g의 HCl이 필요한가?
(b) 이 반응에 의해서 생성되는 Cl_2의 g수는 얼마인가?

풀이 (a) • g HCl=21.75g

MnO_2 g 수를 MnO_2몰 수로 환산한다. MnO_2의 분자량은 87이므로

• MnO_2의 몰 수=21.75g MnO_2×(1mol MnO_2/86g MnO_2)
=0.25mol MnO_2

화학방정식은 다음 관계를 나타내고 1 mol MnO_2=4 mol HCl

• HCl의 몰 수=0.25mol MnO_2×(4mol HCl/1mol MnO_2)
=1mol HCl

HCl의 분자량이 36.5이므로 필요한 HCl의 수는

• HCl의 g수=1mol HCl×(36.5g HCl/1mol HCl)=36.5g HCl

(b) 생성되는 Cl_2의 mol MnO_2와 동일하므로 Cl_2의 몰 수는 0.25mol 이다.

0.25mol의 Cl_2g 수는

• g Cl_2=(71.0g/1mol Cl_2)×0.25mol Cl_2=17.75g Cl_2

4-8 화학반응식의 의미

1. 표준상태(STP)에서 수소와 산소가 반응하여 수증기가 생성되는 반응

화학반응식	$2H_2 + O_2 \longrightarrow 2H_2O$
반응물질과 생성물질	수소 + 산소 ⟶ 물

(1) 질량개념(돌턴)

① 질량(질량불변의 법칙) (2×2g+32g=2×18g)

② 질량비(일정성분비의 법칙) 1g : 8g : 9g

(2) 분자개념(수)

① 각 물질의 몰 수의 비 2몰 : 1몰 : 2몰

② 분자수 (아보가드로의 법칙) 2분자 : 1분자 : 2분자

③ 부피비 (기체반응의 법칙) 2부피 : 1부피 : 2부피

* 화학반응식의 계수비=몰 수의 비=분자수비 = 부피비(기체의 경우)

* 질량비

2. 표준상태에서 암모니아가 생성되는 양적 관계

$N_2(g)$ + $3H_2(g)$ ⟶ $2NH_3(g)$

1몰 : 3몰 : 2몰 (몰 수의 비)

1부피 : 3부피 : 2부피 (기체 반응의 법칙)

1분자 : 3분자 : 2분자 (아보가드로의 법칙)

28g + 3 × 2g = 2 × 17g (질량보존의 법칙)

14 : 3 : 17 (일정성분비의 법칙)

3. 화학반응에서의 양적 관계

① 화학반응식을 쓴다.

② 주어진 조건을 몰 수로 환산한다.

③ 계수비 = 몰 수의 비, 분자수비 = 부피비를 이용하여 비례식으로 푼다.

④ 문제가 요구하는 값으로 고친다.

4. 미정계수법

화학반응식이 간단할 때는 계수를 암산으로 구할 수 있으나 쉽게 구할 수 없을 때에는 미정 계수법으로 구한다.

$xC_3H_8 + yO_2 \longrightarrow aCO_2 + bH_2O$

C : $3x=a$, H : $8x=2b$, O : $2y=2a+b$

반응물질과 생성물질의 각 원소의 원자수가 같아지도록

$x=1$로 놓으면 $a=3$, $b=4$, $y=5$

따라서 $C_3H_8+5O_2 \longrightarrow 3CO_2+4H_2O$

[예제 4-10] $C8H18 + O_2 \longrightarrow CO_2 + H_2O$

(가) (질량 – 질량 관계)

8g의 메탄(CH_4)이 연소할 때 생성되는 물(H_2O)은 몇 g인가? (단, 원자량은 C=12, H=1, O=16)

(나) (부피 – 부피 관계) : 10L의 메탄이 연소할 때 필요한 산소는 같은 온도, 압력에서 몇 L인가?

(다) (질량 – 부피 관계) : 22g의 이산화탄소를 얻으려면 표준상태(0°C, 1atm)에서 메탄 몇 L를 연소시켜야 하는가?

풀이 (가) 메탄의 연소의 화학반응식 :

$a\,CH_4\ b\,O_2 \longrightarrow x\,CO_2 + y\,H_2O$

C원자 : $a=x$, H원자 : $4a=2y$,

O원자 : $2b=2x+y$에서 $a=1$ 이라 하면, $b=2$, $x=1$, $y=2$

따라서, $CH_4+2O_2 \longrightarrow CO_2+2H_2O$

$CH_4+2O_2 \longrightarrow CO_2+2H_2O$

1몰=16g 2몰 = 2×18g=36g

$16 : 36 = 8 : x$, $x=18g$

(나) 메탄의 연소의 화학반응식 :

$CH_4+b\,O_2 \longrightarrow x\,CO_2+y\,H_2O$

C원자 : $a=x$, H원자 : $4a=2y$, O원자 : $2b=2x+y$에서

$a=1$ 이라 하면, $b=2$, $x=1$, $y=2$

따라서, $CH_4+2O_2 \longrightarrow CO_2+2H_2O$

$CH_4+2O_2 \longrightarrow CO_2+2H_2O$

1몰 2몰

10 L x L

$1 : 2 = 10 : x$ (몰 수의 비 = 부피비), $x = 20L$

(다) 메탄의 연소의 화학반응식 :

$a\,CH_4+b\,O_2 \longrightarrow x\,CO_2+y\,H_2O$

C원자 : $a=x$, H원자 : $4a=2y$, O원자 : $2b=2x+y$에서

$a=1$ 이라 하면, $b=2$, $x=1$, $y=2$

따라서, $CH_4+2O_2 \longrightarrow CO_2+2H_2O$

$CH_4+2O_2 \longrightarrow CO_2+2H_2O$

1몰=22.4L 1몰=44g

xL 22 g

$22.4 : 44 = x : 22$, $x=11.2L$

제 5 장 현대 원자이론

이 장에서는 원자의 구조를 보다 자세히 고찰하고자 한다. 특히 여러 원소들에 대한 화학적 현상을 설명해 줄 수 있는 원자의 전자 배치에 대하여 알아볼 것이다. 원자에는 매우 다양한 특성이 있지만 유사한 특정 원소들끼리는 같은 부류로 분류할 수 있다.

예를 들면, 플루오린, 염소, 브로민, 아이오딘은 화학적 유사성이 매우 크다. 마찬가지로 리튬, 소듐(나트륨), 포타슘(칼륨), 루비듐, 세슘의 많은 성질 역시 유사하다. 그리고 불활성 기체(헬륨, 네온, 아르곤, 크립톤, 제논, 라돈) 모두는 매우 화학적 활성이 낮다.

각 족에 속한 원소들의 성질이 매우 유사할지라도, 각 족들 간의 화학적 거동의 차이점은 현저하다. 이 장에서는 원자 내 전자의 배열 방법이 이러한 원소의 특징을 설명해 줄 수 있다는 것을 알게 될 것이다.

5-1 원자구조의 발달사

(1) 전자의 발견(1897년 – 톰슨) 음극선 실험(톰슨) : 일정한 질량을 가지며 직진성이 있는 (−)전하를 띤 전자를 확인

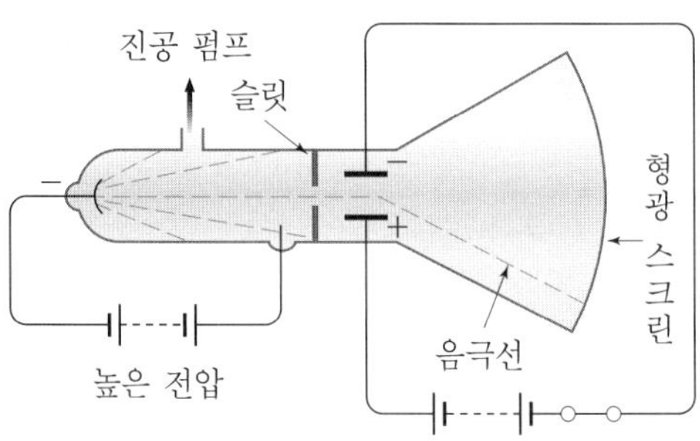

그림 5-1 음극선 실험

• 음극선(cathode-ray) 진로에 전기장 → (+)쪽으로 휘어짐 : (-)전하를 띤 작은 입자
• 음극선에 의해 장애물의 그림자 생성 → 직진하는 성질이 있다
• 음극선에 의해 작은 바람개비가 돈다 → 질량을 가진 입자
• 음극선이 전기장에 의해(+) 방향으로 휘어짐 → (-)전하를 띤다.

(2) 양성자의 발견

① 양극선(canal ray) : Goldstein(1886)

기체방전관 속에서 음극선과는 반대쪽으로 양전하의 입자가 흐르고 있음을 발견하였다. 이 양극선은 음극에 있는 '작은 구멍'을 통과하기 때문에 양극선이라고 명명.

② 양극선의 성질

• 음극 쪽으로 직진한다.
• 방전관의 벽에 부딪치면 형광을 낸다.
• 전장과 자장에 의하여 음극선과의 반대방향으로 휘어진다.
• 같은 세기의 장에서는 음극선보다 덜 휘어진다.
• 사진 건판을 감광시킨다.
• 원소마다 다르다.

(3) 중성자의 발견(neutron)

중성자는 화학에서 세 번째의 중요한 기본 입자이다. 중성자는 기본 입자이며, 전하는 없으면서 그 질량은 양성자와 거의 같은 아원자 입자이다.

• Chadwick(1932) : 알파 입자를 베릴륨 표적에 향하게 한 결과, 전하를 갖지 않는 투과력이 강한 방사선이 생성되는 것을 알았다. 이 방사선이 양성자의 질량과 거의 같은 질량을 갖는 중성의 입자선임을 확인하였으며 이 입자를 중성자라고 불렀다.

중성자의 발견은 원자구조의 발전적인 파악에 크게 공헌하였다.

(4) Rutherford의 원자

원자에는 양전하를 띤 작은 핵심부인 핵과 핵의 주위를 도는 음전하를 띤 전자가 있다. 핵원자(nuclear atom)라는 개념은 Ernest Rutherford의 실험에 기인하는데, 그는 실험에서 금속박을 입자로 충격시켰다(그림5-2).

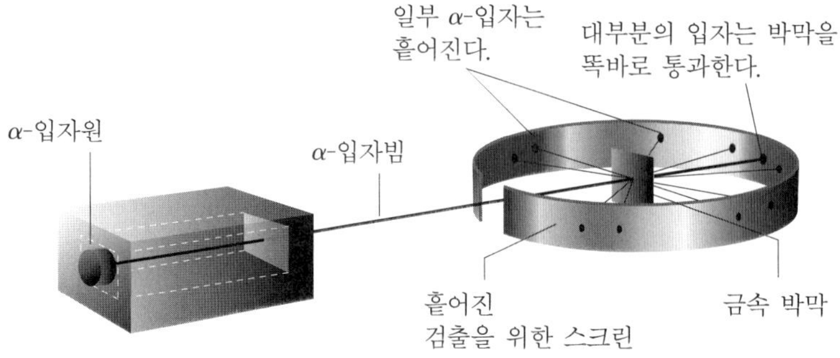

그림 5-2 Rutherford의 금속 박막에 대한 α-입자 충돌 실험

Rutherford와 동료들은 이 실험에서 원자의 핵은 양성자(proton)라고 부르는 양전하를 띤 입자와 중성자(neutron)라고 부르는 중성 입자로 구성되어 있음을 보여 줄 수 있었다. 이 실험에서 Rutherford는 원자의 전체 크기에 비해 핵은 매우 작은 것임을 알게 되었다. 전자는 그 원자의 나머지 공간을 갖게 된다.

Rutherford의 실험에서 해결되지 못한 중요한 질문은 '전자는 어떻게 배열되어 있으며, 어떻게 움직이는가' 이다. Rutherford가 제안한 것은 우리의 태양계에서 행성들이 태양 주위를 도는 것처럼 전자도 핵 주위를 돌고 있다는 것이다. 그러나 Rutherford는 음전하의 전자가 양전하의 핵에 왜 끌려가지 않는가를 설명할 수 없었다.

이 점에서 원자의 구조를 충분히 이해하기 위하여 원자의 성질을 좀더 관찰할 필요가 있었다.

5-2 원자모형의 변천

(1) 달톤(John Dalton)

원자는 더 이상 쪼갤 수 없는 단단한 공과 같다.

(2) 톰슨(Thomson)

(+)전하가 골고루 분포되어 있는 공속에 (−) 전하를 띤 전자가 여기저기 박혀 있다.

문제점 : 알파 입자 산란 실험의 결과를 설명할 수 없다.

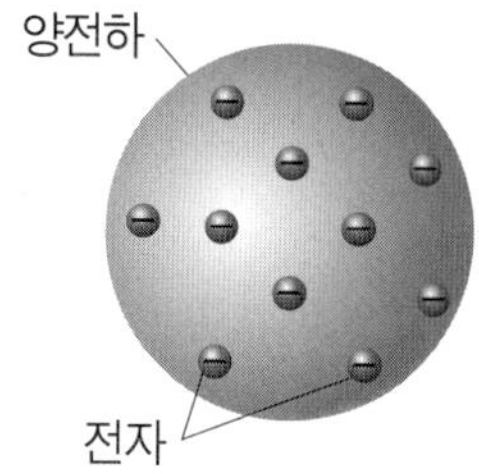

그림 5-3 톰슨의 원자모형

(3) 러더퍼드(Rutherford)

Rutherford의 원자모형 : (+)전하를 띠는 원자핵이 중심에 있고 그 주위를 (−)전하를 띤 전자가 돌고 있다.

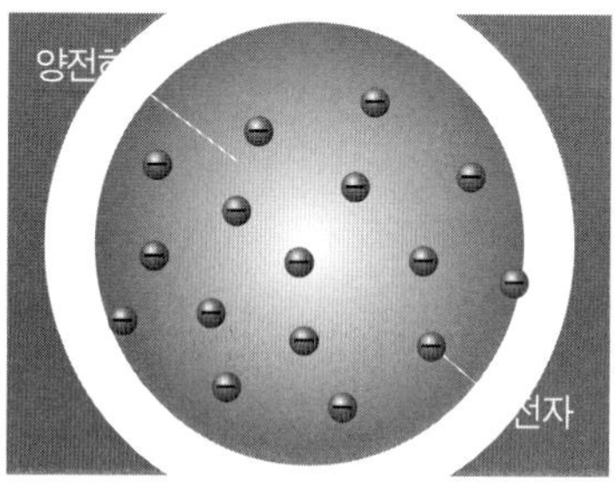

그림 5-4 행성모형–원자핵의 발견

Rutherford : (+)전하를 띤 공속에 (−) 전자가 돌고 있는 모형
문제점 : 수소원자의 선 스펙트럼을 설명할 수 없다.

(4) 보어(Bohr)의 원자모형

전자가 원자핵 주위의 일정한 궤도를 따라 원동하고 있다 → 궤도모형

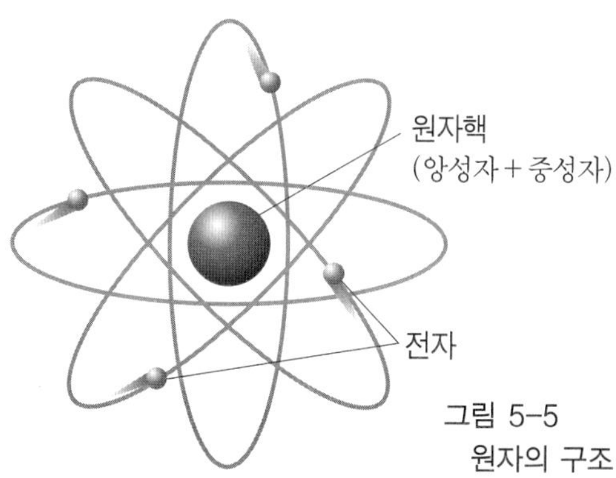

그림 5-5 원자의 구조

문제점 – • 전자가 2개 이상인 원자의 선 스펙트럼을 설명할 수 없다.
• 불확정성 원리(uncertainty principle)를 설명하지 못한다.

① 현대의 원자모형 : 전자가 원자핵 주위에 구름처럼 퍼져 있다 → 전자구름모형

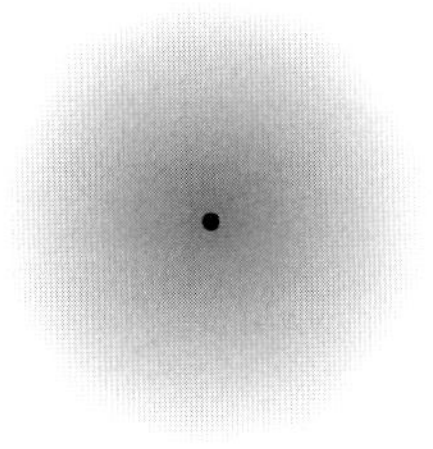

그림 5-6 전자구름

② 일반적인 원자모형

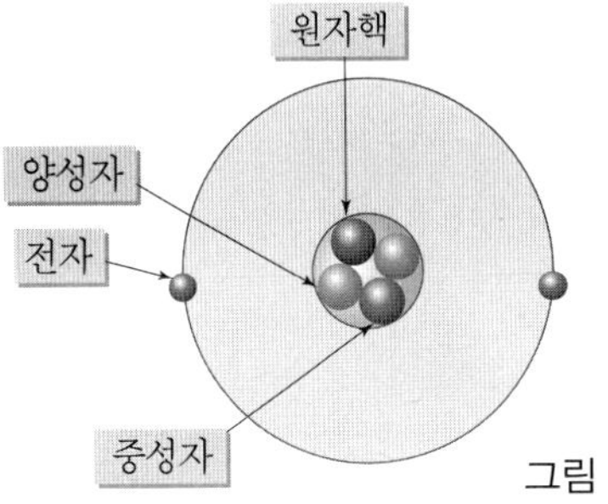

그림 5-7 $_{2}He^{4}$ 원자

5-3 원자의 역사

1807년 Dalton이 원자설을 발표한 이후 1903년 Thompson은 진공방전관을 통해서 전자를 발견했다. 전자의 전하 대 질량의 실제는 다음과 같이 밝혀졌다.

$$-e \longrightarrow e/m = 1.758820 \times 10^{8}\ c/g$$

Millikan(1868~1953)은 전자의 질량측정방법을 고안했으며, 기름방울 X선에 의한 음전하를 발견했다.

현재값 $e/m = 1.758820 \times 10^{8}\ c/g$에서,

$$m = \frac{e}{1.758820 \times 10^{8}\ c/g} = 9.109382 \times 10^{-28} g$$

1911년 Rutherford(1911)는 α입자 산란 실험으로 원자핵(atomic nucleus)의 존재를 확인했다. 즉, 원자에는 공간과 핵이 존재한다.

표 5-1 원자의 입자

질 량		전 하	
입자 grams	amu	Coulombs	
전자 9.109382×10^{-28}	5.485799×10^{-4}	$-1.602176 \times 10^{-19}$	-1
양성자 1.672622×10^{-24} (전자질량보다 1836배 크다)	1.007276	$+1.602176 \times 10^{-19}$	$+1$
중성자 1.674927	1.008665×10^{-4}	0	0

* 원자핵이 거대 운동장 가운데 콩알 하나라면, 원자는 거대 운동장

1913년 Bohr는 수소원자 스펙트럼(spectrum)을 관찰하여 전자가는 원자핵 주위의 일정한 궤도를 원을 그리며 운동한다는 모형, 즉 궤도모형(orbit model)을 제시했다(원자모형과 전자 배치).

5-4 전자껍질과 에너지

전자는 원자핵 주위의 특정한 에너지 준위(energy level)의 원형 궤도상에서만 운동하는데, 이를 전자껍질(electron shell)이라고 부른다.

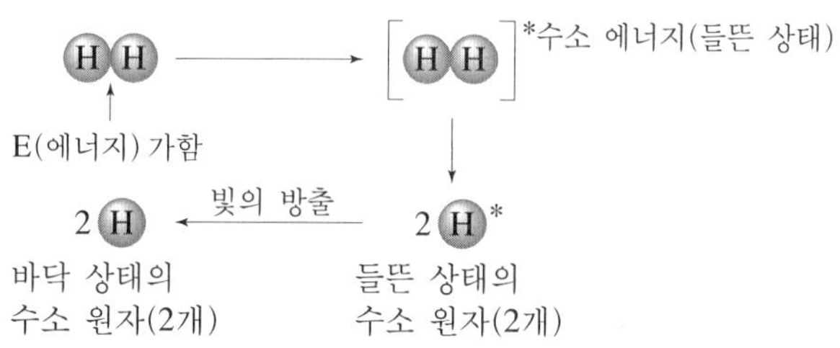

그림 5-8 수소원자의 운동

주 양자수(값)는 전자껍질이 원자핵에서 가까운 쪽부터 다음과 같이 표시된다.

K, L, M……, $n = 1, 2, 3$……

전자껍질의 에너지를 구하는 식은 다음과 같다.

$En = 1312/n^2$ Kj/mol (n = 1, 2, 3……)

즉, 주 양자 수 n이 커질수록 전자껍질의 에너지 준위는 증가한다. (K<L<M)

① n = 1, 바닥 상태 에너지 E_1 } 두 에너지 차 (ΔE)
들뜬 상태 에너지 E_2

② ΔE(방출하는 빛 에너지) $= E_2 - E_1 = hv = \frac{hc}{\lambda}$ = hc ⟶ Plank식

③ Plank cost : 6.03×10^{-34}

h : J · S, hc : 빛의 속도, v : 진동수, λ : 빛의 파장,

Plank cost : 플랑크 상수

5-5 수소원자의 스펙트럼

전자가 낮은 에너지 준위로 전이할 때 방출되는 에너지 값이 크게 달라지므로, 수소원자의 스펙트럼은 파장(wave)에 따라 여러 계열로 분류된다.

① Lyman(자외선) 계열 : 전자가 $n \geq 2$인 전자껍질에서 $n=1$인 껍질(shell)로 떨어질 때 얻어지는 스펙트럼

② Balmer(가시광선) 계열 : 전자가 $n \geq 3$인 전자껍질에서 $n=2$인 껍질로 떨어질 때 얻어지는 스펙트럼

③ Paschen(적외선) 계열 : 전자가 $n \geq 4$인 전자껍질에서 $n=3$인 껍질로 떨어질 때 얻어지는 스펙트럼

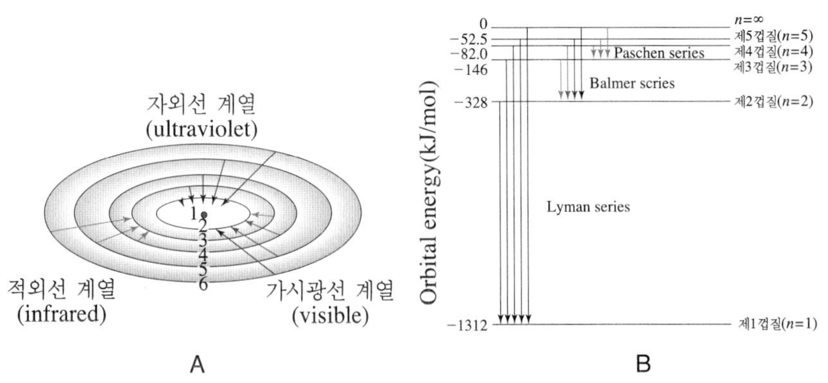

그림 5-9 수소원자의 선 스펙트럼

높은 에너지의 바깥껍질 오비탈에서, 낮은 에너지의 안쪽껍질 오비탈(shell orbital)로 전자(electron)가 전이할 때 두 에너지 차이에 해당하는 전자가 복사선을 방출한다. 계열이 서로 다른 스펙트럼은 바깥껍질 오비탈에서 안쪽껍질 오비탈로 전자가 전이하는 상태이다.

원자 스펙트럼(원자의 전자구조 : 보라, 녹청, 남황, 오렌지, 적)의 구조는 그림 5-10, 그림 5-11와 같다.

① 햇빛, 백열등 : prism – screen

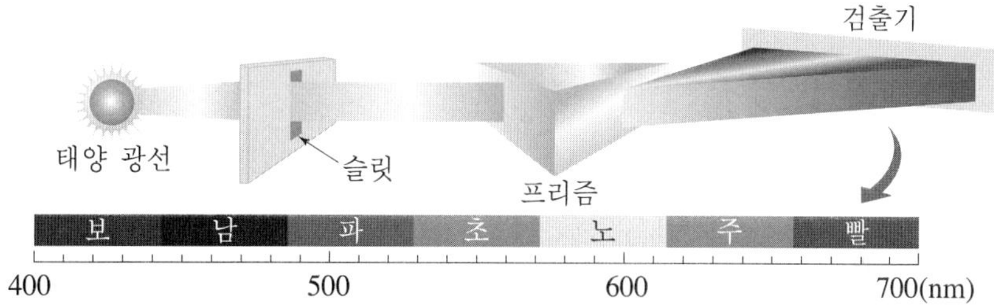

그림 5-10 햇빛과 백열등의 연속(Continuous) 스펙트럼

② 수소(방전) 선 스펙트럼 : 보라(3646Å) – 청색 – 적색(6563Å)

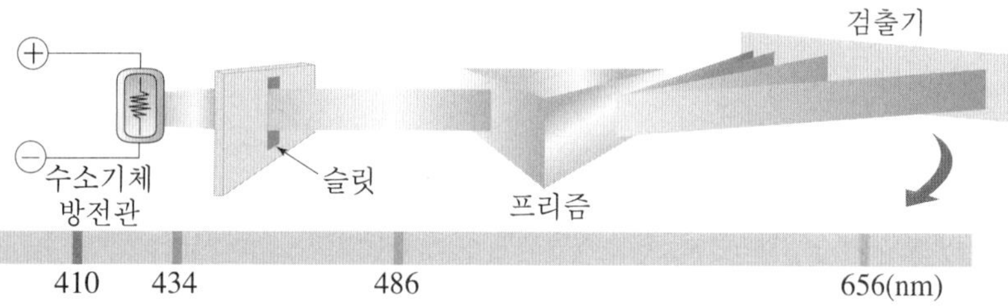

그림 5-11 수소의 선 스펙트럼

5-6 전자기 복사

매우 밝게 빛을 내는 전구에 손을 가까이 가져가면 무엇을 느끼는가? 손은 따뜻해질 것이다. 전구에서 나오는 빛은 에너지를 손에 전달한다. 난로에서 불타고 남은 나무에 가까이 가면 따뜻하게 느끼는 에너지를 얻게 된다. 태양으로부터 느끼는 에너지도 유사한 예이다.

이 두 가지 경우에서 에너지는 한 곳에서 다른 곳으로 전자기 복사(electromagnetic radiation)라는 빛으로 전달되고 있는 것이다. 많은 종류의 전자기 복사가 존재하는데, 뼈의 사진을 찍을 수 있는 X선, 전구로부터 나오는 백색광, 핫도그나 다른 음식을 요리하는 데 쓰이는 마이크로파, 소리와 음악을 전달하는 라디오파 등이 있다.

이러한 다양한 형태의 전자기 복사는 서로 어떻게 다를까? 이러한 질문에 대답하기 위해서 파동에 대해 논의할 필요가 있다. 특정 파동은 파장(wavelength), 진동수(frequency), 속도(speed) 등 세 가지 성질로 특징지어진다.

파장(wavelength, λ로 표현)은 두 개의 연속된 파동의 봉우리 간의 거리다(그림 5-12 참조).

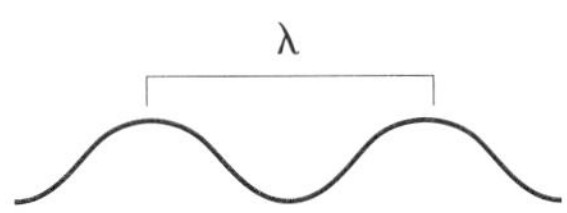

그림 5-12 파동의 파장은 봉우리 사이의 거리이다.

파동의 진동수(frequency, ν로 표현)는 주어진 시간 동안 얼마나 많은 파동이 주어진 한 지점을 지나가는가를 나타낸다. 파동의 속도는 어떤 봉우리가 얼마나 빨리 움직이는가를 나타낸다. 전자기 복사인 빛도 파동처럼 이동한다. 다양한 종류의 전자기파(X선, 마이크로파 등등)도 파장이 서로 다른 것이다. 그림 5-13에 전자기 복사의 종류를 나타내었다. X선은 매우 짧은 파장을 갖고 있고, 라디오파는 매우 긴 파장을 갖고 있다.

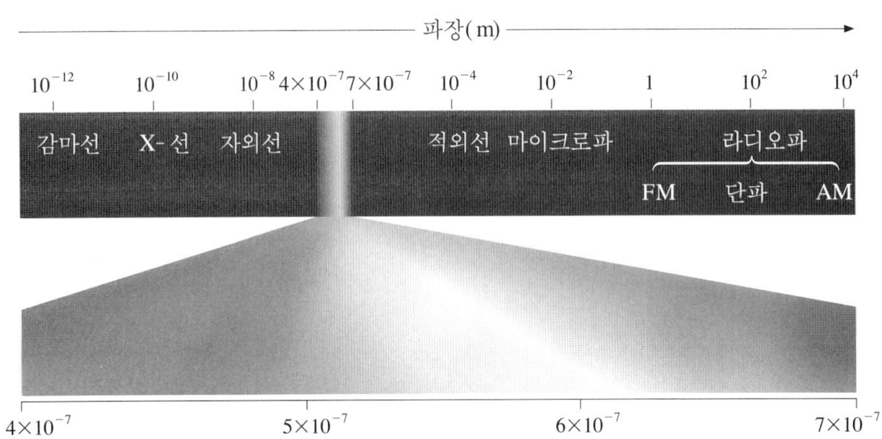

그림 5-13 전자기 복사의 다른 파장들

복사는 에너지 전달의 중요한 수단이다. 예를 들면, 태양으로부터의 에너지는 가시광선과 자외선의 복사 형태로 지구에 도달한다. 난로에서 빨갛게 타는 석탄은 적외선 복사의 형태로 열에너지를 전달한다. 마이크로파 오븐은 음식에 있는 물 분자에 마이크로파 복사가 흡수되어 그 물 분자의 움직임을 증가시킨다. 이렇게 전달된 에너지는 수없이 많은 충돌에 의해 다른 형태의 분자로 전달되고 결국은 음식물의 온도를 올린다.

그래서 전자기 복사(빛)를 공간에서 에너지를 운반하는 파동으로 묘사한 것이다. 그러나 빛은 파동처럼 움직이지 않는다. 즉, 전자기 복사는 때때로 입자가 갖는 특정 성질을 가질 수 있다. 또 다른 방법으로 공간을 움직이는 광선을 광자(photon)라고 부르는 에너지의 작은 한 꾸러미로 간주할 수 있다.

빛의 정확한 성질은 무엇일까? 빛은 파동으로 구성되어 있는가 아니면 에너지 입자의 흐름인가? 둘 다인 것 같다 이러한 상황을 빛의 파동-입자 성질이라고 부른다.

전자기 복사는 파장이 다르면 운반하는 에너지의 양도 다르다. 예를 들면, 붉은빛에 해당하는 광자들은 푸른빛에 해당하는 광자들보다 적은 에너지를 운반한다. 일반적으로 빛의 파장이 길수록 그 광자들의 에너지는 낮다.

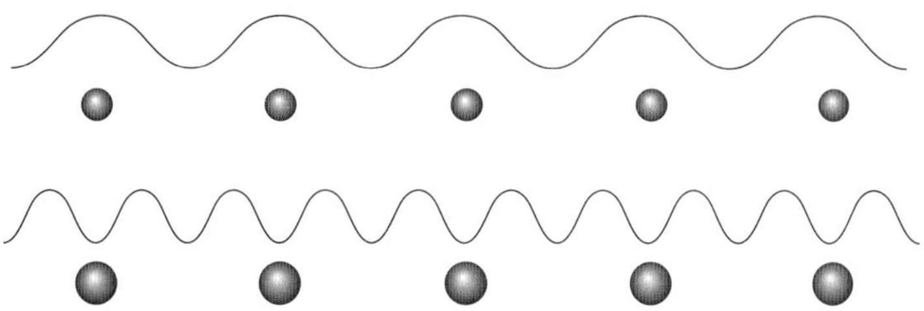

그림 5-14 위의 작은 광자는 아래의 큰 광자보다 낮은 에너지를 운반한다.

5-7 원자의 에너지 방출

Li^+, Cu^{2+} 및 Na^+이 들어 있는 화합물을 메탄올이 있는 접시에 녹이고, 이 용액에 불을 붙이면 Li^+이 있는 용액은 아름다운 짙은 붉은색을 띠며, Cu^{2+}이 있는 용액은 초록색을 내며 탄다. Na^+을 포함하는 용액은 노랑-주황색을 띠며 탄다.

이러한 불꽃의 색깔은 용액에 있는 원자에 기인하는데, 원자가 특수한 파장의 가시광선을 방출하면서 에너지를 밖으로 내는 것이다. 원자가 빛을 방출하면서 그 원자들은 낮은 에너지 상태로 떨어진다.

리튬원자가 들뜬 상태에서 낮은 상태로 변화하면서 내는 에너지가 붉은색의 광자 에너지이기 때문에 리튬원자는 붉은색을 내는 것이다(그림 5-15). 리튬과 달리 구리는 다른 에너지 변화를 하기 때문에 초록색을 낸다.

원자들이 어떤 에너지원에서 에너지를 얻으면 들뜨게 되고, 빛을 내면서 이 에너지를 방출하게 된다. 방출된 에너지를 광자가 운반한다. 고에너지 광자는 짧은 파장의 빛에 해당하며, 저에너지 광자는 긴 파장의 빛에 해당한다.

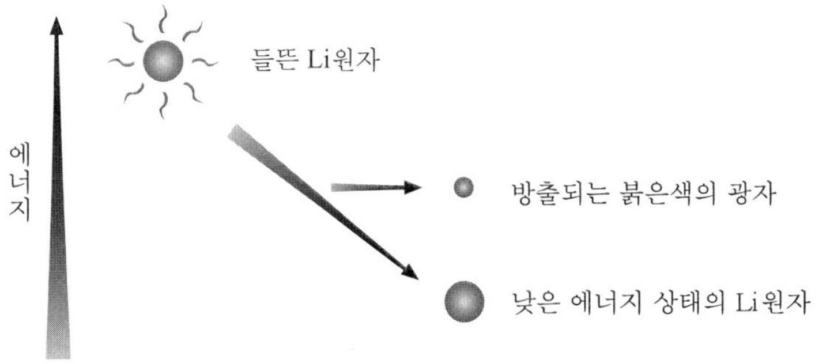

그림 5-15 붉은색의 광자를 방출하면서 낮은 에너지 상태(바닥 상태)로 떨어지는 들뜬 리튬 원자

5-8 수소의 에너지 준위

과량의 에너지를 가지고 있는 원자를 들뜬 상태(excitedstate)에 놓여 있다고 말한다. 들뜬 상태의 원자는 그 과량의 에너지의 일부나 전부를 광자(전자기 복사의 입자)로 방출시켜 낮은 에너지 상태로 가게 된다.

가능한 한의 가장 낮은 에너지 상태를 바닥 상태(ground state)라고 한다.

방출되는 광자를 관찰하면 수소원자의 에너지 상태에 대한 많은 정보를 얻을 수 있다. 이를 이해하기 위해서는 파장이 다른 빛의 광자는 에너지 운반량이 다르다는 사실을 알아야 한다.

수소원자가 외부로부터 에너지를 흡수하게 되면, 이 에너지는 들뜬 상태로 올라가는 데 사용된다. 그리고 이 과량의 에너지를 광자로 방출하면서 다시 원래의 상태로 돌아갈 수 있다.

이러한 과정을 그림 5-15처럼 에너지 준위 도표를 가지고 형상화할 수 있다. 여기서 중요한 점은 광자가 가진 에너지는 원자가 들뜬 상태에서 낮은 에너지 상태로 가는 데 방출한 에너지 차이와 같다는 점이다.

들뜬 수소원자가 낮은 에너지 상태로 돌아갈 때 광자를 방출하는데, 광자는 원자가 방출하는 에너지를 갖고 있다. 따라서 두 상태의 에너지 차이에 해당한다.

수소원자를 시료로 하여 여기에 많은 에너지를 가한다고 가정하자. 이때 방출되는 가시광선의 광자를 연구해 보면, 단순히 어떤 특정한 색깔만이 관찰된다(그림 5-16). 다시 말해, 특정한 형태의 광자만 생성된 것이다. 여기서 모든 색깔을 다 관찰할 수는 없으며 선택된 색깔만을 볼 수 있다. 이것은 매우 중요한 결과이다.

그림 5-16 들뜬 수소원자가 낮은 에너지 상태로 돌아갈 때, 특정한 에너지의 광자를 방출한다. 이 그림은 들뜬 상태의 수소원자가 방출하는 가시광선 영역의 파장(나노미터 단위)을 보여 준다.

특정한 광자만이 방출되는 현상에서 우리는 특정한 에너지의 변화만 일어나는 것을 알 수 있다. 이것은 수소원자가 특정한 불연속적인 에너지 준위들을 갖고 있음을 뜻하는 것이다(그림 5-17).

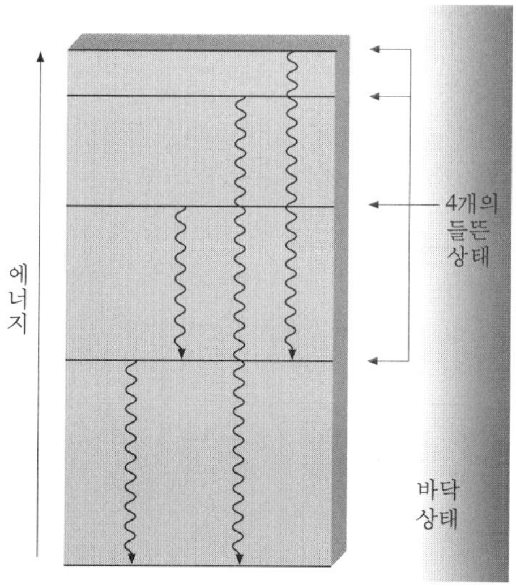

그림 5-17 들뜬 상태의 수소원자에서 방출되는 각 광자는 수소원자의 특정한 에너지 변화에 기인하는 것이다. 이 도표에서 가로줄은 수소원자의 불연속적인 에너지 준위들을 나타낸다. 주어진 수소원자는 이들 에너지 상태들 중 하나로 존재할 수 있으며, 들뜬 상태뿐만 아니라 바닥 상태로 에너지가 변화할 수 있다.

들뜬 상태의 수소원자는 그림 5-16에서 보는 것처럼 항상 동일한 불연속적인 색(파장)을 갖는 광자를 방출하며, 결코 중간의 에너지(색)를 갖는 광자를 방출하는 법은 없다. 결국 모든 수소원자들은 동일한 불연속적인 에너지 준위를 갖는다는 결론에 도달한다.

즉, 수소원자의 에너지 준위들이 양자화(quantized)되어 있다고 말하며, 이는 오직 특정한 값을 갖는 에너지 준위들만이 허용된다는 의미이다. 과학자들은 실제로 모든 원자들의 에너지 준위가 양자화되어 있다는 것을 발견하였다.

원자의 에너지 준위들이 양자화되어 있다는 본질은 발견 당시 매우 놀라운 것이었다. 이전까지만 해도, 원자는 어떤 에너지 준위도 가질 수 있다고 믿었기 때문이었다. 즉, 모든 사람들은 원자는 불연속적이 아닌 연속적인 에너지 준위를 가질 것이라고 생각하고 있었다.

에너지의 본질이 양자화되어 사실의 발견은 원자에 대한 관점을 근본적으로 바꾸어 놓았는데, 다음 절에서 이에 대해 공부하기로 하자.

5-9 Dalton의 원자모형

John Dalton은 1803년부터 1810년까지 발표한 일련의 논문에서 원자의 개념을 재정립하고, 사실과 실험적 증거에 바탕을 둔 원자모형을 제안하였는데 요점은 다음과 같다.

① 원소는 원자라고 부르는 쪼갤 수 없는 작은 입자로 되어 있다.
② 같은 원소의 원자는 질량과 크기가 같다.
③ 다른 원소의 원자는 질량과 크기가 다르다.
④ 두 개 이상의 서로 다른 원자들이 결합하여 화합물을 만든다.
⑤ 원자가 화합물을 형성할 때에는 1 : 1, 1 : 2, 2 : 3 등과 같이 간단한 정수비로 결합한다.
⑥ 두 원소의 원자들은 두 가지 이상의 화합물을 형성하기 위해 여러 가지 다른 비율로 결합할 수 있다.

돌턴의 원자모형은 화학의 발전에 획기적인 것이었다. 그 모형의 주요 전제는 지금도 타당하지만, 그 이후의 연구에서 ① 원자는 아원자 입자(subatomic particle)로 구성되어 있으며, ② 어떤 원소의 모든 원자가 같은 질량이 아닌 경우도 있고, ③ 특수한 조건하에서 원자가 분해될 수 있음이 밝혀졌으므로 그중 일부는 수정되어야만 했다.

5-10 보어의 원자모형

1911년 25세의 과학자 Niels Bohr는 물리학 박사학위를 받았다. 그는 원자란 작은 양전하를 띤 핵과 그 주위를 도는 전자로 되어 있다고 확신했다.

그 후 2년 동안, 보어는 양자화된 에너지 준위를 갖는 원자모형을 구성하였는데 그것은 수소에서 보여 주는 방출 스펙트럼과 잘 일치하였다. 보어는 전자가 핵 주변을 여러 개의 정해진 에너지 준위를 갖는 구형의 궤도 내에서 움직이고 있다고 생각했다.

그는 전자가 정확히 에너지가 일치하는 광자를 흡수하거나 방출하는 경우 다른 궤도로 뛰어 이동할 수 있다고 제안했다. 보어의 원자모형에 의하면 수소원자의 에너지 준위는 특정한 값으로 허용된 궤도를 갖고 있었다.

보어의 모형은 수소원자가 보이는 현상을 설명하는 데 매우 유용하다. 그러나 이 모형은 수소원자 이외의 원자에는 적용되지 않았다. 사실 이후에 밝혀진 실험적 사실에 의하면, 보어의 모형은 근본적인 오류가 있었지만 다음에 나오는 이론들의 길을 열어 준 계기가 되었다.

1. 보어의 원자모형과 전자 배치

(1) 수소원자의 선 스펙트럼

전자들이 일정한 에너지 준위를 갖기 때문에 생긴다.

(2) 보어의 가설 1-양자조건

① 전자는 원자핵 주위의 특정 궤도(orbit)에서만 원운동을 하는데, 이 궤도를 전자껍질이라고 한다.

② 원자궤도 = Orbit = 전자껍질

③ 각 전자껍질이 가지는 에너지 준위

$E_n = -1312 / n^2$ kJ/mol

전자껍질	K	L	M	N
껍질번호	1	2	3	4
E(kJ/mol)	−1312	−328	−146	−82

(3) 보어의 전자껍질

전자의 전이와 에너지 : 원자 내의 전자는 낮은 에너지 상태를 차지하려는 경향이 있다. 수소원자는 전자가 K껍질에 있을 때 에너지가 가장 낮다(바닥 상태−Ground state). 또 바닥 상태의 전자가 빛에너지를 흡수하여 높은 준위로 전이한 불안정한 상태를 들뜬 상태(excite state)라고 하는데 들뜬 상태의 전자가 바닥 상태로 전이하면 두 에너지 준위의 차에 해당하는 에너지(ΔE)가 방출된다.

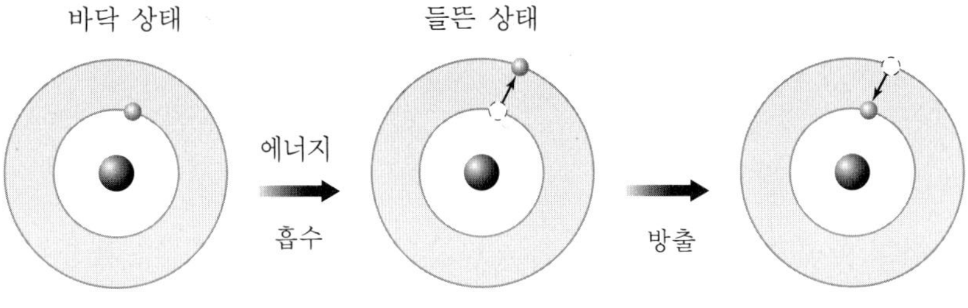

그림 5-18 에너지의 흡수 및 방출

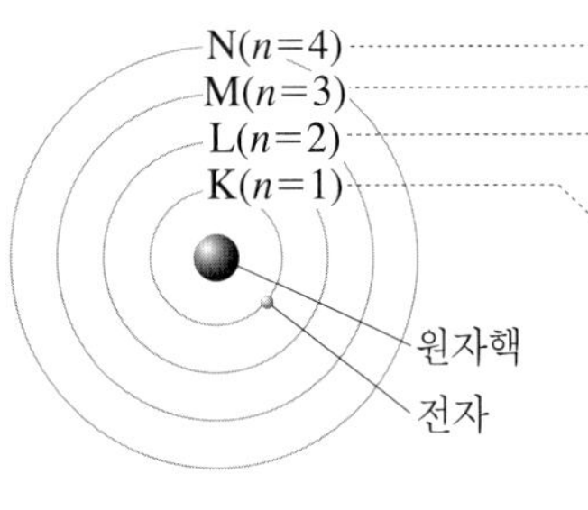

그림 5-19 보어의 원자모형

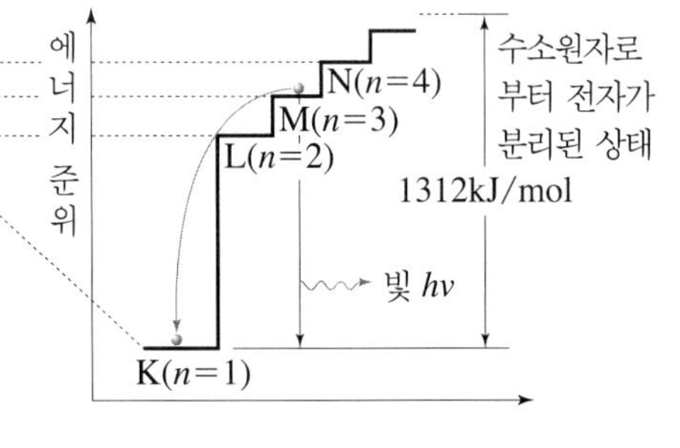

그림 5-20 전자껍질이 에너지

(4) 보어의 가설 2−진동수 조건

다른 에너지 준위로 전이할 때는 에너지 준위 차에 해당하는 에너지를 흡수하거나 방출한다.

$\Delta E = Eh - EL$

- 낮은 에너지 준위 ⇒ 높은 에너지 준위 : 에너지 흡수
- 높은 에너지 준위 ⇒ 낮은 에너지 준위 : 에너지 방출

(5) 에너지가 낮은 전자껍질로 전자가 전이할 때 방출하는 빛 에너지는 진동수에 비례하고 파장에 반비례한다.

$\Delta E = h\nu = hc/\lambda$

(h : 플랑크 상수 = 6.63×10^{-34} J · S,
ν : 진동수 C : 빛의 속도, λ : 파장)

① 빛 에너지, 진동수, 파장 관계 : 빛 에너지가 클수록 진동수는 크고, 파장은 짧다.

② 이온화 에너지 : 기체 상태의 중성 원자 1개로부터 원자가 전자 1개를 떼어 내어 양이온을 만드는 데 필요한 에너지

(6) 수소원자에 대한 Bohr의 모델

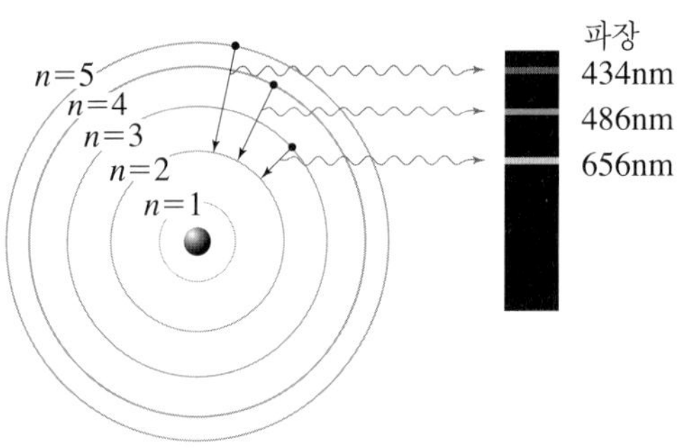

그림 5-21 Bohr의 수소원자 모델(발 미계열)

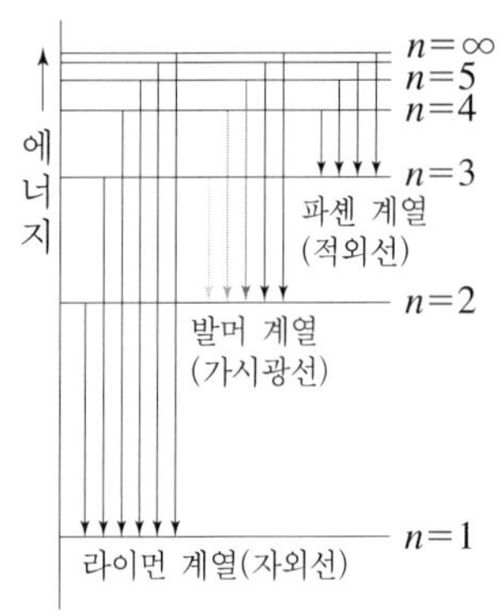

그림 5-22 수소원자의 에너지 준위

5-11 보어의 원자모형에 따른 전자 배치

1. 보어 모형을 이용한 전자 배치

① 18족(O족)의 원소는 안정한 전자 배치를 이루고 있기 때문에 이온화 에너지가 커서 전자를 내놓기 어렵고, 전자 친화도가 작아서 전자를 받아들이기도 어렵다.

② 그러나 18족(O족, 8A족) 원소를 제외한 다른 원자들은 O족 원소와 같이 안정한 전자 배치를 이루기 위해 전자를 잃거나 얻어야 한다.

③ 전자는 에너지 준위가 낮은 전자껍질(핵에서 가까운 껍질)부터 차례로 채워진다.

전자껍질의 에너지 준위 : K < L < M < N < O < P < ⋯

전자는 낮은 에너지 준위의 전자껍질부터 차례로 채워진다.

K 껍질 ⟶ L 껍질 ⟶ M 껍질 ⟶ N 껍질 ······

④ 각 전자껍질에는 최대 $2n^2$개의 전자가 채워질 수 있다.

각 전자껍질에는 최대 $2n^2$개의 전자가 채워질 수 있고, 주 양자수와 오비탈의 크기 및 에너지 준위를 결정한다.

표 5-2 전자껍질의 수용 전자수

전자껍질(주 양자수)	K($n=1$)	L($n=2$)	M($n=3$)	N($n=4$)
최대수용 전자수($2n^2$)	2개	8개	18개	32개

⑤ 가장 바깥 전자껍질에 배치되는 전자수는 8개를 초과할 수 없다. (octet rule)

(예) $_{18}Ar$: K(2)L(8)M(8)

$_{19}K$: K(2)L(8)M(8)N(1)

⑥ 원자가 전자(valence electron) : 가장 바깥 전자껍질에 배치되어 있는 전자로, 8개를 초과할 수 없으며 원자가 이온으로 되거나 화학결합 할 때는 이 전자가 관여한다. 원자가 전자가 그 원소의 화학적 성질을 결정한다.

2. 양자수

양자수(quantum number)는 전자의 에너지 상태와 전자구름의 모양, 방향성을 나타내는 정수.

① 주 양자수(n)(principal quantum number) : 전자의 에너지 준위를 나타내는 것으로 n = 1, 2, 3, ...이며 전자껍질을 나타낸다.

n	1	2	3	4	5	6	7
전자껍질	K	L	M	N	O	P	Q

② **방위 양자수**(l껍질, 각운동량 양자수)(angular momentum quantum number)는 전자 부껍질로서 부양자수라고도 하며, 오비탈(전자껍질)의 모양을 결정한다(3차원).

같은 n과 l을 갖는 모든 궤도함수들은 궤도함수의 부껍질(subshell)을 이룬다. 이 l값은 주 양자수의 값에 의존한다. 일반적으로 ℓ 값은 영에서 $(n-1)$까지의 정수값만을 가질 수 있다.

- $\ell = 0, 1, 2, 3, \cdots\cdots (n-1)$
- 오비탈의 기호

ℓ	0	1	2	3
오비탈	s	p	d	f
궤도함수의 수	1	3	5	7

$n=1$(K전자껍질)이면 $l=0$(S 오비탈)
$n=2$(L전자껍질)이면 $l=0$, 1(S, P 오비탈)
$n=3$(M전자껍질)이면 $l=0$, 1, 2(S, P, d 오비탈)
(S : Sharp, P : Principal, d : diffuse, f : fundamental
l : 0, 1, 2, 3, 오비탈 : S, P, d, f
부껍질에 대한 궤도함수의 수 : p=3, f=7, s=1, d=5, g=9)

③ **자기 양자수**(m껍질, magnetic quantum number) : 표준 좌표축에 대한 오비탈의 공간적 배향을 규정한다.

$l=0$ (S 오비탈)이면, $m=0$(1개의 S 오비탈)
$l=1$ (P 오비탈)이면, $m=-1, 0, +1$(3개의 P 오비탈, 즉 Px, Py, Pz)
$l=2$ (d 오비탈)이면, $m=-2, -1, 0, +1, +2$
(5개의 d 오비탈, 즉 dxy, dyz, dxz, dx^2-y^2, dz^2)

④ **스핀 양자수**(s껍질, spin quantum number) : 자전하고 있는 전자의 자전 에너지를 결정하는 것으로 $+1/2$과 $-1/2$의 두 가지가 있다.

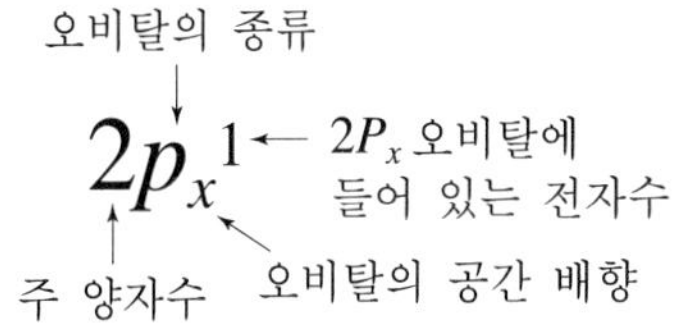

그림 5-23 오비탈의 표시

표 5-3 오비탈

전자껍질	K	L		M		
주 양지수(n)	1	2		3		
방위 양자수(L)	0	0	1	0	1	2
오비탈의 종류	1s	2s	2p	3s	3p	3d
공간배위	s	s	p_x, p_y, p_z	s	p_x, p_y, p_z	$d_{xy}, d_{yz}, d_{xz}, d_{x^2-y^2}, d_{z^2}$
오비탈의 수(n^2)	1	4		9		
표시 방법	⇅	⇅	⇅ ⇅ ⇅	⇅	⇅ ⇅ ⇅	⇅ ⇅ ⇅ ⇅ ⇅

표 5-3는 오비탈 안에 있는 전자를 나타낸 것이다. 전자의 스핀 방향이 반대이므로 화살표의 방향을 반대로 한다.

표 5-4 최초의 네 껍질에 대한 가능한 n, L, mL 양자수의 조합

n	L	mL	오비탈 기호	부껍질 중 오비탈	부껍질 중 오비탈의 전체수
1	0	0	1s	1	1
2	0	0	2s	1	4
	1	−1, 0, +1	2p	3	
3	0	0	3s	1	9
	1	−1, 0, +1	3p	3	
	2	−2, −1, 0, +1, +2	3d	5	
4	0	0	4s	1	16
	1	−1, 0, +1	4p	3	
	2	−2, −1, 0, +1, +2	4d	5	
	3	−3, −2, −1, 0, +1, +2, +3	4f	7	

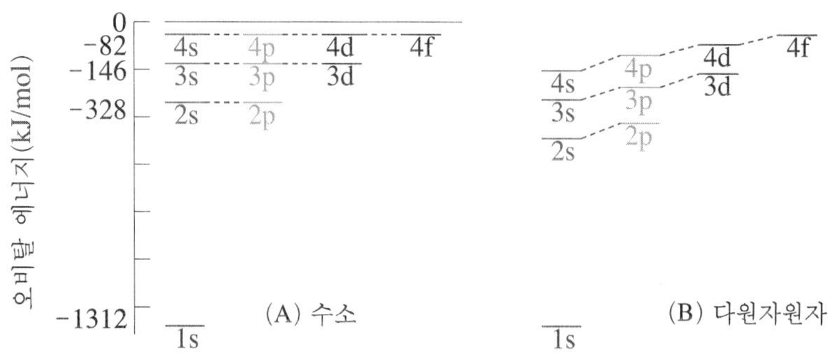

* (B)의 경우, 여러 부껍질의 에너지 차이를 보이기 위해 실제 값보다 과장되게 그렸다. 그러나 껍질들 간의 순서가 바뀌는 것에 주목하라. 예를 들어 3d 오비탈은 4s 오비탈보다 높은 에너지를 갖는다.

그림 5-24 수소원자(A)와 다전자원자(B)의 오비탈 에너지 준위

5-12 원자의 파동 역학적 모형

1920년대 중반에 Bohr의 모형에 오류가 있었다는 것이 명백해지자 과학자들은 완전히 해로운 방법을 찾아야 할 필요성을 느꼈다. 프랑스의 Louis de Broglie와 오스트리아의 Erwin Schrödinger 두 젊은 물리학자는 빛이 입자와 파동의 두 가지 성질을 보이는 것처럼, 전자도 역시 이 두 가지 성질을 갖고 있을 것이라고 주장했다.

모든 사람들이 전자란 작은 입자라고 생각하고 있지만, 이 두 과학자는 전자가 파동으로 여길 수 있는지 없는지를 규명할 필요가 있다고 했다.

Schrödinger는 이러한 이론에 따라 수학적인 분석을 수행하여 새로운 수소원자의 원자 모형을 구체화하였는데, 그것은 다른 원자들에게도 잘 들어맞았다. Bohr의 모형은 이 점에서 실패하였다. 현재 이를 원자의 파동 역학적 모형(wave mechanical model)이라고 부른다.

보어의 모형에서는 전자가 원형의 궤도를 따라 움직이고 있다고 본다. 그러나 파동 역학적 모형에서는 전자는 궤도함수(orbital)라고 표현되는 곳에 위치한다. 궤도함수는 궤도(orbit)와는 전혀 다른 것이다. 궤도함수는 주어진 전자가 높은 확률로서 발견될 핵 주위의 공간영역으로서 묘사된다.

Schrödinger는 전자의 궤적을 정확히 나타낼 수 없음을 발견하였다. 대신 수학적으로 핵 주변의 주어진 점에서 전자를 발견할 수 있는 확률만을 예측할 수 있었다. 바닥 상태에서 수소의 전자는 그림 5-25과 같은 확률지도를 갖는다. 어느 특정한 점에서의 색이 강해질수록, 주어진 순간에 그 점에서 전자를 발견할 확률도 높아지는 것이다.

이 모형은 공간상에서 전자가 차지하고 있는 특정한 위치 또는 전자의 움직임에 대한 정보를 제공 해주지는 못한다. 사실상 아무리 이 모형으로 정밀하게 측정하여도 전자의 움직임을 정확하게 예측할 수는 없다. 그러나 확실한 것은 보어가 제시한 것처럼 전자가 핵 주변을 공전하지는 않는다는 사실이다.

5-13 수소원자의 궤도함수

그림 5-25에 나타난 것처럼 수소원자 내의 전자의 분포 확률을 나타낸 그림을 궤도함수(orbital)라고 부른다. 전자를 발견할 확률이 핵에서 멀어짐에 따라 급격히 줄어들지만, 그 발견 확률은 핵으로부터 먼 거리에 떨어진 곳에서도 결코 0은 되지 않는다.

이는 마치 지구 대기와 외부의 경계를 명확하게 나타낼 수 없는 것과도 같은 이치이다. 대기의 양이 점차 줄어들게 되어도 어디든 항상 조금이라도 분자는 존재하기 마련이다. 궤도함수의 경계가 모호하기 때문에 궤도함수는 정확히 정의된 크기를 가질 수 없다.

따라서 화학자들은 크기를 90%의 전자를 발견할 확률을 갖는 구를 임의로 정하고 있다. 이는 전자가 90%에 해당하는 시간을 구의 안쪽에서 보내고 나머지 10%는 이 구의 바깥쪽에 머무른다는 의미이다. 그림 5-25에 나타난 궤도함수를 1*s* 궤도함수(1*s* orbital)라고 부르며, 이는 수소의 전자가 갖는 가장 낮은 에너지 상태(바닥 상태)를 나타낸다.

5-8절에서 수소원자가 에너지를 흡수하게 되면 높은 에너지를 갖는 상태(들뜬 상태)로 변할 수 있다는 것을 배웠다. Bohr의 이론으로 설명하자면, 이는 전자가 더 큰 반지름을 갖는 궤도로 옮겨감을 의미하는 것이다. 파동 역학으로 설명하면, 높은 에너지를 갖는 상태는 종류와 모양이 다른 궤도함수이다.

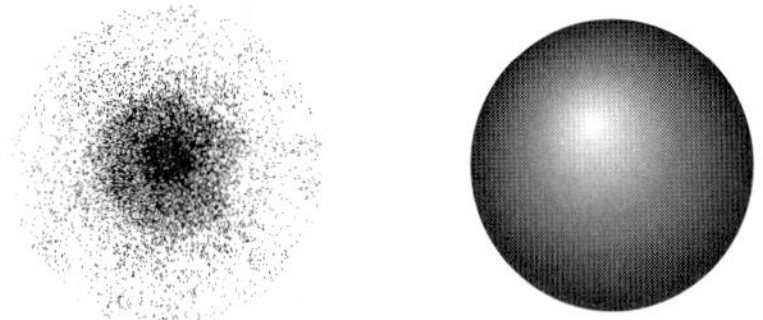

(a) (b)

그림 5-25 수소원자의 궤도함수

(a) 수소의 1*s* 궤도함수 (b)궤도함수의 크기는 전자 발견 확률이 90%가 되는 구를 가지고 정의한다. 즉, 이 구의 안쪽에서 전자를 발견할 확률이 90%이다.

(b) 1*s* 궤도함수는 종종 구형으로 표시한다. 그러나 정확하게는 그림에서처럼 확률로 나타내어야 한다.

이제 수소원자가 어떻게 이루어져 있는가를 고려 해 볼 필요가 있다. 이미 수소원자가 불연속적인 에너지 준위들을 갖는다는 것을 알았다. 이것을 주에너지 준위(prin cipal energy level) 라고 부르며 정수로 표시한다(그림 5-26).

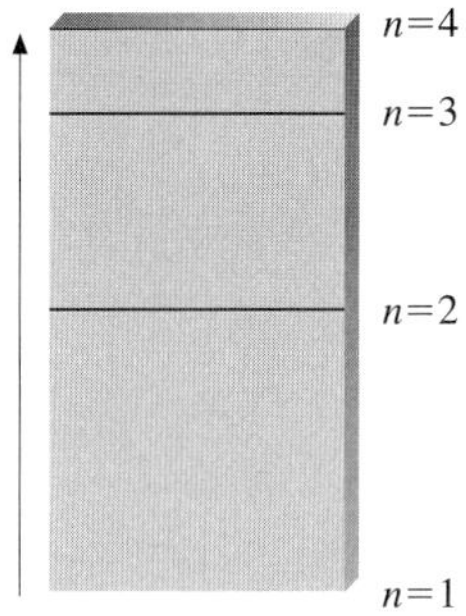

그림 5-26 수소원자의 최초 4개의 주에너지의 준위

각 준위들을 정수 n으로 표시한다.

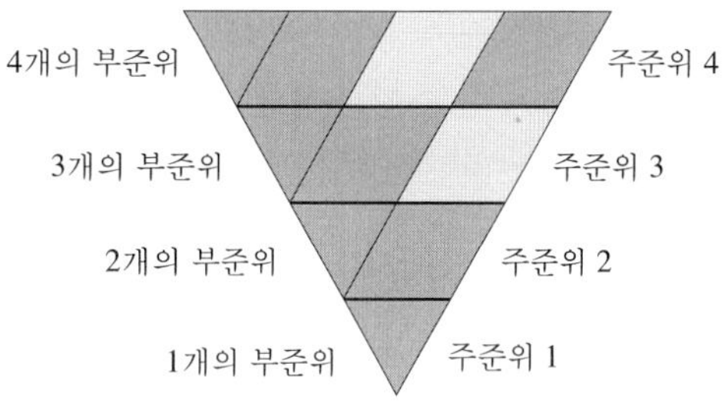

그림 5-27

처음 네 개의 주에너지 준위가 부준위로 나누어지는 것을 나타낸 그림

이러한 준위는 다시 세부적으로 나뉘어 부준위(sublevel)로 분리된다. 이것은 다음과 같은 항으로 이해하면 쉽다. 그림 5-27의 역삼각형 그림에서 주준위를 여러 개의 부준위로 나눌 수 있다. 주준위 1은 한 개의 부준위로 이루어져 있고, 주준위 2는 두 개의 부준위, 주준위 3은 세 개의 부준위, 주준위 4는 네 개의 부준위로 구성되어 있다.

이 삼각형처럼, 수소원자의 주에너지 준위는 부준위들을 가지고 있다. 이러한 부준위는 궤도함수라 부르는 전자의 공간들로 이루어져 있다. 주에너지 준위 1은 단 한개의 부준위, 즉 1개의 궤도함수만을 가진다.

이 궤도함수는 그림 5-25에 나타낸 것처럼 구형이면 이를 $1s$ 궤도함수라고 한다. 여기서 숫자 1은 주에너지 준위를 뜻하며 s는 특정한 부준위를 구별하는 데 쓰는 방법이다.

주에너지 준위 2는 2개의 부준위를 가지고 있다. 주에너지 준위의 숫자와 부준위의 개수가 같음을 생각해보면 이 부준위들은 $2s$와 $2p$이다. 부준위 $2s$는 한 개의 궤도함수로 되어 있고, 부준위 $2p$는 3개의 궤도함수($2p_x$, $2p_y$, $2p_z$)로 구성되어 있다. 이것은 역삼각형을 이용한 그림으로 이해하면 쉽다. 그림 5-27은 주준위 2가 $2s$와 $2p$(이것은 또 $2p_x$, $2p_y$, $2p_z$로 세분화 된다)의 부준위로 나뉘는 것을 보여 준다.

이 궤도함수들은 그림 5-28와 5-28에 나타난 것과 같은 모양을 갖는다. 2*s* 궤도함수는 구형이 아니며 2개의 돌출부를 갖고 있다. 이들 궤도함수는 그림 5-28에 나타낸 것처럼 확률밀도와 90%의 확률을 갖는 표면으로 나타낼 수 있다. 2*p* 궤도함수에 주어진 *x*, *y*, *z*의 표시는 그림 5-28과 같이 나타낼 수 있다.

이 궤도함수들의 돌출부가 지향하는 축을 말해 준다는 것을 유념하자.

주에너지 준위는 1*s* 궤도함수를 가진다. 부에너지 준위는 2는 2*s*와 2*p*(다시 3개로 세분화된다)의 2개의 부준위를 가진다. 각 궤도함수들은 특정한 기호나 첨자로 표현한다는 것을 기억하자. 이러한 기호들이 주는 정보를 다음과 같이 요약할 수 있다.

궤도함수의 표시

① 숫자는 주에너지 준위를 의미한다.
② 문자는 모양을 말한다. 문자는 *s*는 구형 궤도함수를 *p*는 아령형을 의미한다. *p* 궤도함수에 있는 *x*, *y*, *z*는 2개의 돌출부가 놓인 축의 방향을 의미한다.

궤도함수의 중요한 특징 중 하나는 준위의 숫자가 커질수록 궤도함수 안에서 핵과 전자의 평균 거리가 멀어진다는 것이다.

즉, 수소의 원자에서 전자는 1*s* 궤도함수에 있는 경우(바닥 상태에서)가 2*s*에 있는 경우(들뜬 경우)보다 핵 쪽으로 더 접근하려고 한다.

아마도 이 시점에서 왜 전자 하나만을 가지는 수소가 2개 이상의 궤도함수를 갖는지 의아해 할 것이다. 궤도함수는 전자들이 있는 잠재적 공간으로 보면 된다. 수소원자의 전자는 주어진 시간에 오직 한 개의 궤도함수에만 있을 수 있다. 그러나 전자가 한 곳에서 다른 곳으로 이동할 수 있도록 다른 궤도함수도 항상 있어야만 한다.

예를 들어, 바닥 상태에 있는 수소원자에서 전자는 1*s* 궤도함수에 존재한다. 여기에 정확한 양의 에너지를 가해 주면(예를 들어, 특정한 에너지의 광자) 전자는 2*s* 혹은 3개의 2*p* 중 하나로 들뜨게 된다.

지금까지는 수소원자에서 단지 두 개의 에너지 준위만을 논의하였으나 다른 준위들도 많이 있다. 예를 들어, 준위 3은 3*s*, 3*p*, 3*d*의 세 개의 부준위를 갖는다(그림 5-27).

3*s* 부준위는 한 개의 궤도함수만을 가지고 있는데 모양은 구형이고 1*s*나 2*s*보다 크다(그림 5-29).

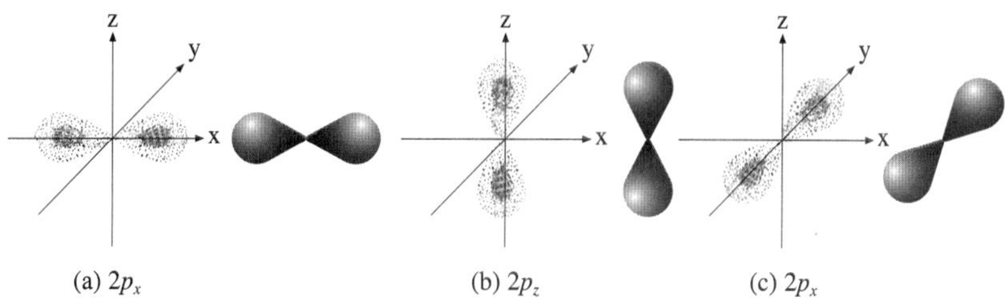

그림 5-28

3개의 $2p$ 궤도함수 (a) $2p_x$ (b) $2p_z$ (c) $2p_y$. x, y, z는 두 개의 돌출부가 놓인 축의 방향을 표시한다. 각 궤도함수들은 확률 지도 또는 90%의 전자확률지도를 포함하는 표면으로 나타낼 수 있다.

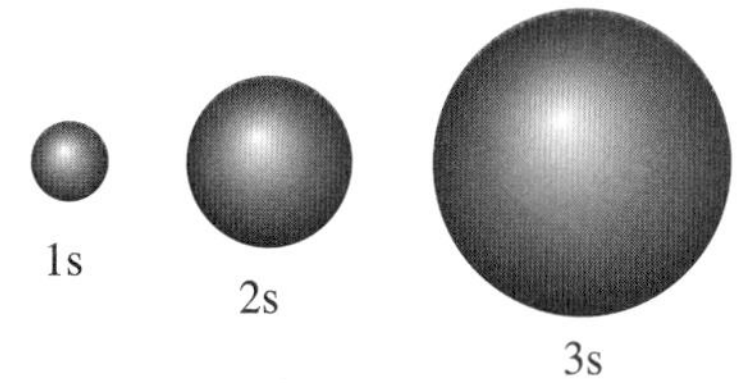

그림 5-29 수소의 구형 궤도함수인 1*s*, 2*s*, 3*s*의 상대적인 크기

부준위 $3p$는 세 개의 궤도함수 $3p_x$, $3p_y$, $3p_z$을 갖는데, 이것은 $2p$와 유사한 모양이나 크기가 크다. $3d$ 부준위는 다섯 개의 궤도함수를 갖는데, 그 모양과 표시법을 그림 5-30에 나타내었다($3d$ 궤도함수의 모양과 표시법을 암기할 필요는 없다).

준위 1, 2, 3을 비교해 보아서 알 수 있듯이, 각 주준위마다 새로운 궤도함수가 등장 한다는 것을 유념하자(즉, p 궤도함수가 준위 2에서 나타나며, d 궤도함수가 준위 3에서 나타남을 상기하라). 이것은 전자가 핵으로부터 멀어질수록 가능한 공간이 더 커지고, 그래서 궤도함수가 있어야 할 넓은 공간이 있어야 한다는 것을 말해준다.

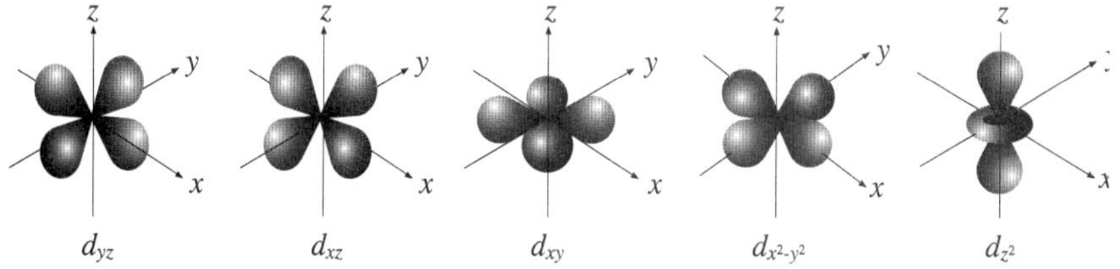

그림 5-30 *d* 궤도함수 5개의 모양과 표시법

궤도함수의 숫자가 증가하는 양식은 준위 4까지 계속된다. 준위 4는 4*s*, 4*p*, 4*d*, 4*f*라고 표시되는 네 개의 부준위를 가진다.($4p_x$, $4p_y$, $4p_z$)를 갖는다. 4*d* 부준위는 다섯 개의 4*d* 궤도함수를 갖는다. 또 4*f* 부준위는 일곱 개의 4*f* 궤도함수를 갖고 있다.

4*s*, 4*p*, 4d 궤도함수는 앞에서 배운 *s*, *p*, d 궤도함수와 모양이 같으며 크기가 크다.

5–14 파동 역학적 모형의 진보

원자는 가지고 있는 양성자의 개수와 동일한 수의 전자를 가지고 있어서 전기적으로 중성을 띠고 있다. 따라서, 수소보다 큰 원자들은 두 개 이상의 전자를 가지고 있다. 수소보다 큰 원자들을 고찰하기 전에, 전자가 궤도함수에 배열되는 방식을 공부해야 한다. 이 성질이 바로 스핀이다.

각 전자는 축을 중심으로 회전하는 팽이의 스핀과 같은 현상을 갖고 있다. 보통 스핀을 화살표 ↑ 혹은 ↓ 로 나타낸다. 한 화살표는 전자 스핀에서 가장 중요한 점은 두 개의 전자가 같은 궤도함수를 점유할 경우, 서로 반대가 되도록 놓여야 한다. 즉, 같은 방향을 갖는 두 개의 전자가 점유할 수 있으며, 이때 두 전자의 스핀은 반대가 되어야 한다.

이것이 Pauli의 배타 원리(pauli exclusion principle)이다.

수소보다 큰 원자들에 대해 파동 역학적 모형을 응용하기에 앞서 참고할 만한 사항을 요약해 보자.

원자의 파동 역학적 모형에 대한 중요 내용

① 원자는 일련의 에너지 준위를 갖는데, 이를 주에너지 준위(pricipal energy)라고 부르며, 기호 *n*으로 나타낸다. $n=1, 2, 3 ,4$ …의 수이다. 준위 1은 $n=1$ 준위 2는 $n=2$ 등과 같이 해당한다.

② 숫자 *n*이 커짐에 따라 에너지 준위도 높아진다.

③ 각 주에너지 준위는 부준위(sublevel) 라고 부르는 한 개 이상의 궤도함수를 갖는다.

④ 부준위의 수는 주에너지 준위를 나타내는 *n*과 같다.

예를 들어, 준위 1은 한 개의 부준위(1*s*)를 가지며, 준위 2는 2개의 부준위(2가지 형태의 궤도함수 2*s*와 세 개의 2*p* 궤도함수)를 갖는다. 이것을 아래의 표처럼 요약할 수 있다. 이것을 아래의 표처럼 요약할 수 있다. 괄호 안의 숫자는 각 궤도함수의 개수이다.

n	존재하는 부준위(궤도함수 형태)
1	1*s* (1)
2	2*s* (1) 2*p* (3)
3	3*s* (1) 3*p*(3) 3*d*(5)
4	4*s*(1) 4*p*(3) 4*d*(5) 4*f* (7)

⑤ *n*값의 항상 주어진 주준위의 궤도함수의 표식으로 사용되며, 그 다음의 기호는 궤도함수의 모양을 나타내는 것이다. 예를 들어, 3*p*의 의미는 준위 3의 궤도함수로서 두 개의 돌출부를 갖는 형태를 갖는다(*p* 궤도함수는 항상 두 개의 돌출부를 갖는다).

⑥ 궤도함수는 비어있거나 한 개 혹은 두 개의 전자를 갖는다. 그러나 결코 세 개 이상의 전자는 가질 수 없다. 만일 두 개의 전자가 같은 궤도함수를 점유하면 그들은 반드시 반대의 스핀을 가져야 한다.

⑦ 궤도함수의 모양은 전자의 세부적인 움직임을 나타내는 것은 아니다. 그것은 궤도함수에서 전자의 확률 분포를 나타낸다.

[예제 5-1] 원자의 구조에 대한 아래의 문항 중에 맞는 것과 틀린 것을 고르시오.

(a) *s* 궤도함수의 모양은 항상 구형이다.
(b) 2*s* 궤도함수와 3*s* 궤도함수의 크기는 같다.
(c) *p* 궤도함수의 돌출부의 개수는 *n* 값이 증가함에 따라 많아진다. 즉, 3*p* 궤도함수는 2*p* 궤도함수보다 많은 돌출부를 갖는다.
(e) 전자의 궤적은 궤도함수의 표면으로 나타난다.

풀이 (a) 맞음. 구의 크기는 n값에 따라 커진다. 그러나 모양은 항상 구형이다.
(b) 틀림. 3*s* 궤도함수는 2*s* 궤도함수보다 크다.
(c) 틀림. 각 *p*궤도함수는 항상 두 개의 돌출부를 갖는다.
(e) 틀림. 전자는 주어진 시간에 궤도함수의 표면의 안쪽 어딘가에서 90%의 확률로 존재한다. 전자는 이 표면 위를 따라 움직이는 것이 아니다.

5-15 원자에 대한 전자 배치

이제 원자번호 1에서 18까지의 원자들을 다양한 궤도함수에 넣어가면서 전자 배치를 나타내 보도록 하자. 최초 18개의 원자에서 다음과 같은 순으로 전자가 채워진다.

$$1s,\ 2s,\ 2p,\ 3s,\ 3p$$

원자에서 핵의 인력을 가장 크게 받고 있는 궤도함수는 1*s*이다. 이 궤도함수에 있는 음전하를 띤 전자는 양전하를 띤 핵의 가장 가까이 놓여 있다. 즉, 1*s* 궤도함수는 점점 커지며, 평균적으로 전자가 점유하고 있는 공간은 핵으로부터 멀어진다.

바닥 상태에 있는 수소 한 개의 전자는 1*s*에 채워져 있다. 이것을 보통 다음과 같이 말한다. 우선 수소의 전자 배치(electron configuration)가 $1s^1$이라고 말할 수 있다. 이것은 단지 1*s* 궤도함수 전자가 한 개 있다는 의미이다. 한편 이것을 궤도함수 도표(orbital diagram) 혹은 상자 도표(box diagram)를 이용하여 표시할 수도 있는데, 여기서 궤도함수는 상자로 표시되며 전자는 화살표로 나타낸다. 수소의 전자 배치와 궤도함수 도표는 다음과 같다.

		1*s*
H	$1s^1$	[↑]
	배치	궤도함수 도표

여기서 화살표는 특정한 방향을 갖는 전자 스핀을 표시한다. 그 다음의 원소는 Z=2인 헬륨으로, 핵에는 두 개의 양성자가 있으며 따라서 두 개의 전자를 갖고 있다. 여기서 두 개의 전자는 1*s* 궤도함수에 채워져야 하면 스핀이 서로 반대이어야 한다. 헬륨의 전자 배치와 궤도함수 도표는 다음과 같다.

	1*s* 궤도함수에 있는 두 개의 전자	1*s*
He	$1s^2$	[↑↓]
		궤도함수 도표

상자 속에 있는 두 개의 반대 화살표는 두 개의 반대 스핀을 갖는 전자를 나타낸다.

리튬(Z=3)은 세 개의 전자를 갖는다. 이때 두 개의 전자는 $n=1$인 $1s$ 궤도함수에 채워지고, 세 번째 전자는 $n=2$dls $2s$ 궤도함수에 채워진다. 따라서 전자 배치는 $1s^2 2s^1$이 된다. 리튬의 전자 배치와 궤도함수 도표는 다음과 같이 나타낼 수 있다.

		$1s$	$2s$
Li	$1s^2 2s^1$	↑↓	↑

다음 원자인 베릴륨은 네 개의 전자를 갖는데, 이들은 $1s$와 $2s$ 궤도함수에 서로 반대의 스핀을 갖고 채워져 있다.

		$1s$	$2s$
Be	$1s^2 2s^2$	↑↓	↑↓

붕소는 다섯 개의 전자를 가지는데, 네 개는 $1s$와 $2s$ 궤도함수에 채워지고 다섯 번째는 $n=2$를 갖는 두 번째 형태의 궤도함수 중 하나만 $2p$ 궤도함수에 채워진다.

		$1s$	$2s$	$2p$		
B	$1s^2 2s^2 2p^1$	↑↓	↑↓	↑		

세 개의 $2p$ 궤도함수의 에너지는 모두 같기 때문에 전자가 $2p$ 어느 궤도함수에 채워지는지는 신경쓰지 않아도 된다.

다음 원소인 탄소는 여섯 개의 전자를 가지는데, 두 개는 $1s$에 두 개는 $2s$에 나머지 두 개는 $2p$에 채워져 있다. $2p$ 궤도함수는 세 개이므로, 서로 반발력을 보이는 두 개의 전자는 서로 다른 $2p$ 궤도함수를 점유한다. 이때 $2p$ 궤도함수를 점유한 두 개의 전자는 같은 스핀을 가지는데, 그 이유는 이 책에서 다루지 않는다.

탄소의 전자 배치를 $1s^2 2s^2 2p^1 2p^1$라고 전자 배치를 표시하며, 이렇게 해도 전자가 다른 $2p$ 궤도함수를 점유하고 있다는 사실을 명심해야 한다.

		$1s$	$2s$	$2p$		
C	$1s^2 2s^2 2p^2$	↑↓	↑↓	↑	↑	

같은 스핀을 갖는 비공유 전자가 $2p$에 있다는 사실을 명심하라.

일곱 개의 전자를 가지는 질소의 전자 배치는 $1s^2 2s^2 2p^3$이다.

$2p$ 궤도함수에 있는 세 개의 전자는 각자 다른 궤도함수를 점유하며 같은 스핀을 갖는다.

		1s	2s	2p		
N	$1s^2 2s^2 2p^3$	↑↓	↑↓	↑	↑	↑

여덟 개의 전자를 가지는 산소의 전자 배치는 $1s^2 2s^2 2p^4$이다.

이제 Pauli의 배타 원리에 의해서 $2p$ 궤도함수 중 한 개가 서로 반대 스핀을 갖고 짝지은 두 개의 전자를 가지고 있다.

		1s	2s	2p		
O	$1s^2 2s^2 2p^4$	↑↓	↑↓	↑↓	↑	↑

플루오린(전자 9개)와 네온(전자 10개)의 전자 배치와 궤도함수와 도표는 다음과 같다.

		1s	2s	2p		
F	$1s^2 2s^2 2p^5$	↑↓	↑↓	↑↓	↑↓	↑
Ne	$1s^2 2s^2 2p^6$	↑↓	↑↓	↑↓	↑↓	↑↓

네온에서는 $n=1$과 $n=2$인 궤도함수 모두가 채워진다.

소듐(나트륨)은 11개의 전자를 가지며 10개의 전자는 $1s$, $2s$, $2p$ 궤도함수를 채운다.

그리고 11번째 전자는 $n=3$인 $3s$ 궤도함수를 점유한다. 소듐의 전자 배치는 $1s^2 2s^2 2p^6 3s^1$이다. 내부준위의 전자 배치를 간략히 하기 위해 보통 $1s^2 2s^2 2p^6 3s^1$를 [Ne]$3s^1$으로 쓰기도 하는데, 여기서 [Ne]는 $1s^2 2s^2 2p^6$을 나타낸다.

소듐의 궤도함수 도표는 다음과 같다.

1s	2s	2p			3s
↑↓	↑↓	↑↓	↑↓	↑↓	↑

다음 원소는 Z=12인 마그네슘으로, 전자 배치는 $1s^2 2s^2 2p^6 3s^2$, 즉 [Ne]$3s^2$이다.

다음에 나오는 알루미늄에서 아르곤까지 여섯 개의 원소들은 $3p$ 궤도함수에 전자가 한 개씩 채워진다. 지금까지 살펴본 18개의 원소의 전자 배치를 그림 5-31에 마지막에 채워지는 궤도함수의 전자수를 가지고 요약하여 나타내었다.

그림 5-31 최초 18개의 원소들에 대한 전자 배치
(마지막으로 채워지는 부준위를 나타내었다.)

[예제 5-2] 마그네슘의 궤도함수 도표를 쓰시오.

풀이 마그네슘(Z = 12)는 12개의 전자를 가지며, 전자 배치가 $1s^2 2s^2 2p^6 3s^2$이다. 이에 대한 궤도함수 도표는 다음과 같다.

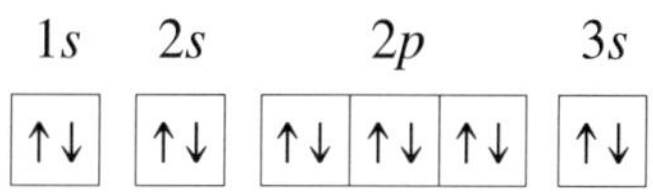

여기서는 채워진 궤도함수만을 나타내었다.

이 시점에서 원자가전자(최외각전자, valence clectron)의 개념을 도입하면 매우 유용하다. 원자가전자란 원자의 가장 바깥쪽에 있는 주에너지 준위의 전자들을 말한다. 예를 들어, 질소의 전자 배치는 $1s^2 2s^2 2p^3$로 전자들의 주에너지 준위는 1과 2이다. 즉, 준위2($2s$와 $2p$ 부준위)가 질소의 최외각 준위이며 $2s$와 $2p$의 전자들이 원자가 전자이다.

소듐 원자(전자 배치 $1s^2 2s^2 2p^6 3s^1$ 혹은 [Ne$3s^1$])의 원자가전자는 $3s$ 궤도함수의 전자이며, 이는 주에너지 준위가 3인 소듐의 가장 바깥쪽 궤도함수가 $3s$이기 때문이다.

원자가전자는 화학자들에게 가장 중요한 전자이다. 왜냐하면 다음 장에서 배우게 되겠지만 원자들이 서로 연결되는 과정에 참여하는 전자들이기 때문이다. 핵심부 전자(core electron)라고 부르는 안쪽의 전자는 화학 결합에 참여하지 않는다.

그림 5-31에서 매우 중요한 경향이 전개되고 있다. 헬륨을 제외하고는 같은 족(주기율표 수직열)의 원자들은 주어진 궤도함수에(다른 주에너지 준위를 갖기는 하지만) 같은 수의 전자를 갖는다.

원소들이 그 화학적 성질의 유사성에 따라 주기율표의 족으로 배열되어 있다는 것을 유념하라. 이제 이 배경에 대하여 이해하기로 하자. 유사한 전자가전자 배열을 갖는 원소들은 유사한 화학적 거동을 보여 준다.

5-16 전자 배치와 주기율표

앞 절에서 수소보다 큰 원자는 $n=1$에서부터 시작하여 차례로 전자를 궤도함수에 채워갈 수 있다는 것을 배웠다. 이러한 전자 배치는 포타슘(원자번호=19)이전까지는 잘 맞는다.

아르곤에서 3*p* 궤도함수가 완전히 채워지기 때문에 다음 전자는 3d 궤도함수($n=3$일 경우, 부준위는 3*s*, 3*p*, 3d)에 들어갈 것이라고 생각할 수 있다. 그러나 실험적 사실에 의하면 포타슘(칼슘)의 화학적 성질은 리튬이나 소듐(나트륨)과 매우 유사하다.

그렇다면 화학적으로 유사한 성질이 유사한 원자가전자 배치 때문이라고 배웠기 때문에, 포타슘의 원자가 전자의 배치가 $4s^1$(소듐은 $3s^1$, 리튬은 $2s^1$)이라고 예상할 수 있다. 즉, 포타슘의 마지막 전자는 3d가 아닌 4*s*에 채워진다고 예측한다. 이것은 주에너지 준위 4가 준위 3이 채 끝나기도 전에 시작된다는 것을 뜻한다. 이러한 현상은 많은 종류의 실험에 의해 확인되었으며 결국 포타슘의 전자 배치는 다음과 같다.

$$\text{K} : 1s^2 2s^2 2p^6 3s^2 3p^6 4s^1 \text{ 또는 } [\text{Ar}]4s^1$$

다음 원소인 칼슘은 4*s* 궤도함수에 한 개의 전자가 더 채워진다.

$$\text{Ca} : 1s^2 2s^2 2p^6 3s^2 3p^6 4s^2 \text{ 또는 } [\text{Ar}]4s^2$$

이제 4*s* 궤도함수가 다 채워졌다.

칼슘 다음의 원소들에서 그 다음에 나오는 전자들은 3*d* 궤도함수에 들어가서 주에너지 준위 3을 마무리하게 된다. 3*d*가 마지막 전자가 채워지게 되는 원소들을 전이 금속이라고 부른다. 이후에는 4*p* 궤도함수를 채우게 된다. 그림 5-32에 포타슘에서 크립톤까지의 원소들에 대한 전자 배치를 나타내었다.

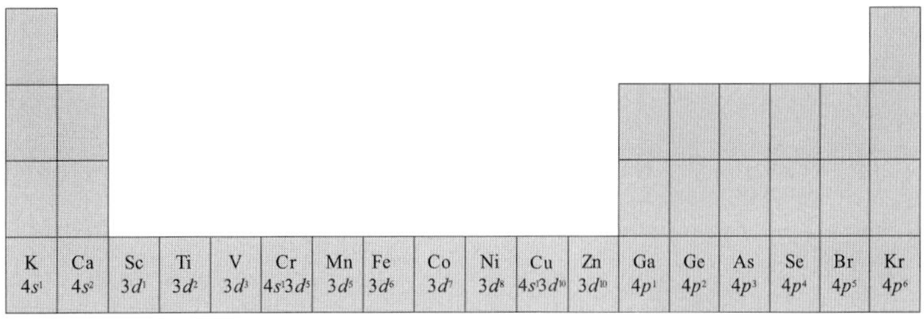

그림 5-32 포타슘에서 크립톤까지의 전자 배치
Sc에서 Zn까지 금속들은 크로뮴과 구리를 제외하고 일반적으로 [Ar]$4s^2 3d^n$의 전자 배치를 갖는다.

그림 5-32의 모든 전이 금속들의 일반적인 잔자 배치는 [Ar]$4s^2 3d^n$이며, 크로뮴($4s^1 3d$)은 예외적이다.

이러한 예외적 원인은 매우 복잡하므로 이 책에서는 다루지 않겠다.

여기서는 개개의 원소를 다루지 않고, 주기율표의 각 영역의 원소들에서 어떤 궤도함수들이 채워지는가를 나타내고 있다.

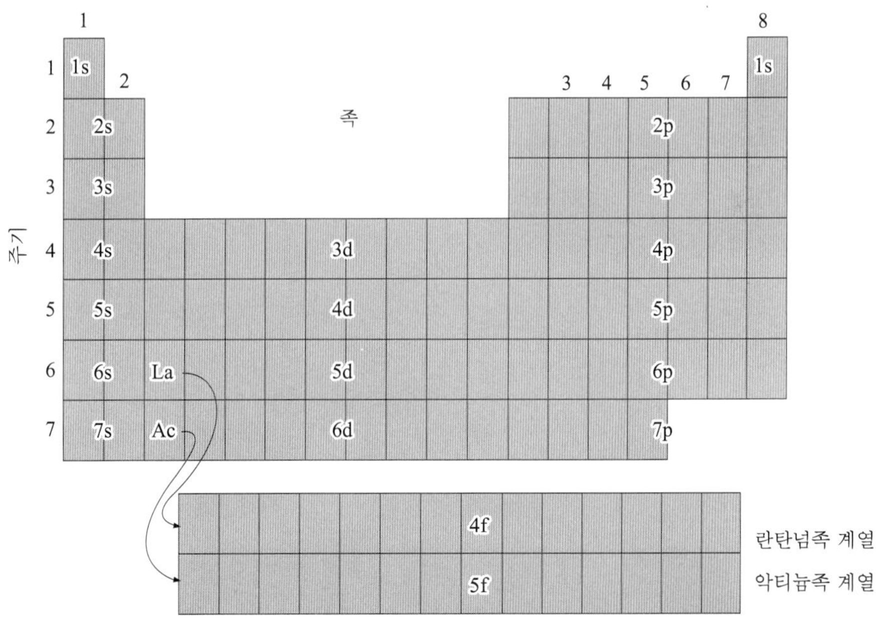

그림 5-33 주기율표의 여러 부분의 원소들에서 전자가 채워지는 궤도함수들을 표시
$(n+1)s$ 궤도함수가 nd 궤도함수보다 먼저 채워지는 것을 유의하라. 족 번호는 각 족의 원소들이 갖는 원자가전자의 수(전자가 채워지면서 최고로 높은 에너지 준위에서 s와 p의 전자수의 합)를 나타낸다.

전자 배치와 주기율표 사이의 관계를 더 확실하게 이해하기 위하여 그림 5-34에 궤도함수가 채워지는 순서를 나타내었다.

주기율표는 항상 필요하다. 만약 원소들의 전자 배치와 주기율표상의 위치 사이의 관계를 이해하고 있다면, 어떤 원자라도 예상되는 전자 배치를 이해할 수 있다.

1. 궤도함수의 채워짐

① d 궤도함수를 갖는 주에너지 준위의 경우, d 궤도함수가 채워지기 전에 다음의 s 궤도함수가 먼저 채워진다. 즉$(n+1)s$ 궤도함수가 nd 궤도함수보다 항상 먼저 채워진다. 예를 들면, 루비듐과 스트론튬의 경우는 $5s$ 궤도함수가 $4d$ 궤도함수보다 먼저 채워진다.

② $[Xe]6s^25d^1$의 전자 배치를 갖는 란타넘 다음에는, 란타넘족 계열(lanthanide series) 원소라고 하는 14개의 원소가 있다. 이 원소들은 7개의 $4f$ 궤도함수에 전자가 채워진다.

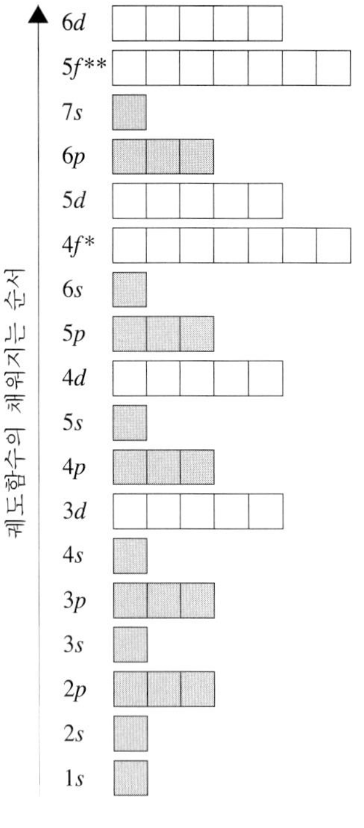

그림 5-34 주기율표의 원자들에서 전자가 채워지는 순서를 나타낸 도표
각 상자(궤도함수)에는 두 개의 전자까지 들어갈 수 있다.

③ $[Rn]7s^2 6d^1$의 전자 배차치를 갖는 악티늄 다음에는 악티늄족 계열(actinide series)이라고 하는 14개의 원소가 있다. 이 원소들은 7개의 $5f$ 궤도함수에 전자가 채워진다.

④ 헬륨을 제외하고, 족 번호는 전자를 가지고 있는 가장 높은 에너지 준위에 있는 ns와 np 궤도함수에 들어 있는 전자들의 합을 의미한다(여기서 n은 특정한 주에너지 준위를 나타낸다). 이러한 전자를 원자가전자라고 하는데, 이것은 주어진 원자의 가장 바깥쪽 주에너지 준위에 있는 전자들을 뜻한다.

2. 파동 역학적 모형과 원자가 전자의 배치에 관한 요약

이 장에서 논의한 개념은 매우 중요하다. 왜냐하면 우리에게 화학을 공부하는 감각을 길러주기 때문이다. 원자번호가 증가함에 따라 원소들의 유사한 성질들이 규칙적으로 반복된다는 사실을 처음 관찰하였을 때, 화학자들은 그 사실을 의아하게 생각했었다.

이제는 이에 대한 설명을 할 수 있다. 파동 역학적 모형에서 원자 내 전자들이 궤도함수에 배치되어 각 궤도함수들은 두 개의 전자를 가질 수 있다. 원자들을 쌓아 올라감에 따라서, 주에너지 준위들이 바뀌게 되고 이때마다 같은 형태의 궤도함수들이 반복되어 나타난다.

이것은 특정한 원자가전자가 배치를 갖는 원소들은 모두 매우 유사한 화학적 거동을 보인다는 것이며, 이것은 같은 족 내의 모든 원소들은 동일한 형태의 유사성을 가지며, 이는 모든 원소들이 같은 형태의 원자가전자 배치를 갖기 때문이다.

이러한 파동 역학적 개념은 화학에 대한 많은 것을 설명할 수 있으며 현대 화학에 크게 기여하였다. 1~8족 원소들은 주족원소(main group element)라고 부른다. 주어진 족의 모든 원소들은 동일한 원자가 전자가 배치를 가지나 주에너지 준위는 서로 다르다. d 궤도함수와 f 궤도함수를 갖는 원소는 d-전이원소, f-전이원소라 한다.

5-17 주기율표와 원자의 성질

전자의 확률 밀도와 궤도함수에 대한 개념을 이해하게 되면, 화학이란 학문이 물질의 성질을 관찰하는 데 기초를 둔 과학이란 점을 깨우치게 된다. 나무가 타고, 쇠가 녹슬고, 식물이 자라고, 설탕은 달다는 것은 경험으로 알고 있다. 원자론은 이러한 현상이 일어나는 이유를 설명해 준다.

만약 그 이유를 알게 되면, 우리 일상생활에서 매우 중요한 화학적 현상을 좀 더 조절할 수 있다.

관찰된 물질의 거동이 화학의 중심부를 차지하고 있기 때문에 여러 원소들의 특징적인 성질과 경향들을 이해할 필요가 있다. 그러기 위해 원자의 몇 가지 특별히 중요한 성질을 고찰하려고 그 성질들이 주기율표의 주기와 족상에서 어떻게 변하는지를 살펴보기로 하자.

1. 금속과 비금속

원소에 대한 가장 기본적인 분류는 금속과 비금속으로 나누는 것이다. 금속(metal)은 일반적으로 광택, 변형성(뽑힘성과 펴짐성), 우수한 열 및 전기 전도성과 같은 물리적 성질을 갖는다. 비금속(nonmetal)은 보통 예외가 있기는 하지만 이러한 물리적 성질을 보이지 않는다(예외로, 고체 아이오딘은 광택을 가지며, 탄소의 일종인 흑연은 우수한 전기 전도체이며, 탄소의 다이아몬드 형태는 우수한 열 전도체이다).

그러나 금속과 비금속의 화학적 차이점은 주로 금속은 전자를 잃고 양이온이 되려는 경향을 가지며, 비금속은 전자를 얻어 음이온이 되려는 경향을 보인다는 것이다. 금속과 비금속이 반응할 때 금속으로부터 한 개 이상의 전자가 비금속으로 이동하는 현상이 일어난다.

그림 5-35에 나타낸 바와 같이 대부분의 원소는 금속으로 분류된다. 금속은 주기율표의 중심에서 왼쪽에 위치한다. 상대적으로 적은 비금속들은 주기율표의 오른쪽에 위치한다. 몇몇 원소들은 금속과 비금속의 성질을 모두 보이는데, 이들은 준금속(metalloid 또는 semimetal)이라고 분류한다.

단순하게 금속으로 분류되는 원소들이 모든 다른 금속들과 유사한 거동을 보이는 것은 아니다. 예를 들어, 어떤 금속들은 다른 것들보다 한 개 이상의 전자를 잃어버리는 경향이 매우 큰 것도 있다.

특히 세슘은 최외각 전자(6*s* 궤도함수의 전자)를 리튬(2*s* 궤도함수의 전자)보다도 훨씬 잘 잃어버린다. 사실 알칼리 금속(1족)이 전자를 잃어버리는 경향은 다음과 같은 순서이다.

$$\mathrm{Cs} > \mathrm{Rb} > \mathrm{K} > \mathrm{Na} > \mathrm{Li}$$

전자를 잃기 쉬움

주기율표에서 아래로 내려갈수록 금속들은 전자를 잃어버리기 쉽다. 이것은 주기율표의 아래로 내려갈수록 전자가 평균적으로 핵으로부터 점점 멀어진다는 것을 알면 쉽게 이해할 수 있다.

즉, Cs에서 떨어져 나가는 6*s*의 전자는 리튬의 2*s* 전자보다 멀리 떨어져 있기 때문에 양전하를 띤 핵으로부터 인력이 작아져서 쉽게 떨어져 나갈 수 있다는 것이다.

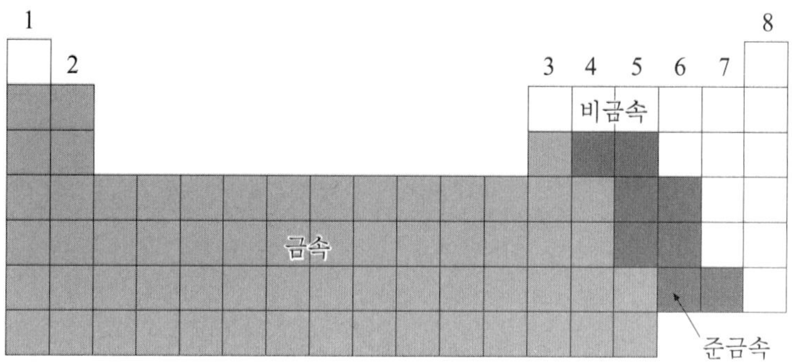

그림 5-35 원소들은 금속, 비금속, 준금속으로 분류할 수 있다.

2족 금속(알칼리 토금속)도 같은 경향을 보인다. 즉, 아래로 내려갈수록 전자를 잃어버리기 쉽다.

금속의 성질이 이와 같이 다소 변하는 것처럼 비금속들도 마찬가지이다. 일반적으로 주기율표의 오른쪽 상단에 있는 원소들이 금속으로부터 전자를 가장 효과적으로 잡아당긴다. 일반적인 규칙적으로, 화학적으로 가장 활성인 금속은 주기율표의 왼쪽 하단에 있는 것들이며, 반면에 가장 활성이 큰 비금속들은 오른쪽 상단에 있는 것들이다. 준금속의 성질을 예측할 수 있는 것처럼, 금속과 비금속의 사이에 놓인다.

2. 이온화 에너지

원자의 이온화 에너지(ionization energy)는 기체 상태의 원자로부터 한 개의 전자를 제거할 때 필요한 에너지를 말한다.

$$M(g) \longrightarrow M^+(g) + e^-$$

이온화 에너지

앞에서 살펴본 것처럼 금속 원자의 가장 특징적인 화학적 성질은 전자를 비금속에 주는 것이다. 다른 방법으로 말하면 금속은 상대적으로 이온화 에너지가 낮다는 것이다. 즉, 일반적인 금속으로부터 전자를 제거하는 데는 상대적으로 적은 에너지가 필요하다는 것이다.

족의 아래쪽에 위치한 금속들은 위쪽의 금속들보다 전자를 잃어버리기 쉽다는 사실을 기억하라. 다시 말하면, 이온화 에너지는 족의 위쪽에서 아래로 갈수록 감소하는 경향이 있다.

금속과는 달리, 비금속은 상대적으로 이온화 에너지가 크다. 비금속은 전자를 얻으려는, 다시 말해 잃지 않으려는 경향이 있다. 주기율표에서 금속은 왼쪽에, 비금속은 오른쪽에 위치한다. 즉, 이온화 에너지가 주기율표의 주어진 주기에서 왼쪽에서 오른쪽으로 갈수록 증가하는 경향을 보인다.

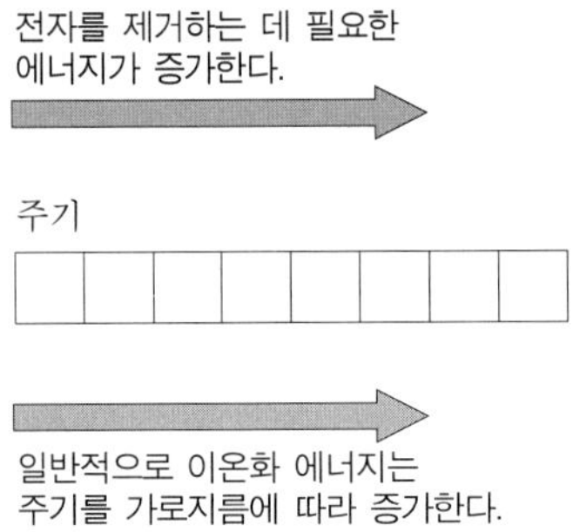

일반적으로, 주기율표에서 왼쪽 하단에 위치한 원소들을 이온화 에너지가 가장 낮다. 따라서 화학적으로 가장 활성이 큰 금속이다. 반면, 이온화 에너지가 가장 큰 원소들(가장 화학적 활성이 큰 비금속)은 주기율표의 오른쪽 상단에 위치한다.

3. 원자의 크기

원자의 크기는 그림 5-36의 그림과 같이 변한다. 주기율표에서 족의 아래쪽으로 갈수록 원자의 크기는 커지며 같은 주기 상에서 왼쪽에서 오른쪽으로 갈수록 크기가 작아짐을 주의하자.

족의 아래로 갈수록(주에너지 준위가 커질수록) 크기가 커지는 것을 위해서는 핵으로부터 전자의 평균 거리가 증가하는 것으로 이해할 수 있다. 결국 전자가 큰 주에너지 준위에 채워짐에 따라 원자의 크기가 커지는 것이다.

주기를 따라가면서 원자의 크기(atomic size)가 감소하는 것을 설명하기 위해서는 주기율표의 같은 주기에 속하는 원자들에 대한 약간의 사고가 필요하다. 특정한 주기의 원자들은 1*s* 궤도함수에 원자가전자를 가지고 있으며, 2주기 원자들은 주에너지 준위가 2(2*s*와 2*p* 궤도함수)인 부준위에 원자가전자를 가지고 있는 것 등이다.

주어진 주에너지 준위의 모든 궤도함수들은 같은 크기를 갖고 있기 때문에 같은 주기의 원자들은 같은 크기를 갖는다고 생각할 수 있다. 그러나 주기상의 왼쪽에서 오른쪽으로 갈수록 핵 속에 있는 양성자의 개수가 증가한다.

결국, 핵 속의 양전하의 크기가 증가하기 때문에 전자를 핵 쪽으로 더욱 가깝게 당기는 것이다. 따라서, 전자구름이 증가하는 핵전하에 의해 작아져서 원자의 크기가 감소하게 되는 것이다.

원자의 크기가 족의 아래로 감에 따라 커지고 주기의 오른쪽으로 감에 따라 작아짐에 유의하라.

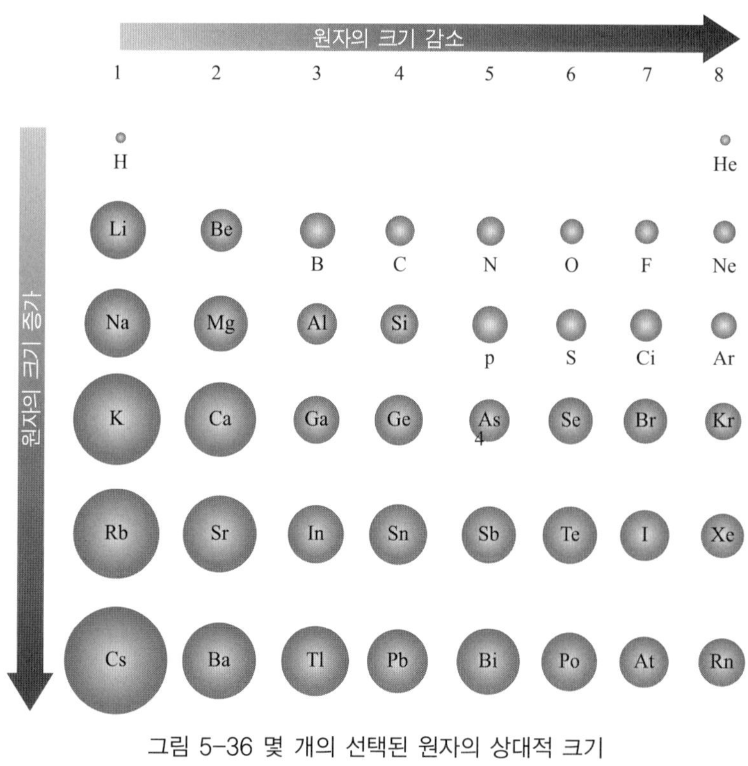

그림 5-36 몇 개의 선택된 원자의 상대적 크기

제6장 화학결합

6-1 옥테트(Octet)

원자보다도 화합물의 에너지가 낮고 안정된 이유는 원자가 단독으로 있을 때보다 원자 몇 개가 모여서 단체 혹은 화합물을 만들어 전체로서 낮은 에너지를 가지려는 경향 때문이다. 그런데 주기율표에서의 8A족인 ${}^{4}_{2}He$, ${}^{20}_{10}Ne$, ${}^{40}_{18}Ar$, ${}^{84}_{36}Kr$, ${}^{131}_{54}Xe$, ${}^{222}_{86}Rn$ 원소들은 원자의 전자배치가 ${}^{4}_{2}He$를 제외하면 전자의 최외각에 전자 여덟 개를 가지고 있어서 가장 안정된 상태에 있다. 이러한 전자배치를 옥테트라고 한다.

이를 제외한 다른 원자들은 항상 이러한 전자배치를 가지려는 경향이 있고, 원자가 서로 결합하려는 것은 원자가 전자를 주고받아서 8A족(영족기체) 같은 전자배치를 가짐으로써 안정화하려는 것이다.

이제 원자의 결합방식을 알아보도록 하자.

6-2 이온결합(Ionic bond, Ionic)

1. 이온결합의 정의

양, 음의 하전입자(이온)가 정전기적인 인력에 의해서 서로 결합하여 안정된화합물을 만드는 결합을 이온결합이라고 한다. 즉, 양성원자는 전자를 잃고 양이온(cation)이 되고 음성원자는 전자를 얻어서 음이온(anion)이 된다.

따라서, 이온 결합은 양이온과 음이온 사이에 작용하는 정전기적 인력에 의해서 형성된 화학결합이다.

$\dot{M} + :\ddot{\underset{..}{X}}\cdot \longrightarrow M + :\ddot{\underset{..}{X}}:^{-}$ 전자이전 (electron transfer)

$\dot{Na}$	+	$:\ddot{\underset{..}{Cl}}\cdot$	$\longrightarrow$	Na^{+} + $:\ddot{\underset{..}{Cl}}:^{-}$ $\longrightarrow$ NaCl
($1s^22s^22p^63s^1$)		($1s^22s^22p^63s^23p^5$)		(2.8) (2.8.8)
[Ne]$3s^1$		[Ne]$3s^23p^5$		8A족 원소와 같이
(2.8.1)		(2.8.7)		안정화되었다.

표 6-1에서 보는 바와 같이 $_2He$는 최외각 전자가 2로 안정되어 있고, 나머지는 8로 모두 안정되어 있다.

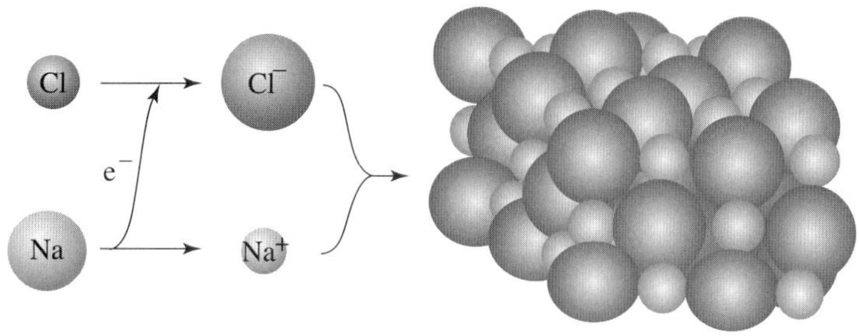

그림 6-1 Na와 Cl의 이온결합

표 6-1 불활성기체원소의 전자배치

	K	L		M			N				O			P	
	1s	2s	2p	3s	3p	3d	4s	4p	4d	4f	5s	5p	5d	6s	6p
$_{2}He$	②														
$_{10}Ne$	2	②	⑥												
$_{18}Ar$	2	2	6	②	⑥										
$_{36}Kr$	2	2	6	2	6	10	②	⑥							
$_{54}Xe$	2	2	6	2	6	10	2	6	10		②	⑥			
$_{86}Rn$	2	2	6	2	6	10	2	6	10	14	2	6	10	②	⑥

(1) 이온결합

① 원자들은 안정한 전자분포를 가지기 위해 결합한다.

② 원자들은 18족 원소와 같이 안정한 전자배치를 이루기 위해 결합한다(octet규칙).

(2) 이온의 생성

원자들은 18족 원소와 같이 안정한 배치를 이루기 위해 전자를 잃거나 얻어서 형성된다.

① 양 이온의 생성 : 금속원자가 원자가 전자를 잃고 18족(8A)원소와 같은 안정한 전자배치를 이룰 때 생성된다.

㉮ $Na \longrightarrow Na^{+} + e^{-}$ (Ne와 같은 전자배치)

$Cl + e^{-} \longrightarrow Cl^{-}$ (Ar과 같은 전자배치)

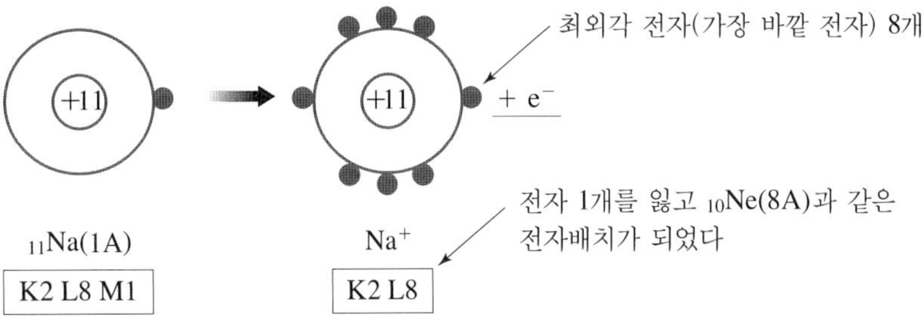

※ 양이온이 되기 쉬운 원소 : 최외각 전자수가 작은 원소
음이온이 되기 쉬운 원소 : 최외각 전자가 6, 7인 원소
비금속성 원소, 이온화 에너지가 작은 원소

② 음이온의 형성 : 비금속 원자가 전자를 얻어 8족 원소 같은 안정한 전자배치를 이룰 때 생성된다.

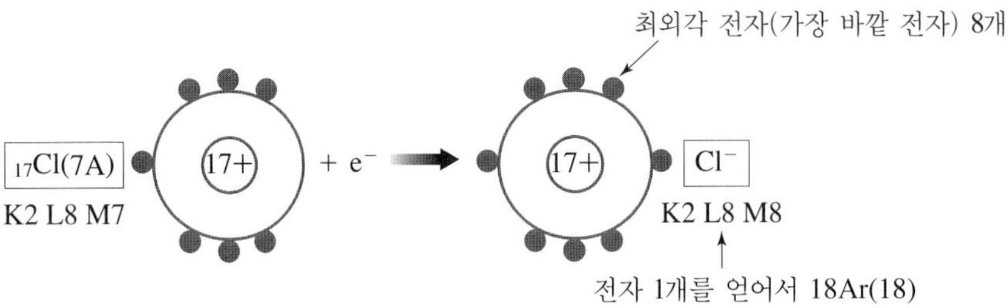

※ 음이온이 되기 쉬운 원소 : 양이온이 되기 쉬운 원소의 반대.

③ 이온결합의 형성

- 금속 양이온과 비금속 음이온 간의 결합
- 양이온과 음이온 간에 작용하는 정전기적 인력에 의한 결합
- 양이온의 총 전하량과 음이온의 총 전하량이 같게 결합

㉠ $Na^+ + Cl^- \rightarrow Na\ Cl$

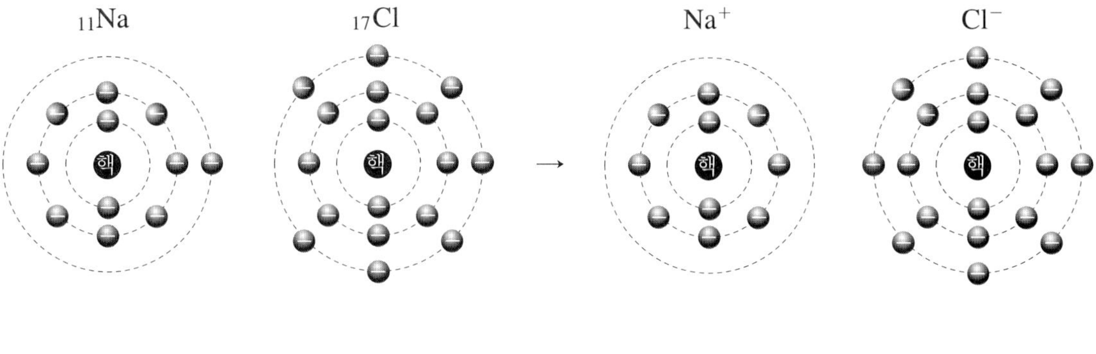

2. 이온결합력과 이온결합물질의 성질

(1) 이온결합력 : 양이온과 음이온 간에 작용하는 정전기적 인력

$$*F \propto \frac{q_1 \quad q_2}{r^2}$$

(q_1, q_2 : 양이온과 음이온의 전하, r : 양이온과 음이온의 핵간 거리)

* 양이온과 음이온 간에 작용하는 정전기적 인력의 크기는 두 이온의 전하량에 비례하고, 두 전하간 거리의 제곱에 반비례한다.

① 이온 간 거리가 짧을수록 정전기적 인력이 강하여 녹는점과 끓는점이 높다.

㉠ NaCl > KCl > RbCl > CsCl (단, LiCl은 제외)

② 이온의 전하량이 클수록 정전기적 인력이 강하여 녹는점과 끓는점이 높다.

㉠ Na_2O < MgO

③ 이온결합과 평형 거리 : 두 이온들 사이의 정전기적 인력과 전자껍질의 겹침에 의한 반발력이 균형을 이루어 이온 결합이 형성된 안정한 상태의 거리.

㉠ Na^+Cl^-의 평형 거리 = 0.236nm

(2) 이온 반지름

① Ion 반지름

- 핵간 거리 : 양이온 원자핵과 음이온 원자핵 사이의 거리
- 이온 반지름 : 각 이온의 중심에서 두 이온이 접촉한 면까지의 거리

∴ 핵간 거리 = 두 이온의 반지름의 합

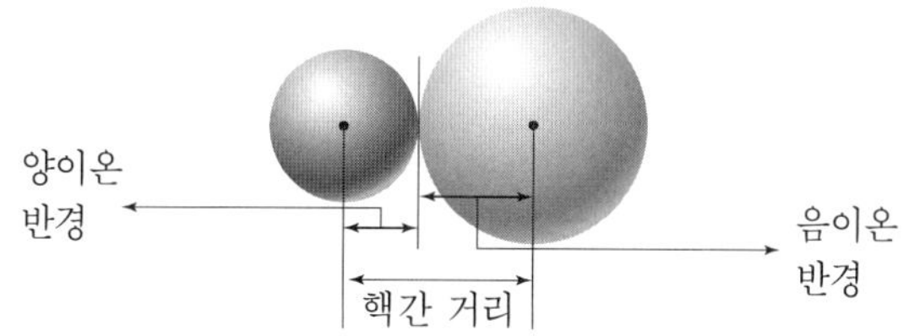

- 이온 반지름 작으면 Ion 주위의 전기장의 세기가 커지며 이온 전하량이 커진다.

(3) 이온 반지름의 주기성

① 같은 족 : 원자번호가 크면 이온 반지름 크다.
그 이유는 전자껍질 수가 많기 때문

예) $Na^+ = 0.116nm$ $K^+ = 0.152nm$ * $1nm = 10^{-9}m = 10Å$

② 같은 주기

- 전하의 종류가 같으면 : 원자번호가 크면 이온 반지름이 작다.
(핵 전하량 크기 때문)

예) $_{11}Na^+ > _{12}Mg^{+2} > _{13}Al^{+3}$, $_7N^{-3} > _8O^{-2} > _9F^-$

③ 전하의 종류가 다르면
양이온 반지름 < 음이온 반지름(전자껍질 수가 다르기 때문)

예) $S^{-2}(K^2, L^8, M^8) > Mg^{+2}\ (K^2, L^8)$

* 등전자 이온 : $O^{-2} > F^- > Na^+ > Mg^{+2} > Al^{+3}$ (핵 전하량의 차)

(4) 이온 반지름과 원자 반지름

① 양이온 반지름 원자 반지름 ($Na^+ < Na$)
② 음이온 반지름 > 원자 반지름 ($Cl^- > Cl$)
③ 양이온과 음이온 모두를 만드는 원자가 있다면
양이온 반지름 < 원자 반지름 < 음이온 반지름

예) 이온의 화학적 성질 = 전하 밀도의 척도에 의해 결정

$$전하\ 밀도 = \frac{이온의\ 전하량}{이온의\ 반지름}$$

Be^{+2}의 전하 밀도 = 2/0.041 = 0.0205
Al^{+3}의 = 3/0.067 = 0.0223으로 비슷하다.
∴ 두 이온의 성질은 비슷하다.

(5) 이온결합성 물질의 구조

① 이온결정의 구조

- 라우에(Laue)의 무늬 : X-ray를 투과 ⇒ 회절파를 사진건판에 대면 결정을 이룬 이온들이 규칙적인 점으로 나타난다.

- 면심 입방형 구조(NaCl형) : 1개의 양이온(음이온) 주위에 음이온(양이온)이 6개

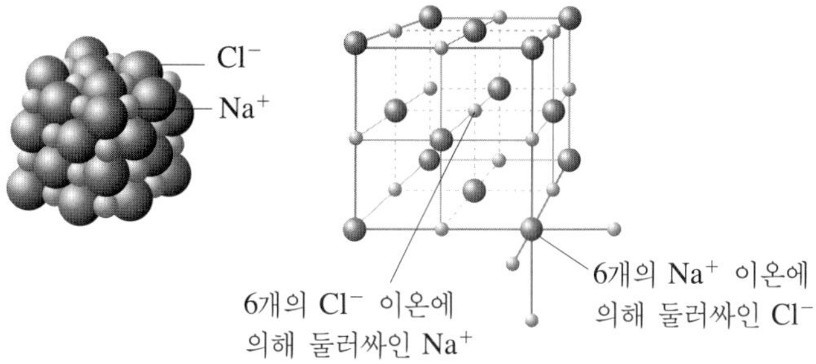

- 체심 입방형 구조(CsCl형) : 1개의 양이온(음이온) 주위에 음이온(양이온)이 8개

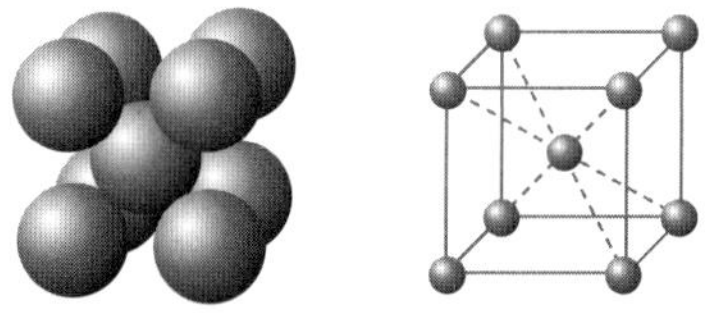

- 육방 밀집 구조

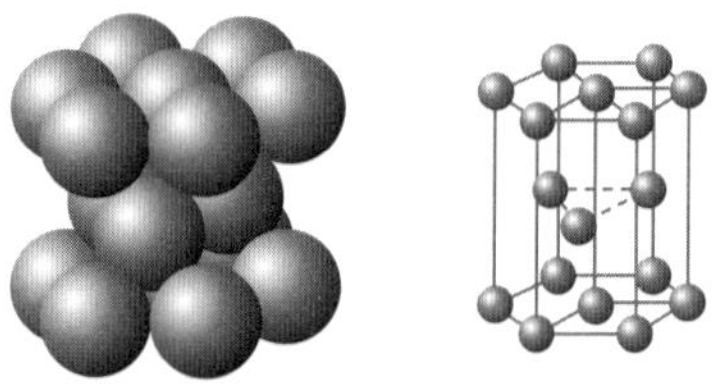

3. 이온결합의 형성과 에너지

① 양이온과 음이온 사이에는 정전기적 인력이 작용하여 두 이온은 서로 가까워져서 안정한 상태, 즉 에너지가 낮은 상태로 되려고 한다. (a) → (b)

② 이온들이 너무 가깝게 접근하면 전자들 사이의 반발력이 커져서 에너지가 높은 불안정한 상태가 된다. (b) → (c)

③ 인력과 반발력에 의한 에너지 합이 가장 작은 위치 (b)에서 결합이 형성된다.

㉠ $Na^+(g) + Cl^-(g) \rightarrow Na^+Cl^-(g) + 586kJ$

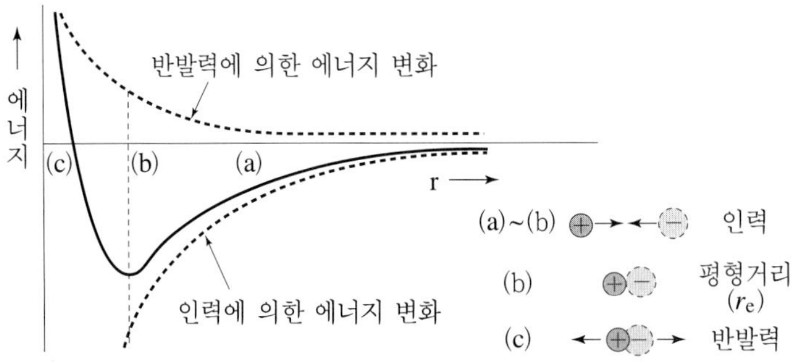

(a) 멀리 떨어진 양이온과 음이온이 점점 가까워질수록 인력도 점점 증가한다.

(b) 평형 거리(re)에 오면 에너지가 극소점에 해당하는 −586kJ가 되어 가장 안정해진다.

(c) 두 이온이 너무 가까워지면 전자껍질이 겹치게 되고, 강한 반발력으로 에너지가 높아져서 불안정한 상태가 된다.

⇒ (b) 위치에서 안정한 결합이 이루어지며, $Na^+(g)$, $Cl^-(g)$이 586kJ의 열을 방출하고 $Na^+Cl^-(g)$이 되고, 이때 결합 길이는 0.236nm가 된다.

4. 이온결합 물질의 성질

① 전기 전도성 : 고체 상태에서는 전기 전도성이 없으나, 액체 상태에서는 전기 전도성이 있다.

② 상온에서는 고체 상태이며, 녹는점과 끓는점이 높다. → 이온 결합력이 세기 때문

이온 간의 거리가 짧을수록 전하량이 클수록 인력이 강하므로 m.p 및 b.p가 높다(다른 물질에 비해 높다).

③ 물에 대한 용해성 : 극성 용매인 물에 대부분 잘 녹고 수화된 이온을 형성

	Na^+Cl^-	Li^+F^-	$Ca^{+2}O^{-2}$	$Mg^{+2}O^{-2}$
이온 간 거리 Å	3.53	2.01	2.40	2.10
녹는점 (℃)	723	870	2,572	2,800
끓는점 (℃)	1,330	1,676	2,850	3,600

④ 결정형태 : 양이온과 음이온이 촘촘하게 쌓인 입체 구조를 이루며, 이온 결정에 외력을 가하면 층이 밀려 같은 전하를 띤 이온들이 반발하여 단단하지만 외부 충격에 의해 쉽게 부스러진다.

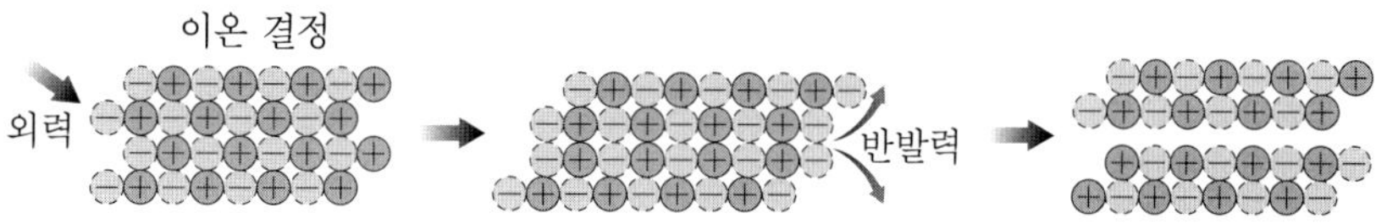

그림 6-2 이온 결정의 부스러짐

5. Lewis의 전자점 기호

Lewis 전자점 기호는 원자나 이온의 원자가 껍질에 있는 전자를 원소기호의 주변에 점으로 나타내는 방법이다. 원자와 단원자 이온에 대한 Lewis 전자점 기호를 사용함으로써 Na와 Cl 사이의 전자이동에 대하여 간략히 나타낼 수 있다.

원소기호의 네 변이 채워질 때까지 각 변에 한 개의 점을 찍는다. 이 전자점의 쌍이 항상 바닥 상태의 전자쌍을 의미하는 것은 아니다. 붕소의 경우, 전자점 기호를 $\cdot\dot{\text{B}}\cdot$로 쓰는 것은 바닥 상태 전자배치 He($2s^2$)에는 더 유사하지만 그보다는 오히려 $\cdot\dot{\text{B}}\cdot$가 붕소의 화학적 성질을 보다 잘 나타내기 때문이다.

이때 각 변에 있는 하나의 전자(single dot)는 각각 화학결합에 참여하게 된다.

sodium 원자로부터 염소 원자로의 전자이동에 대한 식은 아래와 같다.

$$\text{Na}\cdot + \cdot\ddot{\underset{\cdot\cdot}{\text{Cl}}}\!: \longrightarrow \text{Na}^+ + [:\ddot{\underset{\cdot\cdot}{\text{Cl}}}:]^-$$

이온에서 영족의 기체 전자배치가 전자점 기호로 잘 설명된다. 양이온에 대해서는 점이 없으며(모든 원자가 전자가 제거되었으므로 내부에는 영족 기체의 중심이 남게 된다), 음이온의 ( )에는 점 여덟 개가 있다(영족 기체의 전자배치는 ns^2np^6).

6-3 공유결합(Covalent bond)

1. 공유결합의 개념

두 원자가 전자쌍을 공유함으로써 비금속의 단체나 비금속화합물의 분자를 만드는 결합이다.

H· + ·H ⟶ H : H ⟶ $[H_2]$과 같은 결합을 만들어 안전한 분자형태가 된다.

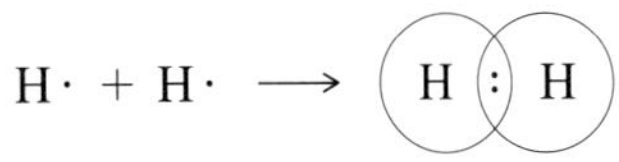

두 개의 점은 전자들을 나타내며, 동그라미는 공유결합하는 전자쌍이 어느 수소 원자의 1*s* 오비탈을 점유할 수 있다는 것을 강조한다. 그런 의미에서 H_2 분자에 있는 각 원자는 전자배치가 $1s^2$인 불활성 기체 헬륨의 전자 구조를 가진다.

이러한 개념은 비금속 원자를 포함하는 다른 간단한 분자들에도 확장된다.

F_2 분자를 예로 들어 보자. 플루오린 원자는 $1s^22s^22p^5$가 전자배치를 가지며, 최외각 에너지 준위(n=2)에 일곱 개의 전자를 가진다.

이 전자들을 원자가 전자(valence electron)라고 한다. 전자들을 원자기호 주위에 점들로 나타내면 플루오린 원자는 다음과 같다.

$\cdot\ddot{\underset{\cdot\cdot}{F}}:$

플루오린 원자와 수소원자의 짝지음은 다음과 같은 구조를 이루게 된다.

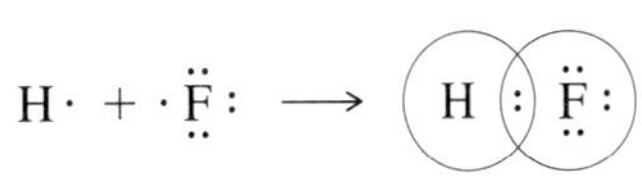

점전자 구조식에서 플루오린 원자는 여섯 개의 원자가 전자를 가지고 있으며, 두 개의 전자를 공유한다. 즉, F 원자는 여덟 개의 원자가 전자에 의해 둘러싸여서 불활성 기체인 네온의 전자배치인 $1s^22s^22p^6$ 전자배치를 갖게 된다.

2. Lewis 구조

Lewis 구조는 HF 분자 이외에 H_2F나 H_3F와 같은 화학종이 존재하지 않는 이유를 설명해 준다.

분자 또는 다원자 이온의 Lewis 구조식에서 최외각 전자들은 대부분 쌍을 이루는데, 그 쌍은 다시 두 가지 종류로 나뉜다.

첫째, 두 원자 사이의 공유된 전자쌍은 공유결합(covalent bond)을 나타내며, 일반적으로 결합된 원자 사이에 직선으로 표시한다.

둘째, 한 원자에 완전히 속하는 비공유 전자쌍(unshared pair)은 한 쌍의 점으로 표시한다.

위의 구조식(동그라미 없음)을 Lewis 구조(Lewis structure)라고 하며, Lewis 구조를 쓸 때는 공유결합에 참여하는 최외각 전자들만 나타낸다. 우리가 여기에서 다루고자 하는 주족 원소(main group element)는 원자가 전자의 수가 주기율표에서 족 번호의 끝 숫자와 일치한다(표 6-2).

표 6-2 공유결합을 형성하는 원자의 Lewis 구조

족 :	1	2	13	14	15	16	17	18
원자가 전자수 :	1	2	3	4	5	6	7	8
	H·							
		·Be·	·Ḃ·	·Ċ·	·N̈·	·Ö·	:F̈·	
				·Si·	·P̈·	·S̈·	:C̈l·	
				·Ge·	·Äs·	·S̈e·	:B̈r·	:K̈r:
					·S̈b·	·T̈e·	:Ï·	:Ẍe:

또한, 같은 족의 주족 원소들은 같은 개수의 최외각 전자를 갖고 있음에 주목해야 한다. 이러한 사실들은 같은 족 원소들이 공유결합성 화합물을 형성할 때 비슷한 화학적 성질을 띠게 되는 이유를 설명해 준다.

3. 공유 전자쌍과 비공유 전자쌍

① 공유 전자쌍(bonding pair electron) : 결합에 참여한 두 원자가 서로 공유하는 전자쌍

② 비공유 전자쌍(lone pair electron) : 공유결합에 참여하지 않아서 한 원자에만 속해 있는 전자쌍

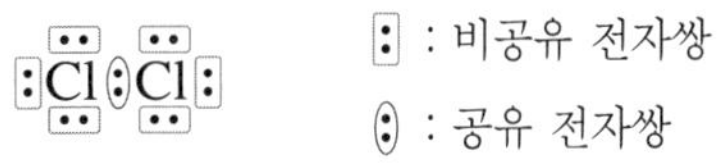

4. 공유결합의 표시

① 루이스 전자점식 : 원자가 전자를 점으로 표시하여 나타낸 식
② 구조식 : 공유 전자쌍을 '–' 으로 나타낸 식

표 6-3 2, 3 주기 원자의 전자점식

주기 \ 족	1	2	13	14	15	16	17	18
2	Li·	Be:	·B:	·C:	·N:	·O:	:F:	:Ne:
3	Na·	Mg:	·Al:	·Si:	·P:	·S:	:Cl:	:Ar:

표 6-4 전자점식과 구조식

	F_2	HF	H_2O	NH_3	CH_4	BF_3
전자점식	:F:F:	H:F:	H:O: / H	H:N:H / H	H / H:C:H / H	:F:B:F: / :F:
구 조 식	F−F	H−F	H−O / H	H−N−H / H	H / H−C−H / H	F−B−F / F

㉠ 사염화 탄소(CCl_4)

＊C와 Cl의 루이스 구조는 아래와 같다.

탄소는 옥테트(octet)를 이루기 위해 4개의 전자를 더 가져야 하며, 염소는 한 개의 전자만이 필요함. 탄소는 결합전자로 둘러싸여 있고, 염소는 3개의 비공유 전자쌍과 한 개의 결합 전자쌍을 가진다.

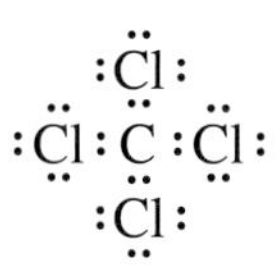

결합 전자쌍은 다음과 같이 선으로 나타낼 수 있다.

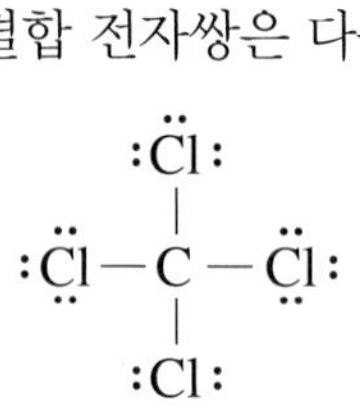

(1) 단일 결합(single covalent bond)

1쌍의 공유 전자쌍을 공유하는 결합.

㉠ Cl_2(Cl−Cl), F_2(F−F), Br_2(Br−Br), I_2(I−I), H_2, HCl, CH_4

(2) 이중결합(doule covalent bond) : 2쌍의 공유 전자쌍을 공유하는 결합

㉠ O_2, C_2H_4, CO_2

:Ö::Ö: 또는 :Ö=Ö:

(3) 삼중결합(triple covalent bond)

3쌍의 공유 전자쌍을 공유하는 결합.

N_2, C_2H_2, HCN

질소는 루이스 구조에서 3개의 전자쌍을 공유한다.

:N· :N·

N_2에 대한 루이스 구조는 질소 원자에 여덟 개의 전자가 없다.

:N̈ : N̈:

옥테트(octet)를 이루기 위해 두 개의 전자쌍이 두 질소 원자 사이로 이동한다.

:N:::N: or :N≡N:

5. 공유결합 에너지와 결합 길이

① 공유결합 에너지 : 두 원자가 공유결합을 형성하여 안정해지면서 방출하는 에너지

- 수소의 공유결합 에너지 : 두 수소 원자가 접근하여 수소 분자 $H_2(g)$를 형성할 때 핵과 전자 사이에 작용하는 인력과 반발력이 균형을 이루는 거리에서 결합이 형성된다. 이때 435kJ/몰의 에너지를 방출하는데, 이 에너지가 수소의 공유결합 에너지이다.

② 공유결합 1몰을 끊어서 원자 상태로 만드는 데 필요한 에너지

㉠ $H(g) + H(g) \rightarrow H_2(g) + 435kJ/몰$ (공유결합 에너지)

$H_2(g) + 435kJ/몰 \rightarrow H(g) + H(g)$ (공유결합 에너지)

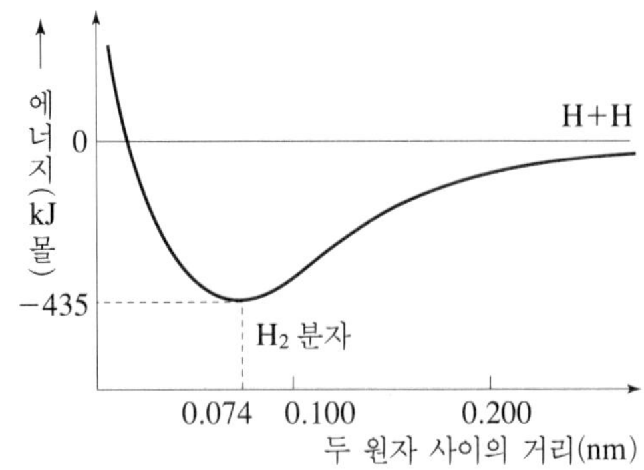

그림 6-3 수소의 공유결합 에너지

위 그림은 두 수소 원자 간에 작용하는 총 에너지를 핵간 거리에 따라 나타낸 것이다. 에너지 곡선의 극소점에 해당하는 핵간 거리는 0.074nm인데 이 지점에서 작용하는 힘들이 균형을 이루어 안정한 분자가 형성된다.

6. 공유결합물질의 성질

(1) 고체, 액체, 기체 상태에서 전기를 통하지 않는다(단, 흑연은 예외)

(2) 공유결합물질에는 원자 사이의 공유결합만으로 구성된 원자결정과 공유결합만으로 형성된 분자가 약한 인력에 끌려서 만들어진 분자결정이 있다.

① 원자결정(공유결정) : 원자들이 공유결합에 의하여 그물 모양의 단단한 입체 구조를 이루므로 녹는점과 끓는점이 매우 높다.

예 다이아몬드, 흑연, 석영(SiO_2), 카보런덤(SiC)

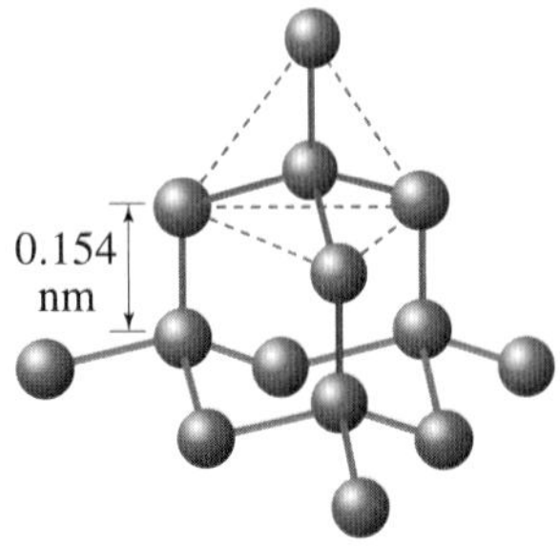

그림 6-4 다이아몬드

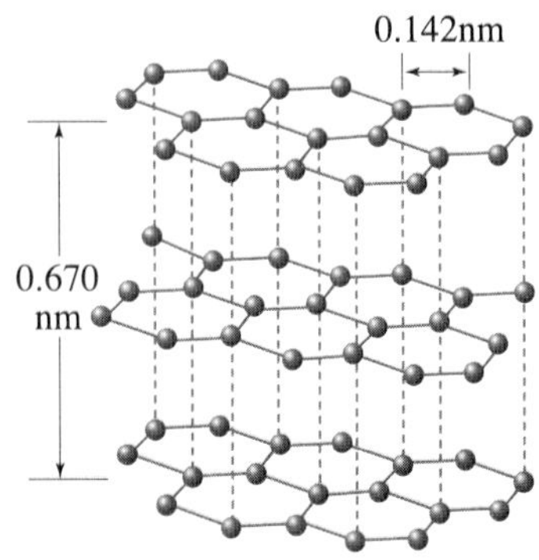

그림 6-5 흑연

② 분자결정 : 분자들이 약한 힘에 의하여 모여 있으므로 원자결정이나 이온 결정에 비하여 끓는점과 녹는점이 매우 낮고 일부는 승화성이 있다.
예 요오드, 나프탈렌, 드라이아이스

6-4 배위결합(coordinate bond)

한 개의 원자가 두 개의 전자를 제공하여 만든 결합을 말한다. 그 예로, ammonium 이온의 형성을 들 수 있다. 이 이온은 NH_3의 N 원자가 가지고 있는 고립 전자쌍(lone electron pair)을 H^+에 제공함으로써 결합을 형성한다. 이때 새로 형성된 N－H 결합은 다른 N－H 결합과 동일하다.

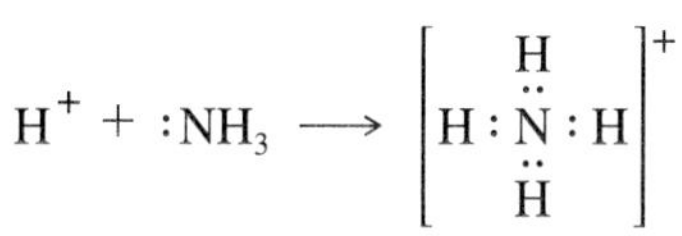

NH_3의 N와 같이 전자를 공급하는 쪽을 donor, H^+과 같이 전자를 받는 쪽을 acceptor라고 한다.

공유결합은 공유하고 있는 전자쌍을 두 원자에서 각각 내놓는 데 반해 공유결합으로 이루어진 화합물 중에는 한 원자만이 결합에 쓰이는 전자를 제공하여 결합을 형성하는 것이 있다.

예를 들면 NH_3와 H_2O는 다음 식 (A)의 구조를 가지며, 그 속에 있는 N 및 O는 2s에 있는 고립전자를 H^+에 주어서 (B)의 구조를 갖는 $(NH_4)^+$와 $(H_3O)^+$를 형성한다. 이와 같은 결합을 배위공유결합(coordinate bond)이라고 한다.

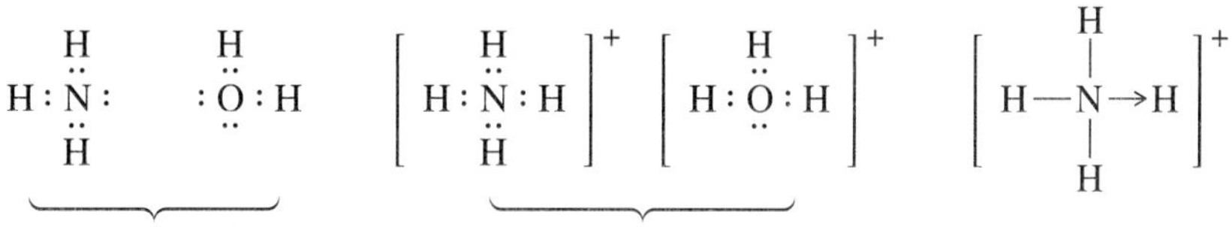

(A) (B) (C)

암모늄 이온이나 옥소늄 이온에서 알 수 있는 바와 같이, 배위결합은 본질적으로 공유결합의 일종인데, 공유되는 전자쌍의 전자를 한쪽 원자만 제공하는 점이 공유결합과 다르다.

공유결합과 배위공유결합의 본질은 전자쌍을 공유한다는 점에서 볼 때에는 같으나, 특히 donor와 acceptor를 구별하기 위하여 (C)와 같이 donor에서 acceptor쪽을 향해서 →표를 하여 배위공유결합을 표시하기도 한다.

6-5 극성 공유결합과 무극성 공유결합

공유결합을 할 때 각 원자의 전자친화력(전기음성도)이 서로 다르면 공유된 전자쌍이 큰 쪽으로 쏠리게 된다. 이처럼 분극되는 공유결합(covalent bond)을 극성 공유결합(polar covalent bond)이라고 하며, 이런 분자를 극성 분자라고 한다.

(A)

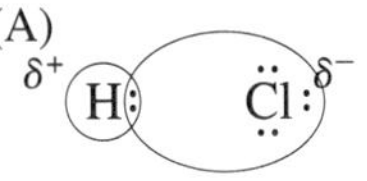

(B) H : H

(C) Na^+ :Cl:$^-$ → NaCl

그림 6-6 극성 공유결합(A), 무극성 공유결합(B), 이온 결합(C)

이와 반대로 H_2, Cl_2, N_2와 같은 대칭성 결합을 무극성 공유결합(non polar covalent bond)이라고 한다.

2원자분자의 극성은 두 원소의 전기음성도의 차와 더불어 증가하며, 극단에 이르면 이온 결합화합물을 형성한다. 반면에, 무극성(비극성) 공유결합은 같은 종류의 원자가 결합해서 단체의 분자를 만들 때는 모든 원자가 같은 전자친화력을 가지므로 쌍극자를 만들지 않는다. 따라서 극성을 띠지 않는다. H_2, Cl_2, N_2 등이 무극성 공유결합에 해당된다.

극성 공유결합은 결합하는 원자들이 동등한 전기음성도를 가질 때에는 전자쌍들이 두 핵에 대칭적으로 분포되어 있으나, 원자의 종류가 다르면 전기음성도가 다르기 때문에 결합 전자쌍은 비대칭으로 분포된다. 따라서 음전하의 중심이 양전하의 중심과 다른 곳에 있다.

예를 들면, HF분자에서 공유된 전자쌍은 수소 원자의 핵보다 플루오르 원자의 핵에 더욱 가깝게 존재한다. 그 결과, 수소 원자는 부분적인 양전하를 띠고, 플루오르 원자는 같은 크기의 부분적인 음전하를 띠게 된다.

두 개 이상의 원자를 포함한 분자가 극성인지 또는 무극성인지를 결정하려면 결합각을 알아야 한다. 직선구조이고 두 개의 극성 결합을 가진 BeF_2에서는 Be−F의 극성이 서로 상쇄되어 무극성이다.

$$\overset{(\delta^-)}{F} — \overset{(\delta^+)}{Be} — \overset{(\delta^-)}{F}$$

반대로 직선이 아닌 H_2O는 두 극성 결합이 서로 상쇄되지 않으므로 극성이다.

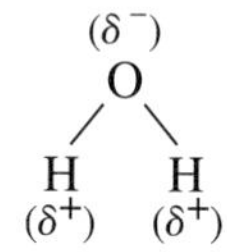

음전하의 끝은 산소 원자에 놓였고, 양전하의 끝은 두 수소 원자의 중간에 있다.

분자가 대칭구조를 가져서 모든 결합극성이 상쇄되고 분자 전체는 무극성인 경우도 있는데 CCl_4는 이러한 분자의 예이다. 즉, 네 개의 C−Cl 결합은 극성이지만 네 개의 Cl은 대칭으로서, 중심의 C 주위에 사면체의 모양으로 배열되어 있기 때문에 극성 결합이 서로 상쇄되어 분자 전체로는 무극성이다.

6-6 공명(Resonance)

어떤 분자의 성질을 설명하는 데에 한 개의 구조식만으로는 불충분하고, 두 개 이상의 구조식을 써야 할 때가 있다. 이런 경우에 실제의 분자는 이들 구조 사이에서 공명하고 있다.

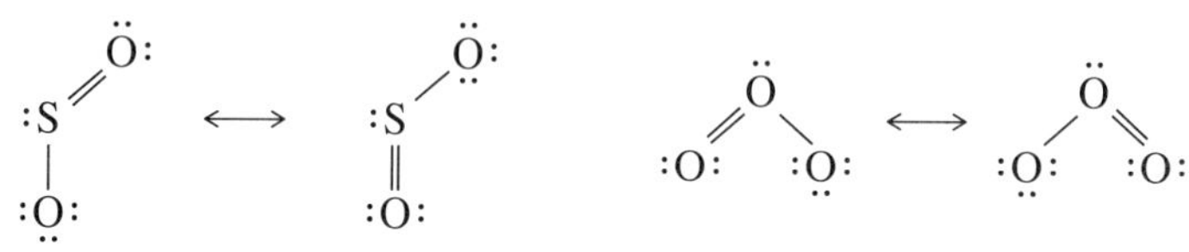

(A) SO_2　　(B) O_3

그림 6-7 SO_2와 O_3의 구조

SO_2 분자의 구조는 모든 원자가 옥테트 규칙을 만족하도록 나타낼 수 있다.

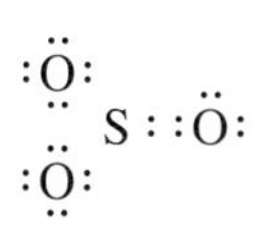

이 구조에는 S−O 단일결합이 두 개 있고, S=O 이중결합이 한 개 있는데, 이것은 이 분자 중에 S와 O의 결합 길이가 다른 것이 두 가지가 있음을

뜻한다. 또한 이 분자의 전자 배열이 비대칭이므로 쌍극자 모멘트가 있어야 한다.

그러나 실제로 이 분자는 평면 구조이고 S에서 O까지 결합 길이가 모두 같으며, 쌍극자 모멘트는 0이다. 뿐만 아니라, 각 결합 길이는 S−O 단일 결합에서 예상되는 값보다 짧고, S=O 이중결합에서 예상되는 값보다 길다. 각 결합이 단일결합과 이중결합의 중간쯤으로 이루어진 것을 보통의 방법으로는 하나의 구조로 나타낼 수 없으므로 다음과 같이 세 구조를 써서 나타낸다.

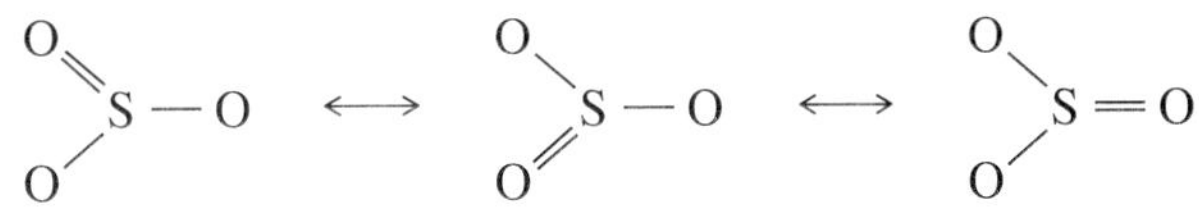

SO_3의 진짜 구조는 이 세 구조의 어느 것도 아니며 이 셋의 특성을 모두 약간씩 가진다. 실제의 분자는 세 구조의 공명 혼성체(resonance hybrid)이며, S와 O의 결합은 단일결합과 이중결합의 중간 성격을 띤 것으로 약 1/3 정도는 이중 결합적인 성격을 지닌다.

공명 구조를 쓸 때에는 몇 가지 규칙을 지켜야 한다. 실제 분자의 원자위치와 자기화율은 실험적으로 결정된 사실이므로 공명에 참여하는 구조는 (1) 원자의 위치는 같고 전자의 위치만 바뀌어야 하며, (2) 쌍을 이루지 않은 전자의 수가 실제 분자의 것과 같아야 한다.

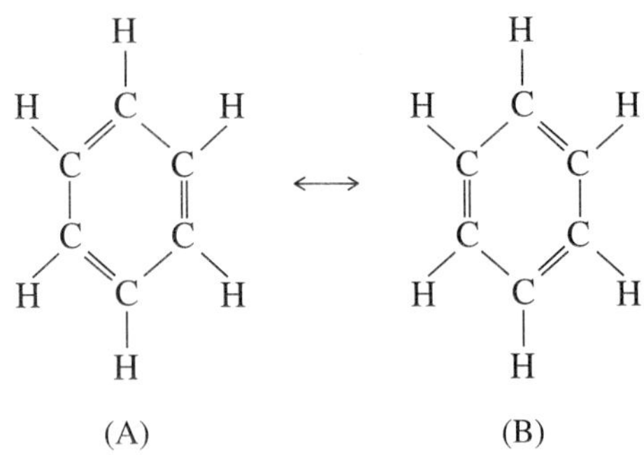

구조 A와 B의 생성열은 결합 에너지의 합으로부터 계산하면 1284 kcal/mol이다. 벤젠의 연소열과 물 및 이산화탄소의 생성열로부터 정해진 기체 벤젠의 실제 생성열은 1323kcal/mol이다.

즉, 실제 벤젠 분자는 구조 (A)나 구조 (B)에서 예상했던 것보다 39kcal/mol이나 더 안정하다. 공명 혼성체는 가상적인 구조보다 항상 더 안정된 것으로 나타났다.

벤젠의 경우, 이 공명의 안정화 에너지는 약 39kcal/mol 정도이다.

공명의 개념은 몇 가지 유기 화합물 분자들의 성질을 설명하는 데 유용하다. 예컨대 벤젠 C_6H_6 중의 탄소 원자들은 같은 평면 내에서 정육각형의 배열을 하고 있음이 실험적으로 밝혀졌다.

6-7 금속결합(metalic bond)

I족, II족 및 전이원소와 같이 원자가 전자수가 적고 이온화 전위(ionization potential)가 작은 원자들이 모여서 금속결정을 형성하는 결합을 금속결합(meallic bond)이라고 한다. 다시 말하면 금속결정에서는 전자가 금속 이온 사이를 자유롭게 이동함으로써 금속결합을 이룬다.

이 전자를 자유전자(free electron)라고 한다. 많은 원자들이 결합에 참여하고 있는 데 비하여 전자수가 적은 것이 금속결합의 특징이다.

(1) 금속결합의 형성

금속원자가 원자가 전자를 내놓고 양이온으로 되어 안정해지고, 원자로부터 떨어져 나온 원자가 전자가 자유전자가 되어 양이온 사이에 고르게 공유되어 있는 상태를 말한다. 금속결합은 금속 이온과 자유전자(free electron) 간의 정전기적 인력에 의한 결합이다.

① 금속 양이온 : 금속 원자가 전자를 내놓고 생성된 양이온 → 금속 원자의 원자가 전자들은 금속 원자로부터 쉽게 떨어져 나가기 때문

② 자유전자 : 금속 원자가에서 떨어져 나온 전자 → 어느 한 원자에 구속되지 않고 자유롭게 이동

③ 자유전자 수 : 금속원자의 원자가 전자 수와 같다

예 Na : 1개, Mg : 2개, Al : 3개

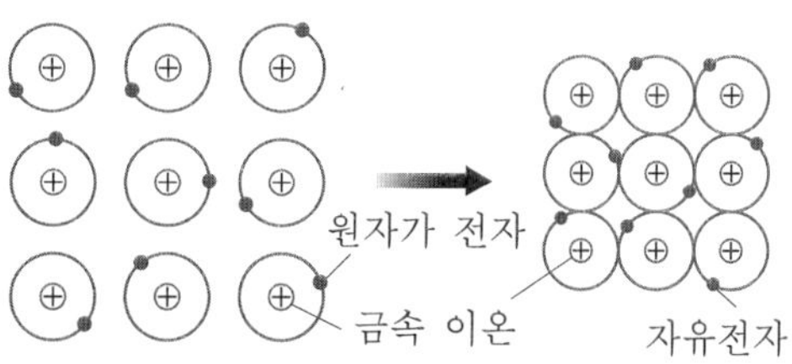

그림 6-8 금속결합 모형과 자유전자

(2) 금속결합의 결합력

① 자유전자 수가 많을수록(Na < Mg < Al), 금속 양이온의 반지름이 작을수록(Li > Na > K), 양이온의 전하량이 클수록 결합력은 증가한다.

② 금속결합력이 클수록 녹는점이 높아진다.

- 녹는점의 크기 : Li > Na > K (자유전자 수는 같으나 반지름이 작기 때문)
- 녹는점의 크기 : Na < Mg < Al

(3) 금속결합물질의 성질

① 은백색의 광택을 나타난다(단, 금은 노란색, 구리는 붉은 색을 띤다)
→ 가시광선을 모두 흡수하였다가 거의 모든 파장의 빛을 다시 방출(반사)하기 때문

② 전기 전도성이 크다. → 전압을 걸면 자유 전자가 (+)극 쪽으로 자유롭게 이동하기 때문

③ 열전도성이 크다. → 열 에너지를 얻은 자유 전자에 의해 열을 전달할 수 있기 때문

④ 녹는점과 끓는점이 높은 것은 자유 전자와 금속 양이온 간의 강한 정전기적 인력 때문이며, 상온에서 액체인 수은을 제외하고 대부분 고체로 존재한다.

⑤ 전성(펴짐성 : malleability), 연성(뽑힘성 : ductility)이 크다. → 이온결정과는 달리, 금속결정에 힘을 가하면 금속 양이온이 밀려도 자유전자가 빠르게 이동하여 금속결합이 유지되기 때문에 미끄러진 층이 떨어지지 않는다.

(4) 금속의 특성을 이용한 예

① 금속광택 : 장신구

② 전기 전도성 : 구리 전선, 피뢰침

③ 열전도성 : 주방용품, 보일러 관, 다리미판

④ 전성 : 알루미늄박, 금박

⑤ 연성 : 금실, 철사, 전선

(5) 합 금

한 가지 금속의 성질을 강화시키거나 단점을 보완하기 위해 두 가지 이상의 금속을 용융시킨 금속 혼합물

① 스테인리스강(철+크롬+니켈) : 철의 부식을 방지한다.
② 땜납(납+주석) : 납의 녹는점을 낮춘다.
③ 니크롬(니켈+크롬) : 전기저항을 높인다.

표 6-5 결정의 종류와 특성

<table>
<tr><th colspan="2">구 분</th><th>이온 결정</th><th>분자결정</th><th>공유결정</th><th>금속결정</th></tr>
<tr><td colspan="2">결정의 단위</td><td>양이온, 음이온</td><td>분자</td><td>원자</td><td>양이온, 자유전자</td></tr>
<tr><td colspan="2">결 합 력</td><td>정전기적 인력</td><td>분자 간의 힘</td><td>공유결합</td><td>양이온과 자유 전자 사이의 인력</td></tr>
<tr><td rowspan="3">성분</td><td>굳 기</td><td>단단하고 부서지기 쉽다.</td><td>매우 무르다</td><td>매우 단단하다</td><td>단단하거나 무르다</td></tr>
<tr><td>녹는 점</td><td>높다</td><td>낮다</td><td>매우 높다</td><td>높거나 매우 높다</td></tr>
<tr><td>전기 전도성</td><td>고체 : ×
수용액 : ○</td><td>부도체</td><td>부도체</td><td>양도체</td></tr>
</table>

6-8 전기음성도(Electronegativity)

전기음성도는 정확한 정량적인 값이 아니고 상대적인 수치이다. 종류가 다른 원자들이 결합하고 있을 때 공유 전자쌍에 대한 인력은 서로 다르다. 이 공유 전자쌍에 대한 인력의 세기를 그 원소의 전기음성도라고 한다.

원소의 전기음성도는 수소원자의 전기음성도를 표준으로 하고 그보다 강한 것과 약한 것을 수치로서 표시한 값이다. 주로 쓰이고 있는 것이 Linus Pauling이 고안한 척도로서 분자의 화학결합을 깨뜨리는 데 필요한 에너지를 기초로 한 각 원소들의 전기음성도가 표 6-6에 표시되어 있다.

이 표에서 보여 주는 바와 같이, 원소들의 전기음성도 값은 주기표의 왼쪽에서 오른쪽으로 갈수록 증가하며, 보통 같은 쪽에서는 아래로 내려갈수록 감소한다.

두 원소의 전기음성도를 알면 그들 원자 간에 이루어지는 결합의 이온성을 추측할 수 있다. 즉, 두 원소 간의 전기음성도의 차가 크면 클수록 결합은 이온성이 된다. 그 차가 0이면 결합은 완전한 공유결합이며, 1.9 정도인 것은 약 50%의 이온성을 가진다.

표 6-6 전기음성도

주기 \ 족	I	II	III	IV	V	VI	VII
1	H 2.1						
2	Li 1.0	Be 1.5	B 2.0	C 2.5	N 3.0	O 3.5	F 4.0
3	Na 0.9	Mg 1.2	Al 1.5	Si 1.8	P 2.1	S 2.5	Cl 3.0
4	K 0.9	Ca 1.0	GA 1.6	Ge 1.8	As 2.0	Se 2.4	Br 2.8
5	Rb 0.8	Sr 1.0	In 1.7	Sn 1.8	Sb 1.9	Te 2.1	I 2.5
6	Cs 0.7	Ba 0.9	T1 1.8	Pb 1.8	Bi 1.9	Po 2.0	At 2.2

할로겐화 수소(HF, HCl, HBr, HI)를 예로 들어 보자. 전기음성도의 값은 F가 가장 크고 I로 갈수록 감소한다. 따라서 할로겐화 수소의 결합에서 HF가 이온성이 가장 크고 HCl, HBr, HI의 순으로 감소한다.

이들 화합물의 전기음성도의 차를 구해 보면 다음과 같다.

HF 4.0 − 2.1 = 1.9
HCl 3.0 − 2.1 = 0.9
HBr 2.8 − 2.1 = 0.7
HI 2.5 − 2.1 = 0.4

HF의 결합은 이온성과 공유성이 거의 반반인 데 비해서 HI는 거의 완전한 공유성이다.

이러한 경향은 NaF, MgO, AlN, SiC의 계열에서도 볼 수 있다. 이 화합물들은 결합형식에 관계없이 Ne형의 전자배치를 가지려고 하는 원소들이다.

NaF는 Ia족과 VIIa족의 원소, 즉 금속성이 가장 큰 원소와 가장 작은 원소 간에서 이루어진 것이고, MgO는 IIa족과 VIa족의 원소, AlN는 IIa족과 Va의 원소, SiC는 IVa족의 원소에서 각각 이루어져 있다. 이 계열의 전기음성도의 차는 다음과 같다.

NaF 4.0 − 0.9 = 3.1
MgO 3.5 − 1.2 = 2.3
AlN 3.0 − 1.5 = 1.5
SiC 2.5 − 1.8 = 0.7

NaF는 대단히 이온성이 강하고(100%), MgO의 이온성은 약 65%, AlN는 약 35%, SiC는 약 10%이다.

1. 전기음성도

① 공유결합을 하고 있는 원자들이 전자쌍을 끌어당기는 힘의 크기를 수치로 나타낸 값을 전기음성도라고 한다. 원자가 공유 전자쌍을 끌어당기는 상대적 힘의 크기를 수치로 나타낸 것이다.

$\underset{(F\ =\ 4.0)}{\underline{{}_{9}F(7A)}}$가 가장 크고, $\underset{(Fr\ =\ 0.7)}{\underline{{}_{87}Fr(1A)}}$이 가장 작다.

② 불소(F)의 전기음성도를 4.0으로 정하고, 이것과 비교하여 다른 원자들의 전기음성도를 상대적으로 정한 것이다.
③ 같은 족 : 원자 번호가 증가할수록 작아진다.
④ 같은 주기 : 대체로 원자 번호가 증가할수록 커진다.
⑤ 대체로 금속성이 클수록 작아지고, 비금속성이 클수록 커진다.
⑥ F(4.0) > O(3.5) > N(3.0) > C(2.5) > H(2.1)

2. 전기음성도 차이와 결합의 이온성

두 원자의 전기음성도를 X_A, X_B라고 할 때, 전가음성도 차이(X_A-X_B)에 따라서 전자의 치우침이 달라지며 결합의 성격도 변한다.
① $|X_A-X_B| = 0 \Rightarrow$ 무극성 공유결합
② $|X_A-X_B| < 1.67 \Rightarrow$ 공유결합
③ $|X_A-X_B| > 1.67 \Rightarrow$ 이온 결합

3. 결합의 극성

① 극성 공유결합 : 전기음성도가 다른 원자가 공유결합을 하면 전자를 끄는 힘이 더 큰 원자가 공유 전자쌍을 끌어당기게 되므로 전기음성도가 큰 쪽은 부분적인 음전하(δ^-)를 띠며, 작은 쪽은 부분적인(δ^+)를 띤다. 이러한 결합을 극성 공유결합이라고 한다.

예 K−Cl, H−Cl

② 무극성 공유결합 : 전기음성도의 차이가 없는 같은 원자끼리의 결합

으로 전자의 치우침이 없다.

㉠ H－H, C－C, O＝O

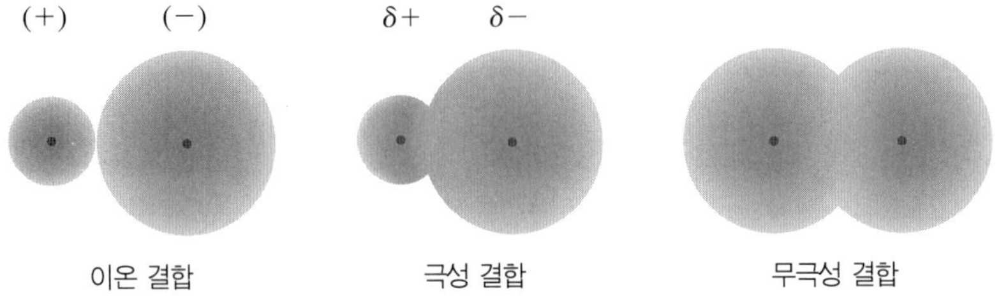

그림 6-9 이온 결합, 극성 결합 및 무극성 결합에서의 전하 분포

4. 분자의 극성과 무극성

① 극성 분자 : 극성 공유결합을 포함하는 분자 중에서 분자의 모양이 비대칭인 경우, 분자 내에 결합의 극성이 상쇄되지 않는다. 이러한 분자를 극성 분자라고 한다.

㉠ HCl, CO, H_2O, NH_3, CH_3Cl

② 무극성 분자 : 무극성 공유결합만으로 형성된 분자나 극성공유결합을 포함하더라도 분자의 모양이 대칭을 이루어 극성이 상쇄되어 전체적으로 극성을 나타내지 않는 분자를 무극성 분자라고 한다.

㉠ 무극성 공유결합을 하는 무극성 분자 : H_2, O_2, N_2

극성이 상쇄되는 대칭분자 : CO_2, BF_3, CCl_4, C_6H_6

[예제 6-1] CO_2는 극성 분자인가?

풀이 CO_2의 루이스 구조

탄소와 산소의 전기음성도가 서로 다르므로 이들 간의 결합은 극성이 될 것이다. 그러나 VSEPR 이론으로부터 CO_2가 선형임을 알 수 있다. 각 CO결합은 정확히 서로 반대 방향에 위치하므로 CO_2분자는 비극성이다.

③ 극성과 용해 : 극성물질은 극성용매에 잘 섞이며, 무극성 물질은 무극성 용매에 잘 섞인다. 또한 이온 결합 물질은 전기적인 특성을 갖는 극성 용매에 잘 섞인다.

5. 쌍극자 모멘트(dipole moment)

① 쌍극자 : 크기가 같고 부호가 반대인 두 전하가 분리되어 있는 것
② 쌍극자 모멘트(μ) : 극성 분자에서 두 원자의 전하와 거리를 곱한 벡터 값

- (+)전하에서(−)전하로 향하는 방향성을 갖는 벡터 값이다.
- 쌍극자 모멘트가 클수록 극성이 강하다 → 결합의 극성을 나타내는 척도
- 무극성 분자 $\mu = 0$, 극성 분자 $\mu > 0$

※ **벡터량** : 크기와 방향을 갖는 물리량−벡터는 화살표로 나타낸다.
　예 속도, 힘

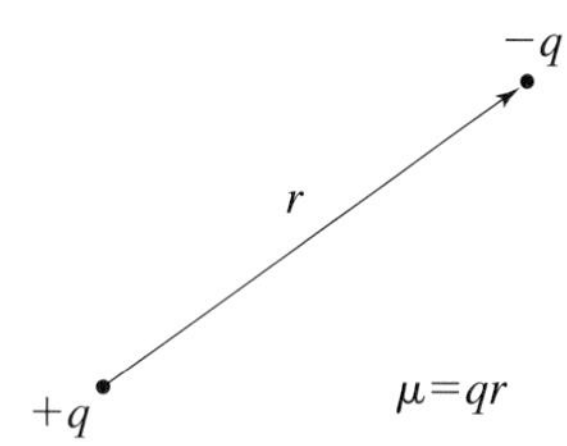

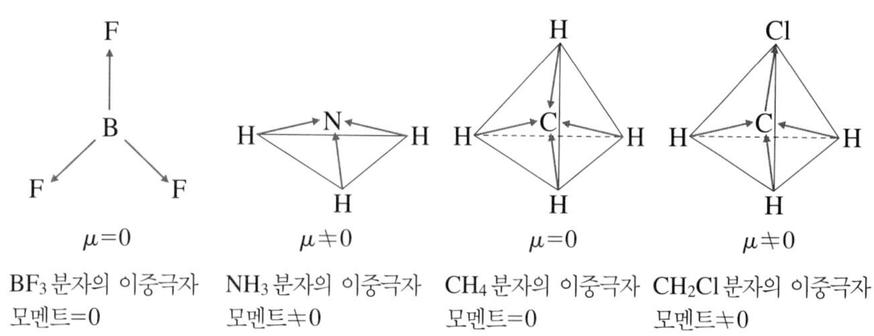

(가) BF_3　(나) NH_3　(다) CH_4　(라) CH_2Cl

그림 6-10 분자의 이중극자 모멘트

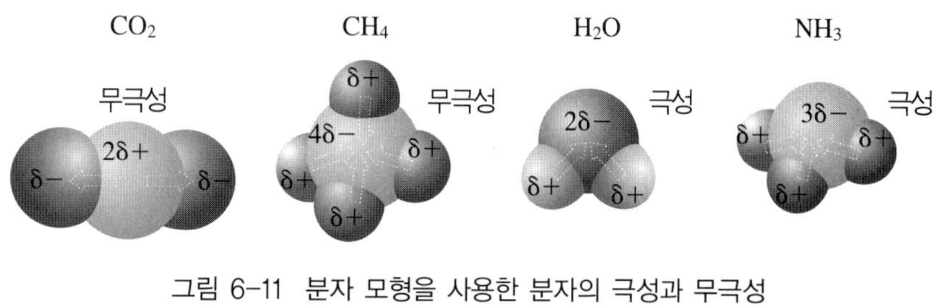

그림 6-11 분자 모형을 사용한 분자의 극성과 무극성

6. 분자의 모양

(1) 전자쌍 반발 원리(valence-shell electron pair repulsion, VSEPR)

① 전자쌍 반발 원리

- 원자를 둘러싸고 있는 전자쌍들은 정전기적 반발 때문에 가능한 멀리 떨어져 있으려는 방향으로 놓인다는 원리
- 전자쌍 사이의 반발력

공유 전자쌍 간의 반발력 < 공유 전자쌍과 비공유 전자쌍 간의 반발력 < 비공유 전자쌍 간의 반발력

② 이원자 분자의 경우

H_2, LiH, HF, HCl 등 2원자 분자 : 직선형 모양. 결합각 : 180°

③ 중심 원자가 공유 전자쌍만 가진 경우 : 분자 모양이 전자배치와 일치

- 중심 원자에 공유 전자쌍이 2개인 경우 : 직선형, 결합각은 180°
  BeF_2, $BeCl_2$
- 중심 원자에 공유 전자쌍이 3개인 경우 : 평면삼각형, 결합각은 120°
  BF_3, BCl_3
- 중심 원자에 공유 전자쌍이 4개인 경우
  정사면체형, 결합각은 109.5° : CH_4, CCl_4

④ 중심 원자에 비공유 전자쌍이 있는 경우 : 전체 전자쌍의 배치 구조에서 비공유 전자쌍을 제외한 공유 전자쌍들의 모양으로 결정

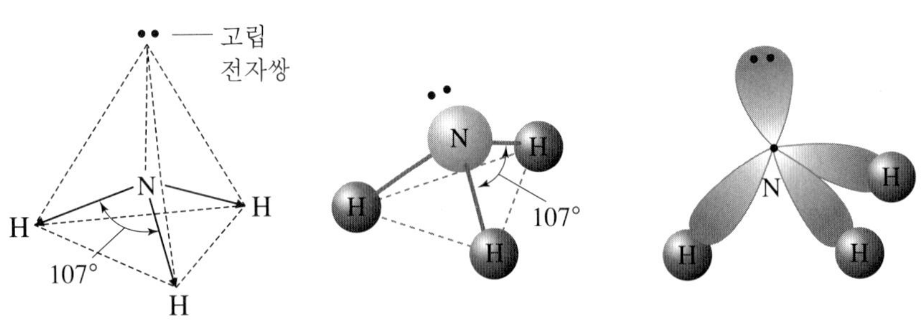

그림 6-12 NH_3 분자의 모양

• 공유 전자쌍이 3개, 비공유 전자쌍이 1개인 경우 : 삼각뿔형, 결합각은 107° : NH_3, PH_3

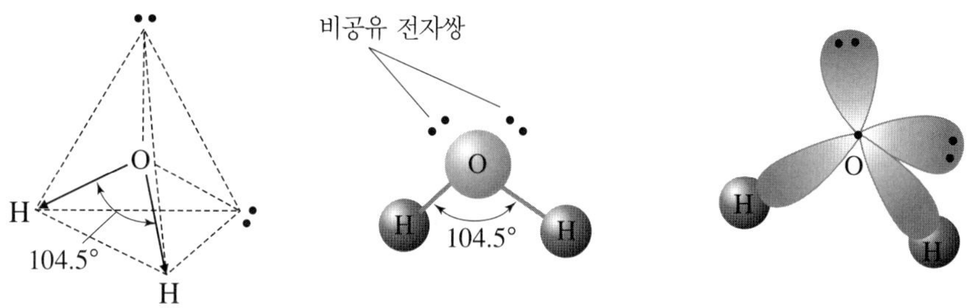

그림 6-13 H_2O 분자의 모양

• 공유 전자쌍이 2개, 비공유 전자쌍이 2개인 경우
굽은형, 결합각은 104.5° : H_2O, H_2S

표 6-7 BeH_2, BCl_3, PCl_4, SF_4의 예

중심 원자의 전자쌍 수	2쌍	3쌍	4쌍	5쌍	6쌍
분자 모양	선형	삼각 평면형	정사면체형	삼각쌍뿔	정팔면체형
보기	H−Be−H	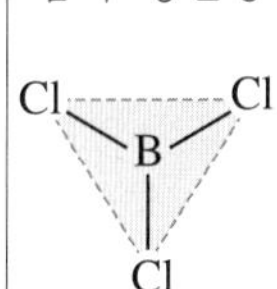	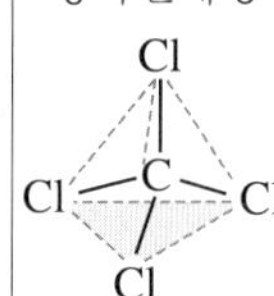	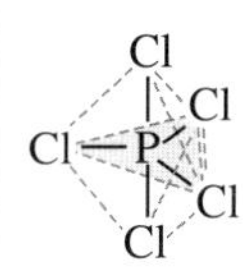	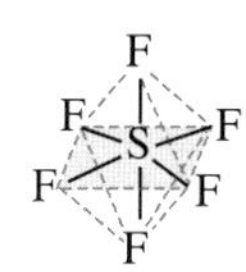

⑤ 다중 결합을 갖는 경우
: 다중 결합을 1개의 전자쌍(단일 결합)으로 취급 O=C=O, H−C≡N

(2) 평면구조를 갖는 분자

① BF_3과 BCl_3는 공유 전자쌍 3쌍, 비공유 전자쌍은 없으므로 평면 삼각형 구조

② H_2O는 공유 전자쌍 2개, 비공유 전자쌍 2개. 비공유 전자쌍에 의해 공유 전자쌍이 밀려 V자 모양

예 SO_2, H_2S

(3) 입체구조를 갖는 분자

① CH_4, CCl_4, CF_4

② NH_3, NF_3, NCl_3

내용 \ 족	14	15	16	17
제2주기 원소	·C·	·N·	·O:	:F·
화학식	CF_4	NF_3	OF_2	F_2
분자 모형			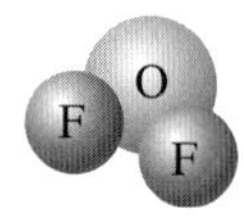	
결합각 및 공유 전자쌍의 치우침 (σ+)⇨(σ−)	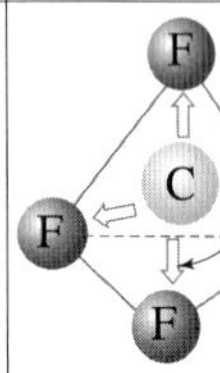	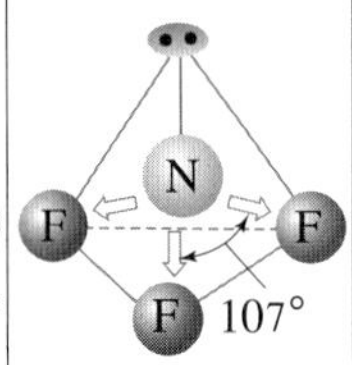	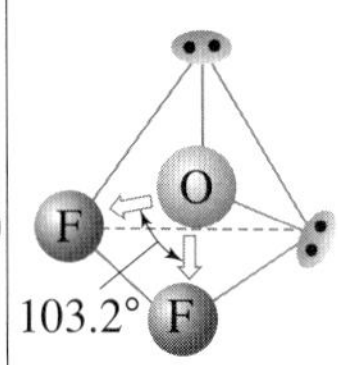	
분자의 극성	무극성 분자 (극성 상쇄)	극성 분자	극성 분자	무극성 분자
무극성 분자의 모양	정사면체	피라미드형	굽은 모양	선형

7. 분자 간의 힘(intermolecular forces)

(1) 극성 분자 간의 힘(쌍극자 - 쌍극자)

극성 분자의 (+)전하를 띤 부분과 다른 극성 분자의 (−)전하를 띤 부분이 서로 접근할 때 작용하는 정전기적 인력이다.

① 분자의 극성이 클수록 분자 간의 힘이 더 커져 물질의 녹는점과 끓는점이 높아진다.

② 극성 분자는 비슷한 분자량을 가지는 무극성 분자보다 분자 간의 힘이 강하다.

(2) 극성 분자와 무극성 분자 간의 힘(쌍극자 - 유발 쌍극자)

① 편극 현상(polarization) : 한 분자가 극성 분자에 접근할 때, 그 분자의 전자 들이 극성 분자의 (+)전하가 있는 쪽으로 쏠리는 현상을 말한다.

② 전자 수가 많은 분자일수록 편극이 일어나는 정도가 크다.

③ 유발 이중극자(induced dipole) : 편극이 일어나면 전자가 쏠린 쪽은 약간의 (−)전하를, 반대쪽은 약간의 (+)전하를 띰으로써 생긴 쌍극자.

④ 쌍극자-유발 쌍극자 인력 : 유발 쌍극자와 이것을 유발시킨 쌍극자 사이의 인력이 작용하는데, 이 힘을 이중극자-유발 이중극자 인력이라고 한다.

(3) 무극성 분자 간의 힘(분산력-dispersion)

무극성 분자들 사이에서도 전자구름의 반발력 때문에 순간적으로 극성 분자처럼 쌍극자를 띠며, 이 유도 쌍극자 가까이 있는 분자에 편극 현상이 일어나 또 다른 유도 쌍극자가 생길 때 작용하는 인력, 즉 무극성 분자와 무극성 분자 간의 힘을 말한다.

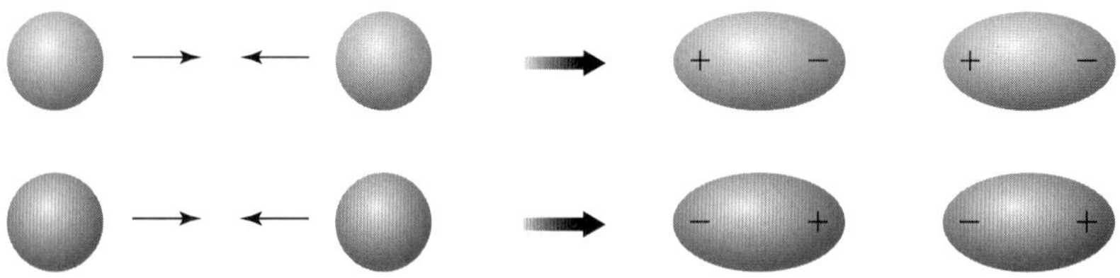

(가) 무극성　　　　(나) 유발 이중극자

그림 6-14 유발 이중극자가 형성되는 모형

① 전자수가 많은 분자일수록 편극이 잘 일어난다.
(∴ 분자 사이의 분산력이 크다)
② 분자량이 클수록 전자수가 많기 때문에 큰 분산력이 작용한다.
③ 무극성 분자 : 분산력만 작용한다.
- 분자량이 클수록 분산력이 커서 녹는점 · 끓는점 · 증발열이 증가한다.
- 분자량이 같은 무극성 물질도 분자의 모양에 따라 끓는점과 증발열이 다르다(접촉 면적이 클수록 분산력이 증가한다).

8. 수소결합(hydrogen bond)

(1) 수소결합의 형성

① 수소결합 : F, O, N과 같이 전기음성도가 큰 원자와 공유결합을 하고 있는 수소 원자와, 다른 분자 중의 전기음성도가 큰 원자 사이에 작용하는 인력.

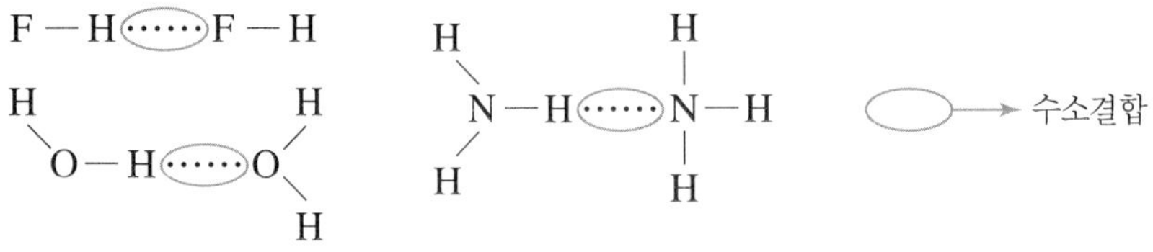

② 수소결합의 본질 : 두 원자 간의 전기음성도 차이가 크게 나면 양전하(δ^+) 와 음전하(δ^-) 사이에 정전기적 인력이 크게 작용하여 분자 간에 수소결합이 형성된다. 이중극자－이중극자 인력이 특별히 큰 경우가 수소결합이다.

③ 수소결합을 하는 물질
- 전기음성도가 큰 F, O, N의 수소 화합물. ㉠ HF, H_2O, NH_3
- －COOH(카르복시기)를 갖는 화합물. ㉠ 아세트산(CH_3COOH)
- －OH(히드록시기)를 갖는 화합물. ㉠ 에탄올(C_2H_5OH)

(2) 수소결합 화합물의 성질

① 분자량이 비슷한 다른 물질에 비해 녹는점과 끓는점이 높다. 몰 증발열이 크다.
② 에탄올(C_2H_5OH)이나 아세트산(CH_3COOH) 등이 물에 잘 용해되는 것은 분자 속에 －OH기를 가지고 있어 물과 수소 결합을 하기 때문이다.
③ 이합체, 다합체의 구조를 가진다.
예 아세트산을 벤젠에 녹이면 수소결합에 의해 이합체(dimer)가 생긴다. ⇒ 아세트산의 분자량은 60이나 벤젠 용액에서 그 분자량을 측정해 보면 120이 얻어진다.
④ 기화열이 높다.
예 C_2H_5OH과 CH_3OCH_3

(3) 수소결합 에너지

① 분자 간의 힘은 화학 결합보다 훨씬 약하다.
② 수소결합의 결합 에너지는 보통 2~7 kcal/mol로 분자 간의 힘보다는 크지만, 공유결합력보다는 매우 작다(약 1/10배)

1(분자 간의 힘) : 10(수소결합력) : 100(공유결합력)

(4) 수소결합과 물의 특성

① 같은 족 수소화합물(H_2S, H_2Se, H_2Te)보다 물 분자량이 작아도 녹는점과 끓는점이 높다. 그 이유는 물분자만이 고체 상태와 액체 상태에서 수소 결합을 하고 있기 때문이다.

② 물이 얼음보다 밀도가 크다(4°C일 때 밀도가 가장 크다).

- 얼음에서는 수소결합에 의해 물 분자들이 육각형 구조 모양을 이루며 빈 공간이 많은 구조가 형성된다. 얼음이 녹을 때에는 수소결합의 일부가 끊어져서 빈 공간을 채우게 된다.

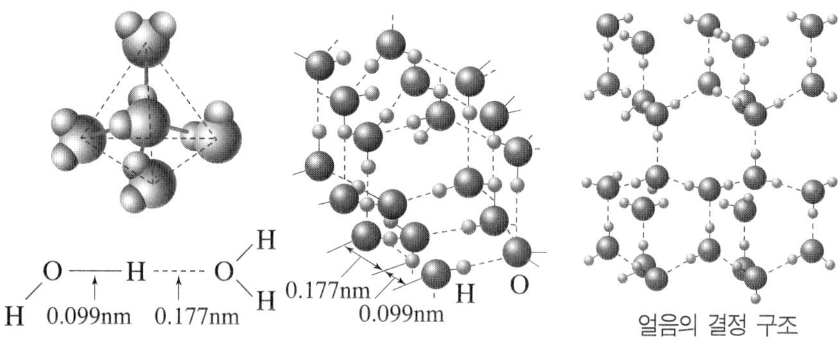

그림 6-15 수소결합에 의한 얼음의 구조 모형

- 4°C(정확히 3.98°C)에서 최대의 밀도를 가지며 온도를 계속 올리면 분자 운동이 활발해져서 부피가 팽창하므로 밀도가 작아진다.
- 강이나 호수에 얼음이 떠 있는 현상은 물의 밀도가 얼음보다 크기 때문이다.

③ 물의 비열

열을 가할 때, 수소결합이 조금씩 끊어지면서 열을 담을 수 있기 때문에 물은 많은 열을 담을 수 있다. 즉, 큰 비열을 가지며, 용융열과 기화열도 매우 크다.

- 해안 지방에서 밤낮의 기온 차가 작다 : 바닷물이 낮에 많은 열을 흡수하여 저장하고 있다가 밤에 열을 방출하기 때문이다.
- 사막의 밤낮 기온 차가 심한 이유 : 모래의 비열이 작기 때문이다.

제 7 장 용 액

7-1 용액의 정의

용액(solution)이란 두 가지 이상의 물질이 섞여서 균일하게 되어 있는 혼합물을 말한다. 용액은 용매(solvent)와 용질(solute)로 이루어져 있는데 용액 중 가장 많이 들어 있는 물질이 용매이며, 용매를 제외한 모든 물질을 용질이라고 한다.

용액은 기체, 액체, 고체가 자유롭게 섞여 있을 수 있다. 예를 들면 바닷물이나 설탕물 등의 용액은 액체이며, 용질은 고체, 용매는 액체가 된다.

용매 중 가장 널리 쓰이는 것은 물이며, 물이 용매로 된 용액을 특별히 수용액(aqueous solution)이라고 한다.

또한 비교적 소량의 용질을 포함한 용액을 묽은(dilute) 용액, 다량의 용질을 포함한 용액을 진한(concentrated) 용액이라고 한다.

용액은 '성분' 이라는 물질을 사용하여 조성되는데, 많은 양으로 존재하는 성분을 용매(solvent), 적은 양으로 존재하는 성분을 용질(solute)이라고 한다. 용액 속에 녹아 있는 용질 입자는 0.1에서 1nm크기의 문자나 이온이다.

표 7-1 몇 가지 유형의 일반적인 용액

예	용질	용매	용액의 상
공 기	기체	기체	기체
청량음료	기체	액체	액체
부 동 액	액체	액체	액체
소 금 물	고체	액체	액체
백금속의 수소	기체	고체	고체
놋 쇠	고체	고체	고체

7-2 액체와 고체

1. 액체

(1) 액체의 일반적인 성질

기체의 온도를 낮추면 운동이 느려지고, 압력을 가하면 분자 간의 거리가 가까워져서 일정한 부피를 갖는 액체가 된다. 액체는 기체보다 분자 간의 인력이 크기 때문에 다음과 같은 성질을 가진다.

- 액체는 온도와 압력의 변화에 의해 부피가 거의 변하지 않는다. 따라서 압력을 높여도 쉽게 압축되지 않는다.
- 액체는 기체와 같이 분자들이 자유롭게 운동하지는 못하지만 어느 정도 자유롭게 운동하며, 유동성을 갖는다.
- 액체는 기체에 비해 분자 사이의 거리가 가깝고, 서로 밀집되어 있어서 기체보다 부피가 작고 밀도가 크다.

(2) 액체의 표면장력(surface tension)

액체 내부에 있는 각 분자는 사방에 있는 다른 분자로부터 동일한 인력을 받으나 표면에 있는 분자는 이들 힘을 액체 쪽에서만 느끼는 결과로 안쪽으로 더 당겨진다. 액체가 그 표면을 가능한 한 작게 만들려는 성질(자신의 표면적을 최소화하려는 성질)을 표면장력이라고 한다.

표면장력이 생기는 이유는 액체 내부의 분자는 모든 방향으로부터 같은 크기의 인력을 받으므로 힘의 균형을 이루지만 액체 표면에 있는 분자는 분자 간의 인력에 의해 액체 내부로 끌어당겨지므로 액체의 표면적을 가능한 한 작게 하려는 성질을 나타낸다. 따라서 분자 간의 인력이 큰 액체일수록 표면장력이 크다.

(3) 물의 표면장력과 관련된 현상

① 소금쟁이는 물 위에 떠 있다.
② 바늘이나 얇은 면도날을 수평으로 물 위에 가만히 놓으면 물 위에 떠 있다.
③ 이른 새벽 풀잎에 맺힌 이슬방울이나 수도꼭지에서 떨어지는 물방울은 둥근 모양을 하고 있다.

(4) 액체의 증기압력

① 증발 : 액체 표면의 분자들이 분자 사이의 인력을 이겨내고 공기 중으로 떨어져 나가서 기체가 되는 현상

② 응축 : 증발된 분자가 다시 에너지를 잃고 액체로 돌아가는 현상

③ 증기압력 : 액체와 그 증기가 동적 평형상태에 있을 때, 액체의 증기가 나타내는 압력으로, 온도가 높을수록, 분자 간의 인력이 약할수록(휘발성이 클수록), 무극성, 분자량이 작을수록 증기압력이 증가한다.

(5) 증기압력의 크기

① 같은 액체인 경우 : 증기압력은 용기의 모양이나 크기, 액체의 양과 관계없이 일정한 값을 나타낸다.

② 액체의 종류와 증기압력 : 분자 간의 인력이 작은 액체일수록 증발이 잘 일어나므로 같은 온도에서 증기압력이 크다.

③ 온도와 증기압력 : 온도가 높아지면 액체 분자들의 운동 에너지가 증가하기 때문에 분자 사이의 인력을 끊고 증발이 일어나기 쉬워지므로 증기압력이 크다.

(6) 증발열(evaporation heat)

액체가 증발하여 기체가 되기 위해 외부로부터 에너지를 흡수해야 하는데, 이때 필요한 열량이다.

① 몰 증발열 : 1기압에서 1몰의 액체를 완전히 기체로 증발시키는 데 필요한 열량

② 분자 간의 인력이 큰 물질일수록 증발하기 어려워서 몰 증발열이 크다.

표 7-2 몇 가지 물질의 몰 증발열과 증기압력

물 질	몰 증발열(kJ/mol)	20°C에서 증기압력(mmHg)
디에틸에테르	29.1	457.8
에탄올	38.6	52.8
물	40.7	17.5

(7) 동적평형상태(dynamic equilibrium)

① 어떤 온도에서 액체와 그 증기가 동적평형상태를 이루고 있을 때 증기가 나타내는 압력. 증발하는 분자 수와 응축하는 분자 수가 같아 겉보기에 아무런 변화가 없는 상태를 동적평형상태라고 한다.

② 온도가 높아질수록 증기압력은 커져야 한다.
(온도가 높아지면 분자 운동이 활발해져 분자 간의 인력을 극복하기 쉽기 때문).

③ 휘발성이 강한 물질(분자 간의 인력이 작은 물질)일수록 같은 온도에서의 증기압력은 작아진다.

④ 액체의 증기압력이 온도에 따라 변화하는 관계를 보여주는 그래프를 증기압력곡선이라고 하며, 이는 증발과 응결이 동적 평형을 이루어 공존하는 온도와 압력이다.

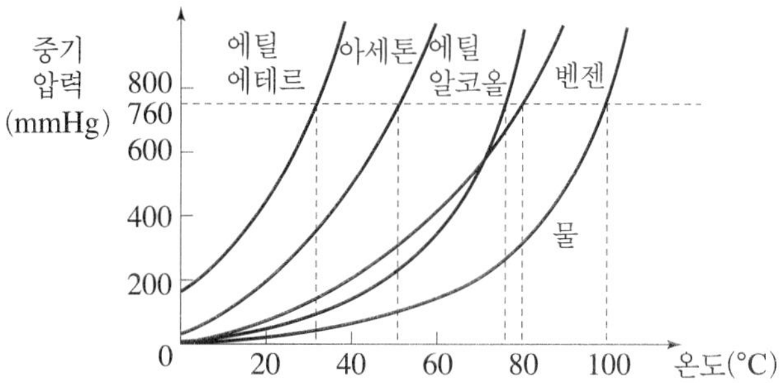

그림 7-1 여러 가지 액체의 증기압력곡선

* 분자 간의 인력이 큰 물질일수록 증발열이 많이 필요하고, 증기압력이 작다.
물은 수소결합을 하여 분자 간의 인력이 크므로 증발열이 크고, 증기압력이 작다.

표 7-3 물의 포화 증기압력

온도(°C)	P(mmHg)
0	4.58
10	9.21
20	17.54
30	31.82
50	92.51
80	353.1
100	760.0

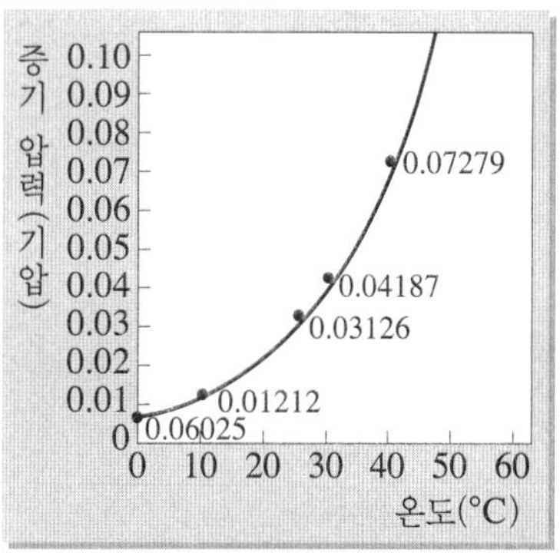

그림 7-4 물의 증기압력곡선

(8) 끓음(boiling)

증기압력과 외부 압력이 같아져서 액체의 표면에서뿐만 아니라 액체의 내부에서도 격렬하게 기화가 일어나는 현상을 '끓음' 이라고 한다.

액체가 내부에서나 외부에서도 끓을 때의 온도를 '끓는점'(boiling point; b.p.)이라고 한다. 끓는점은 증기압력 = 대기압(동적 평형)일 때의 온도를 말한다. 따라서, 끓는점은 외부 압력(대기압)에 따라 달라진다.

① 외부 압력이 커지면 끓는점은 높아진다(압력솥의 경우).
② 외부 압력이 작아지면 끓는점은 낮아진다(높은 산에서 밥을 지을 때).
③ 기준 끓는점 : 대기압이 1atm일 때의 액체의 끓는점(물의 기준 끓는점 100°C).

2. 고체(solid)

(1) 고체의 일반적인 성질

액체상태의 물질이 온도가 낮아지면 분자들의 운동이 느려지다가 일정한 온도 이하가 되면 고정된 위치에서 진동 운동만 하게 되어 고체가 된다. 고체를 이루는 입자 사이의 인력이 매우 커서 유동성이 없고, 일정한 모양과 부피를 갖는다.

(2) 고체입자 사이의 거리

고체를 이루는 입자 사이의 거리가 매우 가깝고 빈 공간이 거의 없으므로 밀도가 크며, 압축되지 않는다.

(3) 고체의 녹는점

고체의 녹는점은 입자 사이의 인력에 따라 다르다.

① 녹는점 : 고체가 녹아 액체로 변하는 상태 변화를 융해라고 하며, 이때 일정하게 유지되는 온도를 녹는점이라고 한다.
② 융해열 : 융해에 필요한 열에너지를 융해열이라고 하며, 고체 1몰이 융해되는 데 필요한 에너지를 몰 융해열이라고 한다.

(4) 결정성 고체와 비결정성 고체

고체를 이루는 원자, 이온, 분자 등의 입자들의 배열 상태에 따라 구분한다.

(5) 물질의 상태 변화

① 물

물은 지구 표면에서 가장 중요한 화합물이다. 물은 우리들 주위에 풍부하게 있는 물질로서 평상시에는 별다른 생각 없이 많은 양을 사용하고 있다. 그러나 공기와 같이 물 없이는 사람은 일주일을 버티지 못한다. 동물이나 식물은 생존이 불가능하다. 그러한 의미에서 물은 더욱 중요한 물질이라고 할 수 있다.

물은 해양과 지구 표면에 약 70%의 면적을 점유하고 있다. 물은 대부분이 해양에 존재하지만 그 밖에도 하천, 호수, 지하수 그리고 높은 산이나 극지방의 얼음까지 지구상 어느 곳이든지 존재하고 있다.

대기 중의 수증기는 기상의 변화를 일으키고 성인은 신체의 약 65%가 수분이며 어린아이 신체는 75%, 혈액은 83%, 폐는 90%가 물이다. 물은 우리들을 새롭게 하고 생명을 유지하는 데 대단히 중요할 뿐만 아니라 독특한 화학 물질인 것이다.

물질의 상태 변화는 지구상에 많은 양이 존재하는 물 때문에 일어나는 현상이기도 하다. 물은 평범하고 귀하지 않지만 화학물질로서 보면 특이한 경우라고 할 수 있다.

예를 들면 물이 얼어서 얼음이 되면 체적이 팽창한다. 겨울에 장독이나 수도 파이프가 얼어터지는 것은 물의 체적이 팽창되었기 때문이다. 이러한 현상은 다른 순수한 물질에서는 거의 볼 수 없다. 또한 물의 비열은 다른 어떠한 물질보다 크고, 융해열이나 기화열도 크다. 이러한 물의 특성은 그 분자구조에 기인하다고 볼 수 있다.

물 분자는 두 개의 비공유 전자쌍을 포함해 네 종류의 전자쌍을 가지고 있기 때문에 물 분자 모형은 굽은 형이다.

물 분자는 산소 원자 1개와 수소 원자 2개가 결합되어 있는데, 직선으로 결합되어 있는 것이 아니라 그 각도는 104.5°이고 산소 원자가 음성이며 수소 원자가 양성이 되어 분자 전체가 극성을 띠기 때문에 극성 분자라고 한다. 즉 공평하게 전자들을 공유하지 않고 전자들은 수소 원자보다 산소 원자에 더 많이 치우쳐 있다.

공유결합 내에서 산소는 수소보다 훨씬 더 전자를 끌어당기므로 결합 내에서 전자들이 고루 분배되어 있지 않다. 한쪽은 전자가 부족하여 부분적인 양전하(δ^+)가 생긴다. 다른 한쪽은 전자가 풍부하게 되어 부분적인 음전하(δ^-)가 생긴다. 따라서 극성을 띠게 된다.

0°C의 물을 가열하면 더욱 체적이 축소하고 3.98°C에서 밀도(density)가 최대가 되며 이러한 특이성도 다음과 같이 생각하면 이해가 된다.

얼음이 융해할 때 육각형 고리 구조가 한 번에 부서지는 것이 아니고 0℃로부터 1℃, 2℃ ……서서히 부서지는데 3.98℃에서 이 구조가 완전히 부서진다. 3.98℃ 이상의 온도로 높이면 분자운동이 심해져 일반 액체와 똑같은 모양으로 팽창한다.

㉥ H_2O

루이스 구조는 중심 원자에 4개의 전자쌍을 가지고 있다.
이 중 2개는 결합 전자쌍이고 2개는 비공유 전자쌍이다.
전자들 스스로는 사면체 기하학적 구조를 가지려고 한다.
분자의 기하학적 구조, 즉 분자의 모양은 굽은 형이 된다.

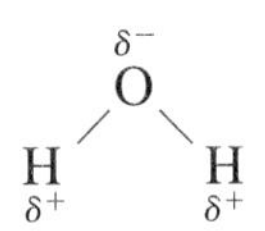

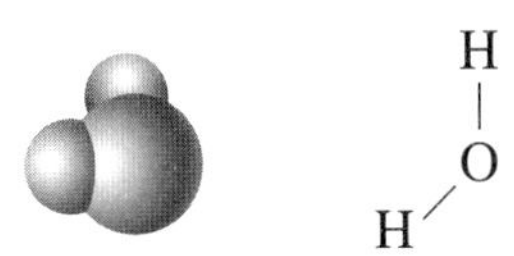

물 분자는 굽은 모양이다.

② 상태 변화와 에너지

물질의 온도와 압력을 변화시키면 물질을 변화시킬 수 있다. 고체가 에너지를 흡수하면 액체를 거쳐서 기체가 되며, 기체가 에너지를 방출하면 액체를 거쳐서 고체가 된다.

- 액화(응축 : condensation) : 기체가 액체로 되는 현상 – 발열
- 기화(증발 : vaporization) : 액체가 기체로 되는 현상 – 흡열
- 응고(얼음 : freezing) : 액체가 고체로 되는 현상 – 발열
- 융해(용융 : fusion, 녹음 : melting) : 고체가 액체로 되는 현상 – 흡열
- 승화(sublimation) : 고체가 기체로 되는 현상 – 흡열
- 승화(흡착 : deposition) : 기체가 고체로 되는 현상 – 발열
- 에너지 : 화학반응에서 에너지가 방출되는 과정을 발열(exothermic), 에너지를 흡수하는 과정을 흡열(endothermic)이라고 하며, 방출되거나 흡수되는 에너지의 양은 반응하는 물질의 양에 달려 있다.

  물체가 가지는 전체 에너지는 운동 에너지와 위치 에너지의 합과 같다.
  우주와 같은 닫힌계에서의 전체 에너지는 일정하다. 에너지는 생기거나 없어지는 것이 아니고 한 종류의 에너지로부터 다른 종류의 에너지로 변환될 뿐이다. 이것을 '에너지 보존의 법칙(law of conservation of energy)' 이라고 한다.

3. 가열곡선

일정한 양의 물질을 가열할 때 시간에 따른 온도 변화를 나타낸 그래프를 가열곡선이라고 한다.

(1) 물의 가열곡선

물의 가열곡선에서 물을 가열할 때 온도변화와 상태변화가 일어나는 것을 확인할 수 있다. 0°C에서 온도가 일정한 것은 얼음이 녹아서 물이 되는 융해가 일어나기 때문이며, 100°C에서 온도가 일정한 것은 물이 끓어서 수증기가 되는 기화가 일어나기 때문이다.

㉥ 표는 물의 성질을 나타낸 것이고, 그림은 −30°C의 얼음 10g을 일정한 열량으로 가열한 가열곡선이다.

표 7-4 물의 성질

성질		값
녹는점(°C)		0
끓는점(°C)		100
융해열(kj/g)		0.334
기화열(kj/g)		2.26
비열 (J/g · °C)	얼음	2.05
	물	4.18
	수증기	1.84

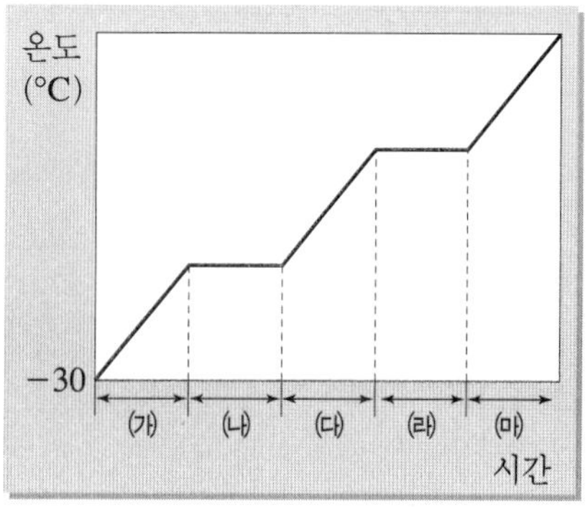

그림 7-3 가열곡선

구간 (가)는 얼음(고체)이며 구간 (다)는 물(액체)이고, 구간 (마)는 수증기(기체)이다.

구간 (나)와 구간 (라)에서 융해와 기화가 일어나는 동안에 온도는 일정하며, 이 구간의 길이는 융해열과 기화열에 해당된다. → 융해열 < 기화열

얼음(고체)과 물(액체)의 가열 구간에서 직선(열은 상태변화에 소모되었다.)의 기울기는 고체와 액체의 비열을 나타낸다. 즉, 기울기가 클수록 가해준 온도 변화가 크다는 것을 의미하므로 비열이 작다. → 비열 : 얼음(2.05 J/g°C) < 물(4.18J/g°C)

물(액체)은 회전 · 병진 · 진동 운동을 하지만 얼음(고체)은 진동 운동만 하기 때문이다.

구간 (라)에서 분자의 전체 에너지는 일정하다. 구간 (나)는 얼음이 융해되어 물로 상태변화가 일어나는 구간이므로 밀도가 증가한다.

전 구간에서 굽은 형인 물 분자의 모양은 변하지 않으며 구간 (라) 이상에서 물은 기체 상태이므로 대부분의 수소 결합이 끊어진 상태이다. 단위시간당 일정한 열원으로 가열하고 있으므로 구간별로 필요한 에너지는 시간에 비례한다.

• (가) : −30°C 얼음 → 0°C 얼음
  필요한 열량(Q) = 2.05J/g · °C × 10g × 30°C = 615J
• (나) : 0°C 얼음 → 0°C 물
  필요한 열량(Q) = 0.334kJ/g × 10g = 3.34kJ = 3340J
• (다) : 0°C 물 → 100°C 물
  필요한 열량(Q) = 4.18J/g · °C × 10g × 100°C = 4180J
• (라) : 100°C물 → 100°C 수증기
  필요한 열량(Q) = 2.26kJ/g × 10g = 22.6kJ = 22600J

(2) 순수한 용매와 용액의 가열곡선

용액은 순수한 용매보다 높은 온도에서 끓기 시작하고, 끓는 동안 온도가 계속 올라간다.

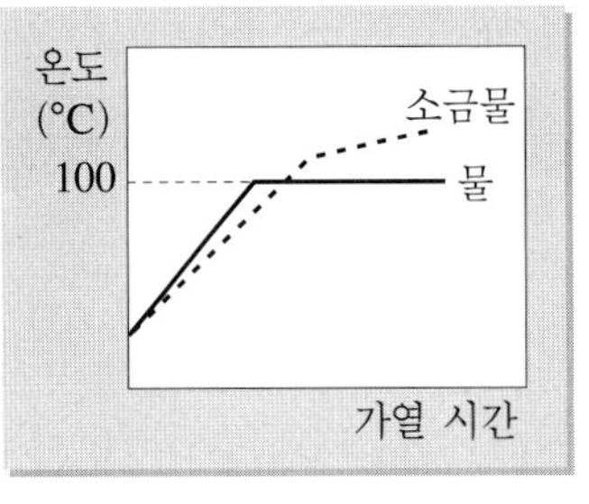

그림 7-4 순수한 용매와 용액의 가열곡선

물(화합물)의 끓는점은 일정하지만 소금물(혼합물)은 끓을수록 농도가 진해져서 끓는점이 높아진다.

(3) 상평형 그림(phase diagram)

한 물질의 기체, 액체, 고체들 사이의 평형을 온도 변화에 따른 증기압력의 변화로 나타낸 그림을 상평형 그림이라고 한다.

① 융해곡선 : 고체와 액체의 상평형 곡선(곡선 AD)
② 증기압력곡선 : 액체와 기체의 상평형 곡선(곡선 AB)
③ 승화곡선 : 고체와 기체의 상평형 곡선(곡선 AC)

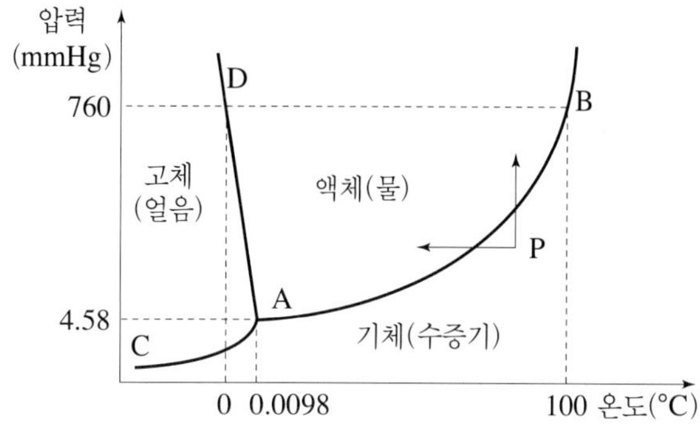

그림 7-5 물의 상평형 그림

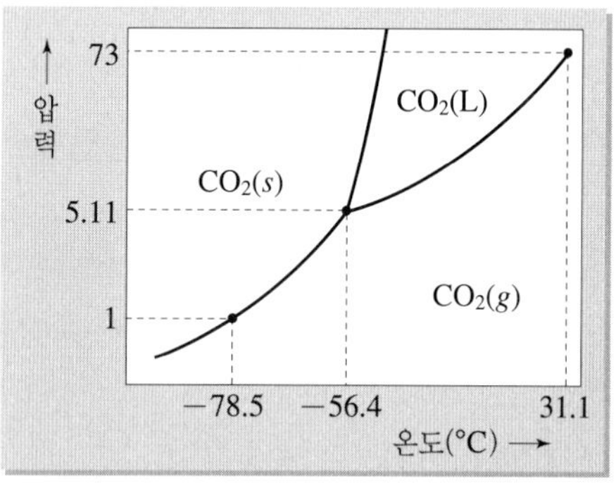

그림 7-6 이산화 탄소의 상평형 그림

(4) 3중점(triple point-T)

물질의 상태가 특정한 온도, 압력에서 고체상, 액체상, 기체상의 3상이 모두 평형을 이루어 공존하는 상태를 말한다. 물의 3중점은 0.009°C의 온도와 4.58mmHg 압력이다. 공기가 없는 순수한 물은 이 상태에서 물, 얼음, 수증기가 동시에 존재한다. 물의 3중점은 0.0098°C, 0.006기압, 이산화 탄소의 3중점은 −56.4°C, 5.1기압이다.

(5) 융해곡선(melting profile)

고체와 액체가 평형을 이루며 공존하는 온도와 압력을 나타내는 곡선을 말한다.

① 물의 융해곡선 : 기울기가 (−)이므로 외부 압력이 높아지면 녹는점(어는점)이 낮아진다. ㉑ 스케이트 탈 때

② 이산화 탄소의 융해곡선 : 기울기가 (+)이므로 외부 압력이 높아지면 녹는점(어는점)이 높아진다.

(6) 증기압력곡선

액체와 기체가 평형을 이루며 공존하는 온도와 압력을 나타내는 곡선을 말한다.

① 물의 증기압력곡선에서 물의 증기압력이 대기압과 같은 1기압일 때의 온도는 100°C이며, 이 온도가 물의 기준 끓는점이다.

② 물의 증기압력곡선은 기울기가 (+)이므로 외부 압력이 높아지면 물의 끓는점이 높아진다.

㉮ 높은 산은 압력이 낮으므로 끓는점이 낮아져 밥이 설익는다. 압력솥에서 압력이 높으므로 끓는점이 높아져 빨리 익는다.

(7) 승화곡선

고체와 기체가 평형을 이루며 공존하는 온도와 압력을 나타내는 곡선을 말한다.

① 물의 승화곡선 : 얼음과 수증기가 공존하여 평형을 이루는 곡선이다. 얼음의 압력이 0.006기압보다 낮은 상태에서 온도를 높여 주면 액체 상태를 거치지 않고 고체로 승화한다.

② 이산화 탄소(carbon dioxide)의 승화곡선 : 고체와 기체 상태의 이산화 탄소가 공존하여 평형을 이루는 곡선이며, 이산화 탄소의 압력이 5.1기압보다 낮은 상태에서 온도를 높여 주면 고체에서 기체로 승화가 일어난다.

(8) 승화성 물질

① 모든 물질은 3중점 이하의 압력에서 승화가 일어날 수 있다.

② 승화성 물질 : 1기압 이하에서 승화가 일어나는 물질로 3중점의 압력이 1기압보다 높다.

㉮ 드라이아이스(dry ice), 요오드, 나프탈렌

- 드라이아이스(dry ice; 고체탄산) : 이산화탄소를 높은 압력과 낮은 온도의 조건을 맞춰 고체로 변화시킨 물질을 말한다. 고체에서 액체를 거치지 않고 직접 기체로 변화하는 승화성을 갖는다.
  드라이아이스는 고체 상태에서 녹아 바로 기체로 변화하는 승화성을 띠기 때문에 주위의 열을 흡수하여 온도를 급격히 낮춘다. 그러므로 함께 담겨진 물질을 차갑게 유지시키는 냉각제로 널리 쓰인다. 얼음의 온도는 0°C이지만 드라이아이스의 온도는 무려 −78.5°C까지 내려가기 때문에 만지거나 취급할 때에는 반드시 동상에 걸리지 않도록 주의하여야 한다. 또한 승화 시에 발생하는 CO_2는 세균과 곰팡이 등 미생물의 번식을 억제하는 효과가 있기 때문에 냉동식품의 보관에 폭넓게 사용되고 있으며, 드라마에서 공동묘지 분위기를 내거나 무대에서 노래하는 가수의 발밑으로 안개효과를 낼 때에도 드라이아이스가 쓰이고 있다.

요오드(I_2)는 드라이아이스와 나프탈렌과 함께 대표적인 승화성 물질이다. 요오드는 상온에서 고체이며 보라색의 결정을 갖는다. 휘발성이 있고 자극적인 냄새가 나는 승화성 물질로, 유기용매에 잘 녹는다. 요오드를 요오드화 칼륨(KI) 수용액에 녹이면 갈색용액이 만들어지는데, 여기에 녹말을 넣으면 요오드와 녹말이 반응해 용액의 색깔이 보라색으로 변한다. 이러한 성질 때문에 녹말을 검출하는 데에 요오드가 자주 쓰인다.
나프탈렌(Naphthalene)은 벤젠 고리가 2개 있는 모양으로 승화성이 있다. 비늘 모양의 무색 결정으로 분자량은 128이고, 녹는점은 80.3°C이며, 끓는점은 217.97°C이고, 비중은 0.975(25°C)이다. 분자식은 $C_{10}H_8$로 쓴다.
발암 물질이며 화장실에서 냄새 탈취제로 쓰이거나 장롱의 좀약으로 쓰인다.

(9) 임계온도(臨界溫度)와 임계압력(臨界壓力)

① 임계온도(critical temperature, 기체가 액화 가능한 최고의 온도)

기체상과 액체상, 고체상의 상전이(相轉移) 현상에서 나타나는 특이점인 임계점(critical point)의 온도를 말한다. 이 온도보다 낮은 상태의 기체는 적당한 압력을 가하면 액체로 상태변화가 일어나지만, 이 온도보다 높을 경우에는 액화되지 않는다.

온도 · 압력 · 부피를 변화시키면 기체의 액화나 액체의 기화 등의 변화가 일어난다. 하지만 특정온도 이상이 되면 더 이상 압력에 따른 상태변화가 일어나지 않는데, 이런 상태가 되는 온도를 임계온도라 한다.

기체상과 액체상 및 고체상은 온도와 압력에 따라 나타나며 이를 도표화하면 몇 개의 특이점이 나타난다. 기체상과 액체상 및 고체상이 모두 공존할 수 있는 3중점(triple point)이 그 하나이고, 액체상과 기체상의 상전이(相轉移)가 더 이상 일어나지 않는 영역도 있는데 이를 임계점이라고 한다.

임계점이 나타내는 압력을 임계압력(critical pressure), 온도를 임계온도(critical temperature)라고 한다.

임계온도 이하의 영역에서는 도표상에 두 상의 경계가 형성되어 기체상과 액체상의 상전이(相轉移)가 일어난다. 하지만 임계온도 이상의 영역에서는 두 상이 서로 나뉘지 않는 초임계유체(supercritical fluid) 상태가 된다.

㉮ 암모니아는 132°C, 이산화 탄소는 31°C, 산소는 −119°C가 임계온도로 알려져 있으며, 이보다 높은 온도에서는 압력을 아무리 크게 해도 기체는 액화하지 않는다. 순수물질에 있어서 평형상태는 온도와 압력에 의해 결정되며, 일반적으로 고체 · 액체 · 기체 등, 각 상의 존재 범위를 나타낼 수 있다.

② 임계압력(critical pressure, 기체가 임계온도에서 액화되기 위한 최소한의 압력)

액체와 기체 두 상태를 서로 분간할 수 없는 임계상태일 때의 증기압을 말한다. 이때의 온도를 임계온도라고 한다. 일반적으로 임계온도 이하로 온도를 내리지 않는 한, 기체는 아무리 압력을 가하여도 액화되지 않는다.

기체와 액체가 공존한다는 것은 임계온도까지만 적용할 수 있으며, 증기압력곡선 또한 임계온도까지만 그릴 수 있다. 임계온도와 임계압력 이상이 되면 물질은 기체도 액체도 아닌 유체의 형태를 지닌다.

기체의 액화는 임계온도 이하의 온도와 임계압력 이상의 상태에서만 가능하다.

물의 임계온도는 374°C, 임계압력은 218.3atm이다. 374°C에서 218atm 이하의 압력으로는 액화시킬 수 없고, 온도가 374°C가 넘으면 아무리 압력을 가해도 액화(液化)하여 물을 만들 수 없다. 이것을 임계온도 · 임계압력이라고 한다.

7-3 농도표시법

1. 몰 분율(mole fraction)

용액의 모든 성분의 전체 몰 수로 특정 성분의 몰 수를 나눈 값을 몰 분율이라고 한다. 가령, 용액의 성분이 1, 2라면 성분 1의 몰 분율은 n_1 / n_1 + n_2, 성분 2의 몰 분율은 n_2 / n_1 + n_2이다. 여기서 n_1, n_2는 성분 1, 2의 몰 수이다.

성분의 수가 임의의 수(i)일 때 성분 1, 2의 몰 분율은 다음과 같이 표기한다.

$$X_1 = \frac{n_1}{n_1 + n_2 + \cdots\cdots n_i}$$

$$X_2 = \frac{n_2}{n_1 + n_2 + \cdots\cdots n_i}$$

따라서, 몰 분율 X의 합은 언제나 1이다.

2. 퍼센트 농도

(1) 질량 백분율 용액

일정한 질량의 용액 속에 녹아있는 용질의 백분율로 나타내는 용액의 농도표시법이다.

$$\text{질량 백분율} = \frac{\text{용질의 g}}{\text{용액의 g}} \times 100$$

(2) 질량/부피 백분율

농도표시법은 용액 100mL당 들어있는 용질의 그램으로 나타낸다.

$$\text{질량/부피 백분율} = \frac{\text{용질의 g}}{\text{용액의 mL}} \times 100$$

(3) 부피 백분율

부피 백분율은 용액 100mL속에 들어있는 한 액체의 부피이다.

$$\text{부피 백분율} = \frac{\text{해당하는 액체의 부피}}{\text{용액의 전체 부피}} \times 100$$

[예제 7-1] 소금 10g이 물 100g에 녹아 있는 용액의 % 농도는?

[정답] 9.09%

물 100g에 NaOH 30 g이 녹아 있는 용액의 % 농도는?

[정답] 23.08%

3. 몰 농도(molarity ; M, mol/L)

용액 1L속에 있는 용질의 몰 수(g 분자량 수)를 가리킨다.

$$\text{M농도} = \frac{\text{용질의 mol 수}}{\text{용액의 L수}}$$

온도가 변하여도 용질의 몰 수는 변하지 않지만, 용액의 부피가 변하기 때문에 온도에 따라 몰 농도가 달라진다.

[예제 7-2] (1) NaOH 4g을 물에 녹여 400mL의 수용액을 만들었다. 이 용액은 몇 몰 농도인가? [정답] 0.25M,
(2) 0.1M의 황산 용액 500mL 속에는 황산이 몇 g 녹아 있는가?
[정답] 4.9g

[예제 7-3] 0.5M NaCl (Na_{23}, $Cl_{35.5}$) 1,000mL를 조제하시오.

풀이 • NaCl 채취량 $= \dfrac{0.5 \times 58.5 \times 1}{1L} = 29.25g$

• 용질의 채취량$= \dfrac{\text{M농도} \times \text{용질의 mol 질량} \times \text{용액의 소요량}}{1L}$

즉, 29.25g의 NaCl을 1,000mL의 mess flask에 넣고 물 (DW)을 넣어 전체량을 1,000mL로 한다.

[예제 7-4] 0.2mol의 ethylene glycol을 물에 녹여 만든 2.0L에틸렌글리콜 용액의 몰 농도는?

풀이 $\dfrac{0.2M}{2} = 0.1M$

[예제 7-5] 물 100g과 에탄올(C_2H_5OH) 10g으로 된 용액의 몰 농도를 구하시오(총 부피는 110mL이다).

풀이 • 에탄올의 분자량 $= (12 \times 2 + 1 \times 5 + 16 + 1) = 46g/mole$

$$10gC_2H_5OH \times \frac{1mol\ C_2H_5OH}{46g\ C_2H_5OH} = 0.217mol\ C_2H_5OH$$

• 부피 $= 110mL \times \dfrac{1L}{1000mL} = 0.11L$

• 에탄올의 몰 농도 $= \dfrac{\text{에탄올의 몰 농도}}{\text{용액 1L}}$

$$= \frac{0.217mol}{0.11L}$$

$$= 1.976\ M$$

4. 혼합용액의 농도 변화

용액에 용매를 더 가하는 경우(희석)나 농도가 다른 두 용액을 섞게 되면 (혼합) 농도가 바뀌게 되는데 중요한 것은 어떤 경우든 용질의 전체 몰 수는 변하지 않고 농도와 부피만 변한다.

[예제 7-6] 0.1M NaCl 용액 500mL와 0.2M NaCl 용액 500mL를 혼합한 용액의 몰 농도를 구하여라. [정답] 0.15M

5. 몰랄 농도(molality ; m, mol/kg)

용매 1,000g(1kg) 중에 있는 용질의 몰 수이다.

$$m = \frac{\text{용질의 mol수}}{\text{용매 kg수}}, \quad \text{몰랄 농도} = \frac{\text{용질의 mol수}}{\text{용매 kg수}}$$

[예제 7-7] NaOH 20g이 물 100g에 녹아 있는 용액의 몰랄 농도는?
[정답] 5m

[예제 7-8] 물 2.0×10^3g에 용해된 에칠렌글리콜 0.2mole의 몰랄 농도는?

풀이 $\frac{0.2\text{mole}}{2\text{kg}} = 0.1\text{m}$

[예제 7-9] 위의 [예제 7-5]에서의 몰랄 농도를 구하시오.

풀이 $\text{에탄올의 몰 분율} = \frac{\text{에탄올의 몰 수}}{\text{물의 1kg}} = \frac{0.217\text{mol}}{0.1\text{kg}}$
$= 2.17\text{mol/kg}$

6. 표준용액

몰 농도를 정확하게 알고 있는 용액을 말하며 표준용액을 이용하여 농도를 모르는 용액의 농도를 구할 수 있다.

0.1M − NaOH 표준용액 만들기

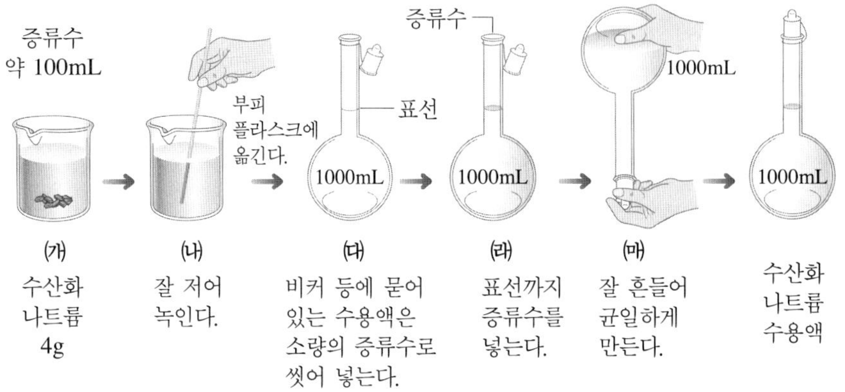

그림 7-6 0.1M-NaOH 표준용액 만들기

7. 역가(力價, factor ; F)

적정에 쓰이는 표준액의 강도를 '역가'라고 한다. 표준액 1mL와 당량의 피적정물질(또는 피적정물질과 관련이 있는 다른 물질)의 양을 써서 나타낸다.

$$F = \frac{\text{표준농도}}{\text{기준농도}}$$

[예제 7-10] oxalic acid 63.1754g을 질량 1L에 용해했을 때의 F는?
$(COOH)_2 \cdot 2H_2O$

풀이 $F = \frac{63.1754}{63.0333} = 1.002$

8. 농도환산

(1) %농도 → 몰 농도로 환산

$$\text{몰 농도(M)} = \frac{\text{용질의 몰 수(mol)}}{\text{용액의 부피(L)}}$$

용질의 몰 수 = 몰 농도 × 용액의 부피

∗ a% → 몰 농도(M) {d(g/ml), M_w}

① 용액1000mL가 있다고 생각
② 용액의 질량 : 1000dg
③ 용질의 질량 : 1000dg × a/100 = 10adg
∴ 몰 농도 = 10adg ÷ M_w/L = 10adg/M_w

[예제 7-11] 농도가 35%인 HCl 의 몰 농도를 구하시오.
(단, 염산의 분자량은 36.5이고, 밀도는 1.25g/mL)
몰 농도(M) = 10adg/M_w = 10 × 35 × 1.25/36.5 ≒ 12M

(2) %농도 → 몰랄 농도로 환산

* a% → 몰랄 농도(m) {M_w}

몰랄 농도(m) = 용질의 몰 수(mol)/용매의 질량(kg)

① 용액 1000g가 있다고 생각
② 용질의 질량 : 1000g × a/100 = 10ag
③ 용매의 질량 : 1000g − 10ag = (1000 − 10a)g
∴ 몰랄농도 = 10ag ÷ M_w /1000-10a ÷ 1000 = 1000a/(100 − a) M_w

[예제 7-12] 농도가 20%인 NaOH 수용액의 몰랄 농도를 구하시오.
(단, 수산화 나트륨의 분자량은 40)
몰랄 농도(m) = 1000a/(100-a) M_w =
1000 × 20/(100 − 20) × 40 = 6.25m

(3) 몰 농도 → 몰랄 농도로 환산

* b몰 농도 → 몰랄 농도(m) {d(g/mL), M_w}

몰랄 농도(m) = 용질의 몰 수(mol)/ 용매의 질량(kg)

① 용액 1000mL가 있다고 생각!
② 용액의 질량 : 1000dg
③ 용질의 질량 : b×M_w g
④ 용매의 질량 : (1000d − b × M_w) g
∴ 몰랄 농도 = b×M_w ÷ M_w / (1000d−b×M_w) g÷1000
= 1000b/1000d−b×M_w

[예제 7-13] 3M−NaOH 수용액의 몰랄 농도를 구하시오.(d=1.2g/mL)

$m = 1000 \times 3/1000 \times 1.2 - 3 \times 40 = 2.8m$

9. 노르말 농도(normality, normal concentration ; N)

용액 1L속에 들어 있는 용질의 g(그램)당량수로서 '규정 농도' 이며, 정량 분석에 이용된다.

[예제 7-14] 2N−oxalic acid 용액 500mL를 조제하시오.

풀이 $(COOH)_2 - 2H_2O(M_w = 126.07)$, 2mole 결정수이므로,

$$1g당량 = \frac{126.07}{2} = 63.04g(63.0333g)$$

$$(COOH)_2 - 2H_2O \text{ 채취량} = \frac{2 \times 63.04 \times 500}{1000} = 63.04g$$

즉, 63.04g oxalic acid를 DW에 녹여 전량을 500mL mess up

[예제 7-15] 1N − HCl 제조법(HCl, μω = 36.461, 비중 1.194, 38%)

풀이 $$\text{염산의 채취량} = \frac{\text{당량} \times 100}{\text{비중} \times \%} = 80.36mL$$

즉, 염산(38%, 비중 1.194) 80.36mL에 증류수 (DW)를 넣어 전량을 1L로 한다.

10. 당량(equivalent weight)

양성자(H^+ 이온) 1몰을 공급하거나 공급받는 산 혹은 염기의 질량을 당량이라고 부른다.

[예제 7-16] 황산 1몰은 2몰의 양성자를 공급하므로 분자량을 2로 나눈 값이 당량이다.

풀이 $$\frac{H_2SO_4}{2} = 49(1M = 2N)$$

[예제 7-17] 3몰의 물과 5몰의 에탄올(C_2H_5OH)로 된 용액의 몰 분율은 얼마인가?

풀이 물의 몰 분율 $= \dfrac{\text{3몰의 물}}{\text{3몰의 물 + 5몰의 에탄올}} = \dfrac{3}{3+5} = \dfrac{3}{8}$

에탄올의 몰 분율 $= \dfrac{\text{5몰의 에탄올}}{\text{3몰의 물 + 5몰의 에탄올}} = \dfrac{3}{3+5} = \dfrac{5}{8}$

표 7-3 산과 염기의 몰 농도와 노르말 농도

산과 염기	분 자 량	당 량	몰 농도와 노르말 농도의 관계
HCl	36.5	36.5	1M = 1N
H_2SO_4	98	$\frac{98}{2} = 49$	1M = 2N
H_3PO_4	98	$\frac{98}{3} = 32.6$	1M = 3N
NaOH	40	40	1M = 1N
$Ca(OH)_2$	74	$\frac{74}{2} = 37$	1M = 2N

11. 농도의 변경

① 다른 농도의 시약 용액에서 소요 농도의 시약의 농도를 만드는 경우

37% 용액과 10% 용액의 두 시액용액을 혼합하여 25% 용액을 만드는 과정을 나타낸 그림이다. 37% 용액 15vol과 10% 용액 12vol을 혼합하면, 25% 용액, 27vol의 용액이 된다.

37 ------------- 25 − 10 = 15 $\quad \dfrac{15}{27}$ ×만들려는 mL

25

10 ------------- 37 − 25 = 12 $\quad \dfrac{12}{27}$ ×만들려는 mL

② 증류수로 희석해서 소요농도의 시약 용액을 만드는 경우

37% 용액과 증류수(0%)로 용액을 만드는 경우 37% 용액 25vol을 증류수 12vol와 혼합하면 25% 용액, 27vol의 용액이 된다.

37 ------------- 25 − 0 = 25 $\quad \dfrac{25}{37}$ ×만들려는 mL

25

0 ------------- 37 − 25 = 12 $\quad \dfrac{12}{37}$ ×만들려는 mL

7-4 용해도에 영향을 미치는 인자들

1. 구조효과(structure effect)

① 용질과 용매가 비슷한 성질일 때에 용해도가 증가한다.
② 비극성(지용성) 분자 물질은 지방 같은 비극성 용매에 잘 녹는다.
③ 극성(수용성) 분자 물질은 물과 같은 극성 용매에 잘 녹는다.
④ 비극성 물질을 소수성(hydrophobic)이라고 한다.
⑤ 극성 물질을 친수성(hydrophilic)이라고 한다.

2. 압력의 효과

압력은 액체용매에 녹는 액체나 고체의 용해도에 거의 영향을 미치지 않는다. 또 기체 용해도는 압력이 높으면 언제나 높아진다.

T가 낮고 P가 높으면 ⟶ gas / liquid가 높다 ⟶ 맥주

평형상태인 용액(L)에 압력을 가하면 압력이 줄어드는 방향으로 평형위치가 이동하는 것을 'Le Chateler의 원리' 라고 한다.

7-5 용해 에너지

용해란 두 가지 이상의 물질이 섞여서 균일하게 되는 것이며, 용매가 팽창된 사이 사이로 용질이 끼어들어가는 현상을 말한다.

극성 분자는 극성 용매에 잘 녹으며, 비극성 분자는 비극성 용매에 잘 녹는다. 즉, 극성 용매인 물은 극성 분자나 이온 결합물질에 잘 녹으며, 비극성 용매인 석유 등은 비극성 분자나 공유결합물질에 잘 녹는다. 또한 소금은 물에 잘 녹으나 벤젠이나 석유에는 녹지 않으며, 고무나 플라스틱 같은 유기물질은 벤젠이나 톨루엔 등에 잘 녹는다.

용해과정에서는 에너지 흡수와 방출이 일어난다. 젖은 물수건을 공기 중에서 털면 물수건이 차가워진다. 이것을 물의 증발열이라고 하는데, 공기 중으로 물방울이 나가면서 열도 함께 갖고 가기 때문이다.

또한 아이오딘화 칼륨과 물을 섞으면 용액이 차가워지며, 염화 리튬을 물과 섞으면 용액이 뜨거워진다. 이것을 용해열(용해 엔탈피 ; $\Delta H_{용액}$)이라고 한다.

용액을 만드는 데 필요한 에너지 $\Delta H_{용액}$은 각 단계의 엔탈피의 합으로 볼 수 있다.

$$\Delta H_{용액} = \Delta H_1 + \Delta H_2 + \Delta H_3$$

엔탈피 $\Delta H_{용액}$이 양의 값을 가지면 흡열반응이며, 음의 값을 가지면 발열반응이다. 용해를 잘 시키려면 압력을 증가시키고 온도를 높여주면 되는데 이것은 용해도에서 자세히 다루게 될 것이다.

용해의 과정은 그림 7-7과 같이 볼 수 있다.

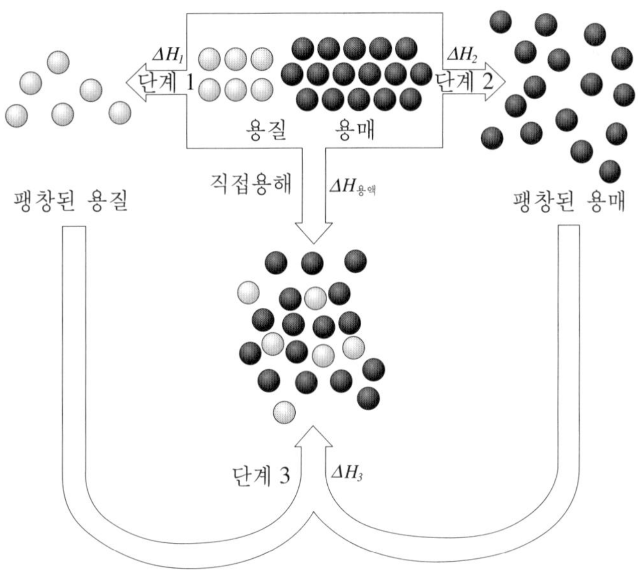

단계 1 : 용질의 팽창 (ΔH_1)
단계 2 : 용매의 팽창 (ΔH_2)
단계 3 : 용질과 용매의 접촉 (ΔH_3)

그림 7-7 용액의 생성과정

7-6 용해도(Solubility)

1. 용액과 용해도

(1) 용해와 용액

용해란 두 종류 이상의 순물질이 균일하게 섞이는 현상을 말한다.

용액이란 두 종류 이상의 순물질이 균일하게 섞여 있는 혼합물을 말한다.

$$\underset{(\text{설탕})}{\text{용질}} + \underset{(\text{물})}{\text{용매}} \underset{\text{석출}}{\overset{\text{용해}}{\rightleftarrows}} \underset{(\text{설탕물})}{\text{용액}}$$

용액의 종류에는 기체용액과 액체용액, 그리고 고체용액이 있다.

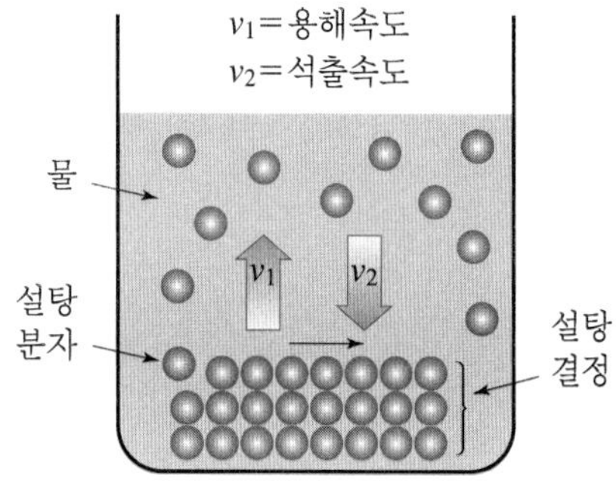

그림 7-8 설탕의 용해

① 기체용액 : 반응성이 없는 기체나 증기들이 일정 비율로 균일하게 섞여 있는 것
공기-질소 78% + 산소 21% + 아르곤 0.9% 등

② 액체용액 : 기체, 액체 또는 고체를 액체에 용해시켜 만든다.
바닷물, 식초, 가솔린

③ 고체용액 : 여러 가지 합금 등
예) 황동(구리 + 아연), 강철(철 + 탄소)

(2) 용매와 용질

① 용매(solvent) : 용액에서 녹이는 물질.
예) 물

② 용질(solute) : 녹는 물질.
예) 설탕, 소금

③ 기체용액과 고체용액 : 많은 양의 물질이 용매, 적은 양의 물질이 용질

2. 용액의 평형

① 포화용액(saturated solution) : 어떤 온도에서 일정량의 용매에 용질

이 최대한으로 녹아 있어 더 이상 녹지않는 용액

용해속도 = 석출속도

② 불포화 용액(unsaturated solution) : 용질이 더 녹을 수 있는 용액

용해속도 > 석출속도

③ 과포화 용액(super saturated solution) : 용매가 녹을 수 있는 한도 이상으로 용질이 녹아 있어 포화용액보다 더 많이 용질이 녹아 있는 용액

용해속도 < 석출속도

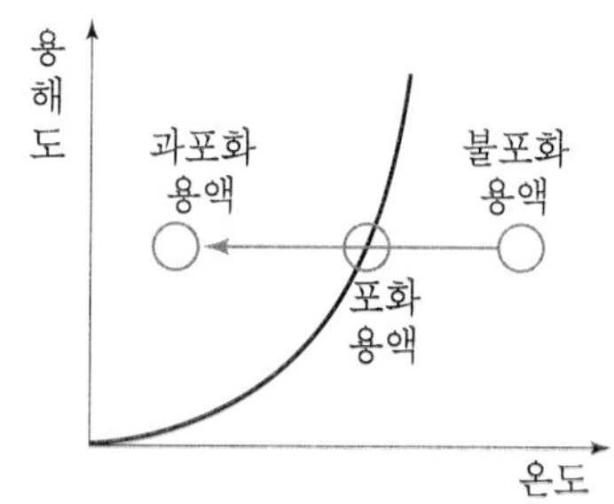

그림 7-9 용해도 곡선과 용액의 종류

3. 용해의 원리

(1) 기체용액

분자 간의 인력이 극히 작아 혼합과정에서 에너지 변화는 거의 없고 무질서도가 증가함으로써 완전히 섞여서 균일한 용액이 된다.

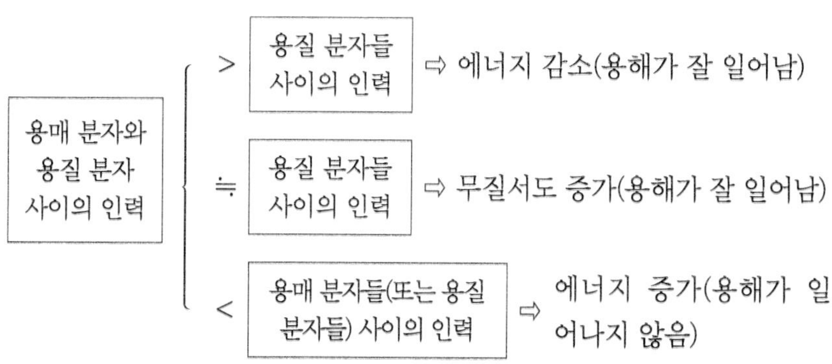

그림 7-10 용해과정

(2) 액체용액

용해는 용질과 용매 입자 사이의 인력 차이로 일어난다.

① 용매-용질 사이의 인력≥용질-용질, 용매-용매 사이의 인력
→ 용해가 잘 일어난다.

② 용매-용질 사이의 인력<용질-용질, 용매-용매 사이의 인력
→ 용해가 잘 일어나지 않는다.

(3) 용매화(solvation)와 수화(Hydration)

용질 분자가 용매 분자에 의해 둘러싸여 강하게 붙어 있는 상태를 용매화(溶媒和)라고 하며, 용매가 물인 경우를 수화(水和)라고 한다.

① 염화 나트륨의 수화 : 염화 나트륨의 결정을 물에 넣으면, 물 분자에서 부분적으로 (−)전하를 띠는 산소 원자 쪽이 나트륨 이온(Na^+)을 끌어당겨 떼어내고, 물 분자에서 부분적으로 (+)전하를 띠는 수소 원자 쪽이 염화 이온(Cl^-)을 끌어당겨 떼어낸 후, 각 이온 주위를 둘러싸므로 수화가 일어난다.

② 설탕의 수화 : 설탕 분자 사이의 인력을 끊을 만큼 강한 인력이 물 분자와 설탕 분자 사이에 작용하여 설탕 분자가 물 분자에 둘러싸여 수화가 일어난다.

4. 물질 사이의 용해성

(1) 극성 물질(polar substance)

극성 용매에 잘 녹고, 무극성 물질은 무극성 용매에 잘 녹는다.

① 극성 용매(polar solvent) : 유극성 용매라고도 한다. 물 · 알코올 · 액체 암모니아 등이다. 유전율은 무극성 용액에 비하여 일반적으로 훨씬 크고, 용질의 음 · 양전하 간의 쿨롱 인력은 작다. 용질과의 상호작용이 강하고 용매화 에너지는 크기 때문에 용질화되기 쉽다.
극성 용매는 극성 용질을 쉽게 녹인다. 용질의 흡수 스펙트럼은 무극성 용매에서는 기체상의 그것에 가깝지만, 극성 용매 중에서는 흡수 극대(吸收極大)의 위치 등에 영향을 준다.
예 물, 에탄올, 아세트산, 클로로포름 등
- **극성 물질** : 한 분자 내에서 부분적으로 (+)전하와 (−)전하를 띠는 물질

② **무극성 용매** : 무극성 용질이 무극성 용매에 녹기 쉬운 경향이 있다.
   예 사염화 탄소, 벤젠, 헥산 등

- **무극성 물질** : 한 분자 내에 전하가 고르게 분포되어 있어 부분적으로 전하를 띠지 않는 물질. 예 염소, 요오드, 나프탈렌 등

(2) 이온성 물질

극성 용매인 물에 잘 녹고, 무극성 용매에는 녹지 않는다.
   예 염화 나트륨, 황산구리

5. 용해도(solubility)

어떤 온도에서 용매 100g에 최대로 녹을 수 있는 용질의 g수

(1) 고체의 용해도

① 용해도는 용매와 용질의 종류에 따라 달라진다.
② 고체의 용해도는 용매와 용질의 종류에 따라 달라진다(단, 압력의 영향은 거의 받지 않는다).
③ 용해 과정이 흡열인 경우, 가열하면 용해도가 증가한다.
   예 KNO_3, $NaNO_3$, 설탕 등

④ 용해 과정이 발열인 경우. 가열하면 용해도가 감소한다.
   예 $Ce_2(SO_4)_3$, $Ca(OH)_2$, NaCl 등

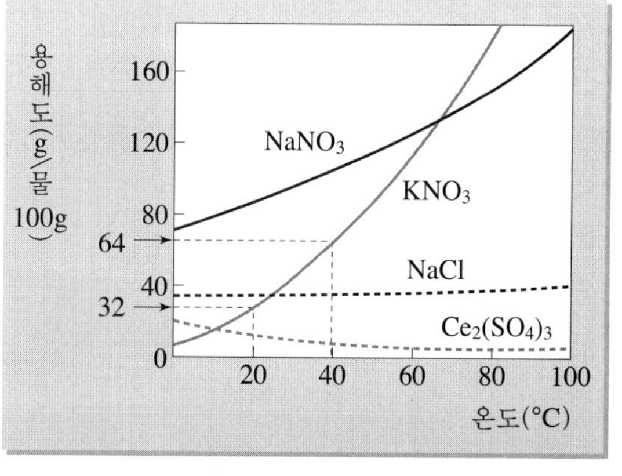

그림 7-10 용해도 곡선

(2) 용해도 곡선 : 물질의 용해도와 온도의 관계를 나타낸 그래프

① 용해도 곡선상의 모든 점은 포화상태이다.

② 각 온도에서의 용해도를 알 수 있다.

③ 포화용액을 식힐 때 석출되는 용질의 양을 알 수 있다.

(3) 포화 용액을 냉각시켰을 때 석출되는 용질의 질량 구하기

t_2°C에서의 포화 용액 w g을 t_1°C로 냉각시켰을 때의 석출량 계산

기준 포화용액의 질량 : 석출량 = 주어진 용액의 질량 : X

$$(100 + m_2)g : (m_2 - m_1)g = w\ g : X$$

$$\therefore X(\text{석출량}) = \frac{w(m_2 - m_1)g}{(100 + m_2)g}$$

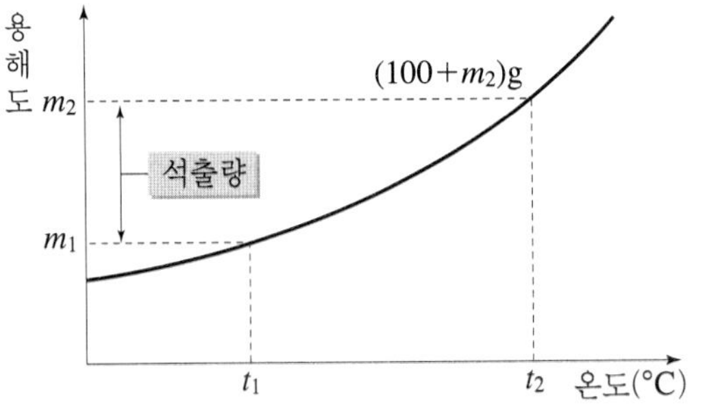

그림 7-11 용해도 곡선

[예제 7-18] 60°C의 질산나트륨 포화 수용액 120g을 20°C로 냉각시켰을 때 석출되는 용질의 질량은? (단, 질산나트륨의 용해도는 20°C에서 88이고, 60°C에서 124이다.)

풀이 $(100 + 124)g : (124 - 88)g = 120g : X \quad \therefore x = 13.33g$

6. 재결정

온도에 따른 용해도 차이가 큰 물질에 불순물이 섞여 있을 때, 고온에서 포화 용액으로 만든 후 냉각시켜 순수한 결정을 얻어내는 방법

7-7 기체의 용해도

1. 기체의 용해도

기체의 용해도는 기체의 종류에 따라 다르고, 온도와 압력에 따라서도 달라진다.

(1) 기체의 종류

① 물에 잘 녹는 기체 : 암모니아(NH_3)나 염화 수소(HCl) 등과 같이 극성을 띠는 기체는 대부분 물에 잘 녹는다.
② 물에 잘 녹지않는 기체 : 수소(H_2), 산소(O_2), 질소(N_2), 이산화 탄소(CO_2) 등과 같이 극성을 띠지 않는 기체는 물에 잘 녹지 않는다.

(2) 온도의 영향 : 온도가 높아질수록 용액 속의 기체 분자가 가지는 운동에너지가 커져서 용매 분자의 인력을 이기고 공기 중으로 달아나게 되므로 기체의 용해도는 감소한다. 기체 용해는 항상 발열반응이다.

표 7-4 몇 가지 기체 물질의 용해도(g/물 100g, 1기압)

용질 \ 온도	0°C	20°C	40°C	60°C	80°C
암모니아	89.9	53.3	30.2	–	–
염화수소	82.3	72.1	63.3	56.1	–
이산화 탄소	0.348	0.173	0.097	0.058	–
질소	0.0023	0.0018	0.0014	0.00125	0.001125
수소	0.0002	0.00016	0.00014	0.00014	0.00014

(3) 압력의 영향 : 압력이 증가할수록 기체의 용해도는 증가한다.

(4) 헨리의 법칙(Henry's law)

① 일정한 온도에서 일정 부피의 액체 용매에 녹는 기체의 질량(몰 수), 즉 용해도는 용매와 평형을 이루고 있는 그 기체의 압력에 비례한다는 법칙이다.

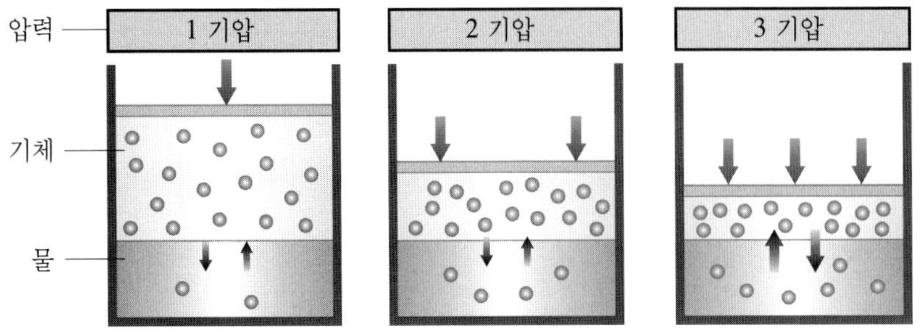

그림 7-12 압력과 기체의 부피

② 용해되는 기체의 부피는 압력에 관계없이 일정하다.

③ 용매가 물인 경우, 헨리의 법칙이 잘 적용되는 기체와 그렇지 않은 기체

- 잘 적용되는 기체 : 물에 잘 녹지 않는 기체 ⓔ H_2, O_2, He, N_2
- 잘 적용되는 않는 기체 : 물에 잘 녹는 기체 ⓔ NH_3, HCl, SO_2

(5) 실생활 속에서 기체의 용해도와 관련된 현상의 예

① 사이다 병의 마개를 열면 거품이 발생한다. 차가울수록 거품이 적게 생긴다.

② 더운 여름날, 물고기들이 호흡을 하기 위하여 수면 위로 떠오른다.

③ 깊은 바다 속에서 작업하던 잠수부가 일반적인 공기(질소 : 산소 = 4 : 1)를 흡입하면 높은 압력 때문에 많은 질소가 혈액에 녹는다. 이 상태에서 급격히 수면 위로 나오는 경우에 압력의 감소로 질소의 용해도가 감소하여 질소 기포가 생성되고 이로 인하여 호흡계, 림프계, 근골격계 등에 통증이 유발되는 것이 잠수병이다.

따라서 잠수병을 막기 위해 잠수 호흡용 고압기체 통에는 질소보다 혈액에 대한 용해도가 매우 작은 헬륨 등을 산소와 혼합하여 사용한다. 또한 심해에서 급격히 수면 위로 올라오지 않고, 천천히 평형을 유지하면서 올라와도 잠수병을 예방할 수 있다.

④ 하천의 용존산소(DO)는 일반적으로 여름보다 겨울이 크다.

⑤ 바닷물에 녹아 있는 CO_2는 지구 기온이 상승하면 대기 중에 더 많이 방출된다.

7-8 용액의 성질

용액의 증기압력 내림은 용액의 증기압력이 순수한 용매의 증기압력보다 낮아지는 현상을 말하는데, 같은 부피의 순수한 물과 설탕 용액을 그림과 같이 연결하면 물이 설탕물보다 먼저 증발한다. 이는 설탕 용액의 증기압력이 순수한 물의 증기압력보다 낮기 때문이다.

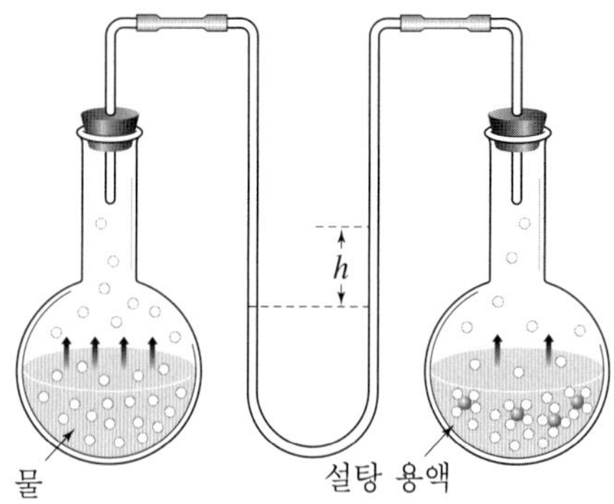

그림 7-13 물과 설탕 용액의 증기압력

(1) 용액의 증기압력

비휘발성과 비전해질 용질이 녹은 용액의 증기압력은 순수한 용매의 증기압력보다 낮아지는데, 이는 용액 표면의 용매 분자 수가 적기 때문이다.

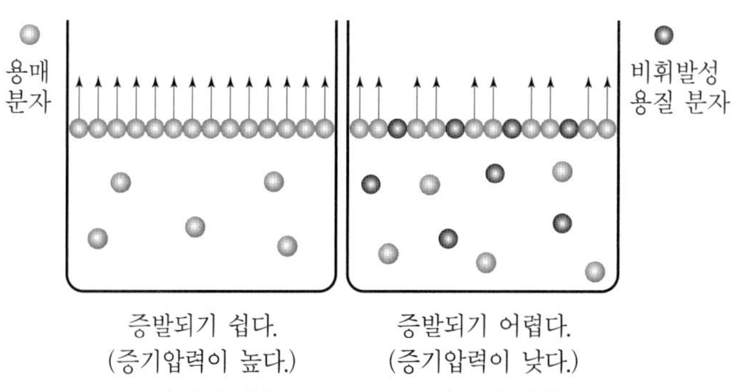

그림 7-14 용매와 용액의 증기압력 비교

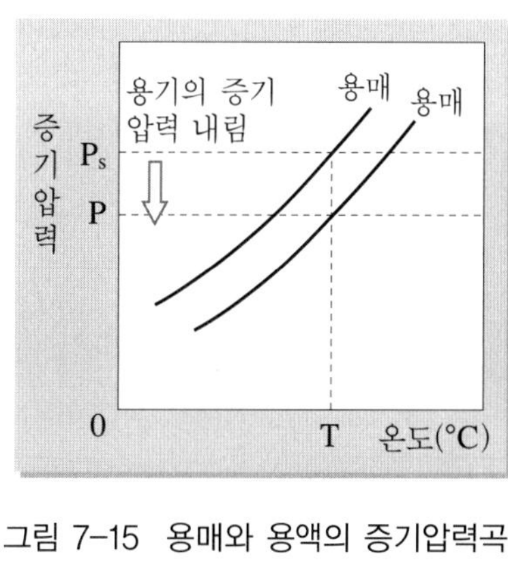

그림 7-15 용매와 용액의 증기압력곡선

(2) 비휘발성 용질이 녹아 있는 용질에서 증발이 잘 일어나지 않는 이유

① 용질 입자가 용액 표면의 일부를 차지하므로 증발할 수 있는 용매 입자의 수가 감소한다.

② 용매 입자와 용질 입자 사이에 인력이 작용하므로 용매 입자가 증발하기 어렵다.

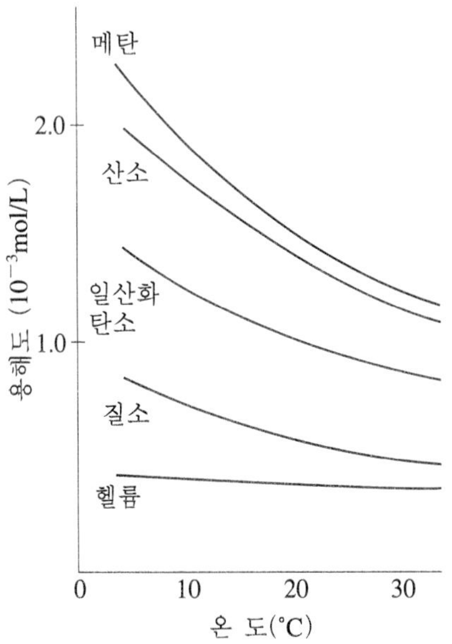

그림 7-16
온도에 따른
기체의 용해도

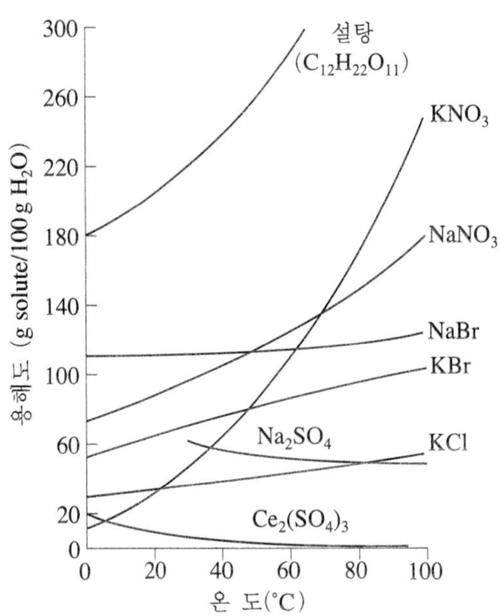

그림 7-17
온도에 따른
고체의 용해도

7-9 용액의 증기압

알코올이나 물, 에테르 같은 액체는 온도가 상승하면 액체 표면에서 기체로 되는데 이 기체의 압력을 증기압이라고 한다. 증기압이 대기압이 되면 그 물질은 끓는다. 용액이 휘발성 물질이면 용매의 증기압보다 높고, 비휘발성이면 용매의 증기압보다 낮다.

증기압력은 라울의 법칙(Raoult's law)에 의해서 결정되는데, 이것은 일정한 온도에서의 용매의 몰 분율에 순수용매의 증기압력을 곱한 것으로 표시한다. 즉, 이것의 의미는 비휘발성 용액의 증기압력은 순수용매의 증기압보다 작다는 것이다.

이것을 그림 7-18에 나타냈다.

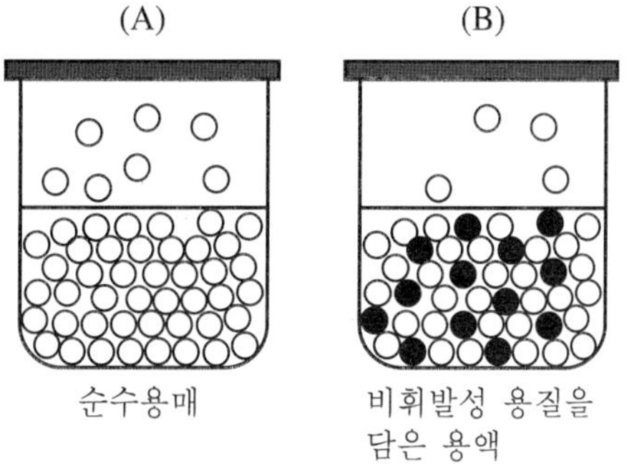

그림 7-18 순수용매(A)와 비휘발성 용질(B)을 담은 용액

(1) 라울의 법칙

$$P_{용액} = X_{용매}P^{\circ}_{용매} \text{ (라울의 법칙)}$$

여기서 $P_{용액}$은 용액의 증기압이고, $X_{용매}$란 용매의 몰 분율이며, $P^{\circ}_{용매}$는 순수용매의 증기압이다.

라울의 법칙은 $y = ax + b$ 형태의 직선방정식이다.

여기서 $y = P_{용매}$, $x = X_{용매}$, $a = P^{\circ}_{용매}$, $b = 0$이다.

이것을 $P_{용액}$에 대한 $X_{용매}$의 변화를 나타내면 그림 7-19와 같은 $P^{\circ}_{용매}$ 의 기울기를 갖는 직선을 얻는다.

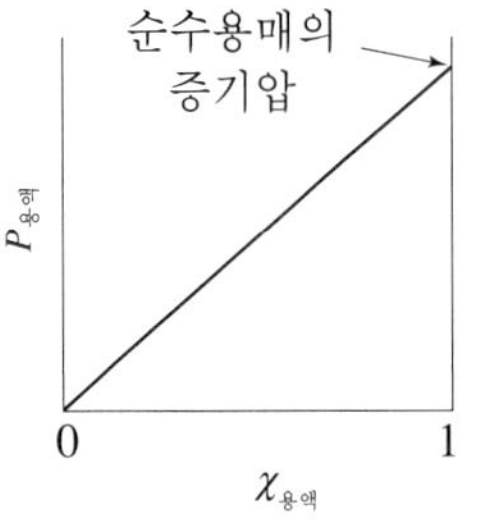

그림 7-19 라울의 법칙에 따른 용액

비휘발성이고 비전해질인 용질이 녹아 있는 용액의 증기압 내림은 용질의 몰 분율에 비례한다.

예를 들면, 휘발성인 에탄올을 물에 녹인 용액의 증기압은 물의 증기압보다 높다. 에탄올은 물보다 끓는점이 낮아 쉽게 증발하기 때문에 물이 증발하는 것을 방해하지 않고 그보다 더 빨리 기화하기 때문이다. 그러나 비휘발성인 설탕을 물에 녹인 용액은 설탕 분자가 물이 증발하는 것을 부분적으로 방해하기 때문에 설탕물의 증기압은 물보다 더 낮아진다. 이런 현상을 '라울의 법칙' 이라고 한다.

[예제 7-19] 25°C에서 설탕(자당 분자량 = 342.3) 158.0g이 녹아 있는 수용액이 643.5cm³ 있다. 25°C일 때 물의 밀도는 0.9971g/cm³이다. 물의 증기압이 23.76mmHg일 때 용액의 증기압은 얼마인가?

풀이 라울의 법칙을 이용한다.

$$P_{용액} = X_{H_2O}\, P^{\circ}_{H_2O}$$

용액 안의 물의 몰 분율을 계산하려면 우선 설탕의 몰 수를 알아야 한다.

$$\text{설탕의 mol} = 158.0\text{g 설탕} \times \frac{1\text{mol 설탕}}{342.3\text{g 설탕}}$$

$$= 0.461\text{mol 설탕}$$

물의 몰 수를 계산하기 위해서 밀도를 사용하여 부피를 질량으로 환산한다.

$$643.5\text{cm}^3\ H_2O \times \frac{0.9971\text{g}\ H_2O}{1\text{cm}^3\ H_2O} = 641.6\text{g}\ H_2O$$

물의 몰 수는

$$643.5cm^3\ H_2O \times \frac{0.9971g\ H_2O}{1cm^3\ H_2O} = 35.6\ mol\ H_2O$$

용액에서 물의 몰 분율은

$$X_{H_2O} = \frac{mol\ H_2O}{mol\ H_2O + mol\ 설탕} = \frac{35.63mol}{35.63mol + 0.461mol}$$

$$= \frac{35.63mol}{36.09mol} = 0.9872$$

$$P_{용액} = X_{H_2O}\,P^{\circ}{}_{H_2O} = (0.9872)(23.46mmHg) = 23.46mmHg$$

7-10 비이상 용액

이상 용액이란 라울의 법칙에 잘 따르는 용액을 말한다. 이상 용액이 되려면 용매입자와 용질입자의 인력이 용매분자 상호간 및 용질입자 상호간의 인력 크기와 같다는 것을 의미한다. 이상 용액에 가까운 용액으로는 벤젠과 톨루엔 등이 있다.

비이상 용액은 실제로 용질과 용매분자 사이에 작용하는 인력의 상대적 세기 때문에 생긴다. 용질과 용매 사이의 인력이 용질분자 사이 또는 용매와 용매 사이에 작용하는 인력보다 작은 경우에 순수하게 용질 또는 용매만 있는 경우보다 용액은 잘 빠져나가게 된다.

다시 말해서 용액의 부분압이 라울의 법칙으로 나온 값보다 커지게 된다. 하지만 용매와 용질 사이의 인력이 용매와 용매 사이의 인력보다 크면 라울의 법칙으로 계산한 값보다 작아진다. 이는 그림 7-20에 나타나 있다.

A는 라울의 법칙에 적용되는 이상 용액을 말하며, B는 라울의 법칙에 의한 값보다 커진 양의 편차의 경우이며, C는 음의 편차인 경우이다.

A의 경우에 해당하려면 용질을 A, 용매를 B라고 할 때 각각의 A ⟷ A, B ⟷ B의 상호인력과 A ⟷ B의 인력이 똑같은 경우의 용액으로 섞었을 경우에 에너지 변화가 없어야 한다. 즉, 엔탈피(ΔH)가 0이어야 한다.

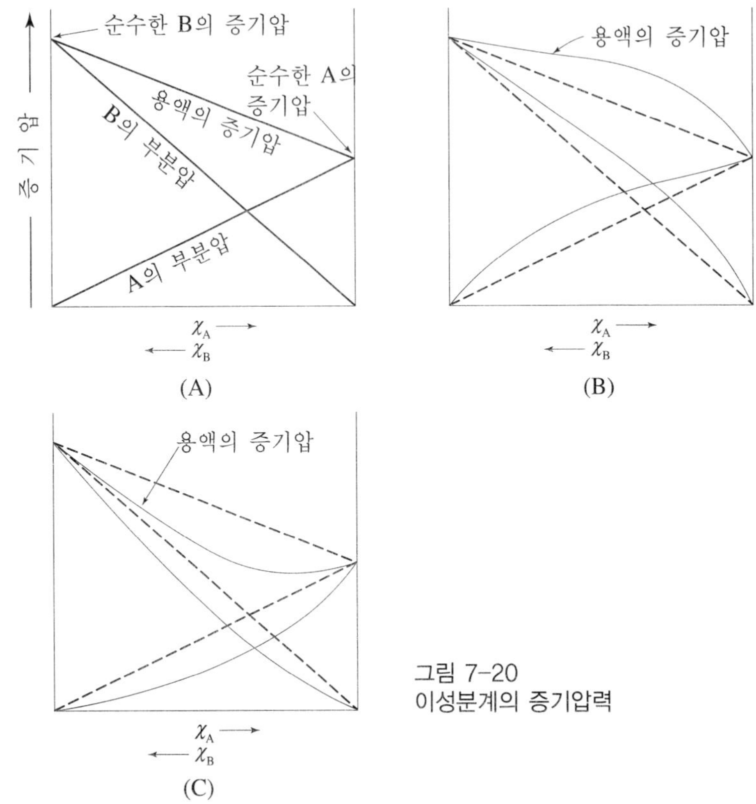

그림 7-20
이성분계의 증기압력

(B)의 경우는 ΔH가 음의 값이며, (C)의 경우는 ΔH가 양의 값이다. 이것들은 표 7-5에 정리되어 있다.

표 7-5 용액의 여러 형태

용질(A)과 용매(B) 입자 간의 상호인력	ΔH용액	라울의 법칙과 편차	적용되는 물질
A ↔ A, B ↔ B ≡ A ↔ B	0	0	벤젠, 톨루엔
A ↔ A, B ↔ B < A ↔ B	− (발열반응)	−	아세톤, 물
A ↔ A, B ↔ B > A ↔ B	+ (흡열반응)	+	에탄올, 헥산

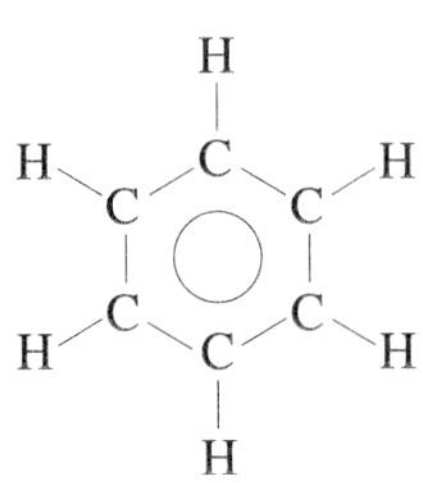

벤 젠

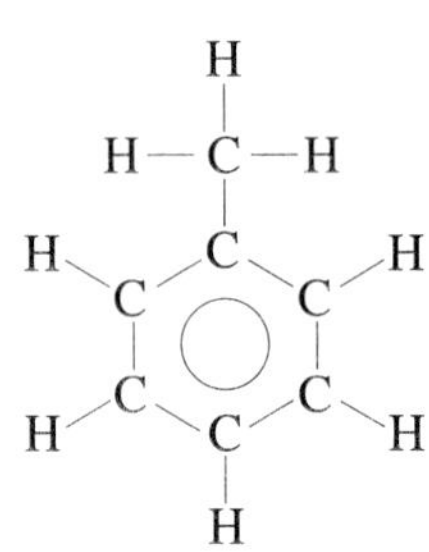

톨루엔

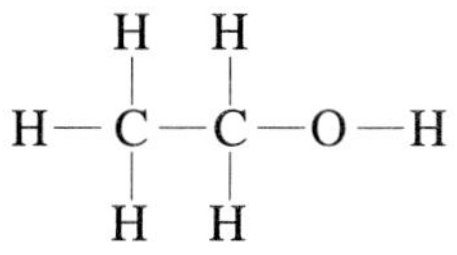

에탄올

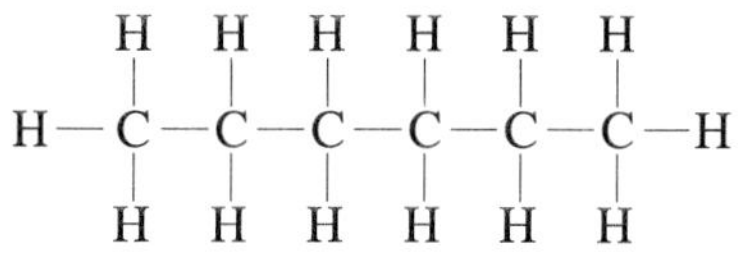

n-hexane

H—O—H

물

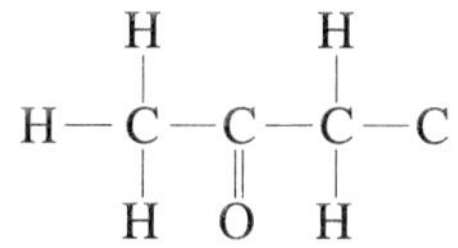

아세톤

(1) 이상 용액(理想溶液)

모든 농도에서 라울의 법칙을 만족시키는 가상적인 용액을 말하며, 실제 용액은 농도가 묽을수록 이상 용액에 가깝게 행동한다.

• 비휘발성, 비전해질 : 설탕, 포도당, 요소

(2) 비휘발성 용질이 녹아 있는 용질에서 증발이 잘 일어나지 않는 이유

① 용질입자가 용액 표면의 일부를 차지하므로 증발할 수 있는 용매입자의 수가 감소한다.

② 용매입자와 용질입자 사이에 인력이 작용하므로 용매입자가 증발하기 어렵다.

[예제 7-20] 아세톤(C_3H_8O, 분자량 58.1) 5.81g과 클로로포름($HCCl_3$, 분자량 119.4) 11.9g을 섞어 만든 용액이 있다. 용액은 35°C에서 총 증기압이 260mmHg이다. 이 용액은 이상 용액인가? (단, 35°C에서 순수한 아세톤과 순수한 클로로포름의 증기압은 각각 345mmHg이고 293mmHg이다.)

풀이 이 용액이 이상 용액인지 알아보기 위해서는 증기압을 라울의 법칙에 적용하여 계산해 보아야 한다.

$P = X_A P_A^\circ + X_B P_B^\circ$

A : 아세톤

B : 클로로포름

P : 총압력

아세톤과 클로로포름의 몰 수를 계산하면 다음과 같다.

$$5.81\text{g 아세톤} \times \frac{1\text{mol 아세톤}}{58.1\text{g 아세톤}} = 0.1\text{mol 아세톤}$$

$$11.9\text{g 클로로포름} \times \frac{1\text{mol 클로로포름}}{119\text{g 클로로포름}} = 0.1\text{mol 아세톤}$$

$$X_A = \frac{0.1}{0.1+0.1} = 0.5,\ X_B = 0.5$$

$$P = (0.5)(345\text{mmHg}) + (0.5)(293\text{mmHg})$$

$$= 319\text{mmHg} > 260\text{mmHg}$$

이 용액은 이상 용액이 아니다. 라울의 법칙에 적용했을 때 음의 편차를 갖는다. 그 이유는 아세톤과 클로로포름의 결합이 수소 결합이기 때문이다.

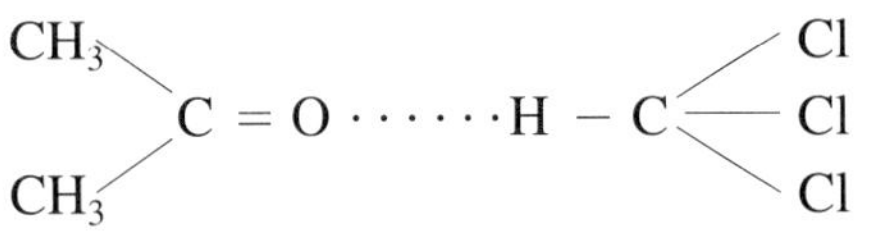

7-11 끓는점 오름과 어는점 내림

용질이 비휘발성 물질인 경우에 용액의 끓는점은 용매의 끓는점보다 높고, 용액의 어는점은 용매의 어는점보다 낮다. 이것을 각각 끓는점 오름과 어는점 내림이라고 한다.

그림 7-21에서는 비휘발성 물질을 담은 수용액의 상평형을 나타내고 있는데, 용액의 액체/증기선이 순수한 물의 선보다 더 높은 온도로 올라간 것을 볼 수 있다.

끓는점 오름은 용질의 농도에 따라 달라지며 그것을 식으로 나타내면 다음과 같다.

$$\Delta T_b = K_b m_{\text{용질}}$$

여기서 ΔT_b란 끓는점 오름이고, K_b는 몰랄 끓는점 상승상수라고 하며, $m_{\text{용질}}$은 용액 안에 들어 있는 용질의 몰랄 농도이다. 용질의 몰랄 농도는 용매 1kg 당의 몰 수이다.

외부의 압력이 1atm일 때 t_1에서 용매는 끓게 되나 용액은 t_1에서 1atm이 되지 않기 때문에 끓지 않는다. 여기서 용액을 끓게 하려면 용액의 증기압을 1atm이 되도록 t_2까지 온도를 올려야 한다. 이때 용매의 끓는점의 차이를 ΔTb로 나타낸 것이다.

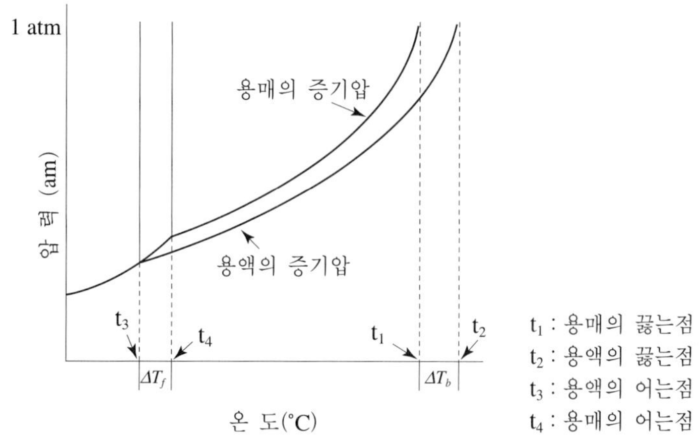

그림 7-21 물의 증기압력 곡선과 끓는점 오름과 어는점 내림

그림 7-21과 같이 1atm의 외부 압력에서 용매의 어는점은 용매의 고체-액체 평형곡선이 1atm과 만나는 온도가 t_4가 되고 용액의 어는점은 마찬가지 방법으로 t_3가 된다.

여기서 t_3와 t_4의 차를 ΔT_f라고 하고 이를 어는점 내림이라고 한다.

ΔT_f는 용질의 몰랄농도 $m_{용질}$과 비례관계가 성립하며, 식으로 나타내면 다음과 같다.

$$\Delta T_f = K_f \cdot m_{용질}$$

표 7-6에서는 몇 가지 용매의 K_b와 K_f의 값을 보여준다.

표 7-6 용액들의 끓는점 오름과 어는점 내림

용 매	끓는점(°C)	K_b(°Ckg / mol)	어는점(°C)	K_f(°Ckg / mol)
물(H_2O)	100.0	0.51	0	1.86
사염화탄소(CCl_4)	76.5	5.03	−22.99	30
클로로포름($CHCl_3$)	61.2	3.63	−63.5	4.70
벤젠(C_6H_6)	80.1	2.53	5.5	5.12
이황화탄소(CS_2)	46.2	2.34	−111.5	3.83
에틸에테르($C_4H_{10}O$)	34.5	2.02	−116.2	1.79
캄파($C_10H_{16}O$)	208.0	5.95	179.8	40

(1) 끓는점 오름 상수와 어는점 내림 상수

① 물 : K_b는 0.52°C/m K_f는 1.86°C/m.

② 벤젠 : K_b는 2.53°C/m K_f는 5.12°C/m.

③ 에탄올 : K_b는 1.22°C/m K_f는 1.99°C/m.

[예제 7-21] 물 500g, 포도당 45g을 녹인 수용액의 끓는점과 어는점은?
(물 : K_b는 0.52°C/m, K_f는 1.86°C/m)

풀이 포도당 몰 수 = 45g / 180g/mol = 0.25mol

포도당 수용액의 몰랄 농도(m) = 0.25mol /0.5kg = 0.5m

$T_b = T_b + K_b \times m = 100°C + 0.52°C/m \times 0.5m = \underline{100.26°C}$

$T_f = T_f - K_f \times m = 0°C - 1.86°C/m \times 0.5m = \underline{-0.93°C}$

1. 비전해질의 분자량 측정

① 끓는점 오름이나 어는점 내림을 구한다.

② 용액의 몰랄 농도를 구한다.

③ 주어진 용액에서 1000g의 용매에 녹아 있는 용질의 질량을 구하고 그 값으로 부터 몰랄 농도와 분자량을 구한다.

④ 용매 Wg에 비전해질 wg을 녹였다면 용매 1000g 중에 녹은 용질의 g 수(m)

$$W : w = 1000 : m \qquad m = \frac{1000w}{W}$$

$$M : \frac{1000w}{W} = K_b : \Delta T_b$$

$$M = \frac{1000 \times w \times K_b}{W \times \Delta T_b}$$

$$\therefore M = \frac{1000 \times \text{용질의 질량} \times K_b}{\text{용매의 질량} \times \Delta T_b}$$

[예제 7-22] 물 15g에 글루코오스 1.8g이 녹아 있다. 이 용액의 끓는점은 100.34°C이다. 글루코오스의 분자량을 계산하시오.

풀이 식을 사용하면 / $\Delta T = K_{b \cdot m \text{용질}}$

여기서

$\Delta T = 100.34°C - 100.00°C = 0.34°C$

표 6-3에서 물의 K_b는 0.51이므로, 용액의 몰랄농도를 계산하면,

$$m_{용질} = \frac{\Delta T}{K_b} = \frac{0.34^\circ C}{0.51^\circ Ckg / mol} = 0.67mol / kg$$

용액 15g은 0.015kg이므로 몰랄 농도의 정의에 의해서,

$$m_{용질} = 0.67mol/kg = \frac{용질(mol)}{용매(kg)} = \frac{n_{글루코오스}}{0.015kg}$$

$$n_{글루코스} = 0.67mol/kg \times 0.015kg = 0.01mol$$

0.01mol의 글루코오스의 무게는 1.8g이다. 따라서 1mol일 경우에 무게는 180g이다. 글루코오스의 분자량은 180이다.

[예제 7-23] 에틸렌글리콜(ethylene glycol mol · wt.=62.1)을 사용하여 어는점이 −23.3°C인 부동액을 만들려고 한다. 물 10.0L에 첨가해야 할 에틸렌글리콜의 양을 구하시오(물의 밀도를 1g/mL로 가정한다).

풀이 어는점을 0°C에서 −23.3°C로 만들어야 하므로 ΔT=−23.3°C이다.

$\Delta T = K_f m_{용질}$에서 표 6−3에 의하면 K_f는 1.86이므로

$$m_{용질} = \frac{\Delta T}{K_f} = \frac{23.3^\circ C}{1.86^\circ C\ kg / mol} = 12.5mol / kg$$이 된다.

이 의미는 물 1kg, 즉 1L당 12.5mol의 에틸렌글리콜을 첨가해야 한다는 것이므로 10L의 물에는 125mol을 넣어야 한다. 125mol을 질량으로 환산하면,

$$125mol \times \frac{62.1g}{1mol} = 7.8 \times 10^3 g$$

따라서 $7.8 \times 10^3 g$을 넣어야 한다.

[예제 7-24] ① 물 100g에 비휘발성, 비전해질 물질 80g을 녹인 수용액의 끓는점이 100.26이었다. 이 물질의 분자량은?

$$M = 1000 \times 80g \times 0.52 / 0.26 \times 100g = 1600$$

② 물 100g에 포도당 18g을 녹인 수용액의 어는점이 -1.86이었다. 포도당의 분자량을 구하시오.

$$M = 1000 \times 18g \times 1.86 / 1.86 \times 100g = 180$$

2. 용질이 전해질인 용액

전해질의 이온화로 생긴 용질입자수의 증가로 인해 같은 농도의 비전해질 용액보다 끓는점 오름과 어는점 내림이 크다. 이는 끓는점 오름과 어는점 내림은 일정량의 용액 속에 녹아 있는 용질입자수에 의해 영향을 받기 때문이다.

표 7-7 비전해질 용액과 전해질 용액의 끓는점 오름과 어는점 내림

용액		몰랄 농도 (m)	용질입자의총 몰 수	끓는점 오름	끓는점	어는점 내림	어는점
용매	용질						
물 1kg	설탕 1몰	1	1	0.52×1=0.52	100.52	1.86×1=1.86	−1.86
	설탕 2몰	2	2	0.52×2 =1.04	101.04	1.86×2 =3.72	−3.72
	NaCl 1몰	1	1×2=2	0.52×2=1.04	101.04	1.86×2=3.72	−3.72
	$CaCl_2$ 1몰	1	1×3=3	0.52×3=1.56	101.56	1.86×3=5.58	−5.58

3. 어는점 내림과 관련된 현상

① 추운 겨울에 강물이 얼지 않는다 : 바닷물에는 여러 가지 무기염이 녹아 있어 어는점이 낮기 때문에 온도가 낮아져도 잘 얼지 않는다.

② 눈이 내렸을 때 도로에 염화 칼슘($CaCl_2$)을 뿌리면 얼어 있던 눈이 녹아 도로의 결빙을 막을 수 있다 : 물이 어는 온도 0°C로 눈에 염화 칼슘을 뿌리면 어는점이 낮아져서 얼어 있던 눈이 다시 녹게 된다.

③ 자동차의 냉각수에 부동액을 넣으면 겨울철에도 자동차의 냉각수가 얼지 않는다 : 부동액에 쓰이는 물질인 에칠렌글리콜은 냉각수의 어는점을 낮춰 냉각수가 어는 것을 막아준다.

④ 간장은 추운 겨울에도 얼지 않는다 : 간장에는 염분이 녹아 있어서 어는점이 낮기 때문에 온도가 낮아져도 잘 얼지 않는다.

7-12 삼투압(Osmotic pressure)

1. 삼투현상

① 반투막 : 물과 같은 작은 용매입자는 통과시키고 설탕과 같은 용질과 같이 큰 입자는 통과시키지 못하는 막.

㉮ 셀로판지, 동물의 방광막, 식물의 세포막 등

② 삼투란 반투막을 사이에 두고 농도가 작은 용액 속의 용매 입자가 농도가 큰 쪽으로 이동하는 현상

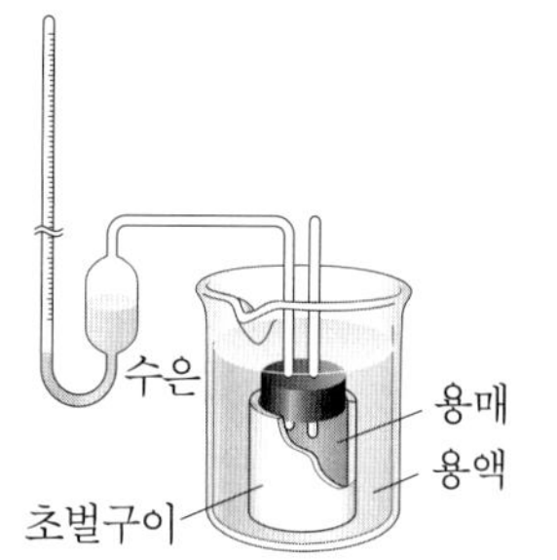

그림 7-22 페퍼의 삼투압 측정장치

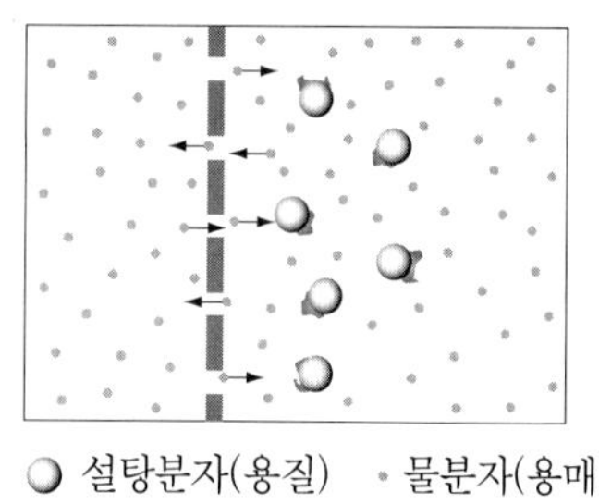

그림 7-23 삼투현상

③ 삼투현상의 예

- 적혈구를 증류수에 넣으면 터지고, 진한 설탕물에 넣으면 쭈글쭈글 해진다.
- 김치를 담글 때 배추를 소금에 절인다.
- 식물에 비료를 너무 많이 주면 말라 죽는다.

2. 삼투압

① 삼투압 : 반투막을 사이에 두고 삼투 현상에 의해 높아진 용액의 높이를 처음과 같은 높이로 만드는 압력을 말한다. 다시 말하면 삼투압은 높이차를 없애는 데 필요한 압력이다.

② 삼투압은 용매나 용질에 관계없이 일정한 용액 속에 녹아 있는 용질의 입자수에 의해 영향을 받는다.

동물의 내장피막과 같은 막을 반투막(semipermiable membrane)이라고 한다. 반투막은 용질을 투과시키지 않고 물만 투과시킨다. 이러한 반투막이 물과 수용액 사이에 놓이게 되면 삼투작용이 일어난다. 그림 7-24(A)에서는 삼투작용을 나타내고 있다.

반투막을 사이에 두고 두 용액이 있으면 농도가 낮은 용액에서 농도가 높은 용액으로 용매가 흘러 들어간다. 결과적으로 그림 7-24 (B)와 같이 액면의 높이가 높아진다.

π; MRT

π; 대기압에서의 삼투압
M; 용질의 몰 농도
R; 기체 상수
T; 절대온도

다시 말하면 삼투압은 높이차를 없애는 데 필요한 압력이다.

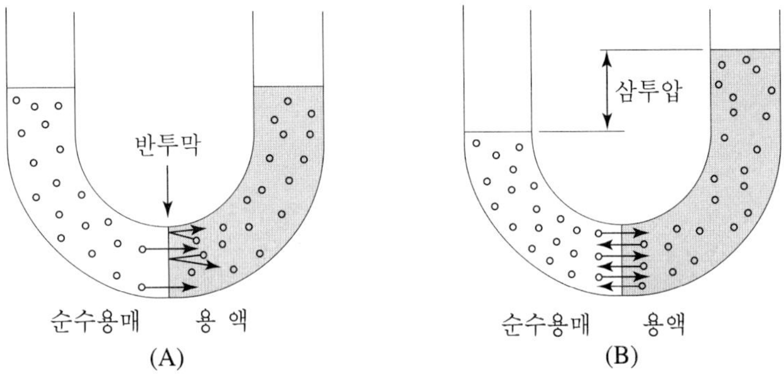

그림 7-24 삼투작용

[예제 7-25] 25°C에서 0.4몰의 설탕액의 삼투압은 얼마인가?

풀이 π = MRT

M = 0.4mol/L

R = 0.082 atm · L/mol K

T = 25°C = 298K

π = 0.4mol / L × 0.082 atm · L / mol K × 298K

= 9.77atm

3. 반트 호프의 법칙(van't Hoff's law)

묽은 용액의 삼투압은 용매와 용질의 종류와는 관계없이, 용액의 몰 농도와 절대온도에 비례한다는 법칙이다.

① 비휘발성이고 비전해질인 묽은 용액의 삼투압(π)은 용매와 용질의 종류에 관계없이 묽은 용액의 몰 농도와 절대온도에 정비례한다.

$\pi = CRT$(π : 삼투압, C : 몰 농도, R : 기체상수, T : 절대온도)

$$C = \frac{n}{V} \text{이므로 } \pi V = nRT \text{ : 반트 호프식}$$

② 용질이 전해질인 용액의 삼투압 : 전해질의 이온화로 생긴 용질입자 수의 증가로 인해 같은 농도의 비전해질 용액보다 삼투압이 크다(용질 입자수에 영향 받는다).

③ 삼투압과 분자량 : 반트 호프의 법칙을 이용하여 고분자물질의 분자량을 측정할 수 있다.

[예제 7-26] 27°C에서 비휘발성이고 비전해질인 용질 10.0g을 물에 녹여 0.1L의 수용액을 만들었다. 이 수용액의 삼투압이 2.46×10^{-3} atm일 때, 이 용질의 분자량을 구하시오.

풀이 반트 – 호프의 법칙에 의해

$$M = wRT/\pi V = \frac{10.0g \times 0.082atm \cdot L/mol \cdot K \times 300k}{2.46 \times 10^{-3}\,atm \times 0.1L}$$

답 : 1,000,000

삼투현상 중 반투막은 모든 용질의 흐름을 저지한다. 이와 비슷한 현상을 투석(dialysis)이라고 하는데, 주로 동식물의 세포벽에서 발견된다.

이 막을 통해 용매나 작은 용질 및 이온 등이 빠져나가는데, 이것을 이용하면 그림 7−25와 같이 인공신장을 만들 수 있다.

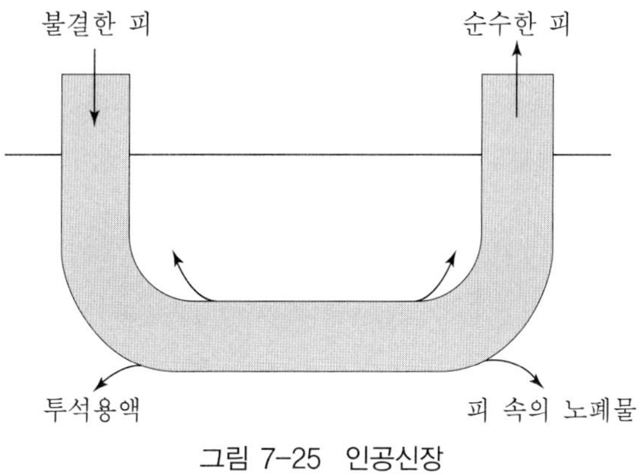

그림 7-25 인공신장

또한 적혈구 등은 물이 너무 많으면 터져 버리는데, 이러한 현상을 막기 위해서는 등장액(isotonic solution)으로 세포 안과 밖의 압력을 같도록 조정해 주어야 한다.

이와 반대로 오이를 소금물에 넣으면 오이 속의 수분이 빠져나오면서 절여진다.

> [예제 7-27] 물 15L에 단백질 100g이 녹아 있는 용액의 삼투압이 25°C에서 2.7×10^{-3}atm이었다. 단백질의 분자량을 구하시오.
>
> **풀이** $\pi = 2.7\times10^{-3}\text{atm}$
>
> π = MRT에서
>
> $$M = \frac{\pi}{RT} = \frac{2.7\times10^{-3}\text{atm}}{(0.082\text{atm}\cdot\text{L/mol})(298\text{K})}$$
>
> $$= 1.1\times10^{-4}\text{mol/L} = \frac{n^{단백질}}{15\text{L}}$$
>
> $$n^{단백질} = 1.65\times10^{-3}\text{mol/L}$$
>
> 즉, 1.65×10^{-3}mol 중에 100g이 녹아 있으므로 1mol에는 60,606g이 녹아 있다. 단백질의 분자량은 약 60,000g이다.

7-13 역삼투

반투막을 사이에 놓고 순수용매와 용액을 접촉시켰을 때 삼투압보다 큰 압력을 외부로 주게 되면 역삼투(reverse osmosis) 현상이 일어나게 된다.

그림 7-26은 역삼투 현상을 나타내고 있다.

역삼투 작용을 이용하면 염수를 담수로 만들어 사용할 수 있다. 바닷물을 음료수로 쓸 수 없으나 그림 7-27과 같은 장치에 의해 마실 수 있는 신선한 물로 만들 수 있다.

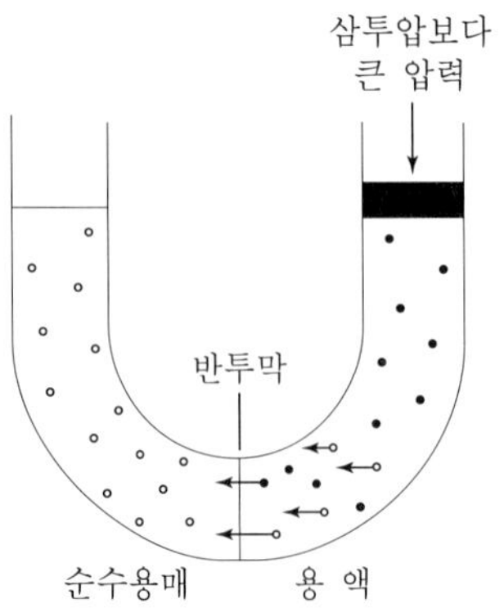

그림 7-26 역삼투

여기서 쓰이는 반투막은 강한 압력에 견딜 수 있는 튼튼한 막으로 제조되어야 하는데, 보통 아세트산 셀룰로오스막이 쓰인다.

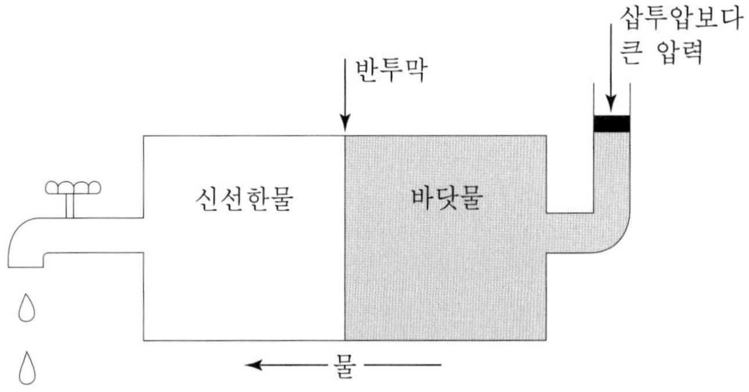

그림 7-27 담수화장치

다시 말하면 농도가 더 큰 용액 쪽에서 삼투압보다 더 큰 압력을 가했을 때 반투막을 통하여 농도가 진한 쪽에서 농도가 묽은 쪽으로 용매가 이동하여 농도가 묽은 쪽의 수면이 높아지는 현상을 말한다. 예를 들면 정수기, 바닷물을 식수로 만들기 등이 있다.

7-14 전해질 용액의 총괄성

용액의 총괄성은 용질입자의 총 농도에 따라 달라진다. 예를 들면 0.1m(몰랄 농도) 글루코오스 용액이 0.186°C의 어는점 내림을 보여준다면,

$$\Delta T = K_f m = (1.86^\circ\text{C kg/mol})(0.1\text{mol/kg}) = 0.186^\circ\text{C}$$

가 되며, 염화 나트륨 용액의 경우에 1몰의 NaCl이 이온화되며 Na^+와 Cl^-이 각각 1몰씩 되어 거의 2몰의 입자가 된다. 이와 같은 용액을 전해질 용액이라고 한다. 염화 나트륨 용액 0.1m의 경우에서 Na^+와 Cl^-이 각각 0.1m씩 0.2m이 된다. 따라서,

$$\Delta T = K_f m = (1.86^\circ\text{Ckg/mol})(0.2\text{mol/kg}) = 0.37^\circ\text{C}$$

가 된다. 이러한 관계를 반트 호프(van't Hoff)는 다음과 같이 나타내었다.

$$\pi = iMRT(\text{i는 반트 호프 계수})$$

$$i = \frac{\text{용액에서 용질입자의 몰 수}}{\text{용질 1mol의 몰 수}}$$

예를 들면, NaCl의 경우 i = 2

K_2SO_4의 경우 i = 3

$Fe_3(PO_4)_2$의 경우 i = 5

어는점 내림과 끓는점 오름 등은 삼투압과 같이 총괄성이므로 다음과 같이 고쳐 쓸 수 있다.

$$\Delta T = imk$$

표 7-8은 일반적인 전해질 용액 0.05m의 실제 관찰된 값과 이론값인 van't Hoff계수를 나타낸다.

표 7-8 여러 용액의 van't Hoff 계수

전해질	i(이론값)	i(실제값)
NaCl	2.0	1.9
$MgCl_2$	3.0	2.7
$MgSO_4$	2.0	1.3
$FeCl_3$	4.0	3.4
HCl	2.0	1.9
글루코오스(glucose)	1.0	1.0

[예제 7-28] 25°C에서 0.1m(몰랄 농도)의 $Fe(NH_4)_2(SO_4)_2$ 용액이 관찰된 삼투압은 10.8atm이다. i의 이론값과 실험치를 구하시오.

풀이 $Fe(NH_4)_2(SO_4)_2 \xrightarrow{H_2O} Fe^{2+} + 2NH^{4+} + 2SO_4^{2-}$

즉, $Fe(NH_4)_2(SO_4)_2$는 물에서 5개의 이온이 되므로 이론적으로 i는 5이다.

$\pi = iMRT$ 또는 $i = \dfrac{\pi}{MRT}$에서,

$\pi = 10atm$

$M = 0.1mol/L$

$R = 0.082atm \cdot L/molK$

$T = 25 + 273 = 298K$

$$i = \frac{\pi}{MRT} = \frac{10.8atm}{(0.1mol/L)(0.082atm \cdot L/molK)(298K)}$$

$= 4.42$

보통 예상값보다 실제값이 작은 것은 이온쌍(ion pairing)의 영향 때문이다.

7-15 콜로이드 용액

설탕이나 소금같이 쉽게 결정이 되며, 용액 안에서 빨리 퍼지는 결정질과 녹말이나 알부민 등과 같이 고체상태에서 비결정의 성질을 가지며 용액 안에서 퍼지는 경향이 적은 물질을 콜로이드라고 한다.

콜로이드의 크기는 다음 그림과 같이 설명할 수 있다.

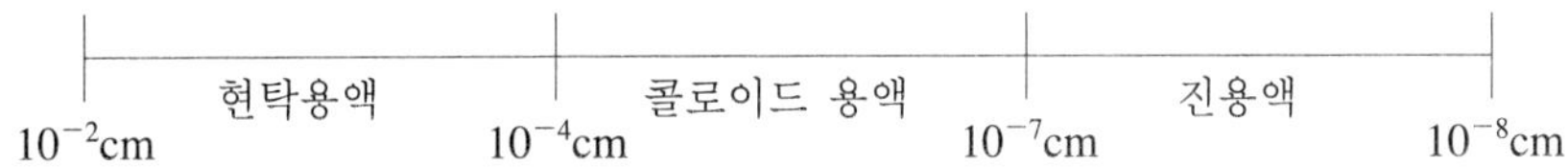

현탁액은 보통 서스펜션(suspension)이나 에멀전(emulsion) 등을 말하는데, 서스펜션이란 액체에 고체가 녹아서 만들어진 것으로 진흙물 등을 말한다. 에멀전이란 액체에 액체가 녹아서 만들어진 것으로 우유나 화장품(로션) 등이 있으며, 보통 현미경으로 관찰된다.

콜로이드 용액은 보통 한외현미경으로 관찰되며 반투막을 통과하지 못한다. 진용액이란 전자현미경으로 관찰되며 반투막을 통과한다.
위의 이론을 정리해 보면 다음과 같다.

1. 참용액과 콜로이드 용액

① 참용액 : 지름이 1nm 이하의 분자나 이온이 녹아 있는 용액
② 콜로이드 용액 : 지름이 1~100nm크기의 콜로이드 입자가 분산되어 있는 용액
- 분산매 : 입자를 분산시키는 것
- 분산질 : 분산되어 있는 입자

2. 콜로이드 종류

① sol(액체 상태의 콜로이드) : 비눗물, 우유, 잉크, 혈액
② gel(유동성이 거의 없는 반고체 상태의 콜로이드) : 두부, 한천, 젤리, 묵
③ aerosol(분산매가 기체인 콜로이드) : spray, smog, 안개, 연기

3. 콜로이드 용액의 성질

(1) 입자의 크기가 크기 때문에 나타나는 현상

① 틴들 현상(Tyndall phenomenon)

콜로이드 용액에 광선을 비추게 되면 입자들이 빛을 산란시켜 광선의 진로를 알 수 있는데, 이러한 현상을 틴들 현상이라고 한다.

② 브라운 운동(Brownian movement)

콜로이드 입자는 끊임없는 불규칙한 직선운동을 하기 때문에 한외현미경으로도 입자의 존재는 확인되나 입자의 생김새는 알 수 없는데, 이러한 불규칙 직선운동을 브라운 운동이라고 한다.

③ 흡착(Adsorption)

콜로이드 입자는 표면적에 비해 매우 크기 때문에 흡착성이 크다.

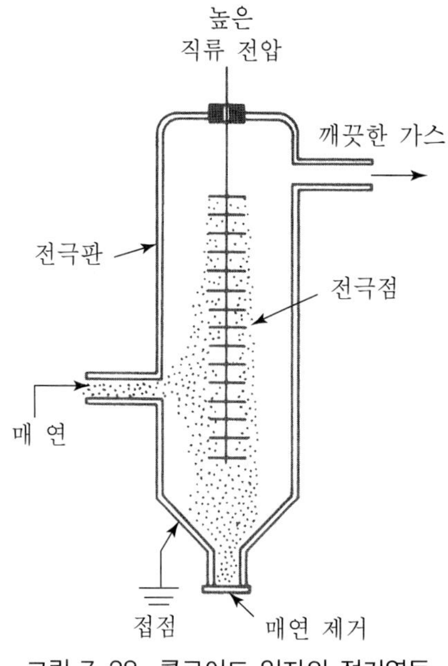

그림 7-28 콜로이드 입자의 전기영동

(2) 전하를 띠기 때문에 나타나는 현상

① 전기이동(Electrophoresis) : 전하를 띠고 있는 콜로이드 입자가 전류에 의해 한쪽 전극으로 이동하는 현상을 말하는 것으로 그림 7-28은 전기영동현상을 이용하여 매연을 제거하는 것이다(콜로이드 입자가

같은 종류의 전하를 가진 입자만을 흡착하여 한 가지 종류의 전하를 띠고 있어 나타나는 현상이며 전기영동이라고도 한다).

예) 코트렐 집전기를 이용한 매연 제거

② 엉김(coagulation) : 소량의 전해질을 가했을 때 침전이 생기는 현상

예) 삼각주의 형성, 흙탕물을 정수할 때 백반을 넣는다.

- 엉김의 효과 : 콜로이드의 전하와 반대되는 전해질의 전하량이 클수록 효과적이다.

  (+) 콜로이드 엉김(음이온이 관여) 예) $PO_3^{-} > SO_4^{2-} > Cl^{-}$

  (−) 콜로이드 엉김(양이온이 관여) 예) $Al^{3+} > Mg^{2+} > Na^{+}$

- 소수 콜로이드(hydrophobic colloid) : 물과 결합력이 약해서 소량의 전해질에 의해 쉽게 침전되는 콜로이드
- 친수 콜로이드(hydrophilic colloid) : 물과의 결합력이 강해서 다량의 전해질에 의해서만 침전되는 콜로이드

③ 염석(salting out) : 다량의 전해질을 가했을 때 침전이 생기는 현상

예) 두부를 만들 때 간수($MgCl_2$)를 넣는다.

산과 염기(Acid & Base)

산과 염기에 대한 개념은 오래 전부터 정의되어 왔다. 처음에 산은 신맛을 내는 물질로 인식되었고, 염기는 쓴맛을 내지만 산과 반응하여 짠맛을 내는 물질로 알려져 왔다. 그 후 산과 염기는 화학반응의 광범위한 상관관계를 한 눈에 알 수 있게 한다는 사실이 밝혀지면서 그 유용성이 확인되었다.

(1) 산(acid)의 성질

① 많은 금속들을 용해시킨다.

② 특유의 신맛이 난다.

③ 염기와 반응하여 물과 염을 생성하는 중화반응을 한다.

$$HCI + NaOH \longrightarrow H_2O + NaCI$$

④ 푸른 리트머스 시험지를 붉은색으로 변하게 한다.

대표적인 산 : 염산(HCl), 황산(H_2SO_4), 질산(HNO_3)
아세트산(CH_3COOH), 인산(H_3PO_4)

(2) 염기(base)의 성질

① 염기는 미끄럽다.

② 염기는 쓴맛이 난다.

③ 염기는 산과 반응하여 물과 염을 형성한다.

$$2KOH + H_2SO_4 \longrightarrow 2H_2O + K_2SO_4$$

④ 염기는 붉은 리트머스 시험지를 푸른색으로 변하게 한다.

대표적인 염기 : 수산화나트륨($NaOH$), 수산화칼륨(KOH), 탄산수소나트륨($NaHCO_3$), 암모니아(NH_3), 탄산나트륨($NaCO_3$)

(3) 산/염기 중화반응식

질산(HNO_3)과 수산화칼륨(KOH)의 중화반응식. 모든 중화반응은 같다.

$$\text{산(acid)} + \text{염기(base)} \longrightarrow \text{물} + \text{염(salt)}$$

염은 산으로부터 생성된 음이온과 염기로부터 생성된 양이온으로 이루어진다.
따라서 이 경우는

$$HNO_3 + KOH \longrightarrow H_2O + KNO_3$$

8-1 산과 염기의 정의

1. Arrhenius의 산 · 염기

물질의 산성을 최초로 설명하고자 한 화학자는 산에서 산소가 필수적 원소라고 제안한 Lavoisier였다. 그 후 1887년 스웨덴의 Svante Arrhenius는 산성이나 염기성이 되는 이유를 제안하였다. 이것이 산과 염기에 대한 정의 중 가장 많이 사용되는 Arrhenius 정의이다.

Arrhenius는 수용액 내의 산과 염기에 대해 산이란 수용액에서 수소이온(H^+)을 내놓는 물질이라고 정의하였다. 즉, 산은 물에 용해할 때 H^+의 농도를 증가시키는 물질로 염화수소의 수용액이 대표적인 예이다. 상온에서 기체인 염화수소가 물에 용해되면 H^+를 방출한다.

$$HCl(g) \xrightarrow{H_2O} H^+(aq) + Cl^-(aq)$$

염화수소 수용액을 염산이라고 하며, 다음과 같은 일반식으로 설명된다.

$$HA \xrightarrow{H_2O} H^+(aq) + A^-(aq)$$

여기서 HA는 산이고 A^-는 그것에 대응되는 음이온이다.

또한 Arrhenius는 염기를 수용액 내에서 수산화이온(OH^-)을 내놓는 물질이라고 정의하였다. 즉, 염기는 물에 용해할 때 OH^-의 농도를 증가시키는 물질이며, 수산화나트륨이 대표적인 예이다.

$$NaOH(s) \xrightarrow{H_2O} Na^+(aq) + OH^-(aq)$$

이는 역시 다음과 같은 일반식으로 설명된다.

$$MOH \xrightarrow{H_2O} M^+(aq) + OH^-(aq)$$

여기서 M은 금속원자이고 M^+는 대응되는 양이온이다. 이와 같이 물에 산이나 염기를 첨가하면 이들 이온의 평형농도가 변한다.

Arrhenius의 정의를 요약하면,

① 산은 수용액에서, 수소이온(H^+)을 내놓는 물질이다.

$$HI \longrightarrow H^+ + I^-$$

$$HI + H_2O \longrightarrow H_3O^+ + I$$

즉, 염산, 황산, 초산 수용액은 청색 리트머스 시험지를 적색으로 변화시킨다.

② 염기는 수용액에서 수산화이온(OH^-)을 내놓는 물질이다.

$$NaOH \longrightarrow Na^+ + OH^-$$
$$KOH \longrightarrow K^+ + OH^-$$
$$NH_3 + H_2O \longrightarrow NH_4^+ + OH^-$$

2. 아레니우스 정의 한계

① H^+ 이나 OH^- 을 생성할 수 없는 물질도 있다.

② 수용액이 아닌 경우에 일어나는 산과 염기의 반응을 설명할 수 없다.

예) 암모니아 (NH_3)를 염기라고 하나, 수산화이온을 포함하지 않음.

$$NH_3(g) + HCl(g) \longrightarrow NH_4Cl$$

③ 아레니우스의 정의는 수용액에서의 반응만 설명할 수 있다.

3. Brönsted-Lowry 의 산 · 염기

Arrhenius의 산과 염기의 정의는 수용액에서 산 · 염기 현상만을 다루는데 한정되므로 그 범위가 대단히 제한되어 있다.

1923년 덴마크의 Johannes Brönsted와 영국의 Thomas Lowry라는 두 화학자가 각기 산 · 염기에 대한 일반적인 이론을 제안했다.

Brönsted와 Lowry에 따르면, 산은 다른 물질에 양성자(H^+)를 줄 수 있는 물질이고, 염기는 양성자를 받을 수 있는 물질이다. 즉, 산은 다른 물질에 양성자(H^+)를 줄 수 있는(방출하는) 물질이며, 염기는 다른 물질에서 양성자를 받을 수 있는 물질이다. 간단히 말하면 산은 양성자를 주고, 염기는 양성자를 받는 것이다.

$$\underset{\text{산}}{CH_3COOH} + H_2O \longrightarrow \underset{\text{염기}}{CH_3COO^-} + H_3O^+$$

아세트산은 양성자를 주게(proton donor)로 작용하기 때문에 산이고, 물은 양성자 받게(proton acceptor)로 작용하여 염기임.

$$H_2O(\text{염기}) + HCl(\text{산}) \longrightarrow H_3O^+ + Cl^-$$

이는 다음과 같은 반응식을 통해서 알아볼 수 있다.

$$[H^+(aq) + Cl^-(aq)] + NH_3(aq) \longrightarrow NH_4(aq) + Cl^-(aq)$$
$$HCl(g) + NH_3(g) \longrightarrow NH_4Cl(s)$$

여기서 염화수소는 산이고, 암모니아는 염기가 된다. 또한 산이 물에 녹는 일반적인 반응으로도 설명된다.

$$\underset{\text{산}}{HA(aq)} + \underset{\text{염기}}{H_2O} \longrightarrow \underset{\text{짝산}}{H_3O^+} + \underset{\text{짝염기}}{A^-(aq)}$$

이 반응은 양성자를 산으로부터 끌어들이는 극성을 띠는 물의 역할이 중요하다. 짝염기는 산 분자가 양성자를 잃은 후 남는 물질이며, 짝산은 양성자가 염기와 결합하여 형성된다. 짝산–짝염기쌍(conjugate acid-base pair)은 한 개의 양성자를 주고받는 데 관여하는 물질이다.

위 반응식에서 HA(산)와 A^-(염기), H_2O(염기)와 H_3O(산)의 두 짝산 · 짝염기 쌍이 존재한다.

예를 들어, 염산이 물에 용해될 때 산이 된다.

$$HCl(aq) + H_2O(L) \rightleftharpoons H_3O^+(aq) + Cl^-(aq)$$

위와 같은 반응에서 Cl^-을 산 HCl의 짝염기라고 말한다. 마찬가지로 HCl은 염기 Cl^-의 짝산이다.

H_2O는 H_3O^+의 짝염기이며, H_3O^+는 H_2O의 짝산이 된다. 이와 같이 HCl과 Cl^-는 짝산–염기쌍이고, H_2O와 H_3O^+도 짝산–염기쌍이다.

또한 상대적인 반응물에 따라 양성자를 잃거나 얻음으로써 산 또는 염기의 어느 쪽으로도 작용할 수 있는 물질인 양쪽성 물질(amphoteric substance)이 있다. 물의 양쪽성은 수용액의 산–염기 성질에서 중요하다.

다시 말하면, 반응에 따라 산 또는 염기로 작용할 수 있는 물질을 말하며 H^+를 주기도 하고 받을 수도 있는 물질을 말한다.

	$HCO_3^- + H_2O \rightleftharpoons H_3O^+ + CO_3^-$	$HCO_3^- + H_2O \rightleftharpoons H_2CO_3 + OH^-$
HCO_3^-의 산/염기	산($-H^+$)	염기($+H^+$)

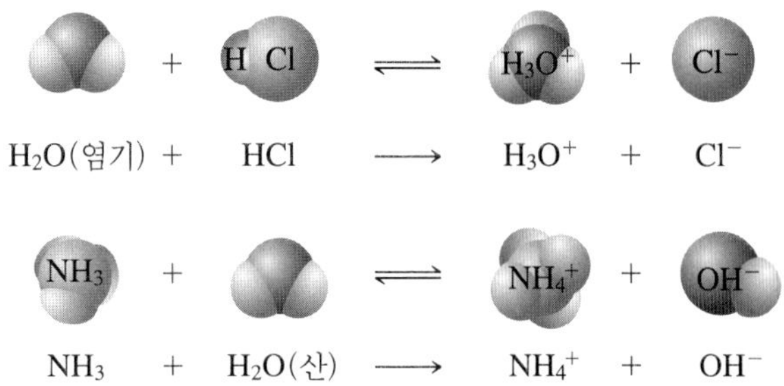

그림 8-1 양쪽성 물질인 물

예) H_2O, HSO_4^-, HCO_3^-, HS^-, $H_2PO_4^-$ 등

다음은 Brönsted-Lowry 정의가 Arrhenius 정의보다 넓은 개념이라는 것을 보여준다.

① 산과 염기는 분자성 물질뿐만 아니라 이온일 수도 있다.
② 산-염기반응은 수용액에 한정되지 않는다.
③ 상대 반응물에 따라 어떤 물질은 산 또는 염기로 양쪽 모두 작용할 수 있다.

[예제 8-1] 다음 각 산과 염기에 대해 그 짝염기와 짝산의 식을 적으시오.

산	염기
(a) HBr	(b) H_2O
(c) H_2O	(d) ClO^-

풀이 산 짝염기

(a) $HBr \longrightarrow H^+ + Br^-$
(b) $H_2O + H^+ \longrightarrow H_3O^+$
(c) $H_2O \longrightarrow H^+ + OH^-$
(d) $ClO^- + H^+ \longrightarrow HClO$

[예제 8-2] 황산수소이온의 반응은 아래와 같다.

$HSO_4^- + H_3O^+ \rightleftharpoons H_2SO_4(aq) + H_2O(L)$ ……………… ①
$HSO_4^- + H_2O(L) \rightleftharpoons SO_4^{2-} + H_3O^+$ …………………… ②

HSO_4^-는 어느 반응에서 산이고 어느 반응에서 염기인가?

풀이 ① 반응에서 HSO_4^-는 양성자를 받으므로 염기이다.
② 반응에서 HSO_4^-가 양성자를 주므로 산이다.

3. Lewis의 산 · 염기

Brönsted－Lowry의 산 · 염기의 정의는 수용액 속에서의 반응만을 다루는 제한을 보완할 수 있으므로 Arrhenius의 정의보다 넓게 적용할 수 있다. 그러나 Brönsted－Lowry 이론은 산 · 염기 현상에서 양성자 전위반응에만 적용되므로 범위가 한정된다.

이러한 결점을 보완해서 어떤 경우에도 적용되도록 산과 염기의 개념을 더욱 확장시킨 것이 G. N. Lewis의 이론이다.

즉, Lewis의 이론은 산은 전자쌍을 받을 수 있는 물질(분자, 이온)이고, 염기는 전자쌍을 제공할 수 있는 물질(분자나 이온)이라는 것으로 요약된다.

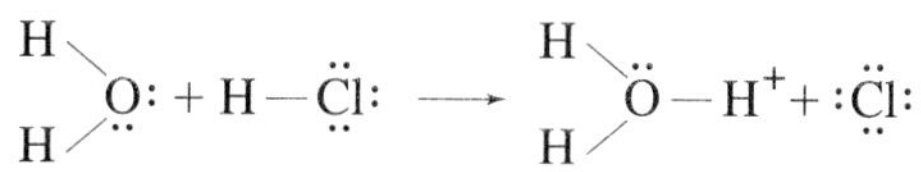

Lewis의 산 · 염기의 정의는 염기 쪽에 관심이 집중된다. 염기는 공유결합을 형성하도록 전자쌍을 주는 물질로서 정의되며, 산은 결합을 형성하도록 전자쌍을 받는 물질로서 정의된다. 물과 양성자 산의 반응에서 전자쌍을 주는 것은 반응물의 전자점 구조를 써보면 명백해진다.

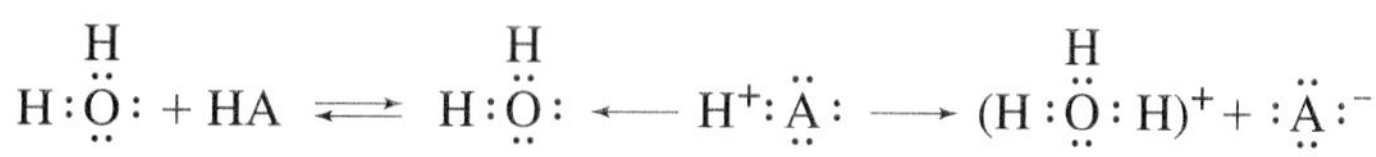

물 분자는 전자쌍을 주는 물질로 염기이고, 수소이온은 전자쌍을 받은 물질로 산이다. Lewis계에서 산 · 염기반응은 전자쌍을 내어놓은 것, 즉 배위공유결합을 형성하는 반응을 일컫는다.

다음 반응에서

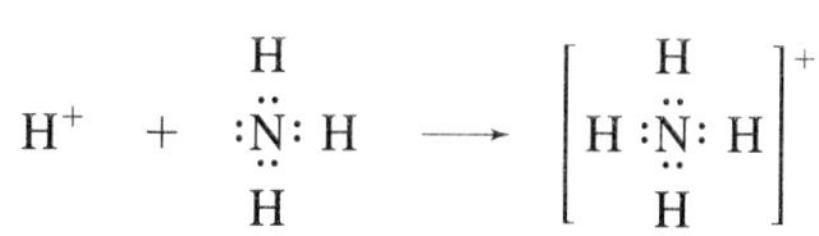

H^+는 Lewis 산이고, $:NH_3$는 Lewis 염기이다. Lewis 이론에 의하면 양성자 주게가 아닌 물질(즉, BF_3)는 산으로 작용한다.

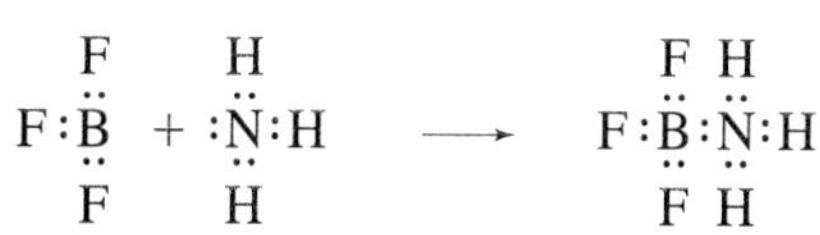

산 염기

착이온의 생성은 Lewis 산－염기반응으로도 볼 수 있다. 착이온은 금속 이온이 H_2O나 NH_3와 같은 분자 또는 $:C \equiv N:^-$와 같은 음이온에 있는 전자쌍과 결합할 때 생성된다. 그 예로서 $Al(H_2O)_6^{3+}$의 경우를 들 수 있다.

$$\underset{\text{Lewis산}}{Al^{3+}} + \underset{\text{Lewis 염기}}{6(:\ddot{\underset{|}{\underset{H}{O}}}-\ddot{H})} \longrightarrow Al(:O-H)_6^{3+}$$

Lewis의 정의에 따르면 염기는 반응에서 전자쌍을 공유할 수 있는 핵을 찾는 물질이므로 친핵체(nucleophile), 염기치환반응은 친핵성 치환(nucleophilic displacement)이라고 부른다. Lewis산들은 결합을 이룰 전자쌍을 가진 물질을 찾기 때문에 친전자성(electrophilic displacement)이라고 한다.

이상의 산과 염기의 정의를 요약하면 다음과 같다.

	산	염 기
Arrhenius	H^+를 내놓는다.	OH^-를 내놓는다.
Brönsted－Lowry	H^+를 내놓는다.	H^+를 받는다.
Lewis	전자쌍을 받는 물질	전자쌍을 주는 물질

* Acids and Bases

An acid was defined as a hydrogen－containing substance which dissociates on solution in water to produce hydrogen ions, and a base was defined as a substance containing the hydroxide ion, OH^-, or the hydroxyl group, $-OH$, which can dissociate in aqueous solution as the hydroxide ion.

It was pointed out that acidic solution have a characteristic sharp taste, due to the hydrogen ion, H^+ or rather, the hydromium ion, H_3O^+, and basic solution have a characteristic brackish taste, due to the hydroxide ion.

* Hydrogen ion concentration

Pure water have a very small but measurable electric conductivity, which is about one－ten million that of a IN solution of an acid or base.

This suggests that the ionization of water,

$$2H_2O \rightleftarrows H_3O^+ + OH^-$$

gives hydrogen ion(hydronium ions) and hydroxide ion in concentration about 10^{-7}M.

Refined measurements of the electric conductivity of water, and of dilute solutions of hydrochloric acid, sodium hydroxide, and sodium chloride, have provided the value 1.00×10^{-7} for $[H^+]$ and $[OH^-]$ in pure water at 25°C.

* The extent of ionization depends on the temperature; at 0°C the concentration $[H^+]$ and $[OH^-]$ are 0.83×10^{-7}, and at 100°C 6.9×10^{-7}.

8-2 물의 이온화(Ionization of water)

물은 거의 해리(이온화)되지 않는 물질(공유결합)이나, 전기전도도를 측정해 보면 평형반응에 의해서 약간 이온화한다.

$$H_2O(산) + H_2O(염기) \rightleftarrows H_3O^+(산) + OH^-(염기)$$

(간단히 $H_2O \rightleftarrows H^+ + OH^-$)

$$K = \frac{[H_2O^+][OH^-]}{[H_2O]^2}$$

*[ ] : mol/L 농도이다.

그런데 $[H_2O]$는 $\frac{1.000g \times (1mol/18g)}{1L} = 55.5mol/L$이다.

여기서, Keg · $[H_2O]$를 물의 이온곱 상수(ion product constant for water)인 K_w로 하면,

$$K_w = [H^+][OH^-] = 1(1.02) \times 10^{-14}(25°C)$$

즉, 순수한 물은 25°C에서 1.02×10^{-14}의 이온 농도를 갖는다.

상온에서 순수한 물(pure water)은 중성이므로 $[H^+] = [OH^-]$이다.

$$[H^+] = [OH^-] = 1 \times 10^{-7}$$

즉, 산성 용액에서 $[H^+] > 1.00 \times 10^{-7}M$, $pH < 7.00$(Acid)

중성 용액에서 $[H^+] = 1.00 \times 10^{-7}M$, $pH = 7.00$(Neutral)

염기성 용액에서 $[H^+] < 1.00 \times 10^{-7}M$, $pH > 7.00$(alkali)

[예제 8-3] $Ca(OH)_2(s)$ 0.02M에 들어 있는 OH^-, H^+ 농도는?

$$Ca(OH)_2 \longrightarrow Ca^{+2}(aq) + 2OH^-(aq),$$

풀이 즉, $Ca^{+2} = 0.02M$, $OH^- = 2 \times 0.02M$

$$Kw = [H^+][OH^-]$$

$$1.00 \times 10^{-14} = [H^+] \times 0.04$$

$$[H^+] = \frac{1.00 \times 10^{-14}}{0.04} = 2.5 \times 10^{-13}$$

[예제 8-4] $[OH^-]$25 1.0×10^{-3}M인 용액의 pH와 pOH는?

풀이 $[H^+] = Kw/[OH^-] = \dfrac{1.0 \times 10^{-14}}{1.0 \times 10^{-3}} = 1.0 \times 10^{-11}M$

$$pH = -\log[H^+] = -\log(1 \times 10^{-11}) = 11$$

$pOH = -\log[OH^-] = -\log[1.0 \times 10^{-3}] = 3$(또는 $14 - 11 = 3$)

[예제 8-5] $[H^+] = 2.9 \times 10^{-4}$M의 pH는?(단, $\log 2.9 = 0.46$)

풀이
$$\begin{aligned} pH &= -\log[H^+] \\ &= -\log(2.9 \times 10^{-4}) \\ &= -\log 2.9 - \log 10^{-4} \\ &= -0.46 + 4 = 3.54 \end{aligned}$$

$$\therefore pH = 3.54$$

8-3 pH(Potential hydrogen)

순수한 물은 약하게 이온화되는 물질이다. 따라서 보통 비전해질 용액으로 생각되지만 매우 적은 전도가 일어난다.

다시 말해서, pH는 수용액에서 $[H^+]$가 매우 작기 때문에 수소이온 농도에서 음의 상용 로그로 정의된다(negative common logarithm of the hydrogen ion concentration).

$$H_2O(L) + H_2O(L) \rightleftarrows H_3O^+ + OH^-$$

$$H_2O(L) \rightleftarrows H^+ + OH^-$$

이 이온화는 평형상수, K_c로 나타낸다.

$$K_c = \frac{[H_2O^+][OH^-]}{[H_2O]}$$

이 K_C값은 실온에서 1.8×10^{-16}으로 매우 적은 값으로,

$$[H_2O]K_c = [H_3O^+][OH^-]$$

와 같이 $[H_2O]K_C$=상수로 놓아 물에 대한 이온곱 상수(ion product constant)라고 부르며, Kw로 쓴다.

$$K_w = [H_3O^+][OH^-]$$

K_w값은 온도에 따라 증가하는데, 25°C에서 Kw값은 보통 다음과 같이 된다.

$$K_w = [H_3O^+][OH^-] = 1.00 \times 10^{-14}$$

순수한 물에서 수소와 수산화이온의 농도는 같다. 즉
$X = [H^+] = [OH^-]$로 놓으면 25°C에서 이들 이온의 농도는 1.00×10^{-7}mol/L와 같다.

$$[H^+][OH^-] = 1.00 \times 10^{-14}$$
$$X^2 = 1.00 \times 10^{-14}$$
$$X = 1.00 \times 10^{-7}\text{mol/L}$$

$[H^+]$가 증가할 때 평형은 이동하여 $[OH^-]$는 순수한 물의 $[OH^-]$보다 더욱 감소한다.

산성 용액에서 $[H^+] > 1.00 \times 10^{-7}$mol/L이고, 염기성 용액에서는 $[OH^-] > 1.00 \times 10^{-7}$mol/L이다. 그 사이인 중성 용액은 $[H^+] = 1.00 \times 10^{-7}$mol/L이다. 즉, 수소 · 수산화이온의 농도가 클수록 용액은 강한 산성과 염기성을 나타낸다.

보통 $[H^+]$ 또는 $[OH^-]$의 농도는 비교적 적다. 작은 숫자를 지수항으로 취급하기보다 간단히 대수 표시로서 숫자를 표현하는 것이 보통이다.

pH와 pOH의 양은 아래와 같이 정의된다.

$$pH = -\log[H^+] = \log\frac{1}{[H^+]}$$

$$pOH = -\log[OH^-] = \log\frac{1}{[OH^-]}$$

또한 다음과 같이 나타낼 수 있다.

$$pK_w = pH + pOH = 14.00$$

수소이온의 농도가 1.00×10^{-4}M인 용액의 pH는 다음과 같다.

$$pH = -\log[1.00 \times 10^{-4}] = 4.0$$

중성 용액은 pH=pOH=7.00과 같으며, pH가 7.00보다 작다면 용액은 산성 용액이고 pH가 7.00보다 크다면 염기성 용액이다. 즉, pH, pOH가 7.00에서 많이 벗어날수록 그 용액은 보다 더 강한 산성과 염기성을 띠게 된다.

[예제 8-6] 0.001M HCl 용액의 pH는 얼마인가?

풀이 $pH = -\log[H^+]$
$= -\log[1.00 \times 10^{-3}]$
$= -(-3.0) = 3$
0.001M HCl의 pH은 3.0이다.

[예제 8-7] pH 1.5의 용액에서 수소이온 농도는 얼마인가($\log 3 = 0.5$)?

풀이 $\log[H^+] = -pH = -1.5 = 0.5 - 2$
역대수를 취하여
$[H^+] = 10^{0.5} \times 10^{-2}$ mol/L $= 3 \times 10^{-2}$ mol/L
수소이온농도는 0.03mol/L이다.

[예제 8-8] 커피 한 잔 속의 수소이온농도는 1.3×10^{-5}M이다. 커피의 pH를 구하시오. 그리고 이 커피는 산성인가, 염기성인가($\log 1.3 = 0.11$)?

풀이 $[H^+] = 1.3 \times 10^{-5}$M은 pH의 정의에 의하여
$pH = -\log[1.3 \times 10^{-5}] = 4.89$
pH가 7보다 작으므로 산성 용액이다.

> [예제 8-9] 수산화이온 농도가 1.9×10^{-3}M인 암모니아 용액의 pH를 구하시오.
>
> **풀이** $pOH = -\log[1.9\times10^{-3}] = 2.72$
>
> $pH = 14.00 - pOH$
>
> $= 14.00 - 2.72 = 11.28$

표 8-1 $[H_3O^+]$ 농도와 PH

	산성 ←		중성	→ 염기성	
pH	1	4	7	11	14
$[H^+]$	1	1×10^{-4}	1×10^{-7}	1×10^{-11}	1×10^{-14}
$[OH^-]$	1×10^{-14}	1×10^{-10}	1×10^{-7}	1×10^{-3}	1

용액의 pH를 측정할 수 있는 방법 가운데 하나는 지시약의 색변화를 관찰하는 것이다. 이는 정확하지는 않아도 간단하고 편리하여 현재까지도 자주 사용되고 있다.

지시약(indicator)은 수소 또는 수산화이온과 반응하여 화합물의 색이 변하도록 하는 기를 구조 내에 가지고 있는 유기산이나 염기이다. 지시약의 색변화를 보려면 하나의 색깔의 농도가 다른 것의 농도보다 약 10배 정도 더 커야만 한다. 예를 들면, 보편적으로 사용하는 지시약 페놀프탈레인은 8.3에서 10까지의 pH 범위에서 무색에서 분홍색으로 변한다.

모든 pH 범위에 대한 지시약이 있으며, 측정범위에서 색이 변하는 지시약을 선택해서 사용하게 된다. 지시약의 정밀도를 높이는 방법은 pH를 모르는 용액에서 지시약의 색변화를 비교하는 것이다. 표 8-2는 몇 가지 산 · 염기 지시약의 색변화를 나타내고 있다.

표 8-2 지시약의 색변화

지시약(pH)	범위	산성색(낮은 pH)	염기성색(높은 pH)
메틸바이올렛	0.0~1.6	노랑	보라
티몰블루	1.2~2.8	빨강	노랑
메틸옐로우	2.9~4.0	빨강	노랑
메틸오렌지	3.1~4.4	빨강	노랑
메틸레드	4.8~6.2	빨강	노랑
브롬티몰 블루	6.0~8.0	노랑	파랑
페놀프탈렌	8.2~10.0	무색	분홍
알리자린엘로우	10.1~12.0	노랑	빨강

용액의 pH를 정확히 측정할 수 있는 방법으로는 pH 메타를 사용하는 방법이 있다. 이 기기는 용액에 담기는 전극으로 이루어져 있어서 pH에 의해 결정되는 전압이 전극 사이에 발생하며 메타 내에서 계산되어 바로 pH값을 알 수 있다.

8-4 산 · 염기의 세기(전리도)

산의 전리도는 다음과 같다.

$$a = \frac{\text{전리한 산의 농도}}{\text{전체 산의 농도}}$$

즉, a = 1이면 전리도 100%로 하므로 강산과 강염기는 1에 가깝고, 약산과 약염기는 1보다 낮다.

0.1M의 HNO_3는 100% H_3O^+, NO_3^-가 된다.

HNO_3(강산) + $H_2O \rightleftharpoons H_3O^+ + NO_3^-$

아세트산의 이온화상수(Ka)는,

$$Ka = \frac{[H^+][CH_3COO^-]}{[CH_3COOH]} = \frac{(1.34\times10^{-3})(1.34\times10^{-5})}{0.0987} = 1.82\times10^{-5}$$

$*\ 1.34\times10^{-3}$: CH_3COOH의 전리도(이온화도)

즉, $Ka = 1.82\times10^{-5}$는 이온화되지 않은 쪽으로 평형이 기울어 있으며, 0.1M CH_3COOH은 98.7%가 이온화되지 않았음을 뜻한다.

강산은 HCl · H_2SO_4 · HNO_3(강전해질), 중간산은 H_3PO_4(중간전해질), 약산은 CH_3COOH, H_2CO_3(약전해질) 등이다.

8-5 산 · 염기의 당량

산과 염기가 반응할 때 산이 염기에 주는 양성자의 수는 산의 종류에 따라 다르다.

따라서, 산이 내는 양성자 수가 1이면 1염기산 또는 1양성자산, 산이 내는 양성자 수가 2이면 2염기산 또는 2양성자산, 산이 내는 양성자 수가 3이면 3염기산 또는 3양성자산, 산이 내는 양성자 수가 많으면 다염기산 또는 다양성자산이라고 한다.

- 1가산 = 1염기산 : HCl, CH_3COOH
- 2가산 = 2염기산 : H_2SO_4, $H_2C_2O_4$
- 3가산 = 3염기산 : H_3PO_4
- 1가의 염기 = 1산 염기 : NaOH, HN_3
- 2가의 염기 = 2산 염기 : $Ca(OH)_2$
- 3가의 염기 = 3산 염기 : $Al(OH)_3$
- 산의 1당량 = $\dfrac{\text{산의 분자량}}{\text{산이 줄 수 있는 양성자의 수}}$
- 염기의 1당량 = $\dfrac{\text{염기의 분자량}}{\text{염기가 줄 수 있는 수산이온의 수}}$

당량과 같은 g수의 산 · 염기량을 1g당량이라고 한다.

8-6 산 · 염기의 이온화(Ionization of acid & base)

전리도 또는 이온화도를 a라고 하면, a는 전해질 몰 수(M)에 대한 전리된 부분의 비(degree of ionigation)이다.

$$a = \frac{\text{이온화된 mol 수}}{\text{용해된 전해질의 총 mol 수}}$$

$HA \rightleftarrows H^+ + A^-$에서 산(A)의 이온화 상수(Ka)는 다음과 같이 구한다.

$$K = \frac{[\text{양이온의 농도}] \times [\text{음이온의 농도}]}{[\text{이온화되지 않은 산의 농도}]}$$

$$= \frac{[H^+] \times [A^-]}{[HA]}$$

즉, $CH_3COOH \longrightarrow CH_3COO^- + H^+$에서는

$$Ka = \frac{[CH_3COO^-][H^+]}{[CH_3COOH]}$$

또, $NaOH \longrightarrow Na^+ + OH^-$에서는 다음과 같다.

$$K_b = \frac{[Na^+][H^-]}{[NaOH]}$$

8-7 중화반응과 중화적정

1. 중화반응

산과 염기가 반응하여 염(salt)과 물(H_2O)이 생성되는 반응

예 $HCl + NaOH \longrightarrow NaCl + H_2O$

$H_2SO_4 + 2NaOH \longrightarrow Na_2SO_4 + 2H_2O$

* 중화반응의 알짜 이온 반응식

$$\Rightarrow H^+ + OH^- \longrightarrow H_2O$$

2. 중화반응의 양적 관계

산과 염기가 중화하기 위해서는 산이 내는 H^+의 몰 수와 염기가 내는 OH^-의 몰 수가 같아야 한다.

산이 내는 H^+의 몰 수 = 염기가 내는 OH^-의 몰 수

$$\mathbf{n\,M\,V = n'\,M'\,V'}$$

n, n′ : 산과 염기의 가수

M, M′ : 산과 염기의 몰 농도

V, V′ : 산과 염기의 부피

(1) 산

① 1가 산 (HCl, HNO_3, CH_3COOH)
중화 반응 시에 H^+를 1몰 내놓을 수 있다.

② 2가 산 (H_2SO_4, H_2CO_3)
중화 반응 시에 H^+를 2몰 내놓을 수 있다.

③ 3가 산 (H_3PO_4)
중화 반응 시에 H^+를 3몰 내놓을 수 있다.

(2) 염기

① 1가 염기 ($NaOH$, KOH)
중화 반응 시에 OH^-를 1몰 내놓을 수 있다.

② 2가 염기 ($Ca(OH)_2$, $Ba(OH)_2$)
중화 반응 시에 OH^-를 2몰 내놓을 수 있다.

③ 3가 염기 ($Al(OH)_3$)
중화 반응 시에 OH^-를 3몰 내놓을 수 있다.

[예제 8-10] H_2SO_4 1몰을 완전히 중화하기 위해 필요한 NaOH는 몇 몰인가?
또 0.1M H_2SO_4 100mL를 완전히 중화하기 위해 필요한 0.5M NaOH의 부피는 얼마인가?

3. 중화적정

(1) **중화적정** : 농도를 알고 있는 산이나 염기의 수용액을 가지고 농도를 모르는 염기나 산의 수용액의 농도를 결정하는 실험

(2) **표준용액** : 농도를 알고 있는 용액으로서 실험실에서 주로 메스 플라스크를 이용하여 만든다.

(3) 중화적정에서 사용되는 기구
① 피펫 : 산이나 염기 일정량을 취하여 다른 그릇에 옮길 때 사용한다.
② 메스 플라스크 : 용액의 농도를 알고 있는 표준 용액을 만들 때 사용한다.
③ 뷰렛 : 적정하는 데 사용된 용액의 부피를 알고자 할 때 사용하는 기구
④ 비커 또는 삼각 플라스크 : 적정되는 용액을 담는 기구
⑤ 지시약 : 중화 반응의 종말점을 찾는 데 사용된다.

(4) 중화적정곡선
산의 수용액을 염기의 수용액으로 적정한다고 할 때 pH값이 점점 증가하는데 종말점 부근에서는 급격히 변화하고 그 후에는 서서히 변화한다. 이때 가해 준 염기의 부피에 따른 pH 변화를 나타낸 곡선을 중화적정곡선이라고 한다.

① 강염기로 강산을 적정할 때
지시약으로는 페놀프탈레인이나 메틸오렌지 어느 것을 사용해도 좋다.
예 0.1M HCl 10mL에 0.1M NaOH 용액을 가하여 적정할 때

② 강염기로 약산을 적정할 때
당량점에 이르면 생성된 염이 가수분해하여 용액이 약염기성을 띤다.

그러므로 지시약으로는 약염기성에서 변색되는 페놀프탈레인을 사용한다.

㉮ 0.1M CH_3COOH 10mL에 0.1M NaOH 용액을 가하여 적정할 때

③ 약염기로 강산을 적정할 때

지시약으로는 메틸오렌지나 메틸레드를 사용한다.

㉮ 0.1M HCl 10mL에 0.1M NH_4Cl 용액을 가하여 적정할 때

④ 약산을 약염기로 적정할 때

(지시약을 사용할 수 없고 pH 미터나 전기전도도법 사용)

㉮ 0.1M CH_3COOH 10mL에 0.1M NH_4Cl 용액을 가하여 적정할 때

* 산과 염기의 세기와 중화점 : 중화점은 적정되는 산이나 염기의 세기와 무관

0.1M HCl 10mL를 적정할 때 사용되는 0.1M NaOH의 양이나 0.1M CH_3COOH 10mL를 0.1M NaOH로 적정할 때 사용되는 양은 같다.

⑤ 산과 염기의 세기와 중화점에서의 pH : 산과 염기의 세기는 중화점에는 무관하지만 중화점의 pH에는 영향을 준다. 즉, 중화점의 pH는 반드시 7이 되는 것이 아니고 산성 또는 염기성을 나타낼 수 있다.

⑥ 지시약의 선택 : 중화점의 pH가 지시약의 변색 범위에 있는 지시약을 사용한다.

4. 염(Salt)

(1) **염의 정의** : 산의 H^+가 염기의 양이온으로 치환된 화합물이거나, 염기의 OH^-가 산의 음이온으로 치환된 화합물

염 ⇒ 염기의 양이온 + 산의 음이온

Na^+ K^+ Ca^{2+} Mg^{2+} Fe^{2+} 등의 금속이온이나 NH^{4+}	F^- Cl^- O^{2-} S^{2-} 등의 비금속이온이나 $SO_4{}^{2-}$ $NO_3{}^-$ $CO_3{}^{2-}$ CH_3COO^-

(2) **염의 생성** : 염은 다음과 같은 반응에 의해 생성된다.

① 염기와 산의 중화반응 $NaOH + HCl \rightleftharpoons NaCl + H_2O$

② 염기와 산성 산화물의 반응 $2NaOH + CO_2 \rightleftharpoons Na_2CO_3 + H_2O$

③ 염기와 비금속의 반응 $2NaOH + Cl_2 \rightleftarrows NaOCl + NaCl + H_2O$
④ 염기와 양쪽성 산화물의 반응 $2NaOH + Al_2O_3 \rightleftarrows 2NaAlO_2 + H_2O$
⑤ 산과 염기성 산화물의 반응 $2HCl + CaO \rightleftarrows CaCl_2 + H_2O$
⑥ 산과 금속의 반응 $H_2SO_4 + Zn \rightleftarrows ZnSO_4 + H_2$
⑦ 산과 양쪽성 산화물의 반응 $2HCl + ZnO \rightleftarrows ZnCl_2 + H_2O$

(3) 염의 분류

① **중성염**(정염) : 염 속에 수소이온이나 수산화이온이 없는 염
　예 $NaCl$, $CaCO_3$, CH_3COONa
② 산성염 : 염 속에 수소이온이 들어 있는 염
　예 $NaHSO_4$, $KHCO_3$
③ 염기성염 : 염 속에 수산화이온이 들어 있는 염
　예 $Ca(OH)Cl$, $Mg(OH)Cl$

중성염, 산성염, 염기성염은 화학식에 따른 분류일 뿐이고 수용액의 액성과는 직접적인 관계가 없다. 강한 산과 강한 염기의 중화 반응으로 생성된 염은 염의 종류와 그 액성이 일치하지만 그 밖의 경우는 중화 반응으로 생성된 염이 가수분해하여 용액의 액성이 결정된다.

(4) 염의 가수분해

염이 수용액 중에서 이온화할 때 생기는 이온 중 일부가 물과 반응하여 수소이온(H^+)이나 수산화이온(OH^-)을 냄으로써 수용액이 산성이나 염기성을 나타내는 것이다(염의 가수분해 반응은 산, 염기 반응의 일종이며, 물에 녹지 않는 염은 가수분해 반응을 하지 않는다).

(5) 염의 가수분해와 액성

① 강한 산과 강한 염기로 된 염 : 물에 녹아 이온화는 되지만 가수분해는 되지 않는다.

② 강한 산과 약한 염기로 된 염 : 가수분해하여 산성을 나타낸다.
　예 NH_4Cl

③ 약한 산과 강한 염기로 된 염 : 가수분해하여 염기성을 나타낸다.
　예 CH_3COONa

④ 약한 산과 약한 염기로 된 염 : 가수분해되어 다양한 액성을 나타낸다.

8-8 공통 이온효과와 완충용액

pH 변화가 거의 없이 이온평형을 이루는 것을 공통 이온효과(common effect)라고 한다.

CH_3COOH는 이온화도가 낮아 일부만 이온화된다.

$$CH_3COOH \longrightarrow CH_3COO^- + H^+ \cdots\cdots ①$$

CH_3COONa를 위 식에 가하면 역시 일부만 이온화된다.

$$CH_3COONa \longrightarrow CH_3COO^- + Na^+ \cdots\cdots ②$$

그러므로 ①, ②에서 두 물질 모두에 CH_3COO^-가 존재한다. 즉,

$$CH_3COOH \longleftarrow CH_3COO^- + H^+$$

증가된 CH_3COO^- 이온을 감소시키는 방향으로 반응이 진행된다.

따라서 수소이온 농도는 감소하여 pH 변화는 거의 없게 된다(공통 이온효과).

공통 이온효과를 나타내는 용액을 완충용액(buffer solution)이라고 부른다. 완충제는 pH의 갑작스런 변화를 막기 때문에 완충용액에 산과 염기가 첨가되어도 pH가 크게 변하지 않는다.

완충제는 약산과 약산의 염기 또는 약염기와 약염기의 짝산으로 만든다. 즉, [산의 농도]=[짝염기 농도] 또는 [염기 농도]=[짝산의 농도]일 때 완충력이 가장 높다.

CH_3COOH와 CH_3COONa의 완충용액에 HCl을 더하면(즉, 약산, 약염기완충제) 일어나는 반응은 다음과 같다.

$$CH_3COOH \longrightarrow CH_3COO^- + H^+$$
$$HCl \longrightarrow H^+ + Cl^-$$

이때 H^+가 공통 이온으로 작용하여 H^+가 소비되므로 pH에 영향을 주지 않는다.

완충용액의 pH 계산은 Henderson－Hasselbach 식을 이용한다.

$$pH = pKa + \log\frac{[A^-]}{[HA]}$$

pH 완충용액을 만드는 데 사용되는 두 가지 식은 다음과 같다.

$$\text{약산과 그 염의 혼합용액의 } [H^+] = \frac{\text{약산의 M농도}}{\text{염의 M농도}} \times K_a$$

$$\text{약염기와 그 염의 혼합액의 } [OH^-] = \frac{\text{약산의 M농도}}{\text{염의 M농도}} \times K_b$$

8-9 지시약(Indicator)

산(염기)성 용액 중에서 pH에 따라 색상이 변하는 유기물질은 그 자체가 약산, 약염기이다.

즉, 산·염기 적정에서 당량점을 측정하기 위해서 일정한 pH에서 변색하는 지시약을 사용한다.

약산 지시약을 HInd로 표시하면, 용액에서의 평형식을 나타낼 수 있다.

$$\underset{\text{어떤 색깔}}{\underline{HInd}} \rightleftharpoons H^+ + \underset{\text{다른 색깔}}{\underline{Ind^-}}$$

산성 용액에서 HInd색이 나타나고, 염기를 가하면 $[H^+]$가 감소하여, Ind 색이 나타나 평형은 오른쪽으로 기운다.

$$K_{Ind} = \frac{[H^+][Ind^-]}{[HInd]} = [H^+]\frac{[Ind^-]}{[HInd]}$$

$$pH = pK_{Ind} + \log\frac{[Ind^-]}{[HInd]}$$

즉, 지시약의 색이 변하는 pH 범위는 지시약의 해리상수에 의해서 결정된다.

예를 들면, Pherolphthalein의 변색되는 pH 범위는 8.0 ~ 11.0이다.

$$HInd \rightleftharpoons H^+ + Ind^- \text{에서}$$

$[H^+]$가 감소하면 HInd 평형식은 오른쪽으로 이동하여 Ind^-가 많이 생기면서 다른 색이 나타난다.

8–10 완충용액(Buffer solution)

완충용액은 약한 산과 그 짝염기의 혼합물 또는 약한 염기와 그 짝산의 혼합물을 포함한 용액을 가리킨다. 완충용액은 비교적 다량의 센 산 또는 염기를 첨가하여도 pH의 변화가 적다. 이 용액에 염기를 첨가하면 약한 산과 반응하고 산을 가하면 약한 염기와 반응하여 pH의 변화가 미미하다.

원하는 pH의 완충용액을 만들기 위해서는 적당히 약한 산 또는 염기와 그 염들을 혼합한다. 이때 농도비 이외에 다음의 여러 가지 인자들을 고려하여야 한다.

① 완충범위, 즉 완충용액이 효과적으로 작용할 수 있는 pH의 범위
② 알아볼 수 있을 정도의 pH 변화없이 첨가할 수 있는 센 산 또는 센 염기의 양을 결정하는 완충 용량
③ 원하지 않는 반응을 최소로 줄여야 하는 계의 화학적 성질

완충용액의 히드로륨 이온의 농도를 다음과 같이 pH로 나타내는 것이 편리하다.

$$HA + H_2O \rightleftarrows H_3O^+ + A^-$$

$$[H_3O^+] = Ka\,\frac{[HA]}{[A^-]}$$

−log를 양변에 취하면,

$$pH = pKa + \log\frac{[A^-]}{[HA]}$$

같은 방법으로 pOH에 대한 식을 얻는다.

$$B + H_2O \rightleftarrows BH^+ + OH^-$$

$$pOH = pK_b + \log\frac{[BH^+]}{[B]}$$

완충용액에서 pH 변동을 극소로 일으키고, 완충 용량을 최대로 하기 위한 산과 염의 최적비는 1 : 1이다.

이와 같은 조건에서는 pH = pKa이며, 모든 경우에 $[A^-]$ / [HA]비가 10^{-1}~10^1의 범위 안에 있도록 한다.

[예제 8-11] pH가 5.70인 완충용액을 만들려면 아세트산과 아세트산나트륨의 농도비를 얼마로 하면 되겠는가?

풀이 $[H_3O^+] = Ka\ \dfrac{[HA]}{[A^-]}$

$$\frac{[HC_2H_3O_2]}{[C_2H_3O_2^-]} = \frac{[H^+]}{Ka}$$

pH가 5.70일 때 H^+의 농도는 $[H^+] = 2.0 \times 10^{-6}$M이다.

따라서,

$$\frac{[HC_2H_3O_2]}{[C_2H_3O_2^-]} = \frac{[H^+]}{Ka} = \frac{2.0 \times 10^{-6}}{1.8 \times 10^{-6}} = \frac{1}{9}$$

8-11 용해도곱(Solubility product constant; K_{sp})

염의 포화용액을 만들면 해리된 이온과 용기 밑바닥에 있는 녹지 않은 고체 사이에 동적 평형이 이루어진다. 염화은의 포화용액에서 평형을 이루고 있다고 가정하면 다음과 같이 나타낼 수 있다.

$$AgCl(s) \rightleftharpoons Ag^+(aq) + Cl^-(aq)$$

이 상태에 대한 평형상수는 다음과 같다.

$$K = \frac{[Ag^+][Cl^-]}{[AgCl(s)]}$$

순수한 고체의 농도는 존재하는 고체의 양과 무관하다. 즉, 고체의 농도는 일정하며 상수 K 속에 포함시킬 수 있다. 따라서 평형상수 K에 고체 AgCl의 농도를 곱한 것은 여전히 상수이다. 이것은 K_{SP}로 표시하며, 용해도곱 상수라고 부른다.

$$K[AgCl(s)] = K_{SP} = [Ag^+][Cl^-]$$

$Mg(OH)_2$와 같이 녹지 않은 고체의 경우에는 해리평형의 계수가 전부 1인 것은 아니다.

$$Mg(OH)_2(s) \rightleftharpoons Mg^+(aq) + 2OH^-(aq)$$

$Mg(OH)_2$의 K_{SP}는 다음과 같다.

$$K_{SP} = [Mg^{+}][OH^{-}]$$

용해도곱 상수는 포화용액의 이온 농도들을 해리방정식의 화학량론적 계수만큼 거듭제곱한 다음에 서로 곱해 준 것과 같다.

표 8-3 용해도곱 상수

화합물	K_{SP}	화합물	K_{SP}
$Al(OH)_3$	2×10^{-33}	PbS	7×10^{-27}
$BaCO_3$	8.1×10^{-9}	$Mg(OH)_2$	1.2×10^{-11}
$BaCrO_4$	2.4×10^{-10}	MgC_2O_4	8.6×10^{-5}
BaF_2	1.7×10^{-6}	$Mn(OH)_2$	4.5×10^{-14}
$BaSO_4$	1.5×10^{-9}	MnS	7×10^{-16}
CdS	3.6×10^{-29}	Hg_2Cl_2	2×10^{-18}
$CaCO_3$	9×10^{-9}	HgS	1.6×10^{-54}
CaF_2	1.7×10^{-10}	NiS	2×10^{-21}
$CaSO_4$	2×10^{-4}	$AgC_2H_3O_2$	2.3×10^{-3}
CoS	3×10^{-25}	Ag_2CO_3	8.2×10^{-12}
CuS	8.5×10^{-36}	$AgCl$	1.7×10^{-10}
Cu_2S	2×10^{-47}	$AgBr$	5×10^{-13}
$Fe(OH)_2$	2×10^{-15}	AgI	8.5×10^{-17}
$Fe(OH)_3$	1.1×10^{-36}	Ag_2CrO_4	1.9×10^{-12}
FeC_2O_4	2.1×10^{-7}	$AgCN$	1.6×10^{-14}
FeS	3.7×10^{-19}	Ag_2S	2×10^{-49}
$PbCl_2$	1.6×10^{-5}	$Sn(OH)_2$	5×10^{-26}
$PbCrO_4$	1.8×10^{-14}	SnS	1×10^{-26}
PbC_2O_4	2.7×10^{-11}	$Zn(OH)_2$	4.5×10^{-17}
$PbSO_4$	2×10^{-8}	ZnS	1.2×10^{-23}

용해평형에 관계되는 계산 문제는 대략 세 가지로 나타낼 수 있다.

① 용해도 자료에서 K_{SP} 계산

② K_{SP}에서 용해도 계산

③ 침전에 관한 문제

[예제 8-12] 25°C에서 $BaSO_4$의 용해도는 0.0091g/L이다. $BaSO_4$의 K_{SP}는 얼마인가?

풀이 용해도에서 $1dm^3$용액에 녹아 있는 $BaSO_4$의 몰 수를 계산하면 다음과 같다.

$$0.0091g/L \times \frac{1mol}{233g} = 3.9 \times 10^{-5}mol/L$$

$BaSO_4$의 용해평형은 다음과 같다.

$$BaSO_4(s) \rightleftharpoons Ba^{2+}(aq) + SO_4^{2-}(aq)$$

$BaSO_4$ 1mol이 용해되면 1mol의 Ba^{2+}와 1mol의 SO_4^{2-}가 생긴다. 따라서 25°C에서 이 포화용액 안에 있는 Ba^{2+}와 SO_4^{2-}의 몰 농도를 구하면 다음과 같다.

$$[Ba^{2+}] = 3.9 \times 10^{-5}M$$
$$[SO_4^{2-}] = 3.9 \times 10^{-5}M$$

따라서 $K_{SP} = [Ba^{2+}][SO_4^{2-}]$
$= (3.9 \times 10^{-5})(3.9 \times 10^{-5}) = 1.5 \times 10^{-9}$

[예제 8-13] 25°C에서 물에 대한 AgCl의 용해도는 얼마인가?

풀이 용해평형은 다음과 같다.

$$AgCl(s) \rightleftharpoons Ag^+ + Cl^-$$

K_{SP} 값은 다음과 같다.

$$K_{SP} = [Ag^+][Cl^-] = 1.7 \times 10^{-10}$$

$1dm^3$ 속에 용해되어 있는 AgCl의 몰 수를 x라고 하면 AgCl이 수용액에서 완전히 해리되므로 Ag^+, Cl^-의 농도는 다음과 같다.

	처음 농도	변화 농도	평형 농도
Ag^+	0.0	$+x$	x
Cl_4^{2-}	0.0	$+x$	x

이 평형농도를 K_{sp}식에 대입한다.

$$K_{sp} = (x)(x) = 1.7 \times 10^{-10}$$
$$x^2 = 1.7 \times 10^{-10}$$
$$x = 1.3 \times 10^{-5}$$

따라서 물에 대한 AgCl의 몰 용해도(mol/dm^3 단위로 나타낸 용해도)는 $1.3 \times 10^{-5}M$이 된다.

[예제 8-14] 25°C에서 Ag_2CrO_4의 포화용액에 있는 Ag^+와 CrO_4^{2-}의 농도를 구하시오.

풀이 Ag_2CrO_4의 평형반응은 다음과 같다.

$$Ag_2CrO_4(s) \rightleftharpoons 2Ag^+ + CrO_4^{2-}$$

CrO_4^{2-} 1mol이 생성될 때마다 2mol의 Ag^+가 생성된다. 1L 속에 용해되어 있는 Ag_2CrO_4의 몰 수를 x라 하면 다음과 같은 표를 만들 수 있다.

	처음 농도	변화 농도	평형 농도
Ag^+	0.0	$+2x$	$2x$
CrO_4^{2-}	0.0	$+x$	x

K_{SP} 식은 다음과 같다.

$$K_{SP} = [Ag^+]^2[CrO_4^{2-}] = (2x)^2(x)$$

여기에 K_{SP} 값(표 8-3)을 대입하고 x의 값을 구한다.

$$K_{SP} = (2x)^2(x) = 1.9 \times 10^{-12}$$
$$(4x^2)x = 4x^3 = 1.9 \times 10^{-12}$$
$$\therefore x = 7.8 \times 10^{-5}$$

따라서

$$[Ag^+] = 2(7.8 \times 10^{-5}) = 1.6 \times 10^{-4}M$$
$$[CrO_4^{2-}] = 7.8 \times 10^{-5}M$$

포화용액은 이온곱, 즉 알맞게 제곱승한 이온 농도들의 곱이 엄밀하게 KSP와 같을 때만 존재할 수 있다. 이온곱이 K_{SP}보다 작을 때는 이것과 같아질 때까지 더 많은 염이 녹아서 이온 농도를 증가시키므로 불포화용액이다.

[예제 8-15] 0.003M의 $Pb(NO_3)_2$ 용액 $100cm^3$를 0.04M의 용액 Na_2SO_4 용액 $400cm^3$와 혼합하면 $PbSO_4$의 침전이 생기는가?

풀이 $PbSO_4$ 포화용액의 K_{SP} 식은 다음과 같다.

$$K_{SP} = [Pb^{2+}][SO_4^{2-}]$$

0.003M의 용액 $Pb(NO_3)_2$ $100cm^3$에는 Pb^{2+}가 다음과 같이 포함되어 있다.

$$(0.1L) \times (0.003mol/L) = 0.0003mol\ Pb^{3+}$$

Na_2SO_4 용액 400cm^3 속에 들어 있는 SO_4^{2-}의 몰 수는 다음과 같다.

$$(0.4L) \times (0.04mol/L) = 0.0163mol\ SO_4^{2-}$$

500cm^{3}에 들어 있는 Pb^{2+}의 농도를 구하면 다음과 같다.

$$\frac{0.0003mol}{0.5L} = 0.0006 = 6.0 \times 10^{-4}M$$

또한 500cm^{3}에 들어 있는 SO_4^{2-}의 농도를 구하면 다음과 같다.

$$\frac{0.0003mol}{0.5L} = 0.032 = 3.2 \times 10^{-2}M$$

그러므로 최종 용액의 이온곱은 다음과 같다.

$$[Pb^{2+}][SO_4^{2-}] = (6.0 \times 10^{-4})(3.2 \times 10^{-2}) = 1.9 \times 10^{-5}$$

$PbSO_4$의 $K_{SP}(2 \times 10^{-8})$와 이온곱을 비교하면 이온곱이 K_{SP}보다 훨씬 크다. 따라서 침전이 생긴다.

반면에 이온곱이 K_{SP}보다 클 때는 이온 농도를 낮추려고 염의 일부가 침전되는데, 이를 과포화용액이라고 한다.

8-12 착이온

많은 금속이온, 특히 전이원소의 이온은 하나 이상의 다른 분자나 이온과 결합하여 착이온을 형성하려는 경향이 있다. 이때 금속이온과 결합하는 물질을 리간드라고 한다. 이들은 보통 루이스 염기이다.

① 중성 분자(H_2O, NH_3 등)
② 일원자 음이온(Cl^-, Br^- 등)
③ 다원자 음이온(CN^-, $C_2O_4^{2-}$ 등)

착이온의 평형을 취급하는 데는 두 가지 방법이 있다. 그 하나는 해리평형을 생각하는 것이다. 예를 들면, $Ag(NH_3)_2^+$의 평형해리반응은 다음과 같다.

$$Ag(NH_3)^+ \rightleftharpoons Ag^+ + 2NH_3$$

이 반응에 대한 평형상수를 불안정도상수라고 부른다. 이것은 K_{inst} 값이 클수록 해리하려는 경향이 커져서 착물의 안정성이 더 낮아지기 때문이다.

$Ag(NH_3)^+$이온의 평형식은 다음과 같다.

$$K_{inst} = \frac{[Ag^+][NH_3]^2}{[Ag(NH_3)_2{}^+]}$$

이 착물의 불안정도상수 값은 6.0×10^{-4}이라고 알려져 있다. 이 상수의 크기로 보아 이 착물은 매우 안정하며, 또한 Ag^+와 NH_3를 같은 용액에 넣을 때는 언제나 쉽게 이것이 형성됨을 확인할 수 있다. 그 외의 착이온들과 그들의 불안정도상수 값은 표 8－3에 나타나 있다.

착이온에 대한 평형을 나타내는 또 한 가지 방법은 다음과 같이 착이온의 생성반응을 이용하는 것이다. 예를 들면, 다음과 같은 평형을 생각할 수 있다.

$$Ag^+ + 2NH_3 \rightleftharpoons Ag(NH_3)_2{}^+$$

이때의 평형식은 K_{inst}식의 역일 뿐이다.

이 경우의 평형상수를 형성상수 또는 안정도상수라고 부른다(표 8－3 참조).

$$K_{form} = \frac{[Ag(NH_3)_2{}^+]}{[Ag^+][NH_3]^2}$$

$$K_{form} = \frac{1}{K_{inst}}$$

착이온의 평형상수는 불안정도상수라고도 부른다.

표 8-4 착이온의 불안정도상수와 형성상수

착이온	K_{inst}	K_{form}
$AlF_6{}^{3-}$	1.5×10^{-20}	6.7×10^{19}
$Cd(CN)_4{}^{2-}$	1.3×10^{-17}	7.7×10^{16}
$Co(NH_3)_6{}^{2+}$	1.3×10^{-5}	7.7×10^{4}
$Co(NH_3)_6{}^{3+}$	2.0×10^{-3}	45.0×10^{33}
$Cu(NH_3)_4{}^{2+}$	2.1×10^{-13}	4.8×10^{12}
$Cu(CN)_2{}^{-}$	1.0×10^{-16}	1.0×10^{16}
$Fe(CN)_4{}^{-}$	1.0×10^{-35}	1.0×10^{35}
$Fe(CN)_6{}^{3-}$	1.1×10^{-42}	9.1×10^{45}
$Ni(NH_3)_4{}^{2+}$	1.1×10^{8}	9.1×10^{7}
$Ni(NH_3)_6{}^{2+}$	2.0×10^{-9}	5.0×10^{8}
$Ag(NH_3)_2{}^{+}$	6.0×10^{-8}	1.7×10^{7}
$Ag(CN)_2{}^{-}$	1.9×10^{-19}	5.3×10^{18}
$Zn(OH)_4{}^{2-}$	3.6×10^{-16}	2.8×10^{15}

8-13 적정곡선

산-염기 적정이란, 농도를 모르는 산(또는 염기)의 용액 일정량에 이것과 완전히 반응하는 농도를 알고 있는 염기(또는 산)의 부피를 알아냄으로써 산(또는 염기)의 농도를 알아내는 방법이다.

적정곡선은 가해진 염기(또는 산)의 부피에 대한 산(또는 염기) 용액의 pH 변화를 그린 곡선이다. 이는 적정 과정의 관찰과 지시약 선택에 유용하다.

1. 강염기에 의한 강산의 적정

그림 8-1은 0.1M HCl 용액 25mL를 0.1M NaOH로 적정하였을 때 적정곡선(tritration curve)을 나타낸 것이다.

적정한 NaOH의 양이 산의 양과 비슷할 때까지는 pH의 변화가 천천히 진행되지만 당량점 부근(3.0~11.0)에서 급격히 변화하는 것을 볼 수 있다. 당량점은 적정하는 동안 반응물에 화학양론적 양이 가해진 지점이다.

당량점에서 NaOH와 HCl로 형성된 용액의 pH는 가수분해하지 않은 NaCl을 포함하기 때문에 7.0이다. 이 당량점을 알아내기 위해 pH 3~11 범위에서 변색하는 페놀프탈레인 지시약을 이용한다.

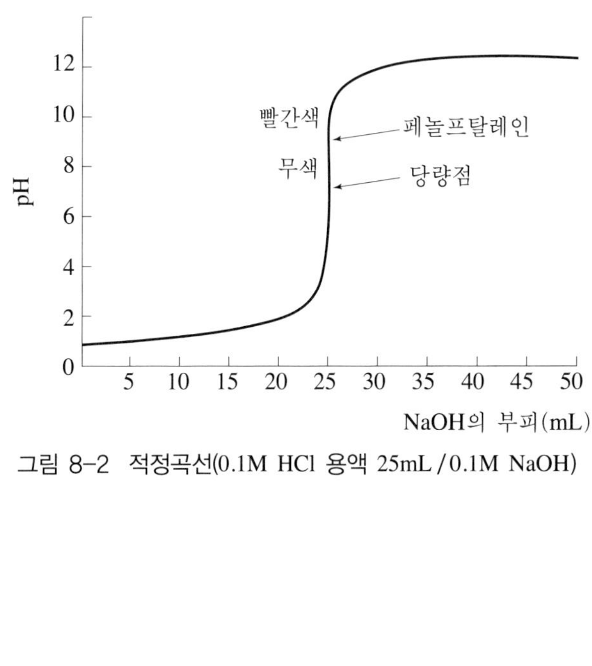

그림 8-2 적정곡선(0.1M HCl 용액 25mL / 0.1M NaOH)

2. 강염기에 의한 약산의 적정

강염기로 약산을 적정하는 경우는 강염기로 강산을 적정하는 경우와 약간 다른 곡선을 나타낸다. 그림 8-2는 0.001M 니코틴산 25mL를 0.1M NaOH로 적정할 때 적정곡선이다.

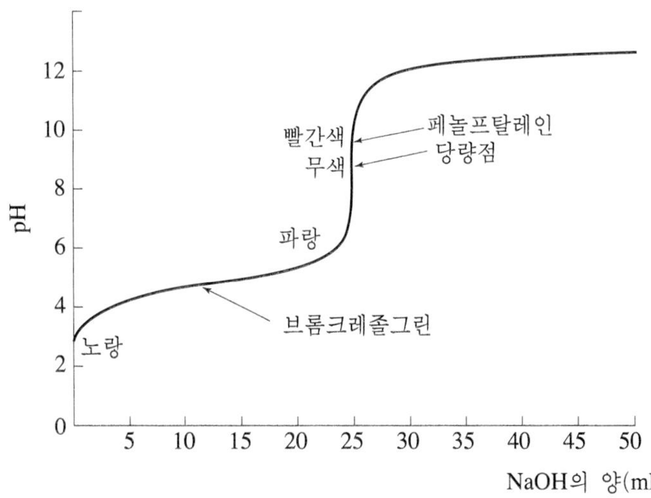

그림 8-3 적정곡선(0.001M 니코틴산 25mL / 0.1M NaOH)

이 적정곡선은 니코틴산이 약산이기 때문에 HCl의 적정보다 높은 pH에서 적정점이 시작된다. pH의 변색범위는 pH 7~11이며, 이는 강산을 강염기로 적정할 때보다 급변하는 pH의 범위가 좁다. 따라서 지시약의 선택이 제한된다. 페놀프탈레인은 이용이 가능하나, 브롬크레졸그린은 이용할 수 없다.

3. 강산에 의한 약염기의 적정

강염기로 약산을 적정하는 경우와 비슷한 곡선을 얻을 수 있다.

그림 8-3은 0.1몰 NH_3 25mL를 0.1몰 HCl로 적정했을 때 pH 변화를 나타낼 수 있다.

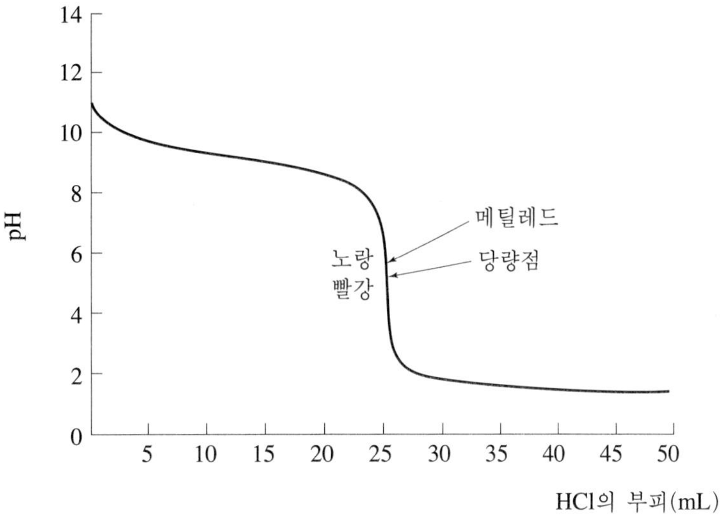

그림 8-4 적정곡선(0.1M NH_3 25mL / 0.1M HCl)

이 경우에 처음에는 pH가 서서히 감소하는 듯하나 나중에는 pH 7~3까지 급격히 감소한다. 당량점을 찾기 위한 지시약으로는 이 범위에서 변색하는 메틸레드를 이용할 수 있으나, 페놀프탈레인은 이용할 수 없다.

[예제 8-16] 0.350M NaOH 25.0mL를 중화시키기 위해 0.100M HCl은 얼마 필요한가?

풀이 0.350M NaOH 25.0mL에 포함된 OH^- 이온의 몰 수는

$$25.0\text{mL NaOH} \times \frac{0.350\text{M OH}^-}{100\text{mL NaOH}} = 8.75 \times 10^{-3}\text{mol OH}^-$$

8.75×10^{-3}mol의 OH^-이온을 중화시키기 위해 필요한 H^+이온의 양도 8.75×10^{-3}mol이다.

이 양을 생성하는 데 필요한 0.100M HCl의 부피는

$$V \times \frac{0.100\text{mol H}^+}{\text{L}} = 8.75 \times 10^{-3}\text{mol H}^+$$

$$V = 8.75 \times 10^{-3}\text{mol H}^+ \times \frac{\text{L}}{0.100\text{mol H}^+} \times \frac{0.100\text{mol H}^+}{1\text{L}}$$

0.350M NaOH 25.0mL를 중화시키는 데는 0.100M HCl 87.5mL가 필요하다.

제 9 장 산화와 환원(Oxidation & Reduction)

9-1 산화와 환원

1. 산화와 환원의 정의

어떤 원소가 산소와 결합할 때 이 원소는 산화되었다고 하며, 산소를 잃었을 때에 이 산화물은 환원되었다고 한다. 어떤 원소가 수소와 결합한 때는 산소를 잃는 것과 같은 효과이므로 그 원소는 환원되었다고 한다.

일반적으로 금속화합물이 금속으로 되었을 때 그 화합물은 환원되었다고 하며, 금속이 화합물로 되었을 때 그 금속은 산화되었다고 정의한다.

$$2AgNO_3 + Cu \longrightarrow 2Ag + Cu(NO_3)_2$$

① $AgNO_3$는 환원되었다(Cu에 의해 e^-를 얻음).
② Cu는 산화되었다($AgNO_3$에 의해 e^-를 잃음).

위의 식에서

$$Ag^+ + e^- \longrightarrow Ag, \quad Cu \longrightarrow Cu^{2+} + 2e^-$$

Ag는 전자를 얻고(환원), Cu는 전자를 잃었다(산화).

Ag는 이온가의 감소(+1가 → 0가)를, Cu는 이온가의 증가(0가 → +2가)를 가져왔으므로 H_2O와 같은 공유결합물질에도 이 이온가처럼 원자가에 부호를 가진 수를 고안하여 산화환원을 통일적으로 취급하는데 이를 산화수라고 한다.

산화수가 증가하여 있는 원자를 갖는 물질을 산화되었다고 하며, 산화수가 감소되어 있는 원자를 갖는 물질은 환원되었다고 정의한다. 어떤 물질이 산소, 수소와 결합하거나 혹은 산소, 수소를 잃는 반응만이 아닌 넓은 의미에서 전자의 주고받음이 일어나고 있는 반응을 볼 때에 한 쪽의 물질이 산화되면 상대물질은 환원되므로 산화환원반응은 반드시 동시에 일어나는 반응이다.

표 9-1 산화와 환원

물 질	산 화	환 원
산소	얻는다	잃는다
수소	잃는다	얻는다
전자	잃는다	얻는다
산화수	증가	감소

[예제 9-1] 다음의 화학반응이 산화반응인지 환원반응인지를 구분하라.

- $2Mg + O_2 \longrightarrow 2MgO$
- $CuO + H_2 \longrightarrow Cu + H_2O$
- $H_2S \longrightarrow H_2 + S$
- $Cl_2 + H_2 \longrightarrow 2HCl$
- $Zn \longrightarrow Zn^{2+} + 2e^-$
- $Cu^{2+} + 2e^- \longrightarrow Cu$
- $Zn + 2HCl \longrightarrow ZnCl_2 + H_2$
- $CuCl_2 + Zn \longrightarrow ZnCl_2 + Cu$

2. 산화 · 환원 반응의 예

① 치환반응
② 금속의 부식, 금속의 제련, 연소반응, 전기분해, 전기도금, 화학전지의 반응
③ 표백, 탈색, 살균작용
④ 생물체의 호흡, 소화, 부패작용 등

3. 금속의 이온화 경향

금속이 전자를 잃고 양이온이 되려는 경향을 이온화 경향이라고 하며, 이것을 상대적 세기의 순으로 나열한 것을 이온화 서열이라고 한다.

이온화 경향이 큰 금속은 이온화 경향이 작은 금속이온에 전자를 주어 자신은 산화되고 금속이온을 환원시킨다.

① 금속의 이온화 경향

K > Ca > Na > Mg > Al > Zn > Fe > Co > Ni > Sn > Pb > (H) > Cu > Hg > Ag > Pt > Au

← 이온화 경향이 크다(전자를 잘 내놓는다), 이온화 경향이 작다(전자를 잘 내놓기 어렵다.) →
← 표준 산화 전위값이 크다, 표준 환원 전위값이 크다 →

9-2 산화수

1. 정의

한 원소의 산화수는 분자의 알짜전하를 알기 위해 한 분자 속에 있는 원자들에게 지정된 수이다. 즉, 산화수는 산화 · 환원반응을 이해하는 데 도움이 되도록 만들어졌으며, 특히 공유결합의 경우는 모든 전자가 전기음성도가 큰 원자에 속한다는 가정하에서 원자에 임의로 할당된 전하이다.

즉, 공유 전자쌍이 그것을 더 세게 끌어당기는 원자에 속해 있다고 가정할 때, 그 원자가 가지는 전하를 산화수라고 한다.

어떤 물질의 성분 원소가 그 물질 속에서 어느 정도로 산화 또는 환원되었는지를 나타내는 수치이다. 전자를 잃은 산화 상태는 (+)의 산화수로, 전자를 얻은 환원 상태는 (−)의 산화수로 나타낸다.

산화수의 몇 가지 예를 들면 다음과 같다.

H_2SO_4 산화수는 0이므로, s의 산화수를 x라고 하면

$$(+1)\times 2+x+(-2)\times 4 = 0$$

$x = +6$이 된다.

$S_2O_3^{2-}$ 에서 산화수는 −2이므로,

$$(x)(2)+(-2)(3) = -2$$

$x = +2$이다.

$Na_2S_4O_6$ 산화수 총합은 0이므로,

$$(+)(2)+(x)(4)+(-2)(6) = 0$$

$x = 2.5$이다.

화합물 속의 알칼리 및 알칼리 토금속의 산화수는 각각 +1, +2이다.

물질 중의 원자가, 산화 또는 환원된 정도는 원자 사이에 주고받는 전자수로 나타내며, 전자를 잃은 상태를 +, 얻은 상태를 −로 나타낸다.

$$CuO + H_2 \longrightarrow Cu + H_2O$$

위 식에서 CuO는 Cu로 환원되었고, H_2는 H_2O로 산화되었다.

2. 산화수 결정

공유결합 물질에서 산화수를 결정하는 원리는 다음과 같다.

① 홑원소 물질을 이루는 원자의 산화수는 0이다.

예) H_2, Cu, N_2, Fe, P_4, C, O_2, Cl_2, Mg

② 한 가지 원소로 이루어진 이온(단원자 이온)의 산화수는 그 이온의 전하량과 같다.

예) Cu^{2+}의 산화수 +2, Cl^-의 산화수 −1, Fe^{3+}의 산화수 +3

③ 수소 화합물에서 수소 원자의 산화수는 +1이다.
예외 : 금속의 수소 화합물에서 H의 산화수는 −1이다.

예) HCl, NH_3, CH_4
LiH, NaH, MgH_2, CaH_2, BeH_2, $LiAlH_4$

④ 산소 화합물에서 산소 원자의 산화수는 −2이다.

예) H_2O, MgO, CO_2,에서 O의 산화수는 −2

예외 : H_2O_2, Na_2O_2, BaO_2에서 O의 산화수는 −1이다
OF_2에서 F가 전기음성도가 더 크기 때문에 O의 산화수는 +2이다.

⑤ 금속 화합물에서 1족 원자는 +1, 2족 원자는 +2, 13족 원자는 +3의 산화수를 가진다.

예) 1족 원소: KOH, Na_2CO_3에서 K와 Na의 산화수는 +1이다.
2족 원소: MgO, $CaCO_3$, $BaSO_4$에서 Mg, Ca, Ba의 산화수는 +2

⑥ 중성의 화합물을 이루고 있는 각 원자들의 산화수의 총합은 0이다.

예) H_2O : $2 \times (+1) + (-2) = 0$
H_2SO_4 : $2 \times (+1) + (+6) + 4 \times (-2) = 0$
MgO : $(+2) + (-2) = 0$

⑦ 라디칼이온(다원자 이온)을 구성하는 원자들의 산화수의 총합은 그 이온의 전하수와 같다.

예) SO_4^{2-} : $(+6) + 4 \times (-2) = -2$
PO_4^{3-} : $(+5) + 4 \times (-2) = -3$
NH_4^+ : $(-3) + 4 \times (+1) = +1$

⑧ 비금속 화합물에서 비금속 원자의 산화수는 일반적으로 6족 원자는 −2, 17족 원자는 −1의 산화수를 갖는다 (octet 규칙에 의해)

예 6족 원소 : H_2O, H_2S에서 O와 S의 산화수는 −2 이다
7족 원소 : BF_3, NaCl, $CaCl_2$, KI에서 F와 Cl와 I의 산화수는 −1이다

[예제 9-2] 다음 밑줄 친 원소들의 산화수를 구하라.

$H_2\underline{S}O_4$, $K_2\underline{Cr}_2O_7$, $\underline{S}O_4^{2-}$, $\underline{C}_2O_4^{2-}$ $\underline{Fe}_2O_3$, $Na\underline{Cl}O_3$, $Na\underline{H}$, $\underline{S}_2O_3^{2-}$, $H\underline{N}O_3$, $\underline{N}H_4\underline{N}O_3$

3. 산화 · 환원반응의 동시성

한 반응에서 전자를 잃는 물질이 있으면 그 전자를 얻는 물질이 반드시 존재하므로, 산화와 환원 반응은 항상 동시에 일어난다.

[예제 9-3] 다음 각 반응에서 산화수를 이용하여 산화된 원자와 환원된 원자를 찾아라.

- $2HNO_3 + 3H_2S \longrightarrow 2NO + 3S + H_2O$
- $SO_2 + 2H_2S \longrightarrow 2H_2O + 3S$
- $FeCl_3 + SnCl_2 \longrightarrow 2FeCl_2 + SnCl_4$
- $MnO_2 + 4HCl \longrightarrow MnCl_2 + 2H_2O + Cl_2$

9-3 산화제와 환원제

자신은 환원되면서 상대방을 산화시키는 물질을 산화제라고 하며, 자신은 산화되면서 상대방을 환원시키는 물질을 환원제라고 한다.

1. 산화제(oxidation agent)

① 전자를 얻는 성질이 클수록 자신은 환원이 잘되므로 강한 산화제이다 (7족 원소).

② 비금속 중 전기음성도가 큰 홑원소 물질이다.
③ 높은 산화 상태의 원자를 포함하거나 또는 산소를 내놓기 쉬운 물질

예) $KMnO_4$, $HClO_4$, $K_2Cr_2O_7$, SO_3, HNO_3 등

④ 전자친화도가 크고 이온화 에너지가 큰 비금속 원소
⑤ 같은 원소가 여러 가지 산화수를 가질 경우, 산화수가 가장 큰 원자를 가진 화합물이 가장 강한 산화제이다.

예) $KMnO_4$, MnO_2, Mn_2O_3, $MnCl_2$ 중에서 가장 강한 산화제는 $KMnO_4$이다.

2. 환원제(reduction agent)

① 전자를 내놓는 성질이 클수록 자신은 산화가 잘 되므로 강한 환원제이다(1족 원소).
② 전기음성도가 작은 원소이다.
③ 낮은 산화 상태의 원자를 가지고 있는 물질

예) $FeCl_2$, $SnCl_2$, H_2S

④ 이온화 에너지가 작은 원소의 홑원소 물질
⑤ 한 원소가 여러 가지 산화수를 가질 경우, 산화수가 작을수록 강한 환원제이다.

예) H_2S, S, SO_2, SO_3에서 가장 강한 환원제는 H_2S이다.

3. 산화제와 환원제의 상대성

산화환원반응에서 전자를 내놓으려는 경향과 전자를 얻으려는 경향은 상대적이므로 산화제와 환원제의 세기도 상대적이다.

예) SO_2나 H_2O_2는 때에 따라서 산화제로도 환원제로도 작용한다.

- $2SO_2 + O_2 \longrightarrow 2SO_3$
- $SO_2 + 2H_2S \longrightarrow 3S + 2H_2O$
- $2FeSO_4 + H_2O_2 + H_2SO_4 \longrightarrow Fe_2(SO_4)_3 + 2H_2O$
- $2KMnO_4 + 3H_2SO_4 + 5H_2O_2 \longrightarrow K_2SO_4 + 2MnSO_4 + 8H_2O + 5O_2$

9-4 산화제와 환원제의 당량

(1) $\dfrac{\text{산화제(환원제)의 화학식량}}{\text{산화제(환원제)의 산화수의 감소(증가) 수}}$

(2) $\dfrac{\text{산화제(환원제)의 화학식량}}{\text{산화제(환원제)가 받아들이는(방출하는)(H)수}}$

(3) $\dfrac{\text{산화제(환원제)의 화학식량}}{\text{산화제(환원제)가 받아들이는(방출하는)(O)의 2배수}}$

그리고 당량에 g을 붙인 만큼의 양을 1g당량이라고 한다.

㉠ $K_2Cr_2O_7 + 4H_2SO_4 \longrightarrow K_2SO_4 + Cr_2(SO_4)_3 + 4H_2O + 3(O)$

Cr의 산화수: $+6 \longrightarrow +3$(3감소)

Cr 의 원자수: 2

$\dfrac{K_2Cr_2O_7 \text{ 의 화학식량}}{3 \times 2} = \dfrac{296.2}{6} = 49.0 \cdots\cdots K_2Cr_2O_7$ 1g당량

따라서 $K_2Cr_2O_7$ 1g당량은 49g이다.

9-5 산화수법(oxidation number method)

첫째, 산화수를 구한다.

$$\begin{array}{cccccc} Cu & + H^+ & + NO_3^- \longrightarrow & Cu^{2+} & + NO & + H_2O \\ (0) & (+1) & (+5) & (+2) & (+2) & (+2) \end{array}$$

둘째, 증가한 산화수와 감소한 환원수는 같으므로 산화수가 2증가한 Cu에 3을 곱하고, 산화수가 3감소한 NO_3^-에 2를 곱한 다음 H_2O를 이용하여 산소의 균형을 맞추고, H^+를 이용하여 수소의 균형을 맞춘다.

$$3Cu + 8H^+ + 2NO_3^- \longrightarrow 3Cu^{2+} + 2NO + 4H_2O$$

이를 단계별로 정리하면 다음과 같다.

① 1단계 : 반응식, 생성식의 산화수를 구한다.

산화 (2 증가)

$$Cu + H^{+} + NO_{3-} \longrightarrow Cu^{2+} + NO + H_2O$$

환원 (3 감소)

표 9-2 산화와 환원

산화의 예	산화	구분	환원	환원의 예
$C + O_2 \longrightarrow CO_2$	얻음	산소	잃음	$2CO_2 \longrightarrow 2Cu + O_2$
$2H_2O \longrightarrow 2H_2 + O_2$	잃음	수소	얻음	$Cl_2 + H_2 \longrightarrow 2HCl$
$Zn \longrightarrow Zn^{2+} + 2e^{-}$	잃음	전자	얻음	$Cu^{2+} + 2e^{-} \longrightarrow Cu$
$2I^{-} \longrightarrow I_2,\ -1 \longrightarrow 0$	증가	산화수	감소	$2H^{+} \rightarrow H_2,\ +1 \longrightarrow 0$

② 2단계 : 증가산화수와 감소산화수는 같다. 증가분에 3을 곱하고, 감소분에 2를 곱한다.

산화 (+2 × 3= 3)

$$3Cu + H^{+} + 2NO_3^{-} \longrightarrow 3Cu^{2+} + 2NO + H_2O$$

환원 (−3×2= −6)

③ 3단계 : 물질의 계수를 맞추고, 원소들의 전하균형이 맞았는가 확인한다.

$$3Cu + 8H^{+} + 2NO_3^{-} \longrightarrow 3Cu^{2+} + 2NO + 4H_2O$$

제10장 기체법칙

기체 분자는 자유로운 직선운동을 하며, 이 운동에 의해 압력이 나타난다. 따라서 온도가 증가하게 되면 기체 분자의 운동이 활발해져 부피가 증가한다. 고무풍선을 적당히 부풀게 하여 드라이아이스에 넣으면 부피가 줄어드는 것을 확인할 수 있다. 이러한 기체의 부피 변화는 온도와 압력으로 조절이 가능하다.

기체의 압력은 기체 분자들과 그 주위 표면과의 일정한 충돌의 결과이다. 단위 시간당 충돌 횟수가 많을수록, 운동 속도가 빠를수록, 분자수가 많을 수록, 용기의 부피가 작을수록, 온도가 높을수록, 충돌이 크며 압력이 크다. 산에 오르거나 비행기가 뜰 때 압력이 감소해 귀의 고통을 느낀다.

기체의 압력은 압력계(manometer)로 측정하며, 대기압은 기압계(barometer)를 사용하여 측정한다.

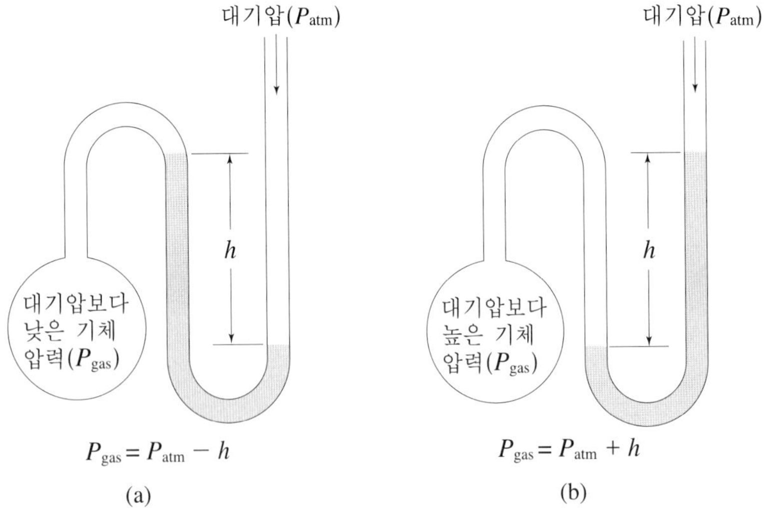

그림 10-1 압력계

압력을 나타내는 데 사용되는 압력단위로는 mmHg가 대표적이며, torr이라고 쓰기도 한다. 압력은 단위면적당 미치는 힘으로 나타내므로(압력 = 힘/면적), SI단위로는 Pa(파스칼) = N/m^2을 사용한다.

$$
\begin{aligned}
1\text{기압} &= 1\text{atm(atmosphere)} \\
&= 760\text{mmHg} \\
&= 760\text{torr} \\
&= 101.324\text{Pa} \\
&= 1{,}013\text{mbar}
\end{aligned}
$$

그 예로서 740mmHg를 atm으로 계산하면 다음과 같다.

$$740 \times \frac{1\text{atm}}{760} = 0.974\text{atm}$$

고도가 높을수록 기압은 낮아진다. 고도 1600m의 기압은 0.83atm이지만, 고도 5500m의 기압은 0.5atm에 불과하다.

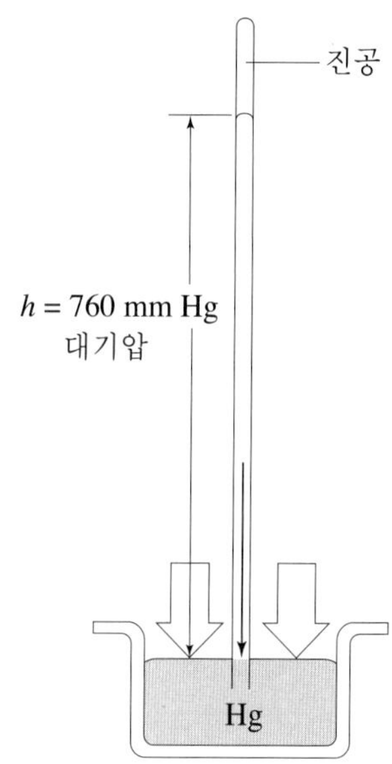

그림 10–2
Torrcelli의 기압계

10–1 다양한 기체의 법칙들

1. Boyle의 법칙

Boyle(영국, 1660)은 온도가 고정된 상태에서 압력 변화에 따른 부피의 변화를 측정하였다. 그 결과, 일정 몰의 기체에 압력을 2배 가하면 부피는 $^1/_2$ 감소($2P \rightarrow {}^1/_2V$)하고, 일정 몰의 기체에 압력을 $^1/_2$ 감소시키면 부피는 2배로 증가($^1/_2P \rightarrow 2V$)한다는 사실을 발견했다.

온도가 일정할 때 기체의 부피(V)는 압력(P)에 반비례하며 압력이 높을수록 부피는 감소한다.

따라서 기체의 부피와 압력 사이에는 다음과 같은 식이 성립한다.

$$PV = k \text{ (k는 상수)}$$

$$V = \frac{1}{P} \qquad P_1V_1 = P_2V_2 \rightarrow V_2 = \frac{P_1V_1}{P_2}$$

$$V \propto \frac{1}{P}$$

• 일정온도에서 P_1V_1 = 처음압력 처음부피
P_2V_2 = 나중압력 나중부피

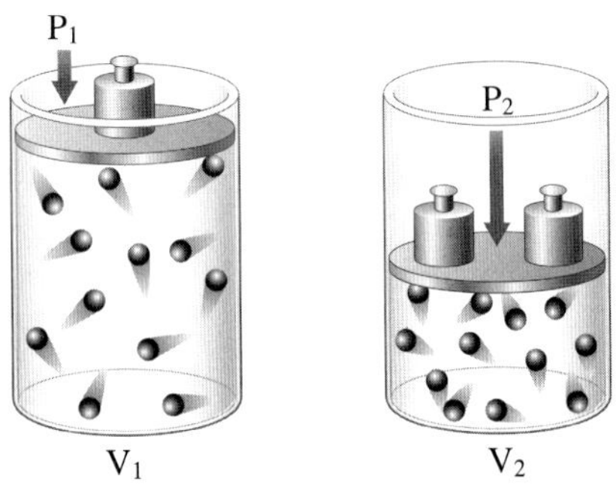

그림 10-3 보일러의 법칙

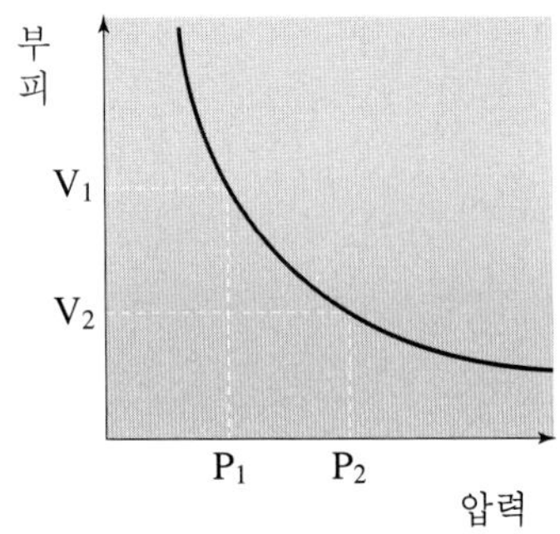

그림 10-4 보일러의 법칙 그래프

[예제 10-1] 50L의 산소압력은 15.7atm이다. 1atm에서 부피는 몇 L인가? (단, T = 21°C로 일정하다.)

풀이 $V_2 = \frac{P_1V_1}{P_2} = \frac{15.7 \times 50}{1} = 785\text{L}$

[예제 10-2] 압력이 760mmHg인 해수면에서 풍선의 부피가 1.50L 이다. 압력이 240mmHg인 에베레스트산 꼭대기에서 이 풍선의 부피는 얼마가 되겠는가? 먼저 방정식을 V_2에 대해서 풀면 $P_1V_1 = P_2V_2$

풀이 $V_2 = 760\text{mmHg} \times 1.50\text{L} / 240\text{mmHg} = 4.75\text{L}$

(1) 기체분자 운동론에 의한 보일의 법칙 설명

기체의 부피가 반으로 줄면 분자의 수는 변화가 없지만 기체가 차지하는 부피는 면적당 2배가 증가하여 벽면에 충돌하는 압력의 크기가 2배로 증가한다.

(2) 보일의 법칙의 예

① 잠수부가 호흡할 때 내뿜는 기포의 크기는 수면으로 올라갈수록 커진다.

② 농구화 밑창에 있는 공기 주머니는 발에 가해지는 충격을 완화시켜 준다.

③ 주사기 끝을 막고 피스톤에 힘을 가하면 주사기 속의 기체의 부피가 감소한다.

④ 자동차의 에어백은 압력에 따라 부피가 변하면서 운전자의 부상을 줄여 준다.

⑤ 자동차 타이어는 압력에 따라 변하면서 탑승자의 충격을 줄여 준다.

2. Charles 법칙

1787년 프랑스의 Charles은 압력이 일정할 때 일정량의 기체의 부피는 온도가 1°C 상승할 때마다 0°C 때 부피량의 1/273씩 증가한다는 사실을 밝혀 냈다. 부피와 온도의 관계로 기체의 온도가 증가하면 기체의 부피는 비례해서 증가한다.

즉, 일정압력 (P)에서 일정기체의 부피(V)는 절대온도(T)에 비례한다. (정비례 – direct proportionality)

$$\frac{V}{T} = k\ (k,\ \text{상수})$$

$$V = kT$$

$$\frac{V_1}{T_1} = \frac{V_2}{T_2}$$

※단
$$\begin{cases} V = V_0\left(1 + \dfrac{t}{273}\right) \\ \quad = \dfrac{V_0}{273}(273 + t) \\ \quad = \dfrac{V_0}{273}T \end{cases}$$

절대온도: T
섭씨온도: t
T = 273 + t(°C)

[예제 10-3] 어떤 기체 일정량이 0°C에서 부피가 V_0, t°C에서 부피가 V_t라고 하면 관계식은?

풀이 $V_t = V_0 + V_o$

$$\frac{1}{273} = V_0\left(1 + \frac{1}{273}\right)$$

273 + t를 절대온도, 즉 T라고 하면,

$$\frac{V_v}{V_0} = 273 + \frac{t}{273} = \frac{T}{273}$$

$\therefore V \propto T$

$$\therefore \frac{V_1}{T_1} = \frac{V_2}{T_2}$$

(V_1 : 최초의 부피, V_2 : 나중의 부피, T_1 : 최초의 온도, T_2 : 나중의 온도)

$$\therefore V_2 = \frac{V_1T_2}{T_1}$$

[예제 10-4] 이동하는 피스톤을 가진 실린더의 초기 온도와 부피가 27°C 0.20L이다. 77°C에서의 부피는 얼마인가? 최종 부피를 알아야 되므로 식에서 V_2를 푼다. 다른 값을 식에 넣는다. 모든 온도는 켈빈 온도(°C +273 = K)임을 명심하자.

풀이 $V_2 = V_1T_2/T_1 = 0.20L \times 300k / 350k = 0.233L$

(1) 일정한 압력의 용기에 들어 있는 기체의 부피는 절대온도에 비례한다.

(2) 기체의 부피가 0℃일 때 부피의 2배가 되는 온도는 273℃이다.

(3) 기체의 부피가 0이 될 것으로 예상되는 온도는 −273℃이며, 절대온도 0K에 해당된다. 그러나 실제로는 이 온도에 이르기 전에 액화 된다.

(4) 기체분자운동론에 의한 샤를의 법칙 설명

① 기체의 온도가 증가하면, 기체의 평균 운동에너지가 증가하여 벽면에 충돌하는 횟수가 증가하여 기체의 압력이 증가한다. 따라서 기체의 압력이 외부의 압력과 같아질 때까지 기체의 부피가 증가한다.

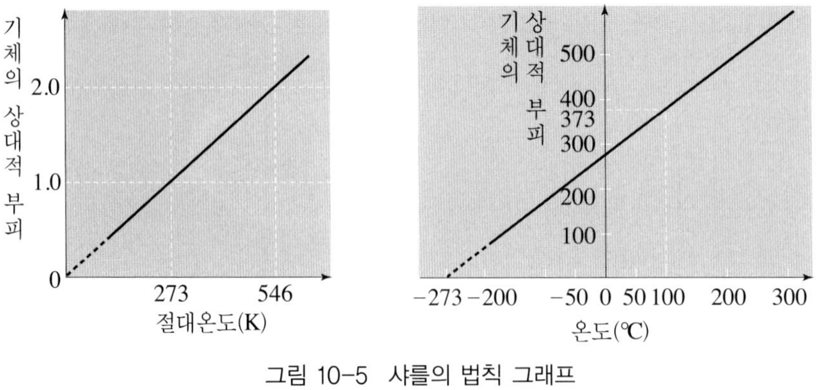

그림 10-5 샤를의 법칙 그래프

(5) 샤를의 법칙의 예

① 여름철보다 겨울철에 자전거 바퀴에 공기를 약간 많이 넣는다.

② 찌그러진 탁구공을 끓는 물에 넣으면 탁구공이 펴진다.

[예제 10-5] 산소 부피가 21°C에서 785L였다면 28°C에서 산소량은? (단, P는 상수)

풀이 절대온도로 전환

$T_1 = (273+21)K = 294K,\ V_1 = 785L$

$T_2 = (273+28)K = 301K,\ V_2 = ?$

$\therefore V_2 = \frac{V_1T_2}{T_1} = \frac{785L \times 301K}{294K} = 804L$

3. Boyle-Charles 법칙

Boyle-Charles 법칙은 기체의 부피와 압력 및 온도의 관계를 설명해 준다. 일정량의 기체의 부피(V)는 압력(P)에 반비례하고, 절대온도(T)에 비례한다.

$PV/T = k$

① 일정량의 기체의 부피는 절대온도에 비례하고 압력에 반비례하므로 압력과 부피의 곱(PV)은 절대온도(T)에 비례한다.

② 일정량의 기체에 대하여 절대온도나 압력의 변화에 관계없이 압력과 부피의 곱을 절대온도로 나눈 값은 일정하다

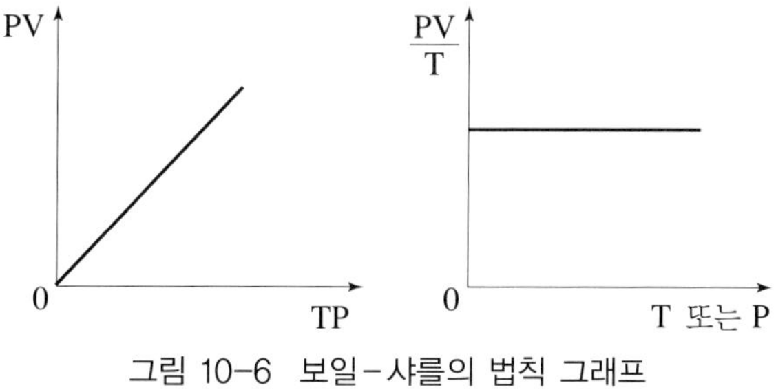

그림 10-6 보일-샤를의 법칙 그래프

V는 T에 비례하고 P에 반비례한다. 일정한 양의 기체가 절대온도 T_1, 압력 P_1일 때 부피를 V_1이라고 하며, 절대온도 T_2, 압력 P_2일 때 부피를 V_2라고 했을 때,

첫째, T_1이 일정하고 P_1을 P_2로 변경했을 때 부피가 V_1에서 V'로 변했다면

Boyle 법칙에서는 $\frac{V'}{V_1} = \frac{P_1}{P_2}$ (T는 일정)

둘째, P_2가 일정하고 T_1을 T_2로 변경했을 때 부피가 V'에서 V_2로 변했다면,

Charles 법칙에 의해서 $\frac{V_2}{V'} = \frac{T_2}{T_1}$ (P는 일정)

위의 두 식에서 V'를 소거하면,

$$\frac{V_2}{V_1} = \frac{P_1T_2}{P_2T_1} \text{ 또는 } \frac{P_1V_1}{T_1} = \frac{P_2V_2}{T_2}$$

$$V_2 = \frac{P_1V_1T_2}{T_1P_2}$$

이것이 Boyle−Charles의 법칙이다.

[예제 10-6] 1.0atm, 20°C 에서 2.5L로 팽창한 풍선이 있다. 그 후 풍선을 0.7atm, 17.0°C인 산으로 옮겼다. 이 산 꼭대기에서 풍선의 부피는 얼마인가?

풀이 $V_2 = P_1V_1T_2/T_1P_2$
$= 1.0\text{atm} \times 2.5\text{L} \times 290\text{K}/293\text{K} \times 0.70\text{atm} = 3.53\text{L}$

표 10-1 기체에 관한 법칙 정리

법칙	뜻	식	그래프
보일	일정한 온도에서 일정량의 기체 부피는 압력에 반비례한다.	$PV = P'V'$ $PV = k$ $V \propto \frac{1}{P}$	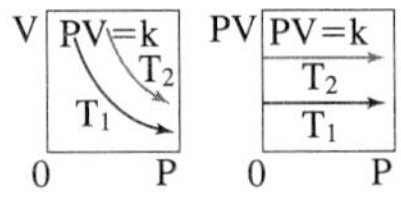
샤를	압력과 온도가 일정할 때, 기체의 부피는 절대온도에 비례한다. 절대온도: TK =(273+t) °C	$\frac{V}{T} = \frac{V'}{T'}$ $\frac{V}{T} \propto k$ $V \propto T$	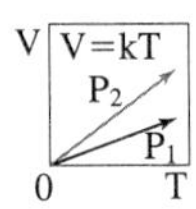
보일-샤를	일정량의 기체의 부피는 절대온도에 비례하고, 압력에 반비례한다.	$\frac{PV}{T} = \frac{P'V'}{T'}$ $\frac{PV}{T} = k$	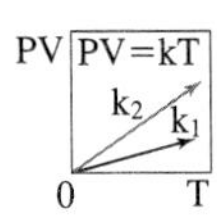

4. Avogadro의 법칙

기체 1mol은 1기압 0°C에서 22.4L이다. 1808년 프랑스의 Gay-Lussac은 화학반응에서 반응에 관여하는 기체의 부피 사이에는 간단한 정수비가 성립한다는 사실을 밝혔다.

이것을 Gay-Lussac의 기체반응법칙(law of combing volume)이라고 한다.

1811년 이탈리아의 물리학자 Avogadro는 "같은 온도 같은 압력에서 같은 부피를 차지하는 모든 기체는 동수의 분자를 포함한다."는 사실을 밝혔다.

이것을 Avogadro's law라고 한다.

수소 + 염소 ⟶ 염화수소
(1용적) + (1용적) ⟶ (2용적)
(n분자) + (n분자) ⟶ (2n분자)
(1분자) + (1분자) ⟶ (2분자)

0°C의 온도와 760mmHg에서 22.41L의 기체는 6.023×10^{23}개/mL의 분자가 존재한다. 이 수를 Avogadro 수(N)라고 한다.

즉, 기체의 몰 부피를 V_m이라고 하면(T, P는 일정) n몰이 갖는 부피는,

$V = nV_m$(모든 기체)

[예제 10-7] 1.5L의 산소에 0.0588mol의 O_2가 있다. 2.5L He에 들어있는 He 원자의 mol수와 He 원자 수는?(단, T, P는 일정하다)

풀이 $V = nV_m$에서 $V_m = \frac{v}{n}$이므로, $\frac{1.5L}{0.0588mol} = 22.5L/mol$

$V = nV_m$에서 $2.5L = n \times 25.5L/mol$, $n = \frac{2.5}{25.5} = 0.0980mol$

$\frac{0.0980 \times 6.02 \times 10^{23}}{1mol\ He} = 5.900 \times 10^{22}$ He원자

5. 이상기체의 법칙

1mol의 경우, Vm = R × $\frac{T}{P}$의 양변에 n승을 하면,

$$nV_m = \frac{nRT}{P}$$

R(molar gas constant) : 상수, V_m = 부피(mol)

따라서 이상기체식(기체의 상태방정식, equation of state)은 PV = nRT 이다.

예를 들면, 0°C와 1atm일 때의 산출식은 다음과 같다.

변수	값
P	1기압
V	22.4L
T	(0+273.2)K = 273.2K
n	1mol

여기서 R의 계산은,

$$PV = nRT,\ R = \frac{PV}{nT} = \frac{1atm \times 22.4L}{1mol \times 273.2K} = 0.08201L\ atm/k\ mol$$

즉, R값(여러 단위)은 다음과 같이 표시된다.

0.082057L atm/k mol

8.31441J/(k · mol)

8.31441kg · $m^2/(s^2$ · k · mol)

1.98719cal/(k · mol)

기체의 분자량 결정 : 기체의 밀도를 측정하여 기체 분자의 분자량 M을 구할 수 있다.

PV=nRT (n=w/M)

PV=w/M × RT,

M=wRT/PV (d=w/V)

∴ M=wRT/PV=dRT/P

(1) PV = nRT의 의미

① n, T 일정 PV=k (보일의 법칙)

② n, P 일정 V=kT (샤를의 법칙)

③ n 일정　PV = kT　(보일-샤를의 법칙)
④ P, T 일정　V = kn　(아보가드로 법칙)

6. 기체의 분자량 구하기

(1) mole부피 이용 : $M = \frac{W}{V} \times 22.4$　[d: 기체 밀도]

(2) 기체 밀도 이용 : $M = d(g/L) \times 22.4L$

- M: 기체 분자량
- W(g): 기체 무게
- V: 기체 부피(L)

(3) Avogadro's law 이용: $\frac{\text{A기체 질량(동일 부피)}}{\text{B기체 질량(동일 부피)}} = \frac{\text{A의 분자량}}{\text{B의 분자량}}$

$= \frac{\text{A기체 밀도}}{\text{B기체 밀도}}$

[예제 10-8] V가 일정한 특정 Gas량의 P ∝ T를 증명하시오.

풀이 PV = nRT(기체의 상태방정식)

$P = \frac{(nR)}{V} T$

P = 상수 T

$\therefore P \propto T$

[예제 10-9] 산소의 압력 15.7atm, 21°C에서 50L 산소는 몇 g인가?

풀이 PV = nRT에서

$n = PV/RT = \frac{15.7\,atm \times 50L}{0.0821L \cdot atm/mol \cdot K \times 294K} = 32.5mole$

몰 수를 질량으로 바꾸면,

$32.5mol\ O_2 \times \frac{32g\ O_2}{1mol} = 1.04 \times 103g\ O_2$

[예제 10-10] 723mmHg의 압력, 20°C의 온도일 때 산소 1.5g의 부피는?

풀이 $V = \frac{nRT}{P}$ (상수 × T)

$P = \frac{723mmHg}{760mmHg/atm} = 0.951atm,\ n = \frac{1.5}{32} = 0.0469mol$

$$\therefore V = \frac{0.0469\text{mol} \times 0.0821\text{L} \cdot \text{atm/mol} \cdot \text{K} \times (273+20)\text{K}}{0.951\text{atm}} = 1.18\text{L}$$

[예제 10-11] $2KMnO_4 + 16HCl \longrightarrow 8H_2O + 2KCl + 2MnCl_2 + 5Cl_2$에서 HCl 9.41g에서 생기는 Cl_2는 몇 L인가?(단, 40°C, 787mmHg)

풀이 $V = \frac{nRT}{P}$

$$P = \frac{787\text{mmHg}}{760\text{mmHg/atm}} = 1.036\text{atm}$$

$$T = (273+40)\text{K} = 313\text{K}$$

$$n = \left(\frac{9.41}{36.5} \times \frac{5}{16}\right) = 0.0806\text{mol}$$

즉, $V = \frac{nRT}{P}$ 에서,

$$V = \frac{0.0806 \times 0.0821\text{L} \cdot \text{atm/mol} \cdot \text{K} \times (273+40)\text{K}}{1.036\text{atm}} = 2\text{L}$$

[예제 10-12] 25°C, 0.85atm에서 산소의 밀도(g/L)는?

풀이 1L의 기체의 무게를 계산하면 기체의 밀도(g/L)가 된다.

이상기체식 $PV = nRT$에서 $n = \frac{PV}{RT}$

$P = 0.85\text{atm}$, $V = 1\text{L}$, $T = (25 + 273)\text{K} = 298\text{K}$,

$R = 0.0821\text{L} \cdot \text{atm/K} \cdot \text{mol}$

$$n = \frac{0.85\text{atm} \times 1\text{L}}{0.0821\text{L} \cdot \text{atm/K} \cdot \text{mol}} = 0.0347\text{mol} \cdot O_2$$

mol을 g으로 바꾸면,

$$0.0347\text{mol} \times \frac{32\text{g}O_2}{1\text{mol}} = 1.11\text{g } O_2$$

[예제 10-13] 99°C의 끓는 물에서 200mL CCl_4의 증기질량은 0.970g이었다. 기압이 733mmHg일 때 CCl_4의 분자량은?

풀이 $PV = nRT$, $n = \frac{PV}{RT}$ 에서

$$P = \frac{733\text{mmHg}}{760\text{mmHg/1atm}} = 0.964\text{atm}$$

$V = 200mL = 0.2L$
$T = (273+99)K = 372K$
$R = 0.082\ 1L \cdot atm/k \cdot mol$

$$n = \frac{PV}{RT} = \frac{0.964atm \times 0.2L}{(0.0821 \cdot atm/K \cdot mol) \times 372K} = 0.00631mol$$

$$\text{몰 질량} = \frac{\text{증기 질량}}{\text{증기 몰 수}} = \frac{0.97g}{0.00631mol} = 154g/mol$$

즉, 분자량은 154g이다.

10-2 혼합기체물 : 분압의 법칙

1. 분압의 법칙(Dalton'partial pressure law)

1807년에 영국의 J. Dalton은 기체혼합물의 전압은 각 성분기체의 분압의 합과 같다는 사실을 밝혀 냈다.

분압이란, 혼합기체에서 특정 기체가 가지는 압력(T는 일정)이다.

전압을 P, 분압을 P_A, P_B, ……라고 하면,

$$P = P_A + P_B + \cdots\cdots$$

일정 온도와 압력에서 각 성분의 부피를 V_A, V_B, …라고 하면,

$$V = V_A + V_B$$

따라서, $P_iV = n_iRT$(n_i : 성분 I의 mol수)

[예제 10-14] 1atm에서 A기체 2L와 2atm의 B기체 3L를 5L의 용기에 혼합했다. 전압 및 각각의 분압은 몇 atm이며, 전압에서 두 기체를 혼합하였을 때 전체 부피와 각 기체의 부피는 몇 L인가?

풀이 A의 분압(A만의 압력/5L) : $1atm \times \frac{2L}{5L} = 0.4atm$

B의 분압(B만의 압력/5L) : $2atm \times \frac{3L}{5L} = 1.2atm$

전압 : $0.4 + 1.2 = 1.6atm$

또, A의 부피(A만의 부피/전압, 1.6atm) : $1 \times \frac{2L}{1.6L} = 1.25L$

B의 부피(B만의 부피/전압, 1.6atm) : $2 \times \frac{3L}{1.6L} = 3.75L$

전체부피(혼합기체/전압, 1.6atm) : $(1.25 + 3.75) = 5L$

[예제 10-15] 25°C에서 1L의 공기성분은 다음과 같다.

$$N_2 = 0.894g,\ O_2 = 0.274g,\ Ar = 0.0152g,\ CO_2 = 0.0007g$$

(a) 혼합물의 각 성분기체의 분압은?
(b) 기체혼합물의 전압은?

풀이 (a) g → mol수(분압)

$$0.894gN_2 \times \frac{1molN_2}{28.013g} = 0.03191mol\ N_2$$

이상기체식에 따라,

$$P_{N_2} = \frac{n_{N_2}RT}{V} = \frac{0.03191 \times 0.0821L \cdot atm/K \cdot mol \times (273+25)}{1L}$$

$$= 0.7808atm$$

같은 방법으로 계산하면,

$P_{O_2} = 0.2095atm$, $P_{Ar} = 0.0093atm$, $P_{CO_2} = 0.0004atm$

(b) 전압은 $P = P_{N_2} + P_{O_2} + PAr + P_{CO_2}$

$P = 0.7808 + 0.2095 + 0.0093 + 0.0004atm = 1atm$

2. 몰 분율(XA)

$\frac{n_A}{n}$ (n_A : 성분 A의 mol수, n = 전체 mol수)에서,

$n = \frac{PV}{RT}$의 이상기체식에서 $n_A = \frac{P_AV}{RT}$ 이므로,

$X_A = \frac{n_A}{n} = \frac{P_A}{P}$ 이 된다.

[예제 10-16] 공기의 분압은 다음과 같다.

$$P_{N_2} = 593.4mmHg,\ P_{O_2} = 159.2mmHg,$$

P_{AR} = 7.1mmHg, P_{CO_2} = 0.3mmHg

각 공기성분의 몰 분율은?

풀이 전압은 760mmHg이므로

$$X_{N_2} = \frac{P_{N_2}}{P} = \frac{593.4}{760} = 0.7808$$

$$X_{O_2} = \frac{P_{O_2}}{P} = \frac{159.2}{760} = 0.2095$$

$$XAr = \frac{P_{Ar}}{P} = \frac{7.1}{760} = 0.0093$$

$$X_{CO_2} = \frac{P_{CO_2}}{P} = \frac{0.3}{760} = 0.0004$$

X = 0.7808 + 0.2095 + 0.0093 + 0.0004 = 1(각 성분합은 1이다.)

3. 수상치환에 의한 기체의 포집

표 10-2 온도변화에 따른 물의 증기압

온도	증기압
0°C	4.6mmHg
100°C	760mmHg
50°C	92.5mmHg
105°C	906.1mmHg

[예제 10-17] $2HCl + Zn \longrightarrow ZnCl_2 + H_2$ 식에서 21°C와 769mmHg에서 156mL의 기체를 수상포집했다. 수소의 무게는 몇 g인가?

풀이 21°C에서 물의 증기압 18.7mmHg

$P = P_{H_2} + P_{H_2O}$에서

$P_{H_2} = P - P_{H_2O}$, P_{H_2} =(769 − 18.7)mmHg = 750mmHg

PV = nRT에서 H_2의 mol수는,

$$P = \frac{750mmHg \times 1atm}{760mmHg} = 0.987atm$$

V = 156mL = 0.156L

T = 273 + 21 = 294K 여기서 n은,

$$n = \frac{PV}{RT} = \frac{0.987 \times 0.156}{0.0821 \times 294} = 0.00638\text{mol } H_2$$

mol을 g으로 바꾸면,

$$\frac{0.00638\text{mol } H_2 \times 2.02\text{g}}{1\text{mol } H_2} = 0.0129\text{g } H_2$$

10-3 이상기체운동론(Kinetic theory)

1. 특징

기체의 성격은 정확하게 정의할 수 있으며, 쉽게 이해할 수 있다는 이상기체운동론은 5가지 중요한 가정으로 되어 있다.

① 모든 기체는 분자라는 극히 작은 입자로 되어 부피는 없으나 질량은 있다(그 직경은 상호간의 거리에 비해 무시할 만한 수준이다).
② 기체의 분자들은 끊임없이 빠른 속도로 불규칙한 운동을 하고 있다.
③ 기체 분자는 완전탄성체여서 서로 충돌 또는 벽과 충돌할 때에 에너지의 손실이 없다.
④ 기체가 가진 평균 운동에너지는 절대온도에 정비례한다(같은 온도에서 모든 기체의 평균 운동에너지는 같다).
⑤ 벽 또는 다른 분자와 충돌하지 않는 한, 기체 분자는 당구공처럼 직선으로 운동한다(기체 압력은 기체 분자가 벽에 충돌할 때에 나타난다).

2. 기체법칙의 설명

위의 가설을 사용하여 기체의 여러 법칙을 설명할 수 있다.

(1) Boyle의 법칙

① 기체 부피 감소 : 기체 분자의 존재공간이 줄어듦.
② 기체 부피의 $^1/_2$ 감소 : 단위부피당 기체 분자수는 2배 증가
단위시간당 분자가 벽에 충돌하는 횟수도 2배 증가

즉, 온도(T)가 일정할 때 압력이 증가하면 부피는 감소한다.

이의 식은 $V \propto \frac{1}{P}$ 즉, $P_1V_1 = P_2V_2$ 또는 $P_2 = \frac{P_1V_1}{V_2}$

여기서 P_1V_1은 처음 압력, 부피이고 P_2V_2는 나중 압력, 부피이다.

(2) Charles의 법칙

압력(P)이 일정하면, 기체 부피는 절대온도에 비례한다.

$$\frac{V_1}{T_1} = \frac{V_2}{T_2} \text{ 즉, } V_2 = \frac{V_1T_2}{T_1} \quad V : \text{부피}, T : \text{온도}$$

또, Boyle-Charles의 법칙에서는 압력, 온도, 부피 중 부피는 온도에 정비례하고 압력에 반비례한다.

$$\frac{P_1V_1}{T_1} = \frac{P_2V_2}{T_2} \text{ 즉, } V_2 = \frac{P_1V_1T_2}{T_1P_2}$$

Boyle-Charles의 법칙에서 기체 1mol에 대해서는 다음 식이 성립된다.

$$\frac{PV}{T} = R, \; PV = RT$$

또, n mol의 기체에 대해서는 $PV = nRT$식이 성립되며, 이 식을 이상기체방정식(Ideal gas equation)이라고 한다.

① 운동기체의 운동 에너지 $= \frac{1}{2} m\upsilon$ (m : 질량, υ : 속도)

② 온도를 높이면 분자가 벽에 충돌하는 힘이 세지고, 충돌 횟수도 늘어난다(기체 압력 증가).

③ 기체 부피는 온도가 높아지면 증가한다.

(3) Dalton의 법칙

기체 분자 간의 거리가 멀면 기체 분자가 차지하는 공간이 훨씬 커진다. 또한 여러 기체를 섞었을 때 기체의 분자 운동은 다른 성분기체 분자들의 영향을 받지 않는다. 즉, 각 성분기체의 혼합된 압력은 특정한 성분기체만으로 된 압력과 같고, 전압은 분압의 합과 같다.

(4) Graham의 법칙

기체 분자의 속도는 모두 동일한 것이 아니지만 평균 속도와 평균 운동에너지를 생각하면, 동일한 온도에서 두 기체의 평균 운동에너지는 같다.

$$\frac{1}{2}m_1c_1^2 = \frac{1}{2}m_2c_2^2$$ (m_1이 작으면 c_1이 크고, m_2가 크면 c_2가 작다.)

$$\frac{c_1^2}{c_2^2} = \frac{m_2}{m_1}$$

$$\therefore \frac{c_1}{c_2} = \frac{\sqrt{m_2}}{\sqrt{m_1}}$$

두 종류의 기체 분자량을 M_1과 M_2, 그리고 확산속도를 u_1과 u_2라고 하면,

$$\frac{u_1}{u_2} = \frac{\sqrt{M_2}}{\sqrt{M_1}}$$

3. 분자의 속도

분자속도의 평균제곱근(u)(root mean square ; rms)은 다음과 같다.

$$u = \frac{\sqrt{3RT}}{\sqrt{M_m}}$$

R : 몰기체 상수, M_m : 기체의 mol 질량, T : 절대온도

20°C에서 H_2의 평균속도는 1.90×103m/s이다.

[예제 10-18] 21°C, 15.7atm에서 O_2의 평균제곱근(rms) 분자 속도는?

풀이 $T = (273+21)K = 294K$

O_2의 mol질량 : 32×10^{-3}kg/mol

$R = 8.31 kg \cdot m^2/s^2 \cdot k \cdot mol$

$$\therefore u = \frac{\sqrt{3RT}}{\sqrt{M_m}} = \frac{\sqrt{3 \times 8.31 \times 294}}{\sqrt{32 \times 10^{-3}}} 1/2$$

4. 확산과 분출(diffusion & effusion)

한 기체가 다른 기체 속에 퍼져서 같은 분압으로 어떤 공간을 차지하는 것(즉, 한 기체 분자는 같은 방향이나, 충돌 후에는 방향이 바뀐다)을 확산이라고 한다.

분출에 대해서는 J. Graham의 분출법칙이 있다.

분자의 분출속도 $\propto \frac{1}{\sqrt{M_m}}$ (같은 용기 P와 T는 일정)

[예제 10-19] CO_2와 SO_2의 분출속도비는? (단, 용기, 온도, 압력은 일정)

풀이 분출속도 = 몰 질량의 제곱근에 반비례

$$\frac{CO_2 \text{ 분출속도}}{SO_2 \text{ 분출속도}} = \frac{\sqrt{M_m(SO_2)}}{\sqrt{M_m(CO_2)}} = \frac{\sqrt{64.1g/mol}}{\sqrt{44g/mol}} = 1.21$$

∴ CO_2는 SO_2보다 평균 1.21배 빠르다. 이는 CO_2가 SO_2보다 1.21배 빨리 분출한다는 것을 의미한다.

10-4 이상기체와 실제기체

이상기체란 엄밀히 말해서 실제로 존재하지 않는 가설적인 기체이다. 그렇다면 존재하지도 않는 이상기체를 왜 이상기체식까지 만들어서 사용했는가 하는 의문을 가질 것이다. 그것은 낮은 압력의 조건에서 실제기체는 이상기체에 가깝게 적용되기 때문이다.

즉, 이상기체이어야 식의 적용이 간단하기 때문이다.

그림 10-7과 그림 10-8은 실제기체와 이상기체의 압력과 온도에 따른 변화를 나타내고 있다. 분자의 크기와 분자 간의 인력을 무시할 수 없는 기체를 실제기체라고 하는데, 위의 기체법칙들은 이상기체에서는 완전히 적용되나 엄밀하게 말해서 실제기체에는 적용되지 않는다.

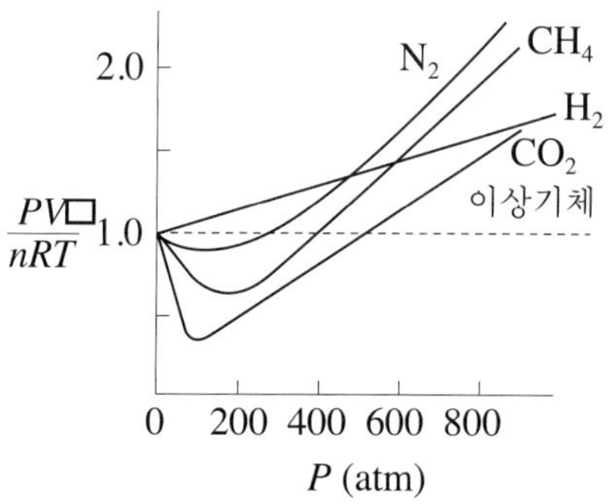

그림 10-7 실제기체와 이상기체의 차이

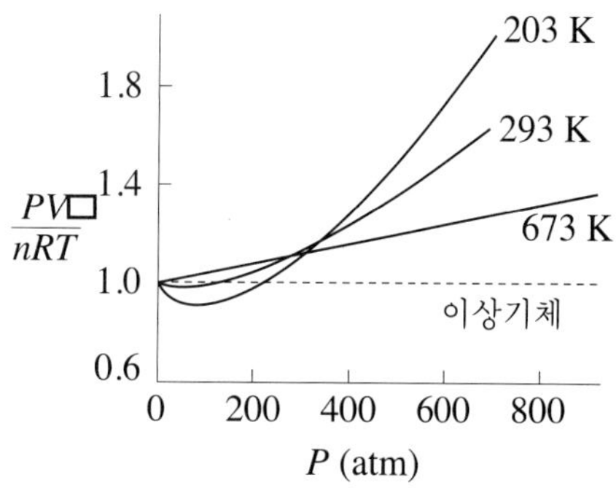

그림 10-8 온도에 따른 질소 가스와 이상기체의 차이

① 이상기체 : 분자 자체의 부피는 없으나 질량이 있고, 분자 간의 인력이나 반발력이 작용하지 않는 기체로, 기체에 관한 법칙들이 잘 들어맞는 가상적인 기체

② 실제기체 : 실제로 존재하는 기체로 분자자체의 부피가 있고, 분자 사이에 인력이나 반발력이 작용하므로 이상기체 상태 방정식에 잘 맞지 않는다.

③ 실제기체가 이상기체 상태 방정식에 잘 맞을 조건 : 온도가 높을수록, 압력이 낮을수록, 분자 간의 인력이 작을수록, $PV = nRT$ 에 잘 맞는다.

(1) **이상기체** : 압력의 변화에 관계없이 $PV/nRT = 1$이다.
(2) **실제기체** : 압력을 변화시키면서 PV/nRT 값을 측정하면 이상기체와는 다르게 나타난다(분자 간에 인력이 작용하고, 분자 자체에 부피가 있기 때문).
(3) 분자량이 작은 H_2는 압력이 낮을 때 이상기체에 가깝다.
(4) 질소에서는 온도가 높을수록, 압력이 낮을수록 이상기체에 가깝다.

	이상기체	실제기체
분자의 크기	질량은 있으나 부피 없음	기체의 종류에 따라 다름
0K에서의 부피	0	0K 이전에 고체나 액체로 됨
기체에 관한 법칙	완전히 일치	고온 · 저압에서 일치
분자 간의 인력	없음	있음

실제기체에 적용되는 식으로는 여러 가지가 있으나 여기서는 Van der waals 식만 소개하기로 한다.

$$\left[P + a\left(\frac{n}{V}\right)^2\right](V - nb) = nRT \quad (a,\ b : \text{기체별 상수})$$

이상기체식과 비교할 때 $a\left(\frac{n}{V}\right)^2$와 nb만큼의 차이를 가지고 있다.

표 10-3에서는 각 기체의 a와 b값이 나와 있다.

표 10-3 각 기체의 상수

기 체	a(atmL²/mol²)	b(L/mol)
He	0.034	0.0237
Ne	0.211	0.0171
Ar	1.35	0.0322
Kr	2.32	0.0398
Xe	4.19	0.0511
H_2	0.244	0.0266
N_2	1.39	0.0391
O_2	1.36	0.0318
Cl_2	6.49	0.0562
CO_2	3.59	0.427
CH_4	2.25	0.0428
NH^3	4.17	0.0371
H_2O	5.46	0.0305

제11장 원소의 주기율

11-1 주기율과 주기율의 발견

1. 주기율

(1) 주기율 : 원소들을 원자번호순으로 나열했을 때 일정한 간격을 두고 화학적 성질이 비슷한 원소가 나타나는 현상이다.

(2) 주기율이 나타나는 이유 : 원소의 화학적 성질을 결정하는 가장 바깥 전자껍질의 전자(원자가전자)의 수가 주기적으로 변하기 때문이다.

2. 주기율의 발견

(1) 되베라이너의 세쌍원소설(1817년)

① 화학적 성질이 비슷한 원소가 세 개씩 쌍을 지어 존재

② 세쌍 원소를 원자량 순서로 나열 → 중간 원소는 다른 원소의 평균값과 같다.

예 ^{7}Li ^{23}Na $^{39}K \longrightarrow (7 + 39) \div 2 = 23$

^{35}Cl ^{80}Br $^{127}I \longrightarrow (35 + 127) \div 2 = 81$

(2) 뉼렌즈의 옥타브설(1864년)

원소들을 원자량 순서로 배열하였을 때 8번째마다 성질이 비슷한 원소가 나타남을 발견했다.

① Li, Na, K ② Be, Mg, Ca ③ B－Al, C－Si, N－P, O－S

(3) 멘델레프(1869년)

① 당시에 발견된 63종의 원소들을 원자량 순서로 배열하였다.

• 비슷한 성질을 갖는 원소가 주기적으로 나타남을 알고 최초의 주기율표를 작성하였다.

- 문제점 : $_{18}Ar$(39.948), $_{19}K$(39.098)

② 아직 발견되지 않은 원소의 자리를 비워 두고 발견될 원소의 원자량, 밀도나 끓는점 등 여러 가지 성질을 예측하여 원소 발견에 공헌하였다.

(4) 모즐리의 주기율표(1913년)

① 원소들의 성질이 원자량이 아니라 원자번호에 따라 결정된다는 것을 알아냈다.
② 원자들을 원자량 순서가 아닌 원자번호순으로 배열 ⇒ 현대적 주기율표

11-2 주기율표

1. 주기율의 구성

(1) 주기

① 가로줄 : 1주기~ 7주기(1~3주기 : 단주기, 4~7주기 : 장주기)
② 같은 주기는 같은 수의 전자껍질을 소유한다.

(2) 족

① 세로줄, 18족
② 원자가 전자 수가 동일하다(화학적 성질이 같다).

표 11-1 주기율표

족 / 주기	1족	2족	13족	14족	15족	16족	17족	18족 (:안정)
1주기	$_{1}H$ (수소)							$_{2}He$ (헬륨)
2주기	$_{3}Li$ (리튬)	$_{4}Be$ (베릴륨)	$_{5}B$ (붕소)	$_{6}C$ (탄소)	$_{7}N$ (질소)	$_{8}O$ (산소)	$_{9}F$ (불소)	$_{10}Ne$ (네온)
3주기	$_{11}Na$ (나트륨)	$_{12}Mg$(마그네슘)	$_{13}Al$(알루미늄)	$_{14}Si$ (규소)	$_{15}P$ (인)	$_{16}S$ (황)	$_{17}Cl$ (염소)	$_{18}Ar$ (아르곤)
4주기	$_{19}K$ (칼륨)	$_{20}Ca$ (칼슘)					$_{35}Br$	$_{36}Kr$ (크립톤)
일명	알칼리 금속족	알칼리 토금속족					할로겐족	비(불) 활성기체
일반적 이온가(산화수)	+1	+2	+3	+ −4	−3	−2	−1	0

족 / 주기	1	2	3	4	5	6	7	8	9	10	11	12	13	14	15	16	17	18
1	H																	He
2	Li	Be											B	C	N	O	F	Ne
3	Na	Mg											Al	Si	P	S	Cl	Ar
4	K	Ca	Sc	Ti	V	Cr	Mn	Fe	Co	Ni	Cu	Zn	Ga	Ge	As	Se	Br	Kr
5	Rb	Sr	Y	Zr	Nb	Mo	Tc	Ru	Rh	Pd	Ag	Cd	In	Sn	Sb	Te	I	Xe
6	Cs	Ba	La ~Lu	Hf	Ta	W	Re	Os	Ir	Pt	Au	Hg	Tl	Pb	Bi	Po	At	Rn
7	Fr	Ra	Ac ~Lr															

란틴족 원소	La	Ce	Pr	Nd	Pm	Sm	Eu	Gd	Tb	Dy	Ho	Er	Tm	Yb	Lu
악티늄족 원소	Ac	Th	Pa	U	Np	Pu	Am	Cm	Bk	Cf	Es	Fm	Md	No	Lr

그림 11-1 주기율표 *색깔은 이 책 앞쪽 간지 참조

(3) 족주기율표에서 주기에 따른 부준위의 종류

① 1족, 2족 원소는 s부준위를 채운다. 따라서 2주기의 리튬, 베릴륨은 2s 부준위, 나트륨과 마그네슘은 3s 부준위를 채운다.

② 3족~8족까지의 원소 : p 부준위를 채운다.
2주기 : 2p 부준위가 붕소에서 네온까지 채워지며,
3주기 : 알루미늄에서 아르곤까지가 3p 부준위를 채운다.

③ 주기율표 중앙의 10개 전이금속은 d 부준위를 채운다.
4주기 : 스칸듐에서 아연까지 3d 부준위를 채우며,
5주기 : 이트륨에서 카드뮴까지 4d 부준위를 채운다.
6주기 : 5d 부준위에 전자가 채워진다.

④ 주기율표 하단의 14개 원소를 포함하는 2개의 계열이 존재한다.
란탄족 : 란탄에서 시작하는 14개의 원소는 4f 부준위를 채운다.
악티늄족 : 악티늄에서 시작하는 원소들은 5f 부준위를 채운다.

1 H $1s^1$																	2 He $1s^2$
3 Li $2s^1$	4 Be $2s^2$											5 B $2s^22p^1$	6 C $2s^22p^2$	7 N $2s^22p^3$	8 O $2s^22p^4$	9 F $2s^22p^5$	10 Ne $2s^22p^6$
11 Na $3s^1$	12 Mg $3s^2$											13 Al $3s^23p^1$	14 Si $3s^23p^2$	15 P $3s^23p^3$	16 S $3s^23p^4$	17 Cl $3s^23p^5$	18 Ar $3s^23p^6$
19 K $4s^1$	20 Ca $4s^2$	21 Sc $4s^23d^1$	22 Ti $4s^23d^2$	23 V $4s^23d^3$	24 Cr $4s^13d^5$	25 Mn $4s^23d^5$	26 Fe $4s^23d^6$	27 Co $4s^23d^7$	28 Ni $4s^23d^8$	29 Cu $4s^13d^{10}$	30 Zn $4s^23d^{10}$	31 Ga $4s^23d^{10}4p^1$	32 Ge $4s^23d^{10}4p^2$	33 As $4s^23d^{10}4p^3$	34 Se $4s^23d^{10}4p^4$	35 Br $4s^23d^{10}4p^5$	36 Kr $4s^23d^{10}4p^6$
37 Rb $5s^1$	38 Sr $5s^2$	39 Y $5s^24d^1$	40 Zr $5s^24d^2$	41 Nb $5s^14d^4$	42 Mo $5s^14d^5$	43 Tc $5s^24d^5$	44 Ru $5s^14d^7$	45 Rh $5s^14d^8$	46 Pd $4d^{10}$	47 Ag $5s^14d^{10}$	48 Cd $5s^24d^{10}$	49 In $5s^24d^{10}5p^1$	50 Sn $5s^24d^{10}5p^2$	51 Sb $5s^24d^{10}5p^3$	52 Te $5s^24d^{10}5p^4$	53 I $5s^24d^{10}5p^5$	54 Xe $5s^24d^{10}5p^6$
55 Cs $6s^1$	56 Ba $6s^2$	57 La $6s^25f^1$	72 Hf $6s^24f^{14}5d^2$	73 Ta $6s^24f^{14}5d^3$	74 W $6s^24f^{14}5d^4$	75 Re $6s^24f^{14}5d^5$	76 Os $6s^24f^{14}5d^6$	77 Ir $6s^24f^{14}5d^7$	78 Pt $6s^14f^{14}5d^9$	79 Au $6s^14f^{14}5d^{10}$	80 Hg $6s^24f^{14}5d^{10}$	81 Tl $6s^14f^{14}5d^{10}6p^1$	82 Pb $6s^14f^{14}5d^{10}6p^2$	83 Bi $6s^14f^{14}5d^{10}6p^3$	84 Po $6s^14f^{14}5d^{10}6p^4$	85 At $6s^14f^{14}5d^{10}6p^5$	86 Rn $6s^14f^{14}5d^{10}6p^6$
87 Fr $7s^1$	88 Ra $7s^2$	89 Ac $7s^26f^1$	104 Rf $7s^25f^{14}6d^2$	105 Db $7s^25f^{14}6d^3$	106 Sg $7s^25f^{14}6d^4$	107 Bh $7s^25f^{14}6d^5$	108 Hs $7s^25f^{14}6d^6$	109 Mt $7s^25f^{14}6d^7$	110 —	111 —	112 —		114 —		116 —		

58 Ce $6s^24f^15d^1$	59 Pr $6s^24f^3$	60 Nd $6s^24f^4$	61 Pm $6s^24f^5$	62 Sm $6s^24f^6$	63 Eu $6s^24f^7$	64 Gd $6s^24f^75d^1$	65 Tb $6s^24f^9$	66 Dy $6s^24f^{10}$	67 Ho $6s^24f^{11}$	68 Er $6s^24f^{12}$	69 Tm $6s^24f^{13}$	70 Yb $6s^24f^{14}$	71 Lu $6s^24f^{14}5d^1$
90 Th $7s^26d^2$	91 Pa $7s^25f^26d^1$	92 U $7s^25f^36d^1$	93 Np $7s^25f^46d^1$	94 Pu $7s^25f^6$	95 Am $7s^25f^7$	96 Cm $7s^25f^76d^1$	97 Bk $7s^25f^9$	98 Cf $7s^25f^{10}$	99 Es $7s^25f^{11}$	100 Fm $7s^25f^{12}$	101 Md $7s^25f^{13}$	102 No $7s^25f^{14}$	103 Lr $7s^25f^{14}6d^1$

그림 11-2 원소의 바깥껍질 바닥상태 전자배치

(4) 금속 원소와 비금속 원소

1) 금속 원소와 비금속 원소

① 금속 원소 : 전자를 잃고 양이온으로 되기 쉽고, 열과 전기전도성이 크며, 녹는점과 끓는점이 높다. 주기율표의 왼쪽, 아래에 위치한다.

② 비금속 원소 : 전자를 얻어 음이온으로 되기 쉽다. 주기율표의 오른쪽, 위에 위치한다.

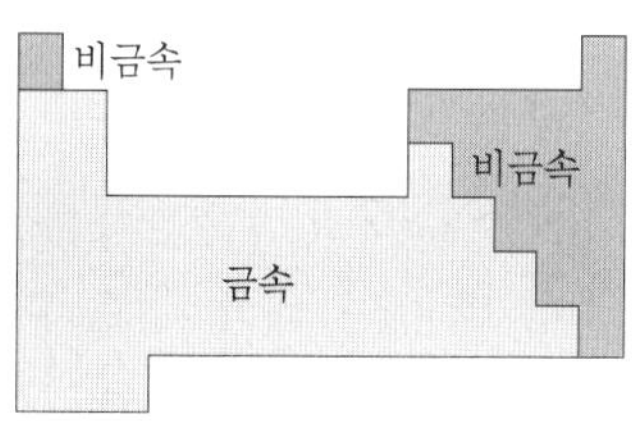

표 11-2 금속 원소와 비금속 원소

구 분	금속 원소	비금속 원소
주기율표에서의 위치	왼쪽 아래	오른쪽 위
열 및 전기 전도성	좋다	나쁘다
이온의 형성	양이온이 되기 쉽다	음이온이 되기 쉽다
상태(상온)	대개 고체(수은은 액체)	대개 고체, 기체(브롬은 제외)
산화물	물과 반응하면 염기성	물과 반응하면 산성

2) 전형원소와 전이원소

① 전형원소(representative element) : 주기율표의 1족, 2족, 12~18족 원소로 일반적으로 반응성이 큰 금속과 비금속 원소이며, 족과 족 사이에 성질 변화가 뚜렷하다.

② 전이원소(transition element, or typical element) : 주기율표의 약 3~11족 원소로, 모두 금속이다. 족에 관계없이 화학적 성질이 비슷하며, 색깔이 있는 이온을 만든다.

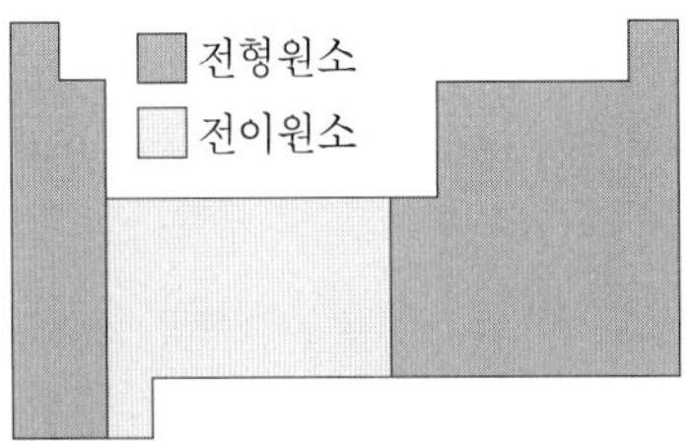

3) 전이원소의 전자배치

① 전이원소의 전자배치 : 마지막 전자가 d 또는 f 오비탈에 채워진다.
② 전이원소 이온의 전자배치 : 전이원소가 이온이 될 때는 s 오비탈의 전자가 먼저 떨어져 나가고 다음으로 d 오비탈의 전자가 떨어져 나간다.

4) 전이원소의 특성

① 대부분 중금속으로 녹는점과 끓는점이 높고, 밀도가 크다.
② 족에 관계없이 원자가 전자가 1~2개이므로 화학적 성질이 모두 비슷하다.
③ 이온이나 화합물은 대부분 색깔을 띤다.
④ 반응성이 작아서 촉매로 많이 쓰인다.
⑤ s와 d 오비탈의 전자가 결합에 관여하므로 여러 가지 산화수를 갖는다.

5) 주기적 성질

① 비금속성 증가(음이온이 되기 쉽다)
② 원자 반지름 감소
③ 이온화 에너지 증가가, 전자친화도 증가, 전기음성도 증가
④ 산화력 증가(환원)

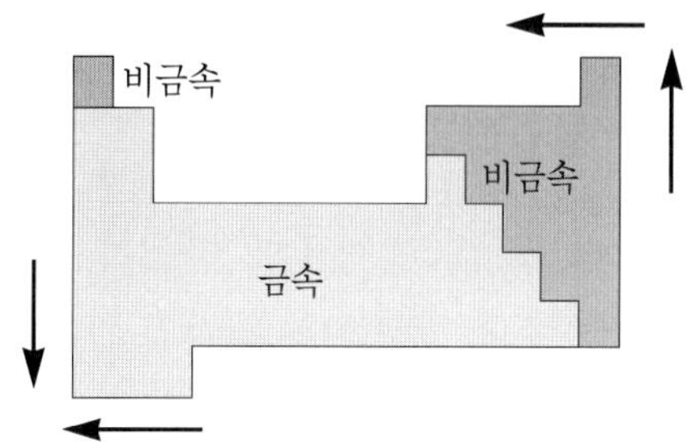

① 금속성 증가 (양이온이 되기 쉽다)
② 원자 반지름 증가
③ 이온화 에너지 감소, 전자친화도 감소, 전기음성도 감소
④ 환원력 증가(산화)

4. 전자배치와 주기율

① 원자가 전자의 수와 족 : 같은 족에 속한 원소(동족원소)는 원자가 전자의 수가 같다.

표 11-3 원자가 전자의 수와 주기

족	1	2	3	4	5	6	7
원자가 전자의 수	1	2	3	4	5	6	7

② 원자가 전자의 수와 주기 : 같은 주기에서는 원자번호가 증가함에 따라 원자가 전자의 수가 규칙적으로 증가한다.

11-3 IA족 : 알칼리 금속

알칼리 금속으로 불리우는 IA족 원소들은 반응성이 큰 원소들이다. 즉, ns^1의 원자가 전자를 쉽게 잃고 산화 상태가 +1인 화합물을 이룬다. 대부분 이온성 화합물이고 물에 잘 녹는다.

이와 같은 반응성 때문에 순수한 원소로는 자연에 존재하지 않는다.

1. 알칼리 금속의 성질

IA족 원소는 은빛의 흰 금속 고체이다. 모든 알칼리 금속은 반응성이 매우 크고 강한 환원제이며, 전기음성도가 작으므로 이온성 화합물을 형성한다.

일차 이온화 에너지는 작으나 이차 이온화 에너지는 크므로 항상 +1가의 이온 상태로 화합물을 생성한다.

모든 알칼리 금속은 물과 반응한다. 리튬은 쉽게 물과 반응하며 칼륨은 물과 격렬하게 반응한다.

이때는 발열반응이며 수소를 발생한다. 알칼리 금속은 공기나 습기와 쉽게 반응하므로 석유같이 액체와 반응성이 없는 환경에 보관하여야 하며, 손으로 직접 만지지 말아야 한다.

표 11-4 IA족 원소의 성질

원소	이온화 에너지	녹는점(°C)	표준환원전위($M^+ + e^- \longrightarrow M$)(N)
리 튬(Lithum)	520	180	−3.05
나트륨(Sodium)	496	98	−2.71
칼 륨(Potassium)	419	63	−2.92
루비듐(Rubidium)	409	39	−2.99
세 슘(Cesium)	382	29	−3.02

2. 알칼리 금속과 화합물의 용도

알칼리 금속 중에는 나트륨이 가장 중요하다. 이 금속의 가장 중요한 용도는 $(C_2H_5)_4Pb$의 생성에 쓰이는 것이다. 납-나트륨의 합금을 염화에틸과 반응시켜 $(C_2H_5)_4Pb$를 얻는다. 이 물질은 자동차 엔진의 녹킹 방지를 위한 옥탄가 증진제로 쓰인다.

$$4NaPb + 4C_2H_5Cl \longrightarrow (C_2H_5)_4Pb + 4NaCl + 3Pb$$

그러나 이 첨가물은 공해의 원인이 되므로 그 용도가 줄고 있다. 알칼리 금속 중 산업적 용도가 가장 큰 것은 리튬이다. 리튬은 금속의 처리과정에서 산소나 황 같은 불순물을 제거하는 데 쓰이며 합금으로도 쓰인다.

칼륨이 산소 분자와 화합하면 짙은 오렌지색의 초과산화물인 초과산화칼륨 KO_2가 얻어지는데 이 화합물은 공기 중의 물과 반응하여 산소가 생성되기 때문에 가스마스크의 충진제로 사용된다.

$$4KO_2(s) + 2H_2O(L) \longrightarrow 4KOH(s) + 3O_2(g)$$

또한 초과산화칼륨을 물과 반응시켜 얻어지는 수산화칼륨, KOH는 공기 중의 이산화탄소를 제거하는 데 쓰인다.

$$KOH(s) + CO_2(g) \longrightarrow KHCO_3(s)$$

탄산 리튬은 리튬광을 처리하는 과정에서 얻을 수 있는 용해도가 비교적 작은 염으로 수산화리튬을 만드는 데 쓰인다.

나트륨 화합물의 중요한 화합물로는 가성소다로 알려진 수산화나트륨으로 이 화합물은 염화나트륨의 수용액을 전기분해하여 제조한다.

수산화나트륨은 센 염기성이고 화학공정에서 매우 유용하게 쓰인다. 염화칼륨은 칼륨화합물 중 가장 중요한 화합물이다. 90% 이상이 비료로 쓰이는데, 그 까닭은 K^+가 중요한 식물의 영양성분이기 때문이다. 나머지는 금속칼륨 등의 제조에 사용된다. 수산화칼륨은 KCl을 전기분해해서 얻을 수 있다.

11-4 IIA족 : 알칼리 토금속

IIA족 원소, 즉 알칼리 토금속은 알칼리 금속보다는 이온화 에너지가 커서 쉽게 산화된다.

알칼리 토금속은 반응 시에 ns^2의 원자가 전자를 이용하여 +2의 산화 상태의 화합물을 생성한다. 칼슘, 스트론튬, 바륨과 라듐의 화합물은 항상 이온성이며, +2의 금속 이온으로 이루어져 있다. 그러나 마그네슘 화합물의 결합은 공유성이 있으며, 베릴륨의 결합은 공유성이 대단히 크다.

알칼리 금속과 마찬가지로 IIA족 원소도 자연에서 화합물의 형태로 존재한다.

1. 알칼리 토금속의 성질

IIA족 금속의 녹는점은 IA족 금속의 녹는점보다 높다. 녹는점이 높고 경도가 큰 것은 두 원자가 전자 사이의 결합세기가 증가하기 때문이다.

IIA족 원소의 이차 이온화 에너지는 비교적 작다. 따라서 +2가의 양이온을 형성한다. 즉 Ca, Sr, Ba과 Ra은 물과 격렬하게 반응하여 금속 이온이 쉽게 생성된다.

$$Ca(s) + 2H_2O(L) \longrightarrow [Ca^{2+}(aq) + 2OH^-(aq)] + H_2(g)$$

마그네슘은 실온에서 물과 서서히 반응한다. 그러나 수증기와는 빠른 속도로 반응한다.

베릴륨은 물과 반응하지 않으며, $Be(OH)_4^{2-}$과 같은 착이온을 형성한다는 점에서 다른 IIA족 원소와 다르다. 이 점이 베릴륨의 비금속성을 나타내는 것이다. 즉, 베릴륨은 산과 반응할 뿐만 아니라 센 염기에도 녹는다.

$$Be(s) + 2[Na^+(aq) + OH^-(aq) + 2H_2O(L)] \longrightarrow [2Na^+(aq) + Be(OH)_4^{2-}(aq)] + H_2(g)$$

마그네슘 금속은 염기성 용액과 반응하지 않는다. 물론 마그네슘보다 밑의 주기에 있는 IIA족 금속들은 염기성에서 반응한다.

표 11-5 II족 원소의 성질

원 소	M^{2+}의 반경(Å)	이온화 에너지 (kJ/mol)	표준환원전위(V) ($M^{2+} + 2e^- \rightarrow M$)
베릴륨(Beryllium)	~0.3	900/1760	−1.70
마그네슘(Magnesium)	0.65	738/1450	−2.37
칼슘(Calcium)	0.99	590/1146	−2.76
스트론튬(Strontium)	1.13	549/1064	−2.89
바륨(Barium)	1.35	503/ 965	−2.90
라듐(Radium)	1.40	509/ 979	−2.92

2. 알칼리 토금속 원소와 화합물의 용도

상업적으로 중요한 알칼리 토금속은 마그네슘이다. 마그네슘은 알루미늄 합금을 제조하는 데 쓰이는데, 경도를 높이고 부식을 방지하는 역할을 높이기 때문이다.

마그네슘은 염기에 강하고 산에도 어느 정도 강하다. 또한 마그네슘 합금에도 알루미늄이 들어가는데 이와 같은 합금들은 항공기나 미사일 제조에 쓰인다. 마그네슘 중 일부는 우라늄이나 베릴륨 같은 금속 제조에 환원제로 쓰인다. 베릴륨은 X선을 투과하므로 X선 튜브나 X선 창을 만드는 데 쓰인다.

베릴륨이나 베릴륨 합금을 다룰 때는 독성에 주의하여야 한다. IIA족 원소의 화합물 중 가장 중요한 것은 칼슘 화합물이다. 탄산칼슘의 광석이나 패류의 껍질은 이 화합물의 중요한 출처이다.

900°C로 가열하면 탄산칼슘은 분해하여 이산화탄소를 배출하며, 이때 산화칼슘이 생성되는데 대부분이 철강 제조에 쓰인다. 산화칼슘은 물과 발열반응하여 수산화물을 생성한다.

$$CaCO_3(s) \xrightarrow[900^\circ C]{\Delta} CaO(s) + CO_2(g)$$

$$CaO(s) + H_2O(L) \longrightarrow Ca(OH)_2(s) : H = -65.7KJ$$

이때 종이를 태울 정도의 열이 방출되므로 산화칼슘을 저장할 때는 주의하여야 한다.

11-5 IIIA족 : 붕소와 알루미늄족의 금속

원소의 금속성은 같은 족에서 원자번호가 클수록 증가한다. 이러한 성질은 IIIA족 원소의 경우에 더욱 크게 나타난다. 첫 번째 원소인 붕소는 반도체성 고체이며 이 원소의 화합물은 비금속성을 나타낸다.

붕소의 결합은 $2s^2 2p^1$의 원자가 전자를 공유하여 이루어지는 +3산화 상태의 공유성이다. 알루미늄 화합물 중 공유성 화합물이 많으나 AlF_3 같은 이온성 화합물도 있다. $Al^{3+}(aq)$ 양이온은 알루미늄염의 수용액에 존재한다. 알루미늄은 산소와 규소 다음으로 지각에 존재하는 가장 많은 원소이다.

광석은 AlO(OH)와 $Al(OH)_3$가 여러 비율로 섞여 있는 보크사이트의 형태로 되어 있다.

1. IIIA족 원소의 성질

붕소는 여러 가지의 동소체가 있다. 붕소의 동소체는 반도체이고 가장 안정한 것은 단단하고 검은 고체이며, 녹는점은 2300°C로 대단히 높다.

표 11-6에는 붕소와 다른 IIIA족 원소의 성질을 나열했다. 높은 온도가 아니라면 결정성 붕소는 화학적 불활성이다.

표 11-6 IIIA족 원소의 성질

원 소	M^{2+}의 반경(Å)	이온화 에너지 (kJ/mol)	표준환원전위(V) ($M^{3+} + 3e^- \rightarrow M$)
붕소(Boron)	0.2	798	–
알루미늄(Aluminium)	0.51	581	−1.71
갈륨(Gallium)	0.62	577	−0.53
인듐(Indium)	0.81	556	−0.34
탈륨(Thallium)	0.95	589	0.72

붕소를 제외한 IIIA족 원소는 금속이나 알루미늄은 녹는점이 660°C이며 다른 원소들은 더 낮은 온도에서 녹는다.

그러나 주기율표 상에서 일정한 경향을 나타내고 있지는 않다. 갈륨은 손에 쥐고 있어도 녹으나 인듐이나 탈륨은 녹는점이 더 높다. 탈륨을 제외한 이들 금속은 표면이 산화물로 덮혀 더 이상 산화되지 않는다.

알루미늄은 Al_2O_3 같이 +3의 산화물을 이룬다. 탈륨은 Tl_2O와 같이 +1의 산화물을 형성한다.

알루미늄과 갈륨 및 인듐은 할로겐과 반응하여 할로겐화물을 생성한다. 탈륨은 +1가와 +3의 할로겐화물을 이룬다.

반응성이 큰 금속의 경우에 예측되듯이 IIIA족 원소는 산과 반응하여 수소 기체를 방출한다.

$$2Al(s) + 6[H^+(aq) + Cl^-(aq)] \longrightarrow 2[Al^{3+}(aq) + 3Cl^-(aq)] + 3H_2(g)$$

알루미늄과 갈륨은 강한 염기성 용액에 녹아서 수산화이온(OH^-)과 수소를 생성한다.

$$2Al(s) + 2[Na^+(aq) + OH^-(aq)] + 6H_2O(L) \longrightarrow 2[Na^+(aq) + Al(OH)_4^-(aq)] + 3H_2(g)$$

$$2Ga(s) + 2[Na^+(aq) + OH^-(aq)] + 6H_2O(L) \longrightarrow 2[Na^+(aq) + Ga(OH)_4^-(aq)] + 3H_2(g)$$

2. IIIA족 원소와 화합물의 용도

상업적으로 가장 중요한 IIIA족 원소는 알루미늄이다.

순수한 것은 연하고 쉽게 부식하나, 구리나 마그네슘 또는 망간과 같은 금속을 소량 가하여 합금을 만들면 단단하고 부식이 안 되는 합금이 된다. 알루미늄은 다른 금속을 제련하는 데도 쓰인다.

다른 IIIA족 원소는 상업적인 목적에 잘 쓰이지 않으나 붕소는 플라스틱의 강화 목적으로 필라멘트로 만들어 쓰고 갈륨이나 인듐은 반도체로 쓰이고 있다. 화합물을 형성한다는 점에서 알루미늄과 유사하다.

붕소와 산소는 고리화합물이나 삼각평면체의 단위나 사면체의 단위를 가지고 있는 복잡한 구조의 화합물을 이룬다.

알루미늄의 가장 중요한 화합물은 산화알루미늄 또는 알루미나라고 불리는 Al_2O_3이다. 이 화합물은 보크사이트에서 얻을 수 있는 수산화 알루미늄을 가열하여 얻는다. 550°C에서 가열하면 다공성의 흰 고체가 생성되는데 촉매로 쓰이기도 하며 대부분은 알루미늄의 금속 제조에 쓴다.

황산알루미늄, $Al_2(SO_4)\cdot 18H_2O$은 알루미늄의 염 중에서 가장 잘 녹는다. 이 염은 황산에 보크사이트를 녹여 제조하고 수용액에서 산성이다. 물에서 알루미늄 이온은 $Al(H_2O)_6^{3+}$의 착화합물을 이루고 이 이온은 가수분해한다.

$$Al(H_2O)_6{}^{3+}(aq) + H_2O(L) \rightleftharpoons Al(H_2O)_5OH^{2+}(aq) + H_3O^+(aq)$$

황산알루미늄은 제지업에 쓰인다. 이 염은 또한 제지나 펄프 공업에서 폐수 처리에 쓰이기도 한다.

11-6 IVA족 : 탄소족

IVA족 원소는 주기율표에서 아래로 갈수록 금속성이 커지는 경향이 앞의 다른 족에서보다 훨씬 강하다. 이 족의 첫 번째 원소인 탄소는 분명히 비금속이다.

모든 IVA족 원소들은 원래 공유결합 화합물이지만 +4의 산화 상태를 가진다. 탄소와 규소는 또한 −4의 산화 상태를 갖기도 한다.

Al_4C_3와 같은 탄소화합물들은 C^{4-}의 음이온이 되기도 한다. −4 상태에 있는 대부분의 화합물은 공유결합이다. +4 또는 −4의 4가의 산화 상태는 원자의 전자배치가 ns^2np^2이므로 공유결합이 대부분 정사면체이며 sp^3 혼성이다. 탄소를 제외한 모든 원소는 sp^3d^2의 혼성을 이용하여 여섯 개의 결합을 형성한다.

규소는 IVA족 원소 중 가장 풍부한 원소로 SiO_2나 규산염 광물로 존재한다. 다음으로 많은 원소는 탄소로 화석 연료는 물론 생체에 존재한다. 탄소는 또한 대기 중에 이산화탄소로 존재하며, 흑연과 다이아몬드같이 원소의 동소체로도 존재한다. IVA족의 다른 원소들은 아주 적은 양이 존재한다.

게르마늄은 희귀하여 은−게르마늄의 황화물($4Ag_2S\cdot GeS_2$)이 혼합된 은광석 같은 여러 광물들에서 발견된다.

1. IVA족 원소의 성질

탄소의 결정동소체인 흑연과 다이아몬드는 공유결합 고체이다.

흑연은 연하고 미끄러운 느낌의 검은색 고체로서 광택이 있고 전기를 통하며 층상 구조를 갖는다. 층에서 한 개의 탄소원자는 다른 세 개의 탄소원자와 공유결합되어 6각형 또는 닭 벼슬 모양을 형성한다.

두 층은 London 힘에 의해 서로 붙어 있어서 층들이 쉽게 미끄러지는데 이것이 흑연의 연함과 미끈미끈한 느낌을 갖게 한다.

목탄이나 카본블랙 같은 무정형 탄소도 역시 흑연과 같은 층상 구조를 갖는다. 흑연에서는 겹침이 규칙적이지만 무정형 탄소에서는 덜 규칙적이거나 불규칙하다. 다이아몬드는 무색투명한 고체로 전기적 부도체이며, 흑연과 다른 성질을 나타내는데 구조상의 차이로 설명할 수 있다.

다이아몬드는 3차원 그물 구조를 가지고 있으며, 각 탄소 원자는 각각 4개의 다른 원자들과 공유결합을 하고 있다. 결합은 정사면체를 형성하며 원자들은 sp^3 혼성화되어 있다.

다이아몬드 결정의 한 위치에서 다른 위치로 움직이기 위해서는 많은 강한 C－C 결합을 파괴시켜야 한다. 만일 이들의 강한 방향성 결합들이 파괴된다면 이들은 새로운 구조를 갖게 된다.

흑연의 구조는 탄소의 특유한 형태로 다이아몬드의 구조와는 다르다. 규소와 게르마늄 및 주석의 동소체 중의 하나는 다이아몬드와 같은 결정 구조를 갖는다. 그러나 다이아몬드와 비교해 볼 때 이들 물질은 반도체이다.

실온에서 IVA족은 상대적으로 비활성이고 많은 결정의 형태로 존재하는 것은 특수한 경우이다. 이들은 모두 온도가 높아지면 공기 중에서 연소된다. 산소를 적절히 공급하면 CO와 CO_2의 혼합물이 얻어진다. 규소와 게르마늄 및 주석은 산소와 반응하여 산화물을 형성한다.

표 11-7 IVA족 원소의 성질

원 소	전기음성도	녹는점(℃)	어는점(℃)
탄소(Carbon)	2.5	3727	–
규소(Silicon)	1.8	1410	2355
게르마늄(Germanium)	1.8	937	2830
주석(Tin)	1.8	232	2270
납(Lead)	1.9	327	1740

2. IVA족 원소의 제법과 이용

비록 탄소가 다이아몬드나 흑연 및 무정형의 목탄처럼 자연 상태로 존재한다고 해도 상업적으로 유용한 여러 동소체를 얻기 위해서는 시설이 필요하다.

예를 들면 카본블랙 형태의 탄소는 화학적 산물이다. 이것은 천연가스(CH_4)나 원유의 탄화수소를 공기가 없는 상태에서 가열 분류함으로써 얻는다.

$$CH_4(g) \xrightarrow{\Delta} C(s) + 2H_2$$

카본블랙은 타이어 공장에서 이용되거나 검은 인쇄잉크의 원료로 쓰인다. 코크스는 무정형의 탄소로 목탄의 가열 또는 공기가 없는 상태에서 원유의 가열에 의해서 얻어진다.

천연 흑연은 연필심을 만드는 데 이용되고 있으나, 합성 흑연은 전기화학에서 전극을 만드는 데 필요하다. 흑연은 원유 코크스를 3500°C의 전기로에서 가열하여 얻는데 모래와 철을 촉매로 사용한다.

흑연이 다이아몬드로 변화되는 과정을 열역학적으로 보면, 1기압에서 다이아몬드의 생성자유 에너지는 양의 값으로 열역학적으로 불안정하여 다이아몬드가 얻어지지 않는다.

$$C(\text{흑연}) \longrightarrow C(\text{다이아몬드})\ ;\ \Delta G_f^\circ = +2.9\text{kJ/mol}$$

다행히도 다이아몬드가 흑연으로 변하는 것은 보통 온도에서는 감지할 수 없을 정도로 미세하게 일어난다. 그러나 만일 다이아몬드의 내부를 1000°C 이상으로 가열한다면 변화는 빨라진다. 흑연은 다이아몬드보다 밀도가 적어 충분한 압력하에서는 다이아몬드로 변하게 될 것을 기대할 수 있다.

다른 IVA족 원소들의 생산은 산화물을 몇 단계 환원시켜 이루어진다. 규소를 예로 들면, SiO_2를 C와 3000°C의 전기로에서 환원시키면 된다.

$$SiO_2(L) + 2C(s) \xrightarrow{\Delta} Si(L) + 2CO(g)$$

야금의 목적으로 이용할 때 규소는 페로규소라고 불리는 철과의 합금으로 만든다. 이 합금은 모래와 함께 철(III) 산화물을 환원함으로써 얻어진다.

순수한 트랜지스터나 태양전지, 마이크로 컴퓨터 부품 같은 고체 상태의 반도체 장치를 만드는 데 필요하다.

11-7 VA족 : 인족

탄소족과 마찬가지로 VA족 원소는 비금속으로부터 금속성으로 향하는 독특한 경향을 나타낸다. 첫째 원소들인 질소와 인은 완전한 비금속이고 비소와 안티몬은 금속성을 나타내며 비스무트는 금속이다.

비스무트를 제외하면 VA족 원소는 +5의 산화 상태를 갖는 안정된 화합물이다. 질소의 경우는 산화제로 작용한다. 질산(HNO_3)은 환원되어 NO_2(산화상태 : +4), NO(+2), N_2(O) 및 NH_3(−3)가 된다. 나머지 원소들은 +3 상태가 되어 훨씬 더 안정해진다.

인은 가장 많이 존재하는 VA족 원소로 인산염 광물인 $Ca_5(PO_3)_3F$에 존재한다.

1. VA족 원소의 성질

인에는 두 가지 동소체가 있는데 흰 인과 붉은 인이다. 흰 인은 밀랍으로 된 흰색 고체이다. 이것은 이황화탄소와 같은 비극성 용매에 잘 녹으며, 고체 분자 P_4이다.

인 원자는 규칙적으로 사면체의 모퉁이에 배치되어서 각 원자는 세 개의 다른 원소와 단일결합을 이루고 있다. P−P−P 결합각은 60°이고 정상적인 P 결합각 90°보다 훨씬 작다. 이것은 다른 결합보다 P−P 결합은 더 약함을 나타내고 (P 오비탈이 덜 겹치기 때문), 인 동소체에서 큰 반응성을 나타낸다. 붉은 인은 반응성이 작다.

비소는 대개 투명한 잿빛의 금속성 고체이다. 잿빛의 비소는 615°C에서 승화된다. 만일 증기가 갑자기 냉각되면 노란 비금속성 고체결정이 생긴다. 노란 비소는 흰 인과 비슷한 As_4 고체분자로 알려져 있다.

이것은 실온에서는 불안정하여 잿빛의 비소로 되돌아간다. 안티몬은 은과 같이 광택이 있는 고체이다. 노란 비금속의 형태로 알려져 있는데, 매우 낮은 온도에서만 안정하다. 비스무트는 핑크빛의 엷은 색을 띠는 흰색 고체이다. 흰 인은 화학적으로 매우 활성으로 공기 중에서 계속적으로 가열하면 이산화물과 같은 염기를 형성한다. 과량의 산소 존재하에서는 이 원소들이 연소되어 산화인 (V), P_4O_{10}이 된다.

$$P_4(s) + 5O_2(g) \longrightarrow P_4O_{10}(s)$$

산소가 부족한 상태에서는 산화인(III) P_4O_6을 형성한다. 비소와 안티몬 및 비스무트를 공기 중에서 가열하면 탄다. 비소는 비소산화물(III) As_4O_6를 형성하고, 안티몬은 산화안티몬(III) (Sb_4O_6)과 사산화이안티몬(Sb_2O_4)을 형성하며 +3과 +5의 산화 상태를 갖는다. 그리고 비스무트는 산화비스무트(III), (Bi_2O_3)를 형성한다.

인과 무거운 원소(As, Sb 및 Bi)는 직접적으로 할로겐과 반응한다. 인은 삼할로겐화물(PF_3, PCl_3, PBr_3 및 PI_3)과 오할로겐화물(PI_5을 제외한 PF_5, PCl_5, PBr_5)을 형성한다. 다른 원소들은 비록 SbF_5와 $SbCl_5$ 및 AsF_5를 형성할 수 있으나 대부분 삼할로겐화물을 형성한다.

표 11-8 VA족 원소의 성질

원 소	전기음성도
질소(Nitrogen)	3.0
인(Phosphrous)	2.1
비소(Arsenic)	2.0
안티몬(Antimony)	1.9
비스무트(Bismuth)	1.9

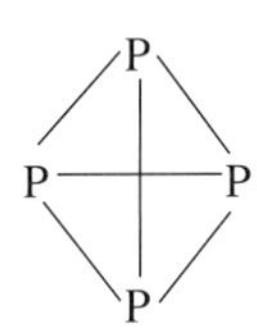

그림 11-3 P_4 분자의 구조

2. VA족 원소의 제법과 이용

흰 인은 코크스(C)와 모래(SiO_2)와 함께 전기로에서 $3Ca_3(PO_4)_2$와 CaF_2 등을 가열하여 얻는다. 이 반응은 다음과 같이 쓸 수 있다.

$$2Ca_3(PO_4)_2(s) + 6SiO_2(s) + 10C(s) \xrightarrow{>1500^\circ C} \underset{\text{규산칼슘염}}{6CaSiO_3(L)} + 10CO(g) + P_4(g)$$

전기로에서 가스를 냉각시키면 인 증기가 응축되어 액체로 된다. 이 액체는 보관 탱크에 옮겨지기 전까지는 물속에 보관하며, 규산칼슘염과 플루오르화칼슘으로 이루어진 광물 찌꺼기는 주기적으로 용광로에서 제거시켜야 한다.

대부분의 흰 인은 인산(H_3PO_4)에서 얻는다. 이러한 흰 인은 과량의 공기 중에서 연소된다. 어떤 흰 인은 활성이 없는 분위기에서 240°C로 가열하면 붉은 인이 되는데 성냥을 만드는 데 이용한다.

비소는 As_4S_6와 같은 광물을 공기 중에서 산화시켜 As_4S_6를 얻은 다음, 코크스로 환원시켜 얻는다.

$$As4S_6(s) + 9O_2(g) \longrightarrow As_4O_6(s) + 6SO_2(g)$$

$$As_4O_6(s) + 6C(s) \xrightarrow{\Delta} As_4(g) + 6CO(g)$$

산화비소(III)는 구리광석을 제련하는 데서 생기는 연소가스에 존재하는데 역시 비소의 자원으로 이용된다. 안티몬은 Sb_4S_6을 산화시킨 다음에 코크스로 환원시켜 얻는다. 비스무트는 구리의 전기적 정제에서 부산물로 얻어진다.

비소와 안티몬 및 비스무트는 합금에 이용된다. 비소는 납을 굳게 하여 납총탄을 만드는 데 이용하고, 안티몬은 납과 합금을 만들어 축전지 판을 만드는 데 이용하며, 비스무트는 주석 및 납과 섞어서 자동화재경보기 등에 쓰이며, 낮은 온도에서 녹는 합금을 만든다.

11-8 VIA족 : 황족

IVA족 및 VA족과 마찬가지로 VIA족 원소는 비금속으로부터 금속성으로 향하는 경향을 나타내고 있다.

산소와 황은 완전한 비금속이고 셀레늄과 텔레륨 화합물은 비금속성이 크다. 폴로늄은 금속성을 나타낸다.

황은 풍부한 원소이다. 이는 황화물 광물에서 $CaSO_4 \cdot 2H_2O$와 같은 황산염 광물에 존재하며, 또 석탄과 원유에 유기황화물과 수소황화물로 천연가스에도 존재한다. 황은 화산지대에 많은데 화산 가스에 존재하는 수소황화물과 황산화물의 반응에 의해서 형성되는 것으로 추측된다.

$$16H_2S(g) + 8SO_2(g) \longrightarrow 16H_2O(L) + 3S_8(s)$$

시판되는 황원소는 지표면 100m 이하의 암석에 끼워져 있는 암석지대에서 발견되는 것들이다. VIA족의 또 다른 원소는 풍부하게 존재하지 않는다. 셀레늄은 황화물 광석에 혼합되어 있고, 폴로늄 −210은 토륨과 우라늄 광석에서 발견되는데, 반감기가 138일이고 α 붕괴를 한다.

1. VIA족 원소의 성질

황의 안정한 형태를 사방황이라고 하는데 노란 결정성 고체로 왕관 모양의 S_8분자 격자를 갖는다. S_6^{2-}와 같은 선형 연쇄이온들처럼 황화합물에서도 역시 연쇄화가 확실하다. 사방황은 113°C에서 녹아 연황색의 액체로 되며, 계속 가열하면 어두운 적갈색의 점도가 큰 액체가 된다.

보통 황은 S_8 분자로 되어 있으며 개환반응으로 결합되면 긴 황원자의 연쇄구조를 갖게 된다. 또한 180°C에서는 연쇄가 파괴되기 시작하여 점도는 감소되며, 445°C 근처에서 S_8, S_6, S_4 및 S_2 분자의 증기가 된다.

셀레늄 역시 여러 동소체가 존재한다. 무정형 붉은 셀레늄(Se_8)은 아셀렌산 H_2SeO_3 용액이 환원될 때 침전된다. 이것을 끓는점 이하로 가열하면 붉은 셀레늄으로 변하는데, 안정한 잿빛의 결정이 생긴다.

잿빛 셀레늄은 광전도체로 전기는 잘 전도되지 않으나 빛을 받으면 좋은 전도체가 된다. 텔레륨은 금속성의 은빛 나는 고체이다. 폴로늄은 금속으로 단순한 입방격자를 나타낸다.

황은 거의 모든 원소와 반응하는데, 공기 중에서 독특한 푸른색을 내면서 이산화황 가스로 되며 자극적인 냄새를 낸다. 비록 황은 SO_3를 형성하나 매우 작은 양이 과량의 공기 중에서 연소된다. 황과 마찬가지로 셀레륨과 텔레륨도 공기 중에서 연소되어 산화물을 형성하는데 이들 산화물은 고체이다.

표 11-9 VIA족 원소의 성질

원 소	전기음성도	X^{2-}의 반경(Å)
산소(Oxygen)	3.5	1.40
황(Sulfun)	2.5	1.84
셀레늄(Selenium)	2.4	1.98
텔레륨(Tellurium)	2.0	2.21
폴로늄(Polonium)	2.0	2.30

2. VIA족 원소의 제법과 이용

황은 frasch process에 의해서 채굴된다. 이 과정에서 고체황은 지하에서는 뜨거운 물과 함께 녹아 있으므로 공기의 압력을 이용해서 지상으로 뿜어 올린다.

이러한 황은 순도가 99.6%로 황산을 제조하는 데 이용된다. 셀레늄은 황화물 광석의 배소로부터 나오는 그을음과 구리의 전기분해 정제로 형성되는 음극물질로부터 얻을 수 있다. 이들 물질들은 여러 산화제, 즉 H_2SeO_3 및 H_2SeO_4에서 얻는다. 이들 물질은 이산화황과 반응하여 셀레늄 원소로 환원되는데, 예를 들면,

$$H_2SeO_3(aq) + 2SO_2(g) + H_2O(L) \longrightarrow \underset{\text{붉은 셀레늄}}{Se(s)} + H_2SO_4(aq)$$

셀레늄은 광전지와 전기적 장치를 위한 정류기를 만드는 데 이용되며, 붉은 셀레늄은 붉은색의 유리와 에나멜에 이용된다. 또한 셀레늄은 합금에도 이용된다.

11-9 VIIA족 : 할로겐족

VIIA족 원소는 할로겐족으로 매우 비슷한 특성을 갖는다. 플로오르는 2주기 원소로 다른 VIIA족 원소와 약간 다른 성질을 갖지만 IIIA~VIA족의 2주기 원소처럼 잘 알려지지는 않았다. 예를 들면, 물속에서 플로오르화물의 용해도는 다른 할로겐화물과는 전혀 다르다.

$CaCl_2$, $CaBr_2$, 그리고 CaI_2는 물에 잘 녹으나 CaF_2는 물에 녹지 않는다. 또 AgCl과 AgBr 및 AgI 역시 물에 안 녹지만 AgF는 물에 녹는다. 모든 할로겐화물은 산화수가 −1인 상태에서 안정한 화합물 형태를 이룬다. 플로오르화물은 −1의 산화 상태만을 갖는다.

염소와 브롬 및 요오드 또한 산화수가 +1, +3, +5, +7 중의 한 가지 화합물 형태를 갖는다. 플로오르와 염소는 풍부한 원소로서 플로오르는 $3Ca_3(PO4)_2 \cdot CaF_2$와 CaF_2로 얻으며 유용하게 쓰인다. 염소는 바다에 있는 NaCl에 존재한다. 브롬은 흔한 조건은 아니지만 바닷물과 소금물을 농축시키면 Br^-로 검출할 수 있다.

요오드는 바닷물에 I^-로 존재하지만 상업적인 자원요소인 해초에도 농축되어 있다. 요오드는 칠레초석에서는 $NaIO_3$로, 유정에서는 NaI로 존재한다.

1. VIIA족 원소의 성질

모든 할로겐들은 F_2, Cl_2, Br_2, I_2와 같이 이원자 분자 물질로 존재한다. 이 중 F_2와 Cl_2는 기체이고, F_2는 연한 노랑색이며, Cl_2는 녹색을 띤 노랑색을 나타내고 있다. Br_2는 휘발성이고 붉은 갈색의 증기와 액체로 되어 있다.

요오드는 광택이 있으며 쉽게 승화하는 검은 빛깔의 고체로서, 증기로 되며 보랏빛을 띤다. F_2에서 I_2로 갈수록 녹는점과 끓는점이 증가하는데, 그 이유는 할로겐 분자들의 크기가 증가되는 사이에 분자들 사이의 London 힘의 변화에 의한 것으로 설명된다.

할로겐은 모두 산화제로서 F_2에서 I_2로 갈수록 산화력은 감소한다. 이것은 할로겐에 의한 물의 산화를 고려함으로써 쉽게 알 수 있다. 이러한 반응의 emf는 전극 $X_2 | X^-$의 표준전위를 계산할 수 있고 중성의 물에서 반쪽반응은 다음과 같다.

$$4H^+(aq) + O_2(g) + 4e^- \longrightarrow 2H_2O(L) : \xi = 0.82V$$

플로오르 반응에서는

$$2F_2(g) + 2H_2O(L) \longrightarrow 4H^+(aq) + 4F^-(aq) + O_2(g)\ \xi°_{cell} = 2.05V$$

그러므로 플로오르 반응은 물에서 활발하다. Cl_2, Br_2, 그리고 I_2가 물에서 반응함으로써 각각 0.54V, 0.24V 및 0.28V를 얻는다. emf의 값들은 염소와 브롬이 산소를 줄 수 있는 물과 어느 정도 반응하는가를 보여주는 것이다.

그리고 그 역반응은 요오드에서 일어난다.

즉, I^-는 산소분자에 의해 산화되어 I_2가 된다.

Cl_2와 Br_2는 아래와 같이 염기성 용액에서 더 빠르고 경쟁적으로 반응한다.

$$2Cl_2(g) + 2H_2O(L) \rightleftharpoons 2HClO(aq) + 2[H^+(aq) + Cl^-(aq)]$$
$$2Br_2(aq) + 2H_2O(L) \rightleftharpoons 2HBrO(aq) + 2[H^+(aq) + Br^-(aq)]$$

Cl_2와 Br_2 및 I_2의 상대적 산화력은 다른 할로겐 이온들과 반응하는 할로겐들을 관찰함으로써 알 수 있다. $Cl_2(aq)$를 브롬이온 용액 또는 요오드이온 용액으로 희석시키면 원소들이 석출된다. 즉,

$$Cl_2(aq) + 2Br^-(aq) \longrightarrow 2Cl^-(aq) + Br_2(aq)$$
$$Cl_2(aq) + 2I^-(aq) \longrightarrow Cl^-(aq) + I_2(aq)$$

할로겐들은 대부분 다른 원소들과 직접적으로 반응한다. 할로겐들은 할로겐들끼리 반응하여 이성분 화합물인 ClF, B_2F, IBr, ClF_3, ClF_5 및 ClF_7과 같은 할로겐간 결합을 형성한다.

표 11-10 VII족 원소의 성질

원 소	전기음성도	X^-의 반지름(Å)	표준환원전위(V) ($X_2 + 2e^- \rightarrow 2X^-$)
불소(Fluorine)	4.0	1.36	2.87
염소(Chlorine)	3.0	1.81	1.36
브롬(Bromine)	2.8	1.85	1.09
요오드(Iodine)	2.5	2.16	0.54
아스타틴(Astatine)	2.2	–	–

2. VIIA족의 원소의 제법과 이용

플로오르는 강력한 산화제로 전기분해에 의해서 얻어진다. 전지의 전해질은 KF가 액체 HF에 녹아 있는 것이다. 전기분해하면 음극에서는 수소가, 양극에서는 플로오르가 생긴다.

Cl_2도 공업화학에 중요하게 쓰인다. 그것은 수성의 NaCl을 전기분해함으로써 얻을 수 있다. CH_2 = CHCl, CCl_4, 그리고 CH_3Cl 등의 각종 탄화수소 물질을 제조하는 데 염소를 주로 사용한다. 직물과 종이를 표백시키고 수돗물을 살균하는 데에도 과량의 염소를 사용한다.

브롬은 가솔린을 얻기 위한 부가물로써 $C_2H_4Br_2$를 만들기 위해 사용한다. 요오드 I_2는 염소로 I^-를 산화시킴으로써 자연의 바닷물로부터 만들어진다.

$$2I^-(aq) + Cl_2(g) \longrightarrow I_2(s) + 2Cl^-(aq)$$

용액을 여과함으로써 요오드 침전은 걸러지므로 $NaHSO_3$로 요오드화물이온을 환원함으로써 불순한 $NaNO_3$와 NaI가 만들어진다. 또한 요오드는 사진 필름의 은 요오드화를 시키기 위해 사용된다.

11-10 VIIIA족 : 비활성기체

주기율표의 VIIIA족 원소는 모두 일원자 기체이다. 이들 성질을 표 11-9에 나타내었다. 헬륨을 제외한 모든 원소들은 바깥 p 부껍질이 채워져 있다. 따라서 이들 원소들은 비활성이다.

표 11-11 비활성 기체의 성질

원소	원자번호	원자 반지름(Å)	끓는점(°C)	녹는점(°C)	화합물 예
헬륨	2	0.93	−269	−272	없음
네온	10	1.31	−246	−249	없음
아르곤	18	1.74	−186	−189	없음
크립톤	36	1.87	−153	−157	KrF_2
크세논	54	2.09	−107	−112	XeF_4, XeO_3, XeF_6

헬륨은 자연에서 대기의 부성분으로 발견되는데 보통 탄화수소가스 광상에서 발견되며, 방사성 원소를 함유하는 광물 속에 들어 있다. 헬륨은 기구를 채우고, 질소와 반응하기 쉬운 물질의 실험을 할 때에 아르곤과 함께 비활성 분위기를 만드는 데 쓰인다. 또한 가스 크로마토그래피의 운반 기체로도 쓰인다. 네온과 아르곤은 광고용 방전관, 가스를 채우는 전구 등에 사용된다.

크립톤도 마찬가지로 전구에 사용되며, 크세논은 강도 높은 플래시 램프로 카메라에 사용된다. 라돈은 암치료 등에 사용된다. VIIIA족 원소 중에서 크립톤이나 크세논만이 화합물 형태로 발견되었는데, 1962년 Neil Bartlett는 XeP_tF_6를 합성했다. 이 때 반응은 다음과 같다.

$$Xe(g) + \underset{\text{붉은색}}{P_tF_6(g)} \longrightarrow \underset{\text{노란색}}{XeP_tF_6(s)}$$

또한 Argonne 실험실에서 Xe와 기체로부터 니켈 반응기에서 XeF_4를 만들었다.

$$Xe(g) + 2F_2(g) \longrightarrow \underset{\text{무 색}}{XeF_4(s)}$$

크세논 화합물은 물과 반응하여 HF와 산소화합물을 형성한다.

$$XeF_6(s) + 3H_2O(L) \longrightarrow XeO_3(aq) + 6HF(aq)$$
$$XeF_6(s) + H_2O(L) \longrightarrow XeOF_4(aq) + 2HF(g)$$

그 밖에 크세논 화합물은 X_2O_4, $XeOF_4$, $XeOF_2$와 XeO_3F_2 등이다.

11-11 전이원소 및 배위결합

1. 일반적 성질

전이원소의 성질을 논할 때는 이들 원소를 두 종류로 나누는 것이 편리하다. 한 종류는 주기율표 본체에 있는 d군 전이원소(혹은 주 전이원소)이고, 다른 한 종류는 f군 전이원소인데, 이들은 주기율표 바로 아래에 있는 14개의 원소로 구성된 긴 두 줄에 해당하는 것으로 란탄족과 악티늄족이 있다.

대표적 원소와 마찬가지로 대부분의 d군 전이원소는 화학적 · 물리적 성질에서 수직적 유사성을 갖고 있으며, 원소번호는 각 원소가 보통 상태에서 나타내는 가장 높은 산화 상태에 따라 정해지고 이에 의해 순서 번호가 결정되었다.

전이원소는 모두 전형적인 금속이다. 이들은 독특한 금속성 광택을 내는 전기 및 열의 양도체이다. 은은 금속 중에서 가장 큰 전기 및 열 전도를 갖고 있다. 그 다음이 구리인데 가격이 저렴하므로 가정과 공장에서 전선으로 많이 사용된다.

전이원소는 화학 및 물리적 성질이 광범위하게 다르기 때문에 넓은 분야에서 응용되고 있다. 어떤 원소들은 아주 단단하고 강하기 때문에 순수한 상태나 합금으로서 구조적 금속재료로 사용되는데, 그 전형적인 예가 철이다. 철에 크롬과 코발트 및 니켈을 넣어 각각 다른 성질을 갖는 강철을 제조한다.

순수한 상태에서는 연한 구리도 베릴륨과 합금으로 만들면 매우 강해지며, 베릴륨-구리 합금은 폭발성 분위기에도 불꽃을 내지 않는 연장으로, 강철 대신에 사용된다.

또한 이 합금은 사진기나 다른 정밀기기의 고급 스프링으로 사용되며, 녹는점이 3400°C인 텅스텐은 전구의 필라멘트로 사용된다. 수은은 상온 25°C에서 액체 상태로 존재하며, 온도계에 이용된다.

전이원소들은 화학적 반응성 또한 크게 다르다. 대부분은 산소나 할로겐 같은 비금속과 직접 반응하여 대응하는 산화물 또는 할로겐화물을 생성한다. 어떤 전이원소는 산화가 쉽게 되기 때문에 물과 반응하여 수소를 내어 놓는다. 스칸듐(Sc), 이트륨(Y), 란탄(La) 및 란탄족 원소(원자번호 58~71)는 아주 낮은 환원전위를 갖고 있다.

현저하게 다른 거동에도 불구하고, 전이원소들이 각각 공통적으로 갖고 있는 몇 가지의 특성은 다음과 같다.

① 몇 가지 원소를 제외하면 전이원소들은 두 가지 이상의 산화 상태를 가지고 있다. 여러 가지 산화 상태를 지닌다.
② 많은 화합물들이 자성을 갖고 있다. 유리된 상태나 화합물을 이룰 때 완전히 채워지지 않은 d 또는 f 부껍질을 가지고 있기 때문에 금속원자는 흔히 짝지워지지 않은 상태로 존재하며, 이는 자성을 띠는 원인이 된다.
③ 많은 화합물이 빛깔을 지닌다.
④ 착이온을 형성하는 강한 경향이 있다. 전이원소는 여러 종류의 수많은 착이온을 형성한다.

2. 전자구조와 산화상태

전이원소들의 화학적 · 물리적 성질은 이들의 전자구조에 따라 정해진다. 바깥 s와 아래에 있는 d 부속껍질이 거의 동등한 에너지를 갖기 때문에 이들 원소가 반응할 때는 d 전자가 결합에 관여할 수 있다. d 전자의 중요성은 표 11-12의 제1전이원소 계열에서 보여 주는 바와 같이 여러 산화 상태를 포함하는 다양한 화학적 성질로 나타난다.

표 11-12를 보면 몇 가지 흥미로운 점을 발견할 수 있는데, 첫째, Sc을 제외한 모든 첫째줄 원소가 +2 산화 상태를 보인다는 것이다. 일반적으로 원자가 전자를 내어 놓을 때는 가장 높은 주 양자수를 갖는 부껍질에서 내어놓는다는 것을 우리는 알고 있다.

따라서 3d 전자보다는 4s 전자를 먼저 내놓는다. 그러므로 +2 상태는 단순히 2개의 바깥껍질 4s 전자를 내어 놓음으로 말미암아 생성된다. 이것에 대한 예외는 3d 전자도 내어놓는 Cr과 Cu이다.

둘째, 전위원소 계열 왼쪽원소는 가장 높은 산화 상태를 선호하고, 오른쪽으로 갈수록 낮은 산화 상태의 안전성이 높은 상태에 비해 상대적으로 증가한다는 것이다. 이에 따라 스칸듐(Sc)은 3전자($3d^1 4s^2$) 모두를 잃으면 단지 최대 산화 상태인 +3만 관찰된다.

표 11-12 전이원소의 특성

일차전이금속의 성질										
	Sc	Ti	V	Cr	Mn	Fe	Co	Ni	Cu	Zn
원자번호	21	22	23	24	25	26	27	28	29	30
전자배열	$4s^2 3d^1$	$4s^2 3d^2$	$4s^2 3d^3$	$4s^1 3d^5$	$4s^2 3d^5$	$4s^2 3d^6$	$4s^2 3d^7$	$4s^2 3d^8$	$4s^1 3d^{10}$	$4s^2 3d^{10}$
원자반경(Å)	1.61	1.45	1.32	1.27	1.24	1.24	1.25	1.25	1.28	1.33
이온화에너지 (ev/atom)										
첫째	6.54	6.82	6.74	6.77	7.44	7.87	7.86	7.64	7.73	9.39
둘째	12.80	13.58	14.65	16.50	15.64	16.18	17.06	18.17	20.29	17.96
셋째	24.76	27.49	29.31	30.96	33.67	30.65	33.50	35.17	36.83	39.72
환원전이[†](V)	−2.08	−1.36	−1.2	−0.91	−1.18	−0.44	−0.28	−0.23	+0.34	−0.76
일반 산화 상태	+3	+2, +3 +4	+2, +3, +4, +5	+2, +3 +6	+2, +3, +4, +7	+2, +3	+2, +3	+2	+1, +2	+2
녹는점(°C)	1397	1672	1710	1900	1244	1530	1495	1455	1083	419
밀도(g/cm^3)	2.99	4.49	5.96	7.20	7.43	7.86	8.9	8.90	8.92	7.14
전기 전도도[‡]	—	2	3	10	2	17	24	24	97	27

†환원전이측정시 $M^{2+} + 2e^- \rightarrow M$(단, Sc의 경우 Sc^{3+})

‡Ag의 전기전도도 100을 기준

티탄(Ti)의 경우는 +2, +3 및 +4 상태를 볼 수 있으나, 수용액에서는 4개의 전자를 잃은 +4 상태가 가장 안정하다.

제1전이원소 계열의 오른쪽으로 나아갈 때, 망간(Mn)까지는 존재하는 최대산화 상태가 족의 숫자에 대응함을 알 수 있다. 그러나 가장 안정한 상태는 점차적으로 낮은 산화상태가 되어 높은 산화 상태는 좋은 산화제가 된다.

d족 원소의 화학적 성질이 큰 차이를 보이는 것과는 대조적으로 란탄족 원소는 놀라울 정도로 같은 성질을 보인다. 이들 원소 대부분은 완전히 채워지지 않은 4f 부껍질이 바깥의 5d와 6s 부껍질 아래에 묻혀 있어 주위의 화학적 환경과 큰 상호작용을 하지 않고 있다. 따라서 란탄족 원소들의 화학은 란탄과 마찬가지로 대부분이 +3가 이온의 화학이며, 거동의 차이는 일차적으로 이온 크기의 차이에 따른다.

악티늄족 원소들은 란탄족에 비하여 아주 다양한 산화 상태를 나타낸다. 이 사실은 가끔 란탄족의 4f 궤도함수에서보다는 악티늄족의 5f 궤도함수가 원자의 주변으로 돌출되어 있다는 것으로 설명된다. 결론적으로 5f 궤도함수는 화학결합에 더욱 크게 관여되고 따라서 복잡한 화학반응이 관찰된다.

3. 원자 반지름과 원소의 주기적 성질

(1) 원자 반지름(atomic radius)

1) 원자 반지름

① 원자 반지름의 주기성

- 같은 족 : 원자번호가 커질수록 전자껍질수가 많아지므로 원자 반지름이 점점 커진다.
- 같은 주기 : 원자번호가 커질수록 핵전하량이 증가하여 전자껍질이 핵에 더 강하게 끌리므로 원자 반지름이 점점 작아진다.

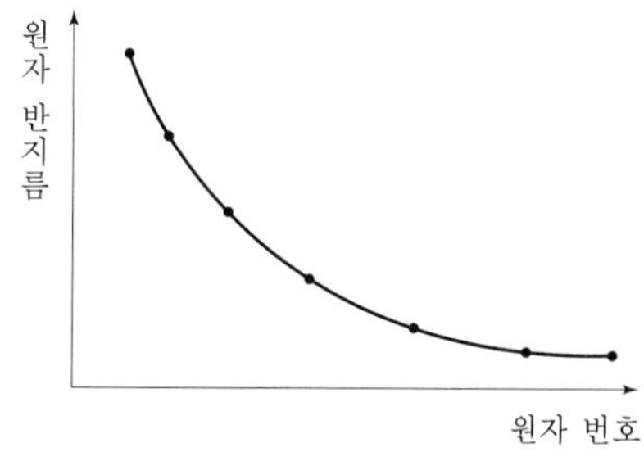

그림 11-4 같은 주기에서의 원자 반지름의 변화

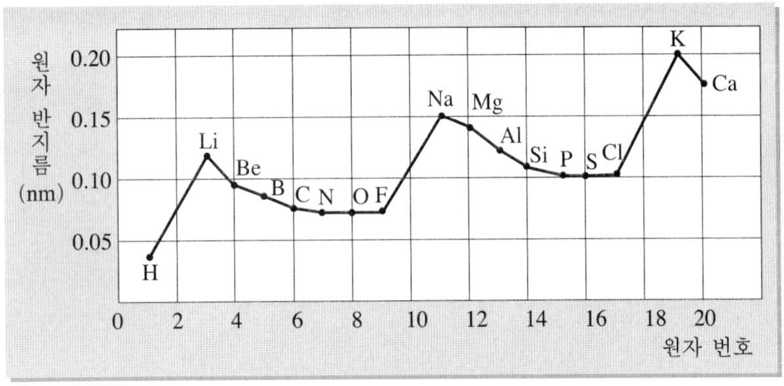

그림 11-5 원자번호와 원자 반지름과의 관계

표 11-13 원자 반지름(pm)

Sc	Ti	V	Cr	Mn	Fe	Co	Ni	Cu	Zn
162	147	134	127	126	126	125	124	128	138
Y	Zr	Nb	Mb	Tc	Ru	Rh	Pb	Ag	Cd
180	160	146	139	136	134	134	137	144	154
La	Hf	Ta	W	Re	Os	Ir	Pt	Au	Hg
187	158	146	139	137	135	136	138	144	157

표 11-14 이온화 에너지(kJ/mole^{-1})

Sc	Ti	V	Cr	Mn	Fe	Co	Ni	Cu	Zn
632	660	651	653	718	763	760	737	746	907
Y	Zr	Nb	Mb	Tc	Ru	Rh	Pb	Ag	Cd
616	672	665	694	720	711	720	805	732	869
La	Hf	Ta	W	Re	Os	Ir	Pt	Au	Hg
540	675	763	771	761	842	868	866	891	1008

② 원자 반지름을 결정하는 요인

- 핵의 전하량 : 전자껍질이 같더라도 핵의 전하가 증가하면 핵과 전자 사이의 정전기적 인력이 커지므로 전자껍질이 핵으로 더 가까이 끌려가게 되어 반지름은 줄어든다.
- 전자껍질 : 전자껍질수가 많을수록 원자 반지름이 커진다. 전자껍질의 껍질의 영향이 핵의 전하량보다 훨씬 더 큰 영향을 미친다.
- 전자쌍 반발력 : 음이온의 경우 8개의 전자가 채워지면 전자쌍 반발에 의해 껍질의 확장이 일어난다.

2. 이온 반지름의 주기성

① 양이온 반지름 : 중성인 원자가 전자를 잃으면 양이온이 된다. 양이온이 되면 전자껍질수가 감소하여 원자핵이 전자를 끌어당기는 힘이 커지므로 반지름이 작아진다.

㉮ $Na > Na^{+}$, $Ca > Ca^{2+}$

- 같은 주기에서 전하수가 클수록 이온 반지름이 작다.
  ㉮ $Li^{+} > Be2^{+}$
- 같은 족에서 원자번호가 클수록 이온 반지름이 크다.
  ㉮ $Na^{+} > Li^{+}$

② 음이온 반지름 : 중성인 원자가 전자를 얻으면 음이온이 된다.

음이온이 되면 최외각 전자수가 많아져서 전자들 사이의 반발력이 커지므로 반지름이 커진다. ㉮ $Cl < Cl^{-}$, $S < S^{2-}$

- 음이온 반지름은 그 원자의 반지름보다 크다. 예) Cl 〈 Cl−
- 같은 주기에서 전하수가 클수록 이온 반지름이 크다.
  ㉮ $F^{-} > O^{2-}$
- 같은 족에서 원자번호가 클수록 이온 반지름이 크다.
  ㉮ $F^{-} < Cl^{-}$

3. 원소의 주기적 성질

(1) 입자의 크기에 영향을 미치는 요인

① 전자껍질수 : 전자껍질수가 많을수록 입자의 크기가 커진다.
② 핵의 전하량 : 핵의 전하(= 양성자수 = 원자번호)가 증가하면 핵과 전자 사이의 인력이 증가하므로 입자의 크기는 작아진다.
③ 전자수 : 전자수가 증가하면 전자와 전자 사이의 반발력이 커지므로 입자의 크기는 커진다.

(2) 이온화 에너지(ionization energy)

① 이온화 에너지 : 기체 상태의 중성 원자 1몰로부터 전자 1몰을 떼어내어 양이온으로 만드는 데 최소의 필요한 에너지

$$M(g) + E \longrightarrow M^{+}(g) + e^{-} \text{ (E : 이온화 에너지)}$$

- 같은 족 : 원자 번호가 증가할수록 전자껍질수가 증가하여 원자의 크기가 커지므로 핵과 최외각 전자 사이의 인력이 감소하여 이온화 에너지가 작아진다.
- 같은 주기 : 원자 번호가 커질수록 핵전하량이 증가하여 핵과 전자 사이의 인력이 강해지므로 이온화 에너지가 대체로 증가한다.

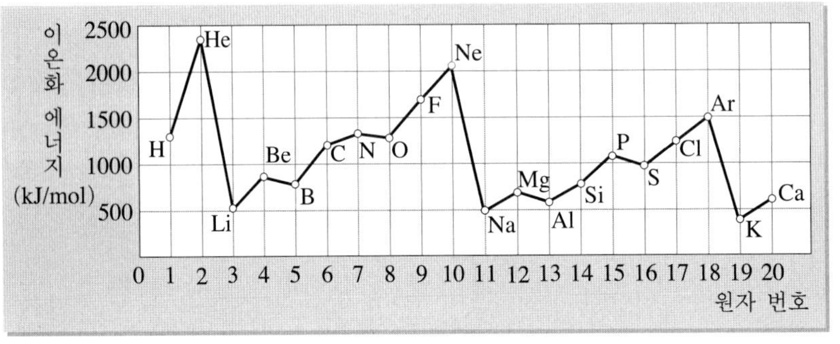

그림 11-6 이온화 에너지의 주기적 변화

- 이온화 에너지를 결정하는 인자들
  - 핵의 전하 : 클수록 이온화 에너지는 증가
  - 핵과 전자 사이의 평균 거리 : 작을수록 이온화 에너지는 증가

② 순차적 이온화 에너지 : 기체 상태의 중성 원자로부터 여러 개의 전자를 차례로 떼어내는 데 각각 필요한 에너지, 전자껍질이 바뀔 때 급격한 에너지의 증가를 나타낸다.

$M(g) + E_1 \longrightarrow M^+(g) + e^-$ (E_1 : 제1이온화 에너지)

$M^+(g) + E_2 \longrightarrow M^{2+}(g) + e^-$ (E_2 : 제2이온화 에너지)

$M^{2+}(g) + E_3 \longrightarrow M^{3+}(g) + e^-$ (E_3 : 제3이온화 에너지)

$E_1 < E_2 < E_3 < \cdots m$

③ 순차적 이온화 에너지의 크기를 비교하여 원자의 족 수를 알 수 있다.

표 11-15 전자배치와 순차적 이온화 에너지

원자	전자배치			순차적 이온화 에너지(KJ/mol)			
	K	L	M	E_1	E_2	E_3	E_4
$_{11}Na$	2	8	1	496	4562	6912	9543
$_{12}Mg$	2	8	2	738	1451	7733	10540
$_{13}Al$	2	8	3	578	1817	2745	11577

4. 전자친화도(electron affinity)

① 전자친화도 : 기체 상태의 중성 원자 1몰이 전자 1몰을 받아들여 기체 상태의 음이온으로 될 때에 방출하는 에너지

$$X(g) + e^- \longrightarrow X^-(g) + E \quad (E : \text{전자친화도})$$

- 전자친화도가 클수록 전자를 받아들여 음이온이 되기 쉽다.
- 전자친화도가 클수록 원자와 전자 사이의 인력이 크므로 생성된 이온은 안정하다.

표 11-16 전자친화도(kcal/mol)

원자번호	원자	전자친화도	원자번호	원자	전자친화도
1	H	17.3	11	Na	17.5
6	C	28.8	16	S	47.3
8	O	34.1	17	Cl	83.3
9	F	79.5	35	Br	77.6
10	Ne	0	53	I	70.0

② 전자친화도의 주기성 : 주기율표의 왼쪽 아래로 갈수록 작아지고, 오른쪽 위로 갈수록 커진다(전자친화도의 순서 : Cl > F > Br > I).

- 같은 족 : 원자번호가 증가할수록 원자 반지름이 커지므로 전자친화도는 대체로 작아진다.
- 같은 주기 : 원자번호가 증가할수록 핵의 전하가 커지고 원자 반지름이 작아지므로 핵과 전자의 인력이 증가하여 전자친화도는 커진다 (단, 비활성 기체는 제외).

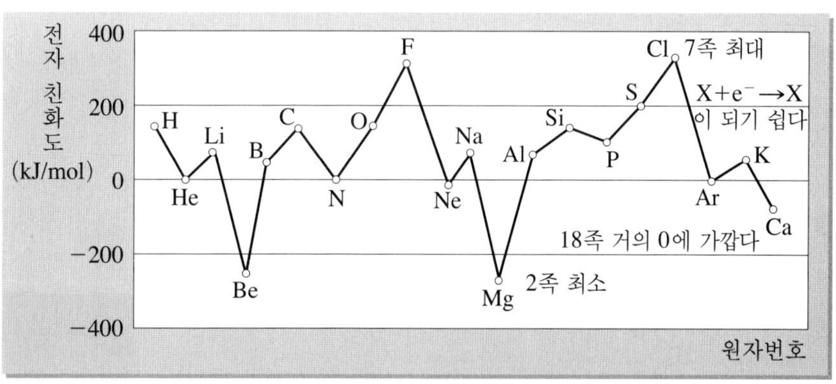

그림 11-7 전자친화도의 주기성

5. 이성질 현상

두 가지의 서로 다른 화합물이 분자식은 같으나 원자의 배열방법이 다를 때 각각을 이성질체라고 부른다. 이성질 현상은 크게 구조이성질 현상과 입체이성질 현상으로 나눌 수 있다.

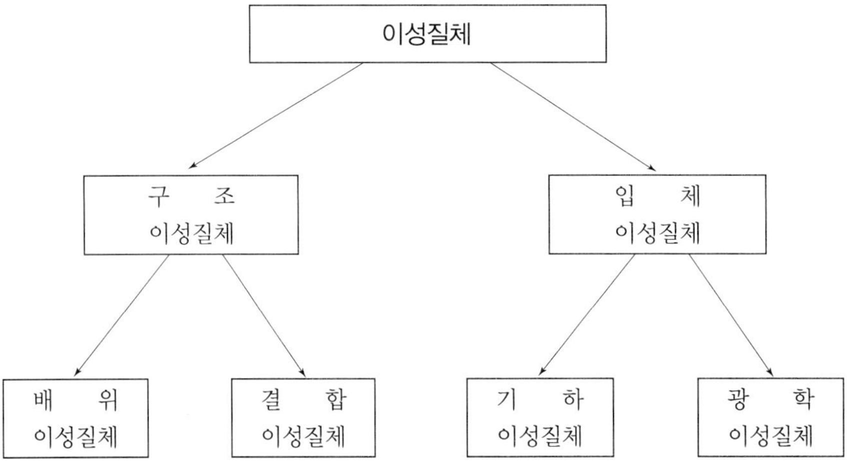

그림 11-8 이성질 현상

(1) 구조이성질 현상

구조이성질 현상의 하나로 배위이성질 현상을 들 수 있다. 예를 들어 다음의 일반식을 갖는 두 화합물이 있다.

$Cr(NH_3)_5SO_4Br$

이들 $[Cr(NH_3)_5SO_4]Br$과 $[Cr(NH_3)_5Br]SO_4$는 배위이성질체이다. 전자는 SO_4^{2-}가 Cr^{3+}와 배위결합으로, Br^-가 counter ion으로 작용하고, 후자는 이 이온들의 역할이 반대이다. 이 두 화합물은 다른 화학적 성질을 갖고 있으므로 같은 종류의 원자를 같은 수만큼 갖고 있지만 분명히 다른 화학물질이다.

두 번째 구조이성질 현상으로 linkage 이성질 현상을 들 수 있다. 착이온의 조성은 같지만 적어도 리간드 중 하나는 접속점이 다르다. 예를 들면, 다음 두 화합물은 linkage 이성질체이다.

(a) $[Co(NH_3)_4(NO_2)Cl]Cl$ Tetraamminechloronitrocobalt (III) chloride (노랑)

(b) $[Co(NH_3)_4(ONO)Cl]Cl$ Tetraamminechloronitritocobalt (III) chloride (빨강)

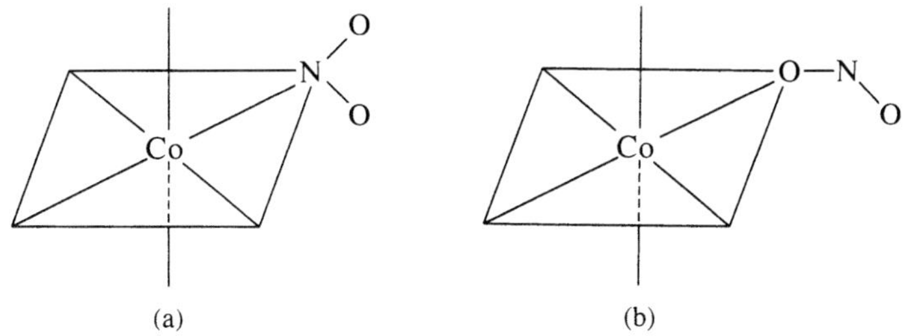

그림 11-9 구조이성질 현상

(2) 입체이성질 현상

입체이성질현상은 주어진 분자나 이온에 동일한 원자가 결합되어 있지만 공간적으로 다른 방향을 하고 있어 둘 이상의 구조적 형태로 존재할 수 있다. 첫 번째 형태는 기하이성질 현상(혹은 *cis*−*trans* 이성질 현상)으로 *cis*와 *trans* 이성질체는 각각 다른 구조를 갖고 있으므로 개개의 고유한 화학 및 물리적 성질을 갖는 다른 화학종이다. 이들 중의 중요한 예가 $Pt(NH_3)_2Cl_2$이다.

그림 11−10은 두 가지의 가능한 형태를 나타내고 있다.

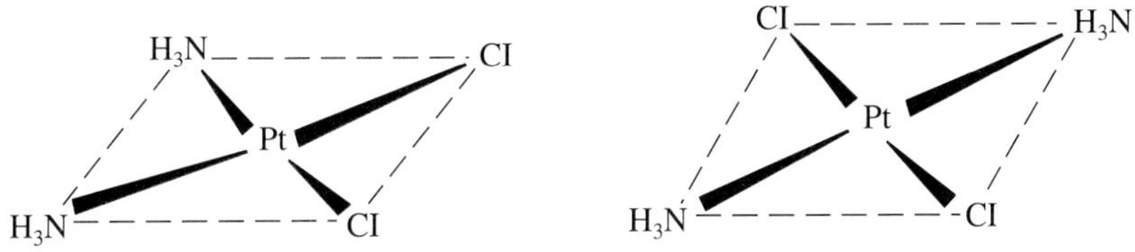

그림 11-10 입체이성질 현상

입체이성질 현상의 두 번째 type은 광학이성질 현상이다. 빛은 일반적으로 전기와 자기 벡터를 갖는 전자파로 구성되어 있다. 이들 벡터는 빛이 전파되는 방향에 수직으로 정현곡선의 모양을 하며 맥동한다. 전기 벡터는 편광이 안 된 빛에서는 모든 방향에서 배향이 관찰되나 편광체를 통과시키면 한쪽 방향만 남게 된다. 이를 평면편광이라고 부른다.

광학이성질체의 특이한 점은 평면편광이 이들(또는 이들의 용액)을 지날 때 편광면이 어떤 각도 θ만큼 회전되는 것이다. 이런 성질을 나타낼 때 광학적으로 활성화되었다고 한다.

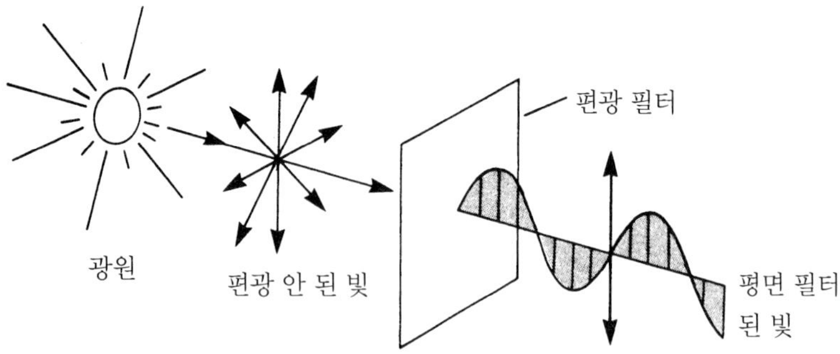

그림 11-11

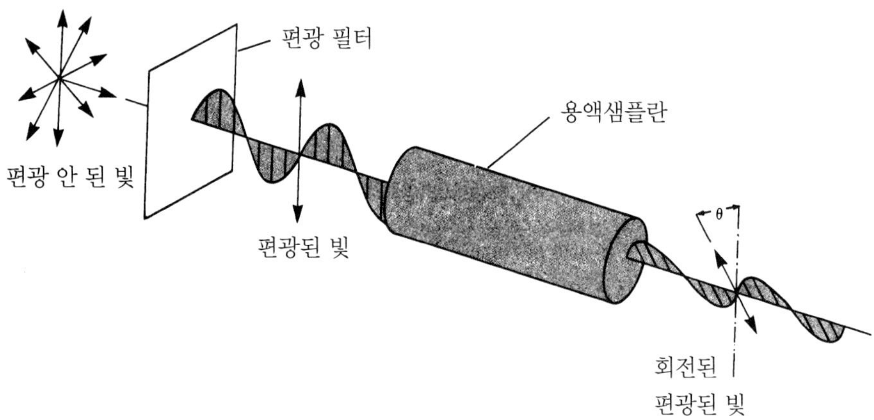

그림 11-12

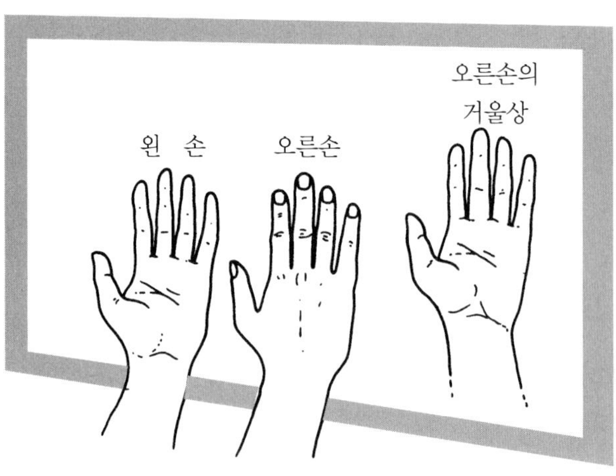

그림 11-13

이것에서는 편광된 빛이 다르게 영향을 받는데, 이는 우리의 왼손과 오른손의 관계와 같다. 즉, 이들은 서로를 포갤 수 없는 거울상이다. 오른손의 손바닥을 거울쪽으로 하고 거울 앞에서 오른손을 들고 왼손은 바닥을 앞으로 하면서 들어 보자. 거울 속의 오른손의 상은 왼손과 같이 보이고, 따라서 왼손과 오른손은 서로의 거울상이라는 것을 알 수 있다.

양쪽 손바닥을 모두 아래로 하고 포개면 엄지손가락은 서로 다른 방향을 가리킨다. 이와 같이 광학 이성체도 서로 포개 놓을 수 없다.

두 개의 동일하지 않은 거울상의 이성체로 존재하는 착물의 한 가지 예가 $[Co(en)_3]^{3+}$ 이온이다. 그림 11-13에서와 같은 관계의 이성질체 짝을 거울상 이성질체라고 부른다.

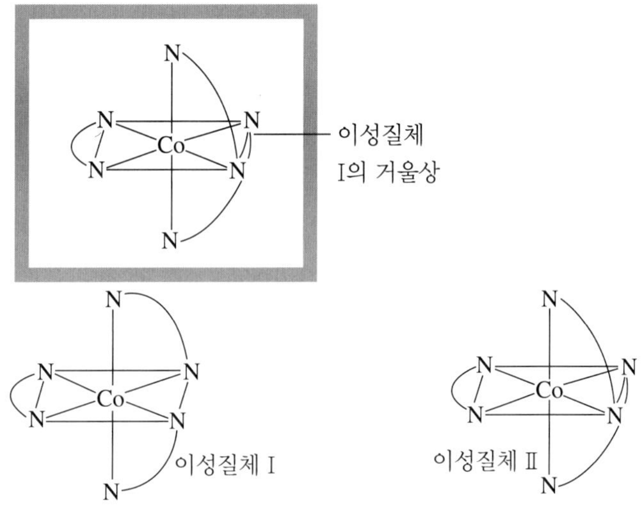

그림 11-14

한 거울상 이성질체(광학이성질체)는 빛을 오른쪽으로 회전시키는데, 이를 우회전성(dextrorotatory)이라고 부른다. 반면에 다른 이성질체는 왼쪽으로 회전시키는데, 이를 좌회전성(levorotatory)이라고 한다. 이 두 이성질체는 편광의 회전방향에 따라 d 또는 L로 지명된다.

같은 양의 광학이성질체의 혼합물은 편광을 오른쪽과 왼쪽으로 동시에 회전시키려고 한다. 따라서 이 효과는 서로 상쇄되고 이와 같은 혼합물을 라세미 혼합물(racemic mixture)이라고 한다. 대부분 화학반응에서 광학이성질체가 생성될 때는 같은 수가 생성되어 라세미 혼합물이 얻어진다.

제 12 장 화학평형

화학반응이 일어나면 반응이 진행함에 따라 반응물질의 농도 감소가 처음에는 빨리 일어나다가 점점 천천히 일어나 어느 시간에 이르러서는 더 이상 감소하지 않는 상태가 되는데, 이러한 상태를 정반응과 역반응의 속도가 같은 상태, 즉 화학평형 상태(chemical equilibrium state)라고 한다.

12-1 반응속도론과 평형

화학평형 상태의 계를 이루고 있는 생성물과 반응물의 상대적 비율을 결정하기 위해 다음의 일반적 반응식을 생각해 보자.

$$aA(g) + bB(g) \rightleftharpoons cC(g) + dD(g)$$

A와 B를 한 용기에 혼합하고 시간에 따른 A, B의 농도를 측정하여 다음 그림 12-1에 나타내었다.

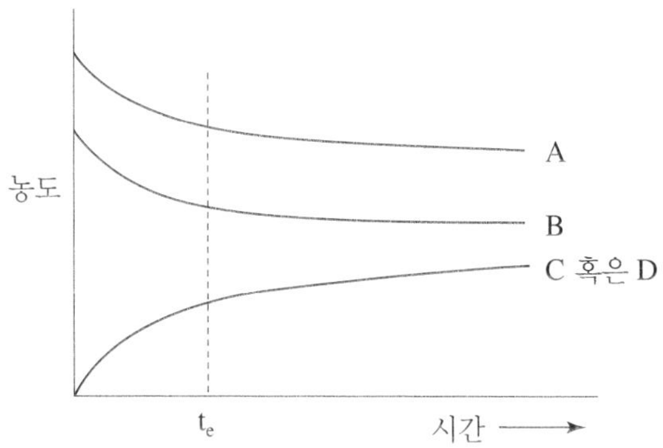

그림 12-1 평형에 이르는 경로

여기서 A, B, C, D는 각 물질의 농도를 나타낸다. 이들은 시간 t_e에서 농도의 변화없이 일정한 값을 보이는데, 이 상태를 "화학적 평형에 도달했다."라고 한다.

위 반응에서 C와 D가 생성되는 정반응과 A와 B가 생성되는 역반응의 속도는 다음과 같다.

$$정반응\ 속도 = k_f[A]^a[B]^b$$
$$역반응\ 속도 = k_r[C]^c[D]^d$$

k_f와 k_r은 각각 정반응 속도정수와 역반응 속도정수를 나타낸다. 정반응과 역반응의 속도가 같은 상태를 화학평형 상태라고 하며, 이를 식으로 나타내면 다음과 같다.

$$k_f[A]^a[B]^b = k_r[C]^c[D]^d$$

화학평형 상태에서 생성물과 반응물의 농도는 k_f와 k_r의 비에 의하여 결정되는데, 이 값을 평형상수 K_C라고 한다. 이 관계는 1886년 Guldberg와 Waage에 의해서 발견된 것으로서 '질량작용의 법칙'이라고 하며, 이 식을 질량작용식이라고 한다.

$$\frac{k_f}{k_r} = \frac{[C]^c[D]^d}{[A]^a[B]^b}$$

$$K_C = \frac{[C]^c[D]^d}{[A]^a[B]^b}$$

한편, 아래와 같이 두 단계로 된 반응을 생각해 보자. 두 반응은 모두 같은 온도에서 일어났다.

전체 반응 $2NO_2Cl(g) + 2NO(g) + Cl_2(g)$

1단계 $NO_2Cl(g) \underset{k_{r1}}{\overset{k_{f1}}{\rightleftharpoons}} NO(g)Cl(g)$

2단계 $NO_2Cl(g) + Cl(g) \underset{k_{r2}}{\overset{k_{f2}}{\rightleftharpoons}} NO(g) + Cl_2(g)$

전체 반응이 평형을 이루려면 반응 메커니즘의 각 단계 반응도 평형을 이루어야 한다. 그러므로 평형상수는 다음과 같다.

$$K_C = \frac{[NO]^2[Cl_2]}{[NO_2Cl]^2}$$

$$K_1 = \frac{k_{f1}}{k_{r1}} = \frac{[NO][Cl]}{[NO_2Cl]}$$

$$K_2 = \frac{k_{f2}}{k_{r2}} = \frac{[NO][Cl_2]}{[NO_2Cl]} = \frac{[NO][Cl_2]}{[NO_2Cl][Cl]}$$

K_0, K_1, K_2는 각각 전체 반응, 1단계 반응, 2단계 반응의 평형상수이다. 전체 반응의 평형상수는 각 단계의 평형상수의 곱으로 표시된다.

$$K_C = K_1 \cdot K_2 = \frac{[NO][Cl]}{[NO_2Cl]} \cdot \frac{[NO][Cl_2]}{[NO_2Cl][Cl]} = \frac{[NO]^2[Cl]}{[NO_2Cl][Cl]^2}$$

각 단계의 평형상수의 곱은 전체 반응의 평형상수와 같다. 여기서 알 수 있듯이 화학반응은 반응 메커니즘에는 상관없이 평형상태에서는 언제나 같은 결과에 도달한다.

[예제 12-1] 500K에서 물 1몰의 NOCl(g)를 1L용기에 넣었다. 평형상태에서 NOCl(g)는 9.0% 해리된다.

$$2NOCl(g) \rightleftharpoons 2NO(g) + Cl_2(g)$$

500K에서 평형상수 K_C를 구하시오.

풀이 해리된 NOCl의 몰 수 = 1mol×0.09 = 0.09mol

해리되지 않은 NOCl의 몰 수 = 1mol×0.09mol = 0.91mol

생성된 NO의 몰 수 = 0.09mol

생성된 Cl_2의 몰 수 $= \frac{1}{2} \times 0.09\text{mol} = 0.045\text{mol}$

그러므로 평형상태에서 각 물질의 농도는 다음과 같다.

$[NOCl] = 0.91 \text{ mol/L}$

$[NO] = 0.09 \text{ mol/L}$

$[Cl_2] = 0.045 \text{ mol/L}$

위 값으로 K_C를 구하면 다음과 같다.

$$K_C = \frac{[NO]^2[Cl_2]}{[NOCl]^2} = \frac{(0.09\text{mol/L})^2(0.045\text{mol/L})}{(0.91\text{mol/L})^2}$$

$$= 4.44 \times 10^{-4}\text{mol/L}$$

[예제 12-2] 440°C에서 다음 반응의 평형상수는 49.5이다.

$$H_2(g) + I_2(g) \rightleftharpoons 2HI(g)$$

만일 0.20몰의 H_2와 0.20몰의 I_2를 1L용기 속에 넣고, 이 온도에서 반응시킨다면 평형상태에서 각 물질의 농도는 얼마인가?

풀이 이 반응의 평형식은 다음과 같다.

$$K_C = \frac{[HI]^2}{[H_2][I_2]} = 49.5$$

이 반응에서는 반응물과 생성물의 처음 농도가 주어져 있다.

$$[H_2] = \frac{0.20\text{mole}}{1\text{L}} = 0.20\text{M}$$

$$[I_2] = \frac{0.20\text{mole}}{1\text{L}} = 0.20\text{M}$$

$$[HI] = 0.0M$$

처음에는 생성물 HI가 없으므로 이것은 H_2와 I_2 혼합물에서 생성될 것이다. H_2가 x mole/L반응했다고 하자. 이 반응의 화학양론으로부터 x mole/L의 H_2가 x mole/L의 I_2와 반응하여 $2x$ mole/L의 HI를 생성한다. 평형상태에 이르면 $(0.02 - x)$ mole/L의 H_2가 미반응 상태로 남아 있고, 또 I_2도 $(0.020 - x)$ mole/L만큼 남을 것이다.

따라서 평형농도는 각각 다음과 같다.

$$[H_2] = 0.20 - x$$
$$[I_2] = 0.20 - x$$
$$[HI] = 2x$$

이들 값을 질량작용식에 대입하면,

$$K_C = \frac{(2x)^2}{(0.20-x)(0.20-x)} = 49.5$$

$$\frac{(2x)^2}{(0.20-x)^2} = 49.5$$

x에 대하여 푼다.

$$2x = 7.03(0.20-x) = 1.40 - 7.03x$$
$$2x + 7.03x = 1.40$$
$$9.03x = 1.40 \qquad x = 0.16$$

마지막으로 평형농도는 다음과 같다.

$$[H_2] = 0.20 - 0.16 = 0.04M$$
$$[I_2] = 0.20 - 0.16 = 0.04M$$
$$[HI] = 2(0.16) = 0.32M$$

[예제 12-3] 500°C에서 H_2O가 분해할 때 평형상수는 6.0×10^{-28}이다. 1.0몰 H_2O가 2.5L용기 안에 있다면, 500°C에서 H_2와 O_2 및 $H_2O(g)$의 평형농도는 얼마인가?

풀이 이 반응식은 다음과 같다.

$$2H_2O \rightleftharpoons 2H_2 + O$$

처음에 H_2O의 농도는 1.0mole / 2.5L = 0.04M이다. 분해된 H_2O의 L당 몰 수를 x라고 하면 x몰의 H_2와 $0.5x$몰의 O_2가 생긴다.

그러므로 평형에서 각 농도는 다음과 같다.

$$[H_2] = x$$
$$[O_2] = 0.50x$$

$[H_2O] = 0.40 - x$

이들 값을 질량작용식에 대입한다.

$$K_C = \frac{(x)^2(0.05)x}{(1.40-x)^2} = 6.0 \times 10^{-28}$$

K_C 값이 매우 작으므로 계가 평형에 도달했을 때 아주 작은 양의 H_2O가 분해할 뿐이다. 그러므로 x 값은 매우 작다.

따라서 평형농도는 다음과 같이 놓는다.

$[H_2] = x$

$[O_2] = 0.50x$

$[H_2O] = 0.40 - x \approx 0.40$

이들 값을 질량작용식에 대입한다.

$$K_C = \frac{(x)^2(0.05)x}{(0.04)} = 6.0 \times 10^{-28}$$

$$= \frac{0.50x^3}{0.16} = 6.0 \times 10^{-28}$$

$$x^3 = \frac{0.16}{0.50}(6.0 \times 10^{-28})$$

$$= 1.9 \times 10^{-18}$$

$$= 5.7 \times 10^{-10}$$

x 값이 0.40에 비해 매우 작으므로 처음 가정이 옳다. 따라서 평형농도는 다음과 같다.

$[H_2] = 5.7 \times 10^{-10}M(x)$

$[O_2] = 2.8 \times 10^{-10}M(0.5x)$

$[H_2O] = 0.4 - (5.7 \times 10^{-10})$

$\therefore 0.4M$

12-2 열역학과 화학평형

열역학적 관점에서 화학평형을 살펴보자. 자유에너지 변화(Gibb's free energy, ΔG)와 평형의 위치 사이에는 다음 식의 관계가 있다.

식의 유도는 열역학 제2법칙을 참고한다.

$$\Delta G = \Delta G^\circ + RT \ln K_C$$

여기서 ΔG°C 는 1몰당 반응물과 생성물 간의 표준자유에너지 변화이고, R은 기체상수, T는 온도, K_C는 평형상수를 나타낸다.

어떤 계(system)가 평형 쪽으로 진행하는 반응의 방향은 ΔG°C가 최저로 되는 방향이다. 평형에 도달하면 ΔG가 ‘O’이 된다.

그러므로 평형상태에서 위의 식을 다음과 같이 쓸 수 있다.

$$\Delta G°C = -RT\ln K_C$$

위의 두 식을 통해서 ΔG가 온도에 따라 어떻게 변하고, 또 반응물과 생성물이 상대적 비율에 따라서 어떻게 변하며, 또 반응물과 생성물이 상대적 비율에 따라서 어떻게 변하는가를 알 수 있다.

여기서 계산한 K_C를 열역학적 평형상수라고도 부른다.

[예제 12-4] 25°C에서 다음 반응에 대하여 열역학적 평형상수 값이 7.13이었다. 이 반응에 대한 ΔG° 값을 구하시오.

$$2NO_2(g) \rightleftharpoons N_2O_4(g)$$

풀이
$$\begin{aligned} \Delta G° &= -RT\ln K_C \\ &= -(8.314\ \text{J/mol}\cdot\text{k})(298\text{K})\ln(7.13) \\ &= -4870\ \text{J/mol} \end{aligned}$$
$$\Delta G° = -4870\ \text{J/mol}$$

[예제 12-5] 다음 반응에서 25°C일 때의 열역학 평형상수를 구하시오.

$$2SO_2(g) + O_2(g) \rightleftharpoons 2SO_3(g)$$

SO_3와 SO_2의 표준생성 자유에너지는 다음과 같다.

$$\Delta G_f°(SO_3) = -88.5\ \text{kcal/mole}$$
$$\Delta G_f°(SO_2) = -71.8\ \text{kcal/mole}$$

풀이 정의에 의해서 $\Delta G_f°(O_2) = 0.0$ kcal/mole

이들 값으로부터 이 반응의 ΔG°를 계산한다.

$$\Delta G° = (-88.5\ \text{kcal/mole}) - 2(-71.8\ \text{kcal/mole})$$
$$\Delta G° = -33.4\ \text{kcal/mole}$$
$$\boxed{\Delta G° = -RT\ln Kc}$$

의 자연대수(로그)를 상용대수로 바꾼다.

$$\Delta G° = -2.303RT\log K_C$$

$\log K_C$에 대해서 풀면

$$\log K_C = \frac{\Delta G°}{-2.303RT}$$

25°C에서 R = 1.987 cal/mole K을 대입하면,

$$\log K_C = \frac{-33.4\text{Kcal/mole}}{-2.303(1.987\text{cal/moleK})(298\text{K})}$$

$K_C = 2.5 \times 10^{24}$

12-3 압력으로 나타낸 평형상수

기체의 농도는 그 물질의 분압으로 나타낼 수 있다. 따라서 기체의 화학 반응에서의 평형상수도 기체의 농도 대신 분압으로 표시할 수 있다. 12-1절에서 배운 평형상수와 구분하기 위해 농도에 대한 평형상수를 K_C, 압력에 의한 평형상수를 K_p로 표시한다.

예를 들면, 다음 반응의 평형상수는

$$N_2(g) + 3H_2(g) \rightleftharpoons 2NH_3(g)$$

$$K_C = \frac{[NH_3]^2}{[N_2][H_2]^3}$$

$$K_P = \frac{(P_{NH_3})^2}{(P_{N_2})(P_{H_2})^3}$$

로 나타낸다. 이때 P_{NH_3}, P_{N_2}, P_{H_2}는 평형상태를 유지하는 NH_3, N_2, H_2의 분압이다.

K_C와 K_P의 관계를 살피기 위해 일반적인 반응을 예로 들어 보자.

$$aA(g) + bB(g) \rightleftharpoons cC(g) + dD(g)$$

이 반응에서 K_P를 구하면 다음과 같다.

$$K_C = \frac{P_C{}^c \cdot P_D{}^d}{P_A{}^a \cdot P_B{}^b}$$

여기서 각 A, B, C, D 기체가 이상기체의 거동을 보인다고 가정하여 K_P를 구하면 다음과 같다.

$$PV = nRT$$

각 기체의 분압 P_i는 다음과 같다.

$$P_i = \frac{n_i}{V}RT = [\,i\,]RT$$

$$\frac{n_i}{V} = [i],\ i = A, B, C, D$$

이를 이용해 K_P를 구하면 다음과 같다.

$$K_P = \frac{[C]^c(RT)^c(D)^d(RT)^d}{[A]^a(RT)^a(B)^b(RT)^b} = \frac{[C]^c[D]^d}{[A]^a[B]^b} \cdot (RT)^{(c+d-a-b)}$$

위 식에 K_C를 대입하면 다음 관계가 나온다.

$$K_P = K_C \cdot (RT)^{\Delta n}$$

여기서 Δn은 생성물의 몰 수−반응물의 몰 수이다. 생성물과 반응물의 몰 수가 같으면 $\Delta n = 0$로 K_C와 K_P는 같은 값을 보인다.

> [예제 12-6] 다음 반응의 500°C에서의 K_P 값이 $1.50 \times 10^{-5}atm^{-2}$이다.
>
> $$N_2(g) + 3H_2(g) \rightleftharpoons 2NH_3(g)$$
>
> 이때 K_C는 얼마인가?
>
> **풀이** $\Delta n = 2-(1+3) = -2$
>
> $$K_P = K_C \cdot (RT)^{-2}$$
> $$K_C = K_P \cdot (RT)^2$$
> $$= (1.50 \times 10^{-5}atm^{-2})[(0.082\ l \cdot atm / K \cdot mol) \times (773K)]^2$$
> $$= 6.04 \times 10^{-2}(mol/L)^{-2}$$

12-4 불균일계 평형

지금까지는 모든 반응물 및 생성물이 기체상으로 되어 있는 균일상을 다루었다. 그러나 다음 반응의 경우는 그 상이 고체와 기체가 공존하는 상이다.

$$2C(s) + O_2(g) \rightleftharpoons 2CO(g)$$

이 반응이 평형에 도달하게 되면 평형상수는 다음과 같다.

$$K_C' = \frac{[CO]^2}{[C]^2[O_2]}$$

이 반응에서 탄소는 고체로서 그 크기에 상관없이 항상 같은 밀도를 가지며, 그 밀도는 화학반응에 의해 영향을 받지 않는다. 즉, 반응이 일어나는 동안 일정 부피에서의 고체 탄소의 양은 언제나 같다는 뜻이다. 일반적으로 일정온도에서 순수한 고체 혹은 순수한 액체로서 어떤 물질의 농도를 나타낸다면 그 농도가 변화하지 않고 일정하다.

그러므로 앞의 식은 단순화할 수 있다.

$$K_C'[C]^2 = \frac{[CO]^2}{[C]^2[O_2]}$$

[C]는 일정한 값이므로 좌변을 평형상수로 나타낼 수 있다.

$$K_C = \frac{[CO]^2}{[O_2]}$$

K_P값 계산의 경우 기체상의 물질의 분압만을 고려하면 된다.

$$K_P = \frac{(P_{CO})^2}{P_{O_2}}$$

$$K_P = K_C \cdot (RT)^{\Delta n}$$

위 반응의 경우는 $\Delta n = +1$이다.

[예제 12-7] 25°C에서 다음 반응의 K_P와 K_C의 값은 얼마인가?

$$H_2O(L) \rightleftarrows H_2O(g)$$

25°C에서 물의 증기압력은 23.8torr이다.

풀이 물은 순수한 액상이므로,

$$K_P = P_{H_2O}(g)$$

그리고

$$K_C = [H_2O(g)]$$

물의 증기압력 단위를 atm으로 나타내면 다음과 같다.

$$P_{H_2O} = \frac{238\text{torr} \mid 1\text{atm}}{\mid 760\text{torr}}$$

$$= 0.0313 \text{ atm}$$

$$K_P = P_{H_2O} = 3.13 \times 10^{-2} \text{ atm}$$

이 평형식은 물의 부분압력은 액체와 증기가 평형을 이룰 때에는 상수임을 나타낸다. K_C를 구하기 위하여 다음 식을 사용한다.

$$K_C = K_P(RT)^{-\Delta n}$$

이 반응에서 $\Delta n = 1$ (∵ gas상에서 몰 수의 차)

그러므로

$$K_C = K_P(RT)^{-1} = \frac{K_P}{RT}$$

$$K_C = \frac{3.13\times10^{-2}\text{atm}}{(0.0821\text{L atm / mole K})(298\text{ K})}$$

$$K_C = 1.28\times10^{-3}\frac{\text{mole}}{\text{L}}$$

[예제 12-8] $C(s) + CO_2(g) \rightleftharpoons 2CO(g)$

위 반응에서 1000°C의 평형상수 K_P 값이 167.5 atm이다. 평형상태에서 $CO_2(g)$의 분압이 0.1 atm일 때 $CO(g)$의 분압은 얼마인가?

풀이 $K_p = \dfrac{(P_{CO})^2}{P_{CO_2}}$

$$P_{CO_2} = K_P \cdot (P_{CO})^2$$
$$= (167.5\text{ atm})(0.1\text{ atm})$$
$$= 16.8\text{ atm}^2$$

따라서 CO의 분압은 다음과 같다.

$P_{CO} = 4.10$ atm

12-5 Le Chatelier의 원리

평형계의 조건인 온도와 압력이 변화하면 그 평형계는 어떻게 될까? 1884년 Le Chatelier는 평형에 이른 계가 외부에서 교란을 받으면 그 교란을 없애려는 방향으로 반응하여 새로운 평형상태에 이른다고 설명하였다. 이것을 Le Chatelier의 원리라고 한다.

1. 농도 변화

다음의 계가 평형을 이루었다고 하자.

$$H_2(g) + I_2(g) \rightleftharpoons 2HI(g)$$

반응물이나 생성물의 농도를 조금이라도 변화시키면 위의 계의 평형이 깨어진다. 예를 들어, H_2의 농도를 증가시키면, 평형이 깨어지고 다시 새로운 평형을 이루기 위해 H_2의 농도를 감소시키는 방향, 즉 오른쪽으로 반응이 진행된다.

H_2가 소모됨으로써 HI가 더 생성되어 처음의 평형상태에서 HI의 농도보다 더 커지게 된다. 이때 평형의 위치가 오른쪽으로 이동하였다고 한다.

Le Chatelier의 원리를 이용하면 반응물이나 생성물을 제거했을 때 반응계가 어떤 영향을 받는가도 예측할 수 있다. 이와 같은 원리를 이용하여 반응을 완결하는 쪽으로 깊숙이 진행시키려면 반응물 중에 한 성분을 과잉으로 넣거나 생성물을 제거하면 된다는 것을 예측할 수 있다.

2. 온도 변화

평형상수는 온도함수이다. 그러므로 온도가 변하면 평형의 위치도 변화되고 평형상수값 자체도 영향을 받는다.

다음의 발열반응을 예로 들어 보자.

$$3H_2(g) + N_2(g) \rightleftharpoons 2NH_3(g) + 22.0\text{kcal}$$

이 계가 평형에 이르렀을 때 온도를 가해 주면 평형은 깨지고 가해진 열의 일부를 소모하는 방향으로 반응이 진행한다. 그러므로 흡열변화를 일으켜서 NH_3의 분해반응을 진행한다.

따라서 발열반응의 경우, 계의 온도를 높이면 평형의 위치는 왼쪽으로 이동한다. 이때 NH_3의 농도는 작아지고 N_2와 H_2의 농도가 커지므로

$$K_C = \frac{[NH_3]^2}{[H_2]^3[N_2]}$$

K_C 값은 식에 따라 작아진다.

3. 압력 및 부피 변화

일정 온도에서 어떤 계의 외부 압력을 높이면 부피는 감소한다(Boyle의 법칙).

$$PV = \text{상수}$$

평형계의 압력이 증가하면 평형은 계의 부피가 작아지는 방향으로 이동하고, 압력이 감소하면 계의 부피가 커지는 방향으로 이동한다.

NH_3 생성반응을 상기하자.

$$N_2(g) + 3H_2(g) \rightleftharpoons 2NH_2(g)$$

이 반응은 Δn이 -2이므로 이 평형계에 압력을 증가시키면 반응이 오른쪽으로 진행하여 부피를 감소시킨다.

반응물과 생성물이 모두 고체나 액체일 경우, 이들은 비압축성이므로 압력변화가 평형의 위치에 영향을 미치지 않는다. 또한 반응 전후의 기체 몰수에 변화가 없는 경우, $\Delta n = 0$인 경우도 마찬가지이다.

4. 촉매의 영향

촉매는 정반응 및 역반응의 속도에 같은 영향을 주므로 촉매가 존재하더라도 평형 위치는 변하지 않는다.

제13장 화학 열역학

13-1 에너지의 본질

에너지의 가장 중요한 특징 중의 하나는 보존된다는 것이다. 이것을 에너지 보존법칙이라고 하는데, 다시 말해서 에너지는 형태는 바뀔 수 있어도 창조되거나 소멸되지 않는다. 에너지는 운동 에너지와 위치 에너지로 나눌 수 있는데, 위치 에너지는 위치나 장소에 의한 에너지이다.

예를 들어 댐의 물은 위치 에너지를 가지기 때문에 일을 하거나 터빈을 돌림으로써 발전을 하여 전기 에너지로 전환시킬 수 있다. 운동 에너지는 물체의 움직임과 물체의 질량 및 속도에 의존한다.

$$\text{KE(운동 에너지)} = \frac{1}{2}mv^2$$

에너지의 변환을 예를 통해 살펴보자. 그림 13-1 (A)에서와 같이 두 개의 공이 있다고 하자. 공 A는 공 B보다 높은 곳에 위치해 있기 때문에 위치 에너지가 더 크다. 그러나 공 A가 굴러 내려와서 공 B에 부딪히게 되면 공 B는 공 A의 위치 에너지를 전달받아 초기의 공 B의 위치 에너지보다 높은 곳으로 이동하게 한다.

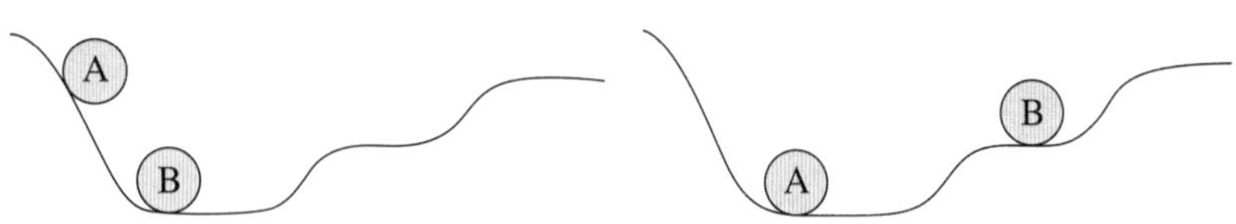

(A) 초기상태 (B) 최종상태

그림 13-1 에너지의 변환

에너지가 전달되면서 에너지의 손실이 있게 되는데, 이러한 에너지 손실로 인하여 완전한 에너지 전달은 어렵다. 에너지 전달을 방해하는 것은 마찰인데 이 마찰에 의해서 마찰열이 발생하게 된다. 즉, 에너지 전달은 열을 동반하게 된다.

에너지 변환은 경로와 무관하지만 열과 일은 경로에 의존한다. 에너지 변환값이 경로와 무관한 것을 '상태함수(state function)' 라고 하며, 열이나 일과 같이 경로에 의존하는 것을 '경로함수(path function)' 라고 한다.

13-2 화학 에너지

메탄의 연소반응을 살펴보면 다음과 같다.

$$\underset{(g)}{CH_4} + \underset{(g)}{2O_2} \longrightarrow \underset{(g)}{CO_2} + \underset{4(g)}{2H_2O} + \text{에너지(열)}$$

이 반응을 논의할 때 크게 두 가지로 나누어 이야기할 수 있는데, '계(system)' 와 주위(surroundings)가 그것이며, 이들 사이를 '경계(boundary)' 라고 한다.

계(system)란 우주의 한 부분이며 관심의 초점이다. 주위란 계를 뺀 나머지를 말한다. 위에 메탄의 연소반응에서 계는 반응물과 생성물이며, 주위는 연소의 조건이 될 것이다(그림 13-2).

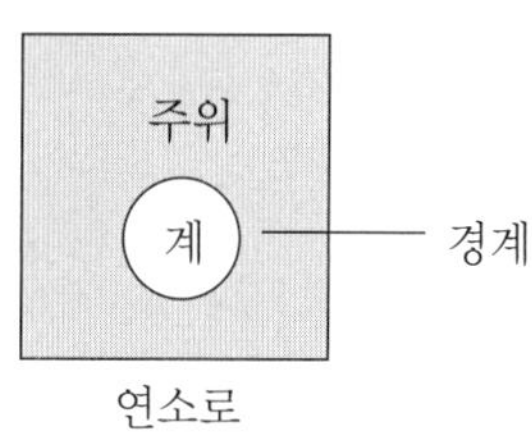

그림 13-2 계와 주위

반응에서 열이 발생하면 발열반응(exothermic)이라고 하며, 주위로부터 에너지를 흡수하면 흡열반응(endothermic)이라고 한다. 메탄의 연소반응은 발열반응에 속하며, 질소와 산소의 반응은 흡열반응의 대표적인 예이다.

$$\underset{(g)}{N_2} + \underset{(g)}{O_2} + \text{에너지(열)} \longrightarrow \underset{(g)}{2NO}$$

발열반응(그림 13-3)과 흡열반응(그림 13-4)을 위치 에너지로 나타내었다.

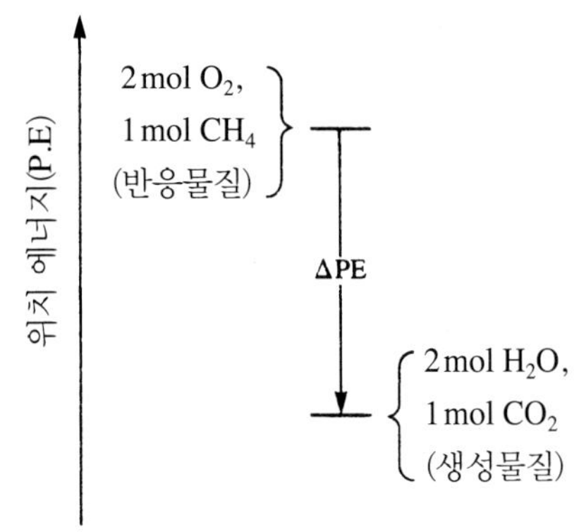

그림 13-3 발열반응

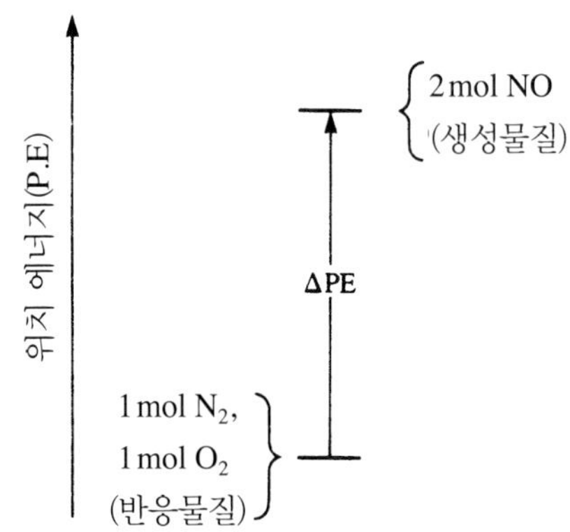

그림 13-4 흡열반응

이러한 에너지에 대한 학문을 열역학(thermodynamics)이라고 하며, 에너지 보존법칙을 열역학 제1법칙이라고 한다.

계의 내부 에너지는 다음과 같이 쓸 수 있다.

$$\Delta E = q = W$$

여기서 ΔE는 내부 에너지, q는 열, W는 일을 나타낸다.

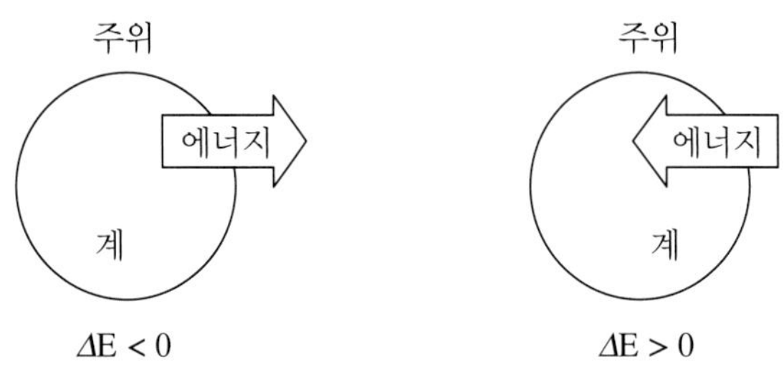

q의 값이 +일 때는 흡열반응이며, −일 때는 발열반응이다. 만약 계가 주위에 일을 했다면 W는 −이며, 일을 받았다면 +가 된다(경우에 따라서는 $\Delta E = q - W'$로 하여 일에 대해서는 부호를 반대로 하는 경우도 있으므로 주의해야 한다).

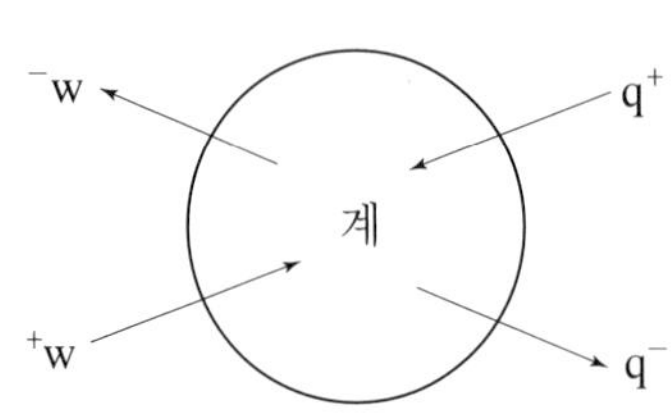

[예제 13-1] 45.6kJ의 열이 흡열반응으로 진행되고 4.4kJ의 일을 계에 했다면 내부 에너지(ΔE)는 얼마인가?

풀이
$$\Delta E = q + W$$
$$q = +45.6kJ$$
$$W = +4.4kJ$$
$$\Delta E = 45.6 + 4.4(kJ) = 50kJ$$

[참고] SI · unit

$$J = \frac{kg \cdot m^3}{s^2} = N \cdot m$$

$$kJ = 10^3 J$$

13-3 일

자동차 엔진은 가솔린의 연소에 의해 실린더의 가스가 팽창하여 피스톤을 밀어내어 바퀴를 돌게 만들며 또한 그로 인해 열이 발생한다.

그림 13-5는 피스톤의 움직임을 나타내는데 여기서 F는 단위면적 A에 미치는 힘을 말하며, 이때 단위면적당 미치는 압력은 다음과 같다.

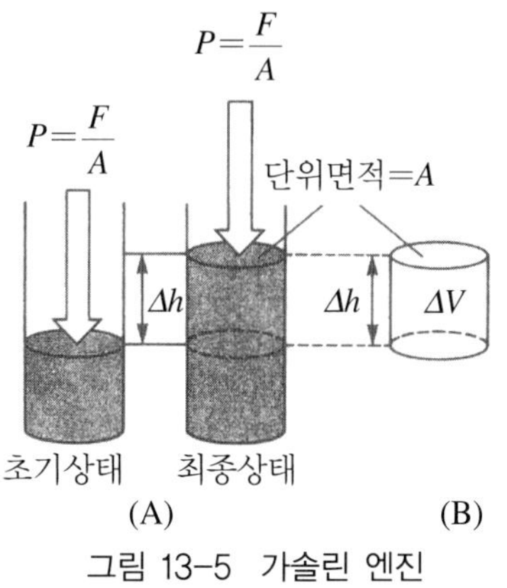

그림 13-5 가솔린 엔진

일은 얼마의 힘으로 얼마만큼의 거리를 갔는가 하는 것이므로 다음과 같이 나타낸다.

$$일 = 힘 \times 거리 = F \times \Delta h$$

여기서 $P = F/A$ 이므로 $F = P \times A$

$$일 = F \times \Delta h = P \times A \times \Delta h$$

여기서 실린더의 부피 변화량 $\Delta V = A \times \Delta h$이다.

따라서 일 = P× ΔV이다. 여기서 일의 부호를 결정하자. 계가 팽창했을 때 압력에 대해 피스톤은 뒤로 밀린다. 이때 계는 주위에 일을 하는 것이므로 부호는 −이고, 팽창 때의 일은 다음과 같다.

$$W = -P\Delta V$$

[예제 13-2] 기체가 10L에서 20L로 팽창했다면 외부압력이 15 atm일 때 한 일을 구하시오.

풀이 $W = -P\Delta V$
$= -15\ \text{atm} \times 10\text{L}$
$= -150\text{L atm}$

13-4 엔탈피(Enthalpy)

1. 엔탈피의 정의

① 계(system)는 물질 또는 혼합물의 화학적 · 물리적 변화이다.
② 주위(surrounding)는 계와 인접한 모든 것이다.
③ 열(heat)은 계의 안과 밖으로 이동되는 에너지이다.
④ 열적평형(thermal equilibrium)은 에너지(열)가 이동하여 온도의 동일성이 되는 것이다.
⑤ 반응열(heat of reaction)은 방출되거나 흡수되는 계의 총 열량이다.
⑥ 발열(exothermic)은 열이 방출되는 화학 반응이나 물리적 변화이며, (−)로 표기되어 에너지의 감소를 뜻한다.
⑦ 흡열(endo thermic)은 열이 흡수되는 화학 반응 또는 물리적 변화이며, (+)로 표기되어 에너지의 증가를 뜻한다.

2. 엔탈피의 변화

계의 내부 에너지를 논의할 때 익숙하지 못한 것이 있다. 그것은 엔탈피(H)로서 다음과 같이 정의한다.

$$H = E + PV$$

여기서 E는 계의 내부 에너지이며, P는 계의 압력, V는 계의 부피이다. 내부 에너지, 압력, 부피는 모두 상태함수이며, 엔탈피도 상태함수이다.

그렇다면, 정확하게 엔탈피란 무엇인가? 압력이 일정한 과정을 생각해 보자. 여기서 일은 $W = -P\Delta V$이다. 이러한 조건에서 다음 식이 성립한다.

$$\Delta E = q + W$$
$$\Delta E = q - P\Delta V$$
$$q = \Delta E + P\Delta V$$

여기서 엔탈피의 변화를 생각해 보자. 엔탈피의 정의는 $H = E + PV$였다. 따라서 엔탈피의 변화 = 내부 에너지의 변화 + PV 변화이므로 다음과 같은 식이 된다.

$$\Delta H = \Delta E + \Delta(PV)$$

여기서 P가 일정하다면 $\Delta(PV) = P\Delta V$이므로

$$\Delta H = \Delta E + P\Delta V$$

즉, 압력이 일정할 경우 $\Delta H = q$가 된다. 화학반응에서 엔탈피 변화는 다음과 같다.

$$\Delta H = H_{\text{생성물}} - H_{\text{반응물}}$$

13-5 열용량

열용량이란 다음과 같이 정의한다.

$$C(\text{열용량}) = \frac{\text{흡수된 열}}{\text{증가된 온도}}$$

만약 열용량을 단위 질량당으로 나타내면 비열(specific heat capacity)인데, 이것의 단위는 J/°Cg이다. 또한 단위 mole을 기준으로 나타내면 몰 열용량(molar heat capacity)이라고 하며 단위는 J/°Cg이다. 표 13-1은 대표적인 물질의 비열을 나타낸다.

표 13-1 대표적인 물질의 비열

물 질	비 열(J/°Cg)
$H_2O(L)$	4.18
$H_2O(s)$	2.03
$Al(s)$	0.89
$Fe(s)$	0.45
$Hg(L)$	0.14
$C(s)$	0.71

어떤 물질에 대한 열용량은 그 질량의 온도를 1°C 올리는 데 필요한 열량이므로

$$C = (\text{질량}) \times (\text{비열})$$

이라고 할 수 있다.

표 13-1에서와 같이 물이 액체로 있는 경우는 비열이 4.18J/°Cg이다. 100g의 물을 1°C 올리는 데 필요한 열량을 계산한다면 C = 100g × 4.18J/°Cg = 418J이므로 100g의 물 418J의 열량을 가하면 1°C가 올라간다는 의미가 된다. 또한 $q = mC\Delta T$로 표현되는데(q = 질량 × 비열 × 온도차) 물 100g을 10°C 더 올리는 데 필요한 열량을 계산한다면

$$\begin{aligned} q &= 100g \times 4.18J/°Cg \times 10°C \\ &= 4180J = 4.18kJ \end{aligned}$$

이 된다.

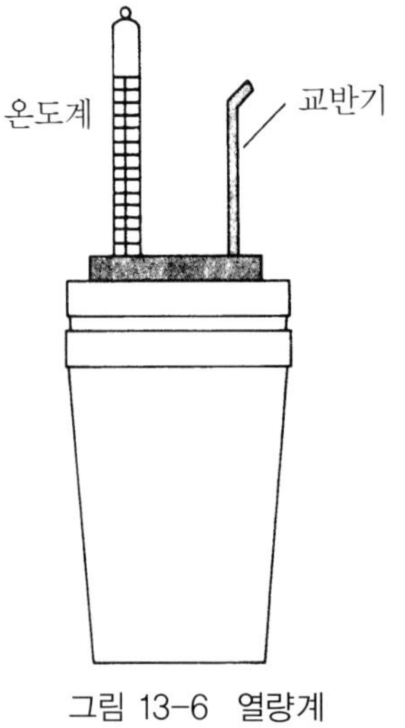

그림 13-6 열량계

열량변화를 측정하기 위하여 간단한 열량계(calorimeter)를 만들어 보자. 두 개의 빈 스티로폼 컵이 필요하다. 두 컵을 겹치고 온도계와 교반시켜 줄 수 있는 막대를 위의 그림 13-6과 같이 설치한다.

밖의 컵은 단열을 위해, 안의 컵은 반응이 일어나는 용액을 담기 위해 필요하다. 그림 13-6의 열량계는 일정 압력 열량계이다.

이 과정 동안 압력은 일정하여(대기압) 용액 안에서 일어나는 엔탈피 변화를 측정한다. 이들 조건하에서 엔탈피의 변화는 열과 같다. 예로 25°C의 1.0M HCl 50.0mL와 같은 온도로 1.0M NaOH 50.0mL를 섞는다. 반응 후 온도를 측정하면 31.9°C로 증가한 것을 알 수 있다. 그것의 반응은 다음과 같다.

$$\underset{(aq)}{H^+} + \underset{(aq)}{OH^-} \longrightarrow \underset{(L)}{H_2O}$$

위의 결과로 물의 비열은 4.18J/°Cg이고, 반응에 의해 생긴 열 = 용액에 흡수된 에너지(비열×용액질량×증가된 온도)라는 것을 알 수 있다.

따라서 증가된 온도 = 31.9°C − 22.5°C = 6.9°C

용액의 질량 = 100.0mL × 1.0g/mL = 1.0×10^2g

반응생성열 = (4.18J/°Cg) (1.0×10^2g) (6.9°C)

= 2.9×10^3J

13-6 Hess의 법칙

엔탈피는 상태함수이며, 초기상태에서 최종상태로의 경로에 의존하지 않는다. 이것은 다음을 의미한다.

한 반응이 직접 한 단계로 일어날 때의 반응열은 같은 반응이 여러 단계로 일어날 때의 총 반응열의 합과 같다는 의미이다. 이와 같은 사실을 Hess가 발견하여 Hess의 법칙이라고 하였다.

$$\underset{(g)}{N_2} + \underset{(g)}{2O_2} \longrightarrow \underset{(g)}{2NO_2} \qquad \Delta H_1 = 68kJ$$

위 반응을 두 단계를 거쳐 일어나게 했을 때

$$\underset{(g)}{N_2} + \underset{(g)}{O_2} \longrightarrow \underset{(g)}{2NO} \qquad \Delta H_2 = 180kJ$$

$2NO + O_2 \longrightarrow 2NO_2 \quad \Delta H_3 = -112kJ$
(*g*) (*g*) (*g*)
$N_2 + 2O_2 \longrightarrow 2NO_2 \quad \Delta H_2 + \Delta H_3 = 68kJ$
(*g*) (*g*) (*g*)
$\Delta H_1 = \Delta H_2 + \Delta H_3 = 68kJ$

Hess의 법칙을 그림 13-7과 같이 나타내었다.

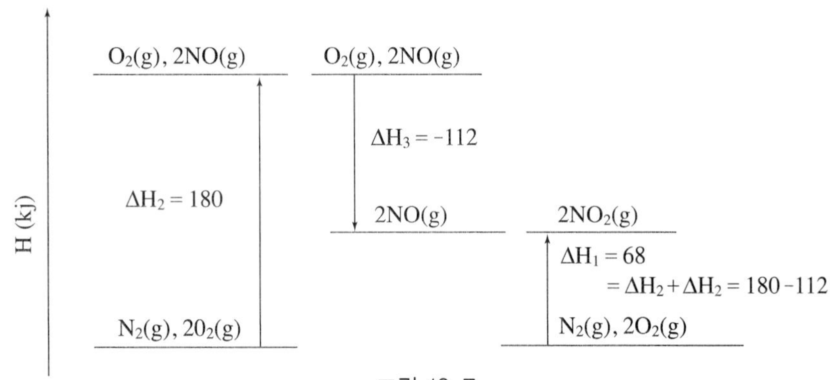

그림 13-7

[예제 13-3] 탄소는 보통 숯덩어리로 생각되지만 아름다운 보석 다이아몬드도 역시 탄소이다. $C_{(숯)} \longrightarrow C_{(다이아몬드)}$로 만드는 데 필요한 열량을 구하시오.
(*s*) (*s*)

$C_{(숯)} + O_2 \longrightarrow CO_2 \qquad \Delta H = -394kJ$
(*s*) (*g*)
$C_{(다이아몬드)} + O_2 \longrightarrow CO_2 \qquad \Delta H = -396kJ$
(*s*) (*g*)

풀이 $C_{(숯)} + O_2 \longrightarrow CO_2 \qquad \Delta H = -394kJ$
(*s*) (*g*) (*g*)
$CO_2 \longrightarrow C_{(다이아몬드)} + O_2 \qquad \Delta H = -(-396kJ)$
(*g*) (*s*) (*g*)
$C_{(숯)} \longrightarrow C_{(다이아몬드)} \qquad \Delta H = 2kJ$
(*s*) (*s*)

즉, $C_{(숯)}$ 1mol당 2kJ의 에너지가 필요하며 흡열반응이다.

13-7 자발적 과정과 엔트로피(Entropy)

자발적인 과정이란 외부의 간섭 없이 일어나는 것을 말하는데, 과정은 빠르거나 느릴 수 있다. 뒷장에서 설명하겠지만 반응속도는 보통 활성화 에너지, 온도, 농도와 촉매 등 많은 요소에 영향을 받는다.

열역학은 오직 반응물과 생성물의 경로에 관심이 있는 것이 아니라 처음과 최종 상태만을 고려하게 된다(그림 13-8).

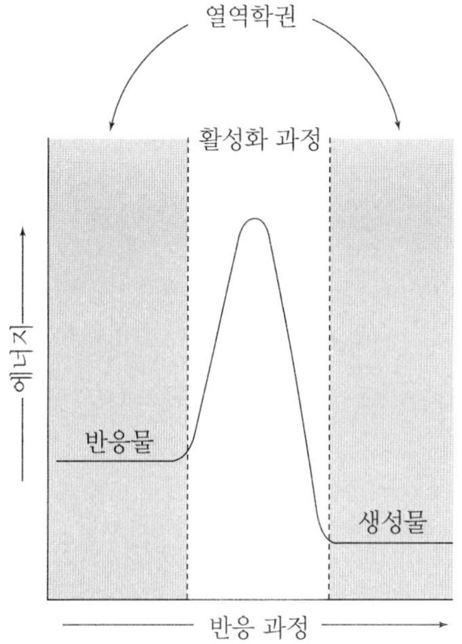

그림 13-8

열역학적 원리에 따르면 자발적인 반응으로 다이아몬드는 숯으로 변해야 한다. 하지만 숯은 자발적으로 다이아몬드가 될 수는 없으며, 다이아몬드가 숯이 되는 것도 발견되지 않았다. 이 과정은 매우 천천히 일어나기 때문이다.

보통 자발적인 과정은 발열반응이지만, 모두 그런 것은 아니다. 예를 들어서 얼음이 어는 것이 0°C 이하가 아닌 0°C 이상에서도 일어날 수 있는데, 이러한 현상은 자발적이며 흡열반응이다.

많은 세월 동안 관찰한 후 과학자들은 "자발적으로 일어나는 것은 모두 엔트로피(S)가 증가하는 것이다."라는 결론을 내렸다.

자발적인 과정에 대한 추진력은 우주의 엔트로피의 증가와 같다. 그렇다면, 엔트로피란 무엇인가? 엔트로피란 완전히 명백한 것이 아니다. 이것은 혼란도(disorder) 또는 혼잡도(randomness)라고 볼 수 있다. 엔트로피를 이해하기 위해 다음 그림과 같은 장치로 실험해 보자(그림 13-9).

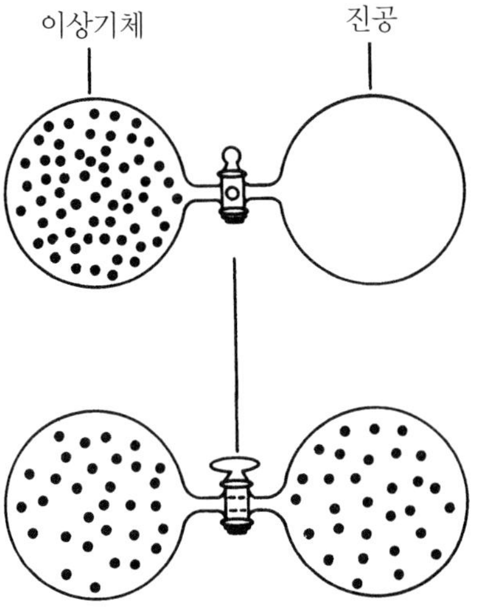

그림 13-9 자발적인 혼합(엔트로피의 증가)

위 장치에서 밸브를 열면 진공으로 되어 있는 부분으로 기체 분자들이 자발적으로 이동하게 된다. 다시 말하면 기체분자들은 정렬이 잘 되어 있다가 진공으로 된 부분으로 이동하면서 그 정렬상태가 혼잡하게 되는 것이다. 즉, 혼잡도는 엔트로피를 말하며, 자발적으로 엔트로피가 증가하는 방향으로 일어남을 알 수 있다.

엔트로피의 값으로 고체, 액체, 기체를 나타내면 다음과 같다.

$$S_{고체} < S_{액체} \ll S_{기체}$$

분자운동을 보면 기체가 될수록 분자들이 자유롭게 움직일 수 있기 때문에 혼잡도가 매우 커지게 되며, 고체일수록 분자운동이 어려운 것이다.

13-8 엔트로피와 온도효과

발열 과정에서의 엔트로피는 $\Delta S_{주위}$ = +이며, 흡열 과정에서의 엔트로피는 $\Delta S_{주위}$ = −이다. 이것은 다음과 같이 정리된다.

$$\text{발열 과정} : \Delta S_{주위} = +\frac{\text{열의 양(J)}}{\text{온도(K)}}$$

$$\text{흡열 과정} : \Delta S_{주위} = -\frac{\text{열의 양(J)}}{\text{온도(K)}}$$

열 흐름 (P : 일정) = 엔탈피 변화(ΔH)

즉, 온도가 일정한 조건에서 일어나는 반응의 $\Delta S_{주위}$는 다음과 같이 정의된다.

$$\Delta S_{주위} = -\frac{\Delta H}{T}$$

13-9 자유에너지

$\Delta S_{주위}$의 값으로 자발적인 과정을 예측하는데 또 하나의 함수로 이것을 예측할 수 있다. 이것은 자유에너지(G)라고 하며, 정의는 다음과 같다.

$$G = H - TS$$

여기서 H는 엔탈피, T는 온도, S는 엔트로피이다.

이것을 변화량으로 나타내면 일정한 온도에서 다음과 같다.

$$\Delta G = \Delta H - T\Delta S$$

이것을 −T로 양변을 나누면,

여기서 일정한 온도압력에서 $\Delta S_{주위} = -\frac{\Delta H}{T}$, $\Delta S_{우주} = \Delta S_{계} + \Delta S_{주위}$로 쓸 수 있다($\Delta S_{계} = \Delta S$). 따라서,

$$-\frac{\Delta G}{T} = -\frac{\Delta H}{T} + \Delta S = \Delta S_{주위} + \Delta S = \Delta S_{우주}$$

즉, $\Delta S_{우주} = -\frac{\Delta G}{T}$ (T : 일정, P : 일정)

제 14 장 전기화학

14-1 Galvani 전지

Galvani 전지는 그림 14-1과 같은 전지를 말한다. 아연염 용액이 든 비커에 아연 금속 조각을 넣고 구리염 용액이 든 다른 비커에는 구리 금속 조각을 넣는다. 그리고 두 금속 조각을 도선으로 연결하면 아연 원자는 전자를 잃고 Zn^{2+} 이온이 용액 속으로 녹아 들어간다.

여기서 내놓은 전자는 구리 전극으로 이동하여 Cu^{2+} 이온이 되어 용액 속으로 녹아 들어간다. 여기서 내놓은 전자는 구리 전극으로 이동하여 Cu^{2+} 이온을 구리 원자로서 석출시킨다.

이렇게 되면 그림 14-1의 왼쪽 비커 속에는 Zn^{2+} 이온에 의하여 양전하를 띠게 되며 Zn^{2+} 이온이 용액 속으로 더 이상 들어오는 것을 억제한다.

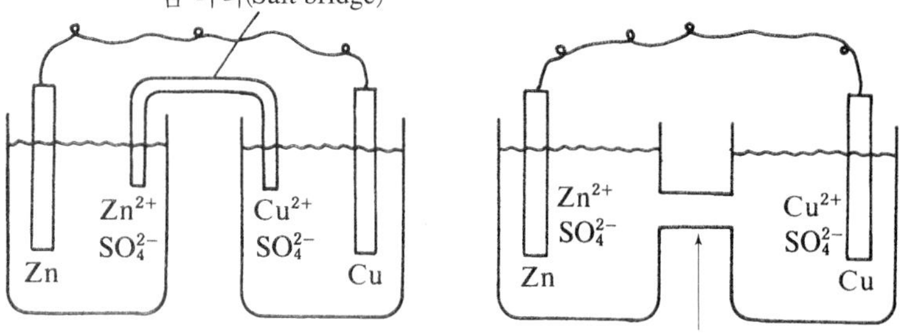

그림 14-1 Galvani 전지

반면에 오른쪽 비커에서는 Cu^{2+}가 용액에서 제거되므로 남아 있는 SO_4^{2-}에 의해 음전하를 띠게 되고 더 많은 Cu^{2+}가 계속해서 제거되는 것을 억제한다. 따라서 전자의 계속적인 이동은 멈춰지게 된다. 계속해서 전류가 흐르려면 용액에서는 전기적 중성이 이루어져야 하는데, 이 전기적 중성을 이루기 위한 장치를 그림 14-1에서와 같이 '염 다리(salt bridge)' 라고 한다.

염 다리는 주로 KNO_3나 KCl과 같은 염이 들어 있는 U자 관으로 두 용액을 연결하면 된다. 이리하여 완전한 회로가 이루어지며 전자가 도선을 통하여 계속 흐르게 된다.

각 비커에는 반쪽전지(half cell)가 들어 있다고 말하며 두 반쪽전지의 반응은 다음과 같다.

$$Zn(s) \longrightarrow Zn^{2+}(aq) + 2e^- \qquad \text{(왼쪽 비커)}$$
$$Cu^{2+}(aq) + 2e^- \longrightarrow Cu(s) \qquad \text{(오른쪽 비커)}$$

전기화학에서 Galvani 전지의 산화가 일어나는 전극을 양극이라고 하며, 환원이 일어나는 전극을 음극이라고 한다.

14-2 전지전위

Galvani 전지에서 얻는 전류는 음전극으로부터 외부회로를 통하여 양전극으로 흐르며 전류를 만든다. 이들 전자가 도선을 통하여 흐르도록 하는 힘을 '전지의 기전력(electromotive force ; emf)' 이라고 하고, volt(V)로 나타낸다. 전위가 클수록 전지에서의 기전력은 더 크다. 따라서 전지의 emf를 전지전위(cell potential)라고도 하며, E°_{cell}의 기호로 나타낸다.

또한 이 전지전위는 전위차계(potentiometer)로 측정한다.

14-3 표준환원전위

Zn/Cu 전지에서 한 전극의 주위에는 Zn^{2+} 이온을 포함한 용액이 있고, 다른 전극의 주위에는 Cu^{2+} 이온을 포함한 용액이 있다. 이들 각 이온들은 해당 전극으로부터 전자를 얻어서 환원되려는 성질을 나타낸다. 즉, 이 전지에서는 다음과 같은 환원반쪽반응이 일어난다.

$$Zn^{2+} + 2e^- \longrightarrow Zn(s)$$
$$Cu^{2+} + 2e^- \longrightarrow Cu(s)$$

이 전지의 왼쪽에서 오른쪽으로 진행하려는 어떤 고유한 성질의 세기를 그것의 환원전위(reduction prtential)라고 한다. 측정된 전지전위는 두 이온이 환원되는 능력의 차이를 나타내므로 측정된 전지전위는 두 반쪽반응의 환원전위 사이의 차는 전지의 emf가 된다.

Cu^{2+}와 Zn^{2+}에 대한 표준환원 전위(standard reduction potentials)를 E°_{cu}와 E°_{Zn}로 각각 나타낸다면 Zn/Cu 전지에 대한 전지전위는 다음과 같다.

$$E^\circ_{cell} = E^\circ_{Cu} - E^\circ_{Zn}$$

[예제 14-1] 다음 전지에 대한 전지반응을 쓰고 E°_{cell}을 계산하시오.
$Zn \mid Zn^{2+}(1M) \parallel Fe^{2+}(1M), Fe^{3+}(1M) \mid Pt$

풀이 반쪽반응에 대한 반응식과 이에 대한 표준전위는

$$Fe^{3+} + e^- \longrightarrow Fe^{2+} \qquad E^\circ = +0.77V \qquad \cdots\cdots (A)$$
$$Zn \longrightarrow Zn^{2+} + 2e^- \qquad E^\circ = +0.76V \qquad \cdots\cdots (B)$$
$$2Fe^{3+} + 2e^- \longrightarrow 2Fe^{2+} \qquad E^\circ = +0.77V$$
$$Zn \longrightarrow Zn^{2+} + 2e^- \qquad E^\circ = 0.76V$$

전지반응에 대한 식을 구하기 위해 Fe^{2+}, Fe^{3+} 반쪽반응에 대한 식에 2를 곱하고 Zn, Zn^{2+} 반쪽반응과 합한다. 그러나 전위는 반응이 일어나는 동안 물질의 양에 의존하지 않기 때문에 반쪽전지의 전위값은 2를 곱하지 않는다. 이렇게 하여 얻어지는 두 반응식과 두 전위를 각각 더하면 다음과 같다.

$$Zn + 2Fe^{3+} \longrightarrow 2Fe^{2+} + Zn^{2+} \qquad E^\circ_{cell} = 1.53V$$

14-4 전기적 일과 자유에너지의 변화

전류가 한 일은 흐르고 있는 전기량에 전류를 흐르게 하는 전위차를 곱한 것과 같다. 그러므로 전기적인 일은 volt · coulomb 또는 joule의 차원을 갖는다. 전위가 E_{cell}인 전지의 전기적인 일 W_{el}은 다음과 같다.

$$W_{el} = nFE_{cell}$$

여기서 n은 통과한 전자의 몰 수이고 F는 faraday 상수, 즉 전자 1몰당 coulomb 수(9.65×10^4C)와 같다. 만약 전지가 가역적인 조건하에서 가동된다면 측정된 전위 E_{rev}는 최대가 되며, 이 조건하에서 하여진 일은 최대의 일 W_{max}이 된다.

$$W_{max} = nFE_{rev}$$

전지가 가역적으로 가동할 때 실제로 흐르는 전하는 없고 실제로 일어나는 알짜반응도 없다. 즉, W_{max}는 전지가 이론적으로 할 수 있는 최대의 일을 나타낼 뿐이다. 그러나 W_{max}는 열역학적으로 매우 중요한 뜻을 지닌다.

열 에너지와는 달리, 전기 에너지는 정량적으로 다른 형태의 에너지로 변환될 수 있다. 또한 저장된 전지반응에서 W_{max}는 최대량의 유효 에너지를 나타내므로 자유에너지의 변화를 측정하는 하나의 척도가 된다.

계가 일을 하면 그 계의 자유에너지는 감소하여 다음 식이 적용된다.

$$-\Delta G = W_{max} = nFE_{rev}$$

반응에 관여한 모든 물질들이 표준상태에 있으면 E°_{cell}는 표준전지전위를 나타내고, ΔG는 전지반응에서 표준자유에너지의 변화를 나타낸다. 따라서,

$\Delta G^{\circ} = -nFE^{\circ}_{cell}$ 이 된다.

14-5 Nernst 식

전지의 기전력 E_{cell}은 표준 emf, 즉 E°_{cell}과 이온의 농도에 의존하고 그 관계식은 Nernst 식으로 표시된다. 다음과 같은 일반적인 환원반응에서

$$aA + bB \longrightarrow cC + dD$$

Nernst 식은 다음과 같다.

$$E = E^{\circ} - \frac{2.303RT}{nF}\log\left(\frac{[C]^c[D]^d}{[A]^a[B]^b}\right)$$

여기서 R은 기체상수이고 T는 절대온도, F는 faraday 상수, n은 반쪽반응에서 이동한 전자의 몰 수이다. 이 식은 1889년 Walt와 Nernst에 의해서 처음으로 유도되었으며, 그의 이름을 따서 Nernst 식으로 불리고 있다.

여기서 298K(25°C)에서 2.303RT/F 값은 0.0592이다.

따라서 298K(25°C)에서 Nernst 식은 다음과 같다.

$$E = E^{\circ} - \frac{0.0592}{n}\log\left(\frac{[C]^c[D]^d}{[A]^a[B]^b}\right)$$

이 식에서 이온의 농도가 단위 농도일 때는

$\log\left(\frac{[C]^c[D]^d}{[A]^a[B]^b}\right) = 0$이 되므로

$E = E°$이다.

[예제 14-2] 다음 25°C Zn/Cu 전지의 emf는 얼마인가?

$Zn(s) \mid Zn^{2+}(0.040M) \parallel Cu^{2+}(0.080M) \mid Cu(s)$

풀이 25°C에서 Nernst 식은 다음과 같이 정의된다.

$$E = E° - \frac{0.0592}{n}\log\frac{[Zn^{2+}]}{[Cu^{2+}]}$$

전지반응은

$$Zn(s) + Cu^{2+}(aq) \rightleftharpoons Zn^{2+}(aq) + Cu(s)$$

$n = 2$이므로

$$E = E° - 0.0296\log\frac{0.80}{0.040}$$

위의 주어진 반응식에 대한 전지의 표준전위를 계산하면

$E°_{cell} = +1.10V$이다.

따라서 $E = 1.10 - 0.0296\log\frac{0.80}{0.020}$

$= 1.10 - 0.0385$

$= 1.06V$

14-6 실용전지

원칙적으로 어떠한 산화 · 환원반응도 전지를 만드는 데 적용될 수 있지만, 실용적인 전지를 설계하는 데에는 다음과 같이 몇 가지 요소가 필요하다.

① 전지반응은 빠른 속도로 일어나야 한다.

② 이상적으로 전지는 수명이 다할 때까지 전위가 비교적 일정하게 유지되어야 하며, 적당한 크기의 전위를 가져야 한다.

③ 전지는 수명이 길어야 하고, 다루기에 편리하도록 작아야 하며, 튼튼해야 한다.
④ 재충전할 수 있으면 더욱 좋다.

1. 납 축전지

자동차에 쓰는 축전지는 일반적으로 납 축전지를 많이 사용한다. 납 축전지는 묽은 황산수용액(충분히 충전된 전지에서 황산 질량 %가 약 30%)에 담근 납(Pb)과 이산화납(PbO_2)의 전극으로 구성되어 있으며, 전지 반응은 다음과 같다.

- 양극 : $Pb(s) + HSO_4^- \longrightarrow PbSO_4(s) + H^+ + 2e^-$
- 음극 : $PbO_2(s) + HSO_4^- + 3H^+ + 2e^- \longrightarrow PbSO_4(s) + 2H_2O$
- 전지 : $Pb(s) + PbO_2(s) + 2HSO_4^- + 2H^+ \longrightarrow 2PbSO_4(s) + 2H_2O$

이 반응은 납 축전지 반응으로 축전지가 내놓는 전위보다 큰 전위를 걸어주면 전극반응이 역으로 일어나는 장점이 있다. 즉, 외부의 (−) 전위를 (−) 극에, 또 (+) 전위를 (+) 극에 연결하면 전지가 다시 충전된다.

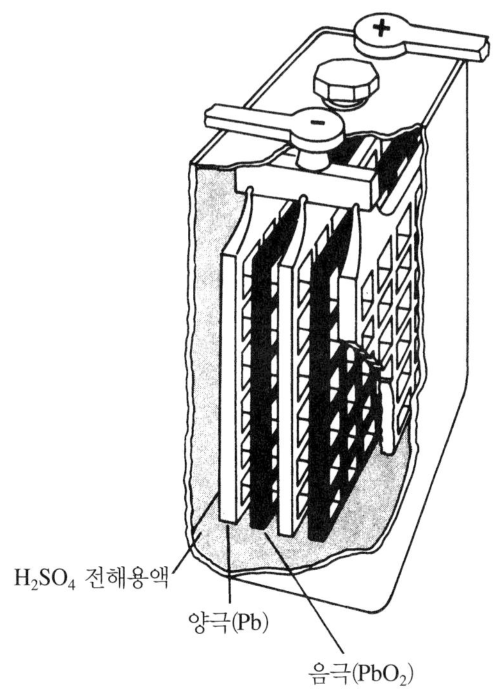

그림 14-2 납 축전지

2. 건전지

건전지는 값이 싸고 휴대하기 편리하기 때문에 회중전등 및 휴대용 라디오와 자동식 사진기 등에 많이 쓰인다. 양극은 $ZnCl_2$ 및 NH_4Cl로 된 페이스트와 접촉하고 있는 아연통으로 되어 있으며, MnO_2, NH_4Cl로 둘러싸인 탄소막대와 충전물은 음극이다.

회로가 이루어졌을 때 일어나는 화학반응은 아주 복잡하지만 다음과 같은 반응이 일어난다고 보는 것이 가장 보편적이다.

양극에서는 아연이 산화되고,

$$Zn(s) \longrightarrow Zn^{2+}(aq) + 2e^-\text{(양극)}$$

음극에서는 MnO_2/NH_4Cl의 혼합물이 환원되어 복잡한 혼합물이 생기게 된다. 이들 반응 중의 하나는 다음과 같다.

$$2MnO_2 + 2NH_4^+ + 2e^- \longrightarrow Mn_2O_3 + 2NH_3 + H_2O\text{(음극)}$$

건전지는 다시 충전될 수 없으므로 수명이 비교적 짧다.

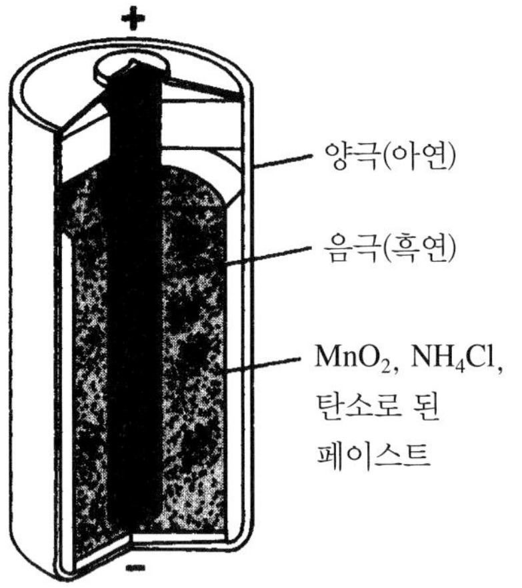

그림 14-3 건전지

3. 수은 전지

수은 전지는 휴대용으로 편리한 크기와 일정한 전압 때문에 보청기나 자동노출(전기눈) 사진기에 많이 사용된다. 전지는 다음과 같은 염기성 매질 속에서 작동된다.

$$Zn + 2OH^- \longrightarrow ZnO + H_2O + 2e^-\text{(양극)}$$
$$HgO + H_2O + 2e^- \longrightarrow Hg + 2OH^-\text{(음극)}$$
$$Zn + HgO \longrightarrow ZnO + Hg\text{(전지)}$$

그림 14-4 수은 전지

14-7 전기분해

전류에 의하여 화학반응이 일어나는 것을 전기분해(electrolysis)라고 한다. 전기분해는 나트륨이나 염소같은 활성원소를 해당 화합물로부터 얻을 수 있는 중요한 공업적인 방법이다. 물의 전기분해식을 보면 다음과 같다.

$$2H_2O \longrightarrow O_2 + 4H^+ + 4e^-\text{(양극)}$$
$$4H_2O + 4e^- \longrightarrow 2H_2 + 4OH\text{(음극)}$$
$$6H_2O \longrightarrow 2H_2 + O_2 + 4\underbrace{(H^+ + OH^-)}_{4H_2O}\text{(전지)}$$

$$\text{또는 } 2H_2O \longrightarrow 2H_2 + O_2$$

그러나 순수한 물은 전기분해되지 않는다. 이는 순수한 물에 녹아 있는 이온이 아주 적어 전류가 흐르지 않기 때문이다. 여기에 소량의 가용성 염을 넣어 주면 바로 전기분해된다.

진한 염화나트륨용액을 전기분해하면 전극반응식은 다음과 같다.

$$2Cl^- \longrightarrow Cl_2 + 2e^-\text{(양극)}$$
$$2H_2O + 2e^- \longrightarrow H_2 + 2OH^-\text{(음극)}$$
$$2H_2O + 2Cl^- \longrightarrow H_2 + Cl_2 + 2OH^-\text{(전지)}$$

이때 생성물은 염소, 수소 및 수산화나트륨이다. 소금물(진한 염화나트륨용액)의 전기분해는 이들 화합물을 만드는 데 중요한 공업적 방법이다.

만약 용융된 염화나트륨을 전기분해하면 전극반응식은 다음과 같다.

$$2Cl^- \longrightarrow Cl_2 + 2e^-\text{(양극)}$$
$$Na^+ + e^- \longrightarrow Na\text{(음극)}$$
$$2Na^+ + 2Cl^- \longrightarrow 2Na + Cl_2\text{(전지)}$$

공업적으로 금속 나트륨을 생산할 때에는 녹는점이 약 600°C인 탄산나트륨과 염화나트륨의 혼합물을 전기분해한다. 그 이유는 순수한 염화나트륨을 801°C라는 높은 녹는점에서 전기분해하기보다는 이와 같은 낮은 온도에서 용융물을 처리하는 것이 열이 적게 들기 때문이다. 낮은 온도는 생산비를 감소시킨다.

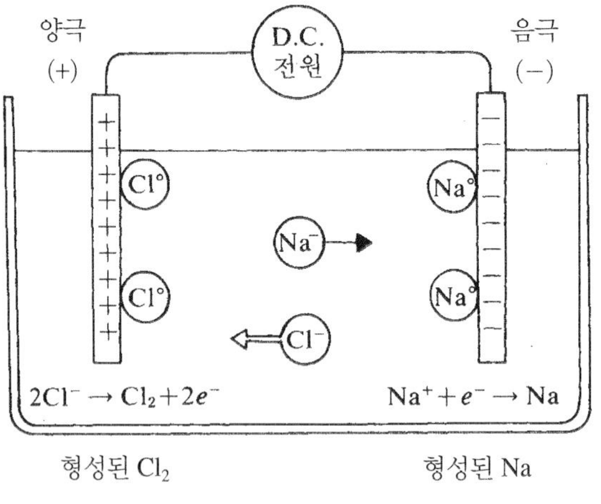

그림 14-5 용융 NaCl의 전기분해

14-8 Faraday 법칙

전기량과 화학변화 사이의 정량적 관계를 나타내는 식은 Michael Faraday에 의하여 기술되었다. 그는 전기분해 실험에서 얻어지는 생성물의 무게는 전해전지를 지닌 전기량에 비례하고, 일정한 전기량으로부터 얻어지는 생성물의 무게는 그 물질들의 당량무게에 비례한다고 하였다.

Faraday의 법칙은 용융 염화나트륨의 전기분해를 참고하면 쉽게 설명된다. 음극에서 환원반응으로 생기는 나트륨은 한 개의 전자가 필요하다.

$$Na^+ + e^- \longrightarrow Na$$

즉, 아보가드로수(1몰)의 전자를 사용하면 22.9898g의 금속 나트륨(1몰)이 생성된다. 이때 사용되는 전기량을 1 faraday라고 하며, 9.65×10^4C이라고 한다. 나트륨 이온의 전하가 +1이므로 나트륨 당량은 원자량과 같다.

그러므로 1 faraday는 1그램 당량의 원소나 화합물을 유리시킨다. 즉,

$$1 \text{ Faraday} \equiv 1\text{몰 전자}$$

[예제 14-3] $CuSO_4$의 전기분해에서 7.5A의 전류를 100분 동안 보내면 음극에서 석출되는 구리의 양은 얼마인가?

풀이 Faraday 법칙을 사용해서 풀면 다음과 같다.

$$\frac{100\text{min} \mid 60\text{sec} \mid 7.5\text{C} \mid 1\text{ Faraday}}{\quad\mid 1\text{min} \mid 1\text{sec} \mid 96500\text{C}} = 0.466 \text{ Faraday}$$

음극반응 $Cu^{2+} + 2e^- \longrightarrow Cu(s)$이므로 2 Faraday에서 63.5g의 Cu가 석출된다. 따라서,

$$\frac{0.466\text{ Faraday} \mid 63.5\text{g Cu}}{\quad\mid 2\text{ Faraday}} = 14.8\text{g Cu}(s)$$

[참고] 1C = 1A · S

여기서 C : coulomb

A : ampere

S : sec

유기화학

일반적으로 화합물은 동식물로부터 얻어지는 것과 광물질 성분으로부터 얻어지는 것으로 구별할 수 있으며, 무기물질이라고 불리는 광물질 성분이 지금까지 우리의 많은 관심을 끌어왔다.

이 장에서는 주로 탄소화합물인 유기화합물에 대하여 다루게 된다.

19세기 초까지는 유기화합물은 동식물의 고유한 생명력에 의해서만 생성되는 것이며, 무기화합물처럼 인공적으로 쉽게 만들 수 없고, 이들 사이에는 뚜렷한 구분이 있다고 생각하였다.

그러나 1828년에 독일의 화학자 뵐러(Wöhler, F.; 1800~1882)는 시안산암모늄을 만들 목적으로 시안산칼륨에 황산암모늄을 넣어서 가열한 결과, 그 당시에 순수한 유기화합물로 알려진 요소결정을 얻게 되었다.

$$2KCNO + (NH_4)_2SO_4 \longrightarrow 2NH_4CNO + K_2SO_4$$

$$NH_4CNO \xrightarrow[\text{가열}]{} (NH_2)_2CO$$

이 실험 결과, 생명력이 없이는 생성될 수 없다고 믿었던 유기화합물을 인공적으로 합성할 수 있게 되어 유기화합물과 무기화합물 사이의 장벽이 해소되었고, 오늘날에는 탄소를 함유한 화합물을 유기화합물이라고 정의하게 되었다.

그러나 간단한 탄소화합물인 일산화탄소, 이산화탄소, 탄산염들은 관습상 현재도 무기화합물로 다루어지고 있다.

이와 같이 유기화합물과 무기화합물 사이에는 본질적인 차이가 없지만, 일반적으로 표 15-1과 같은 물리적 · 화학적 성질에는 차이가 있다.

15-1 유기화합물의 분류

유기화합물은 그 수가 많고 복잡한 물질들의 세계이기 때문에 이들의 분자구조나 그 물질의 특성적인 성질을 나타내는 작용기(functional group)를 계통적으로 분류하여 공부하는 것이 능률적이다.

표 15-1 유기화합물과 무기화합물의 비교

	유기화합물	무기화합물
성 분 원 소	비교적 적다.(주로 C, H, O, N, S, P)	모든 원소
화 합 물 수	많다	적다
내 열 성	300°C 이하	700°C 이상
결 합	공유결합	이온결합
반 응 속 도	느리다	빠르다
이 성 질 체	많다	적다
연 소	가연성이다	비가연성이다
비 중	작다	크다
녹 음 성 질		
물(극성)	녹지 않는다	녹는다
유기용매(비극성)	녹는다	녹지 않는다

* 이 표와 다른 예외 성질도 있음.

유기화합물에는 단지 두 종의 원소, 즉 수소와 탄소만으로 된 화합물이 있다. 이와 같은 화합물을 탄화수소(hydrocarbon)라고 부른다. 탄화수소는 다시 구조상 지방족(aliphatic)과 방향족(aromatic)으로 분류된다.

지방족 탄화수소는 곧은 사슬 알칸(straight chain alkane), 가지 달린 사슬 알칸(branched chain alkane), 시크로 알칸(cyclo alkane)인 포화탄화수소와 알켄, 알킨인 불포화탄화수소로 분류된다. 이들 탄화수소의 종류를 순서대로 나열하면 다음과 같다.

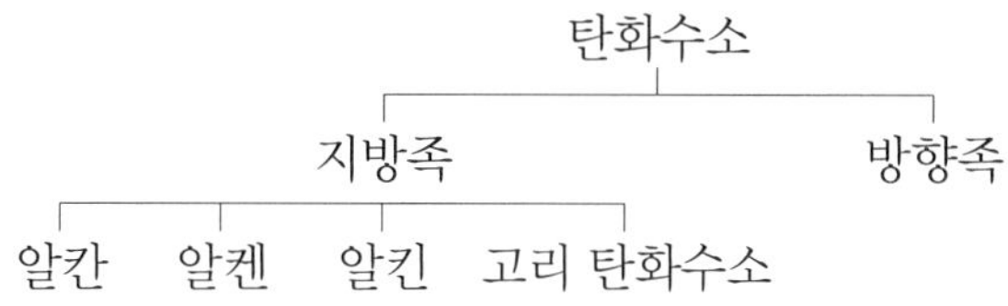

그러나 유기화합물의 구조식 중에는 수산기 $-OH$,

알데히드기, 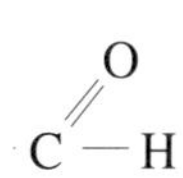

, 카르복시기 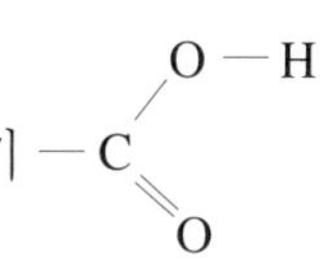

와 같이 다른 원자단을 가지고 있는 것도 있는데, 같은 원자단을 가지고 있는 화합물들은 그 원자단 고유의 공통된 성질을 갖는다.

이와 같은 원자단, 즉 작용기에 따라 유기화합물을 분류하면 유기화합물의 구조와 성질의 관계가 명확해짐으로써 편리한 점이 많다. 표 15-2는 작용기로 유기화합물을 분류한 보기이다.

표 15-2 작용기에 의한 유기화합물의 분류

작용기	구조	화합물의 일반명	화합물의 예
수 산 기	$-O-H$	알코올, 페 놀	CH_3OH(메탄올), C_6H_5OH(페놀)
알데히드기	$-C(=O)-H$	알 데 히 드	HCHO(메탄알)
카르복시기	$-C(=O)-O-H$	유 기 산	CH_3COOH(에탄산)
카르보닐기	$>C=O$	케 톤	CH_3COOH_3(아세톤)
아 미 노 기	$-N(-H)-H$	아 민	$C_6H_5NH_2$(아닐린)
니 트 로 기	$-NO_2$	니트로 화합물	$C_6H_5NO_2$(니트로벤젠)
에 테 르 기	$-O-$	에 테 르	CH_3OCH_3(메틸에테르)

15-2 유기화합물의 구조

유기화합물을 이루고 있는 원소는 주로 탄소, 수소, 산소, 질소들로 이들 원소의 조성을 결정하는 분석을 원소분석(elementary analysis)이라고 한다.

원소분석을 통해서 유기화합물의 실험식을 이해한 다음에 분자식이나 구조식을 결정한다.

1. 실험식

원소분석에 의하여 유기화합물 중 탄소와 수소의 양을 정량하는 데는 주로 연소분석법의 원리를 사용한다.

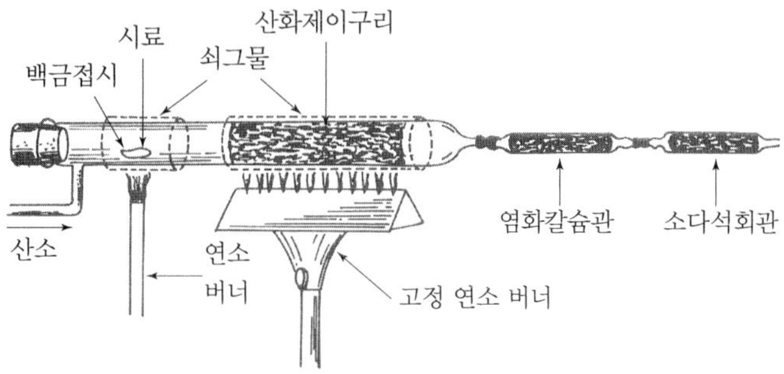

그림 15-1 원소분석장치의 일부(탄소와 수소의 분석)

순수하게 정제된 시료를 연소관 속에 넣고 산소로 완전히 연소시키면, 탄소와 수소는 이산화탄소와 물로 산화되므로, 이것을 적당한 방법으로 완전히 모아서 정확히 질량을 측정하여 유기화합물 속에 포함된 탄소와 수소를 간접적으로 정량한다. 이들 양으로부터 탄소, 수소, 산소의 원자비를 계산하여 실험식(empirical formula)을 얻는다.

예를 들면, 탄소, 수소, 산소로 구성된 유기화합물 8mg 늘어났다면, 이 화합물 속에 포함된 탄소, 수소, 산소의 질량은 다음과 같이 계산된다.

$$\text{탄소의 질량} : 15.40 \times \frac{\text{탄소 원자량}}{\text{이산화탄소 분자량}} = 15.4 \times \frac{12.0}{44.0} = 4.20\text{mg}$$

$$\text{수소의 질량} : 9.18 \times \frac{\text{수소 원자량} \times 2}{\text{물 분자량}} = 9.18 \times \frac{2.0}{18.0} = 1.02\text{mg}$$

$$\text{따라서 산소의 질량} : 8.00\text{mg} - (4.20 + 1.02)\text{mg} = 2.72\text{mg}$$

이와 같이 구한 각 원소의 질량을 각각 그 원소의 원자량으로 나누면 유기화합물에 포함된 원자수의 비율이 계산된다.

$$\text{C} : \text{H} : \text{O} = \frac{4.20}{12.0} : \frac{1.02}{1.0} : \frac{2.72}{16.0} = 0.350 : 1.020 : 0.174$$

이것을 간단한 정수비로 고치면,

$$\text{C} : \text{H} : \text{O} = 0.350 : 1.020 : 0.174 = 2 : 6 : 1$$

이 되어 실험식은 C_2H_6O이다.

2. 분자식

실험식만으로는 그 물질이 어떤 화합물인가를 결정할 수 없다. 에탄산, 포도당은 다 같이 CH_2O의 실험식을 갖는다.

예를 들어, C_2H_6O의 실험식을 갖는 물질의 분자량이 46이라면 다음 식이 성립한다.

$$(C_2H_6O) \times n = 46$$
$$(12 \times 2 + 1 \times 6 + 16) \times n = 46$$

에서 $n = 1$이므로 이 물질의 분자식은 C_2H_6O로서 실험식과 같다.

3. 시성식과 구조식

분자 내에 들어 있는 원자의 종류와 수가 같다고 하더라도 원자의 배열 상태에 따라 그 성질이 달라지므로 원자 배열의 차이를 설명하기 위하여 구조식을 사용한다.

유기화합물의 특성을 나타내는 작용기를 표시하여 기와 기 및 기와 원자 사이의 관계를 명백히 한 분자식을 '시성식' (rational formula)이라고 한다.

분자식 C_2H_6O에 대해 탄소는 4개, 수소는 1개, 산소는 2개씩 각각 다른 원자와 결합할 수 있다는 일반적인 원자가 법칙에 따라 원자를 배열하면, 그 특성은 완전히 다른 두 가지 화합물로 나타난다.

시성식 : $C_2H_5 - OH$ 　 $CH_3 - O - CH_3$

에탄올(끓는점 78.3°C) 　 에틸에테르(끓는점 −24.9°C)

구조식 :

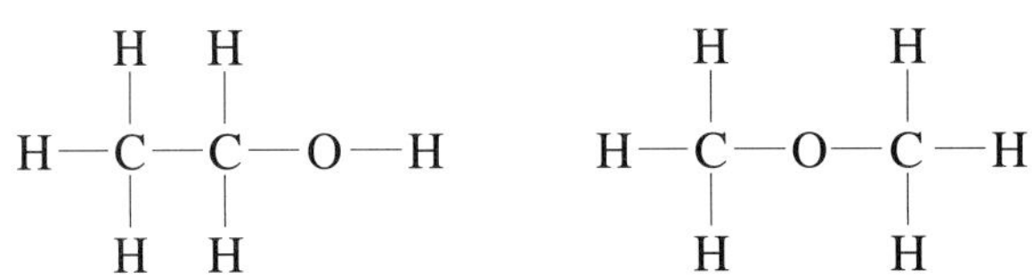

(A) 　 (B)

구조식으로는 A와 B의 화합물이 서로 다르다는 것을 알 수 있지만, 분자식만으로는 알 수 없다. 이와 같이 똑같은 분자식을 가진 물질이 몇 가지 다른 화합물로 존재할 때, 이를 이성질현상(isomerism)이라고 하며, 같은 분자식을 가졌지만 구조식이 다른 화합물을 '구조적 이성질체' (structural isomer)라고 한다.

예를 들어, 분자식 C_4H_{10}은 다음과 같은 구조적 이성질체를 갖는다.

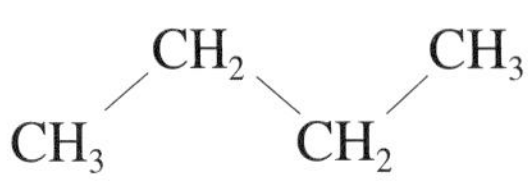

n-부탄

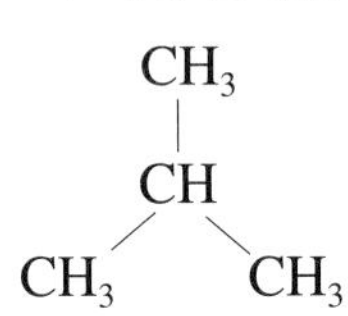

2-메틸 프로판

15-3 포화 탄화수소

탄소와 수소만으로 구성되어 있는 화합물을 탄화수소(hydrocarbon)라고 하며, 이것은 구조상 지방족과 방향족 탄화수소로 분류된다.

지방족 탄화수소에서 n개의 탄소가 단일결합에 의하여 사슬 모양으로 결합된 것을 알칸(alkane) 또는 포화 탄화수소라고 하며, 그 일반식은 C_nH_{2n+2}로 나타낸다.

알칸에서 탄소의 개수에 따라 $n=1$이면 메탄, $n=2$이면 에탄, $n=3$이면 프로판, $n=4$이면 부탄이라고 하며, 그 이름의 끝에는 언제나 '안' (−ane)을 붙여 부른다.

일반식 C_nH_{2n+2}에서 수소가 1개 부족한 $C_nH_{2n+1}^-$에 해당하는 것을 알킬기(alkyl group)라고 하며, R−의 기호로 나타낸다. 그리고 알칸의 끝이름 「안」을 「닐」(−yl)로 바꾸어 부른다. 예를 들면, 메탄 분자로부터 수소 원자 1개가 부족한 CH_3- 원자단을 메틸기라고 한다.

에탄은 메탄의 수소 원자 1개를 메틸기로 치환한 것에 해당하고, 프로판은 에탄의 수소 원자 1개를 메틸기로 치환한 것과 같으며, 부탄은 프로판의 수소 원자 1개를 메틸기로 치환한 것과 같다. 그리고 부탄에는 메틸기의 치환위치에 따라 다음과 같은 두 종류의 이성질체가 있다.

이때 탄소 원자의 결합이 직선상으로 된 것을 노르말(normal−) 화합물이라고 하며, 한쪽에 가지가 달린 모양으로 결합된 것을 이소(iso−) 화합물이라고 한다.

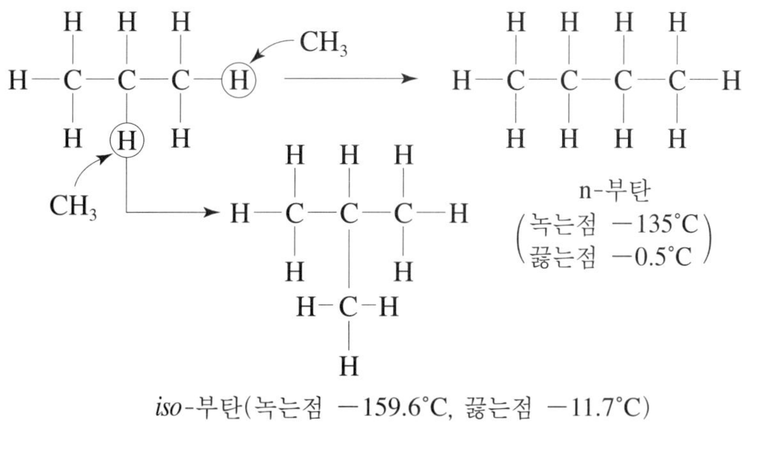

n-부탄
(녹는점 −135°C
끓는점 −0.5°C)

iso-부탄(녹는점 −159.6°C, 끓는점 −11.7°C)

탄소 원자의 개수가 늘어남에 따라 이성질체의 종류는 급격히 늘어난다.

알칸에서 탄소 원자의 개수가 1개씩 늘어남에 따라 그 분자식은 CH_2씩 늘어난다. 이와 같은 화합물의 계열을 동족계열(homologous series)이라고 하며, 동족계열에 속하는 화합물을 동족체(homologues)라고 하는데, 이것들의 물리적 · 화학적 성질은 매우 비슷하다.

표 15-3에 보이는 바와 같이 알칸의 분자량이 늘어남에 따라 녹는점과 끓는점은 거의 일정하게 상승하고 있다.

표 15-3 포화탄화수소와 알킬기

알 칸	탄소 원자수	분자식	녹는점 (℃)	끓는점 (℃)	비 중	알킬기명	구 조
메 탄	1	CH_4	−182.7	−161.6	0.415	메틸기	CH_3-
에 탄	2	CH_3CH_3	−172.0	−88.5	0.546	에틸기	CH_3CH_2-
프로판	3	$CH_3CH_2CH_3$	−187.7	−42.1	0.582	프로필기	$CH_3CH_2CH_2-$
부 탄	4	$CH_3(CH_2)_2CH_3$	−135.0	−0.5	0.570	부틸기	$CH_3(CH_2)_2CH_2-$
펜 탄	5	$CH_3(CH_2)_3CH_3$	−129.7	36.2	0.626 (아밀기)	펜틸기	$CH_3(CH_2)_3CH_2-$

알칸에서 가장 간단한 화합물은 메탄으로, 메탄의 탄소 원자는 4개의 원자가 전자를 가지고 있어서 4개의 다른 수소 원자와 공유결합을 한다. 이 결합의 방향은 각 수소 원자가 같은 평면 내에 있는 것이 아니고, 정사면체의 꼭지점에 위치하게 된다. 메탄, 에탄, 부탄의 분자모형은 그림 15-2와 같다.

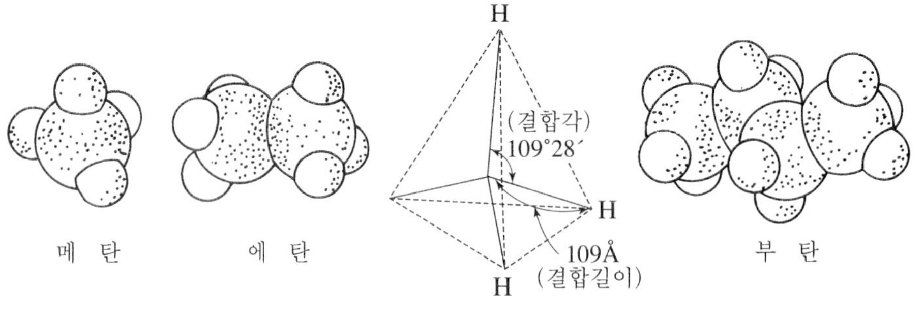

그림 15-2 포화탄화수소의 분자모형

메탄은 늪이나 호수의 밑바닥에서 섬유질이 부패하면 이산화탄소와 함께 발생하는데, 이것을 늪 가스라고도 한다. 또한 유전에서 발생하는 천연 가스 속에 많이 포함되어 있으며, 실험실에서는 에탄산나트륨에 수산화나트륨을 넣고 가열하면 메탄이 생긴다.

$$CH_3COONa + NaOH \longrightarrow CH_4 + Na_2CO_3$$

이것은 색과 냄새가 없는 기체로서, 물에 녹지 않고, 화학적으로 안정하여 산이나 알칼리와 반응하지는 않으나, 불을 붙이면 잘 타기 때문에 이산화탄소와 물로 산화되면서 많은 열을 방출한다.

$$CH_4 + 2O_2 \longrightarrow CO_2 + 2H_2O + \text{열}(213\text{kcal/몰})$$

그리고 공기 중에 5~15 부피(%)로 메탄이 섞여 있을 때 불을 붙이면 폭발하게 된다. 그래서 탄광이나 하수구에서 일어나는 폭발의 대부분은 메탄으로 인한 것이 많다.

메탄의 연소는 천연가스가 탈 때 일어나는 주요한 반응이다. 천연가스가 공급되고 있는 지역에서는 이 반응이 매우 중요하게 이용되는 것으로 이 반응의 중요한 생성물은 탄산가스나 물이 아니라 열이다.

메탄을 억제한 조건하에서 부분 산화시킨다든지 또는 고온에서 촉매를 사용하여 물과 반응시킴으로써 열 이외에 여러가지 화합물의 원료가 얻어지기 때문에 메탄의 중요성은 높아지고 있다. 즉, 메탄은 수소원으로서 암모니아 제조와 일산화탄소와 수소의 혼합물의 원료로서 메탄올과 기타 알코올류 제조에 이용된다. 또한, 아세틸렌의 제조에도 이용되고 있다.

$$6CH_4 + O_2 \xrightarrow{1500^\circ C} 2HC \equiv CH + 2CO + 10H_2$$

$$CH_4 + H_2O \xrightarrow[850^\circ C]{Ni} CO + 3H_2$$

메탄과 염소의 혼합물을 자외선이나 250~400°C의 온도로 가열하면 격렬한 반응을 일으키면서 할로겐화 메탄과 염화수소 화합물이 생기게 된다.

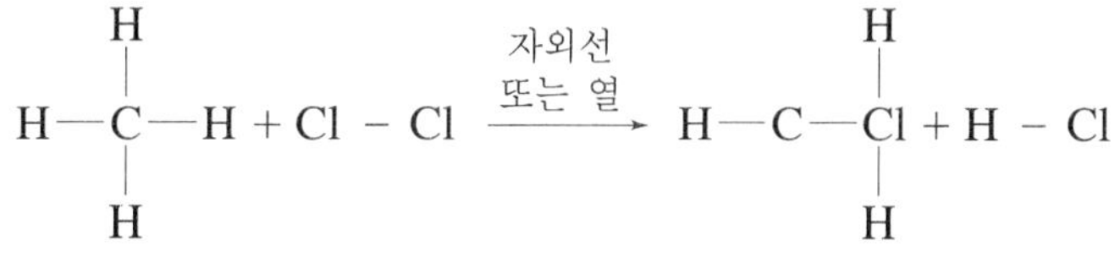

염화메틸은 다시 수소 원자와 염소 원자가 치환되어 이염화메탄 CH_2Cl_2 또는 염화메틸렌(CH_2 = 메틸렌)이 생긴다.

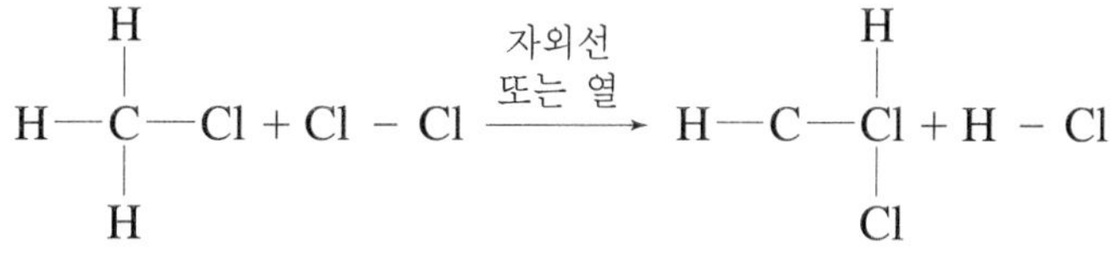

동일한 방법으로 염소화가 더욱 진행되면 트리클로로메탄(또는 클로로포름)과 테트라클로로메탄(또는 사염화탄소)이 생긴다.

$$CH_4 + Cl_2 \xrightarrow{\text{자외선}} CH_3Cl \xrightarrow{Cl_2} CH_2Cl_2 \xrightarrow{Cl_2} CHCl_3 \xrightarrow{Cl_2} CCl_4$$

메탄	모노클로로메탄 (염화메틸)	디클로로메탄 (염화메틸렌)	트리클로로메탄 (클로로포름)	테트라클로로메탄 (사염화탄소)

할로겐화 알칸으로서 염화메틸은 메틸클로라이드라고도 하며, 냉동제와 유기규소 화합물의 제조 원료로 사용되며, 클로로포름은 물에 녹지 않는 무색의 액체로서, 유기 용매 및 마취제로 사용된다.

또한 사염화탄소는 무색의 휘발성 액체로 가연성이 없으므로 용제나 소화제로 쓰이며, 요오드포름은 특유한 냄새를 가진 황색 결정으로 물에 녹지 않고 살균성이 있으므로 소독과 살균제로 쓰인다.

할로겐화 반응이 일어나는 반응기구를 보면 먼저 결합력이 가장 약한 염소분자가 열이나 자외선에 의해 분해되어 염소 원자 라디칼이 생성된다.

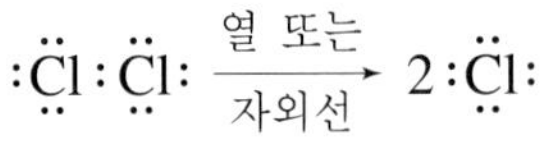

염소 원자 라디칼의 일부분은 재결합을 하지만 나머지는 탄화수소 분자를 공격하여 메틸라디칼이 생성된다.

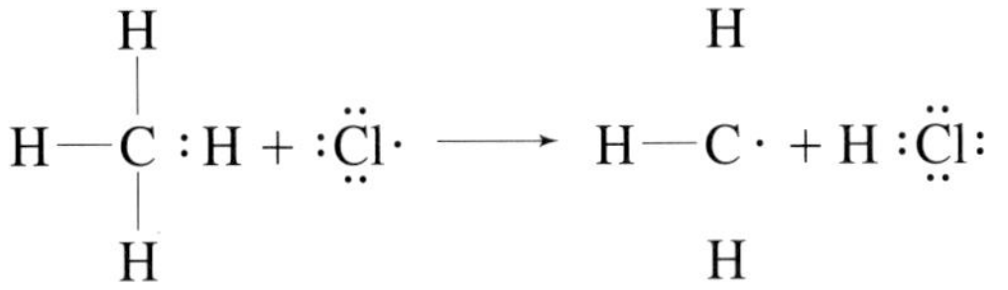

이 결과로 생성된 메틸라디칼은 염소분자와 충돌하여 할로겐화 메탄과 새로운 염소원자 라디칼을 만든다.

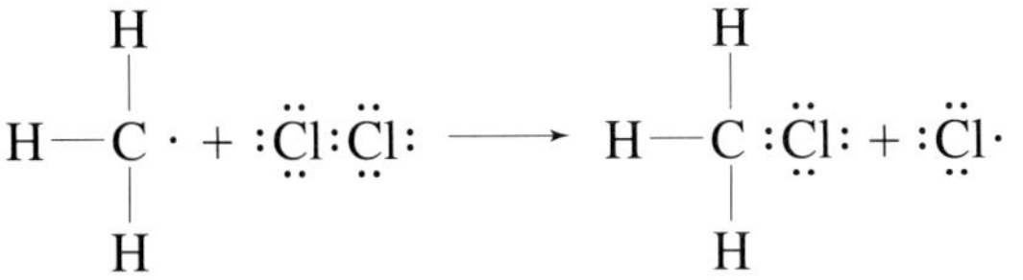

생성된 염소원자 라디칼은 앞에서 처럼 다른 메탄 분자와 반응하여 이러한 과정을 되풀이한다. 이와 같은 반응을 자유라디칼 연쇄반응(free radical chain reaction)이라고 한다.

또한 탄소 원자들이 서로 결합하여 포화된 고리 모양의 구조를 갖는 탄화수소를 시클로알칸(cycloalkane)이라고 하며, 일반식은 C_nH_{2n}이다. 가장 간단한 화합물은 $n=3$일 때의 시클로프로판, $n=4$일 때의 시클로부탄, $n=5$일 때 시클로펜탄들이고, 이들의 화학적 성질은 $n-$알칸과 비슷하지만, 끓는점 및 녹는점은 해당하는 $n-$알칸보다 조금 높다.

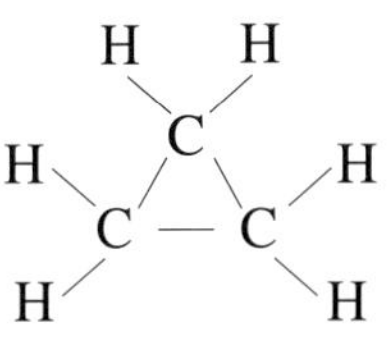

C_3H_6
(시클로프로판)

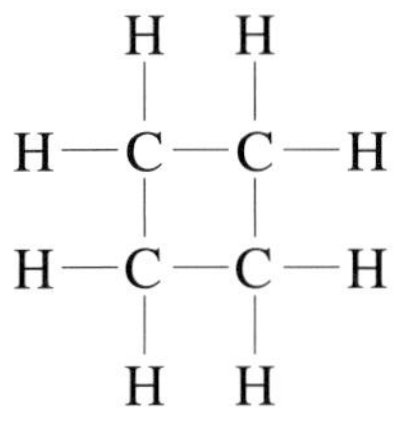

C_4H_8
(시클로부탄)

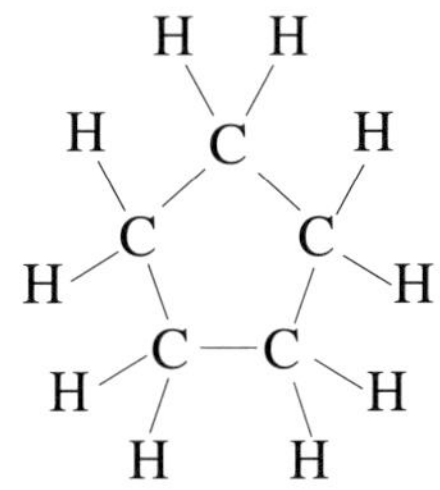

C_5H_{10}
(시클로펜탄)

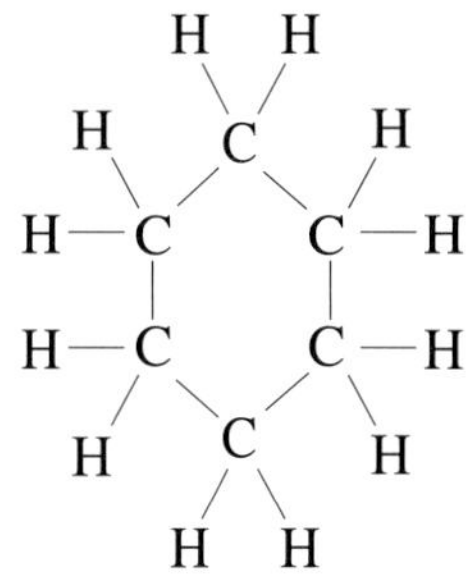

C_6H_{12}
(시클로헥산)

6개 이하의 탄소로 된 고리는 C-C-C각이 정 4면체각 109.5° 이하가 되어야 하므로 스트레인(strain)이 작용하게 된다. 시클로프로판의 경우, 내각은 60°이므로 스트레인이 아주 커서 시클로헥산보다 반응성이 크다. 또한 시클로헥산의 탄소 고리는 평면상이 아닌 보트형(boat form)과 의자형(chair form)의 입체구조를 가질 수 있지만, 실제로 존재하는 것은 의자형이 대부분이다.

이들의 구조를 그림 15-3에 나타내었다.

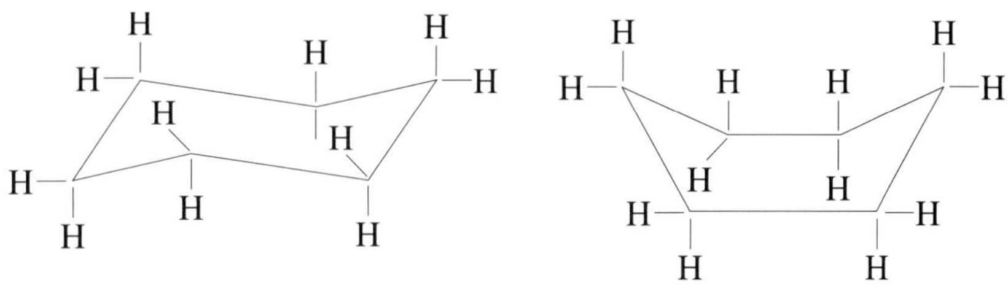

의자형 보트형

그림 15-3 시클로헥산의 형태

15-4 불포화 탄화수소

알칸의 탄소 원자는 단일결합만으로 이루어져 있지만, 알켄은 에틸렌 C_2H_4처럼 탄소 원자 사이의 공유결합이 2쌍의 전자에 의하여 이중결합으로 되어 있고 알킨은 아세틸렌 C_2H_2처럼 3쌍의 전자에 의하여 삼중결합으로 되어 있는 탄화수소가 있다. 이와 같은 결합을 불포화 결합(unsaturated bond)이라고 하며, 불포화 결합을 가진 탄화수소를 불포화탄화수소(unsaturated hydrocarbon)라고 한다.

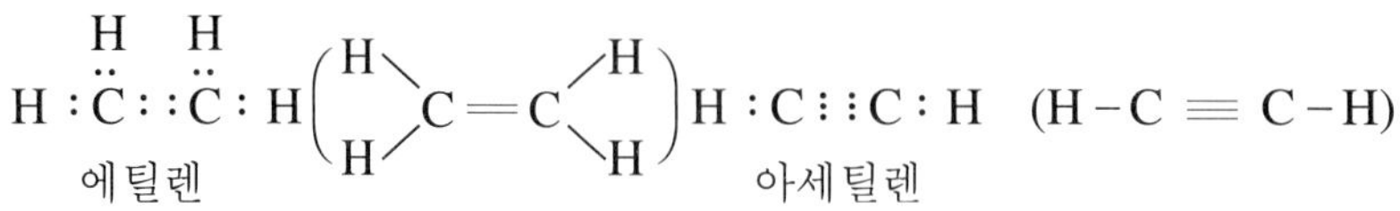

에틸렌 아세틸렌

1. 알켄(올레핀계 탄화수소)

알칸보다 수소 원자 2개가 더 적은 탄화수소의 일반식은 C_nH_{2n}으로 나타낼 수 있는데, 이와 같은 동족 계열의 화합물을 알켄(alkene) 또는 올레핀(alefin)계 탄화수소라고 한다. 알켄은 그 분자 내에 이중결합을 1개씩 가지고 있으며, 가장 간단한 화합물은 $n=2$인 에텐(에틸렌)이다. 일반식에서 $n=3$이면 프로펜(프로필렌), $n=4$이면 부텐(부틸렌)이라고 한다.

알켄의 이름은 알칸의 끝이름 「안」 대신에 「엔」(−ene) 또는 「일렌」(−ylene)을 붙여 부른다. 그리고 탄소가 많은 경우, 이중결합을 포함한 가장 긴 사슬에 번호를 붙이되, 이중결합을 가진 탄소 원자가 가장 작은 수가 되게 한다. $n=4$인 부텐의 구조식을 예로 들면 다음과 같다.

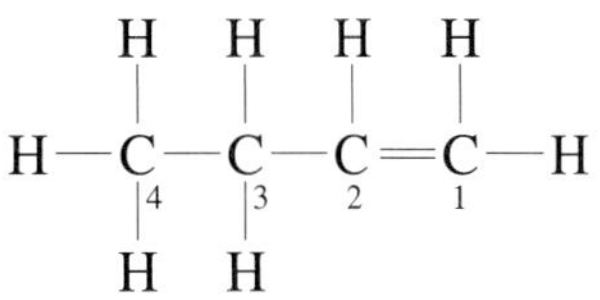

(A) 1-부텐

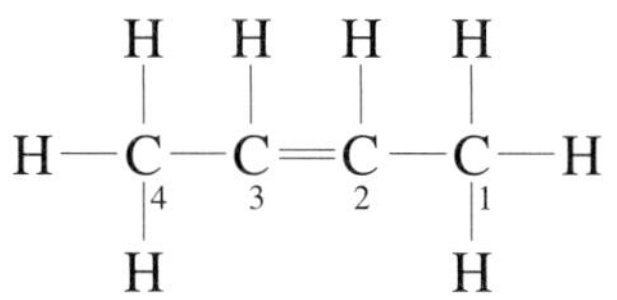

(B) 2-부텐

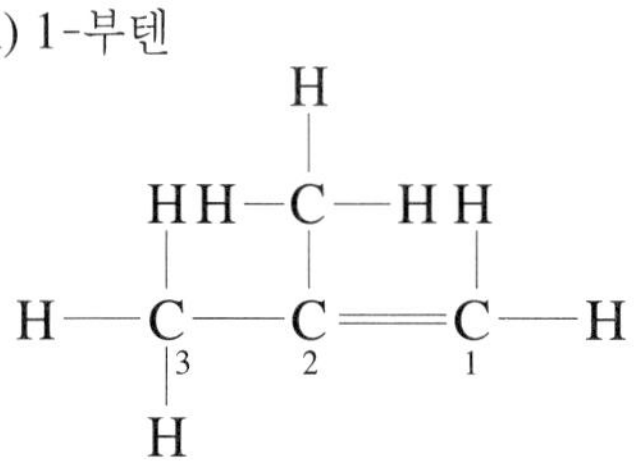

(C) 2-메틸-1-프로펜(이소-부틸렌)

(C)는 메틸기의 가지가 탄소번호 2의 위치에 있으므로 2−메틸−1−프로펜 또는 이소−부틸렌이라고 하며, (A)와 (B)는 노르말−부텐인데 1과 2는 이중결합의 위치를 나타낸다. 그리고 (A), (B), (C)는 서로 이성질체이다.

알켄의 대표적인 화합물인 에틸렌의 기본골격은 1개의 탄소 원자에 대해 3개의 시그마(σ)결합과 1개의 파이(π) 결합으로 이루어지는데 3개의 σ결합은 sp^2 혼성궤도함수로 표시되며, 이는 모두 동등하다.

따라서 이는 탄소 원자 1개 및 수소 원자 2개가 σ결합을 형성한다. 남아 있는 $2p$ 궤도함수의 축은 혼성궤도함수(sp^2)로 생긴 면에 수직이다. 2개의 탄소 원자가 겹쳐서 이중결합을 형성하는 모양을 그림 15−4에 나타내었다.

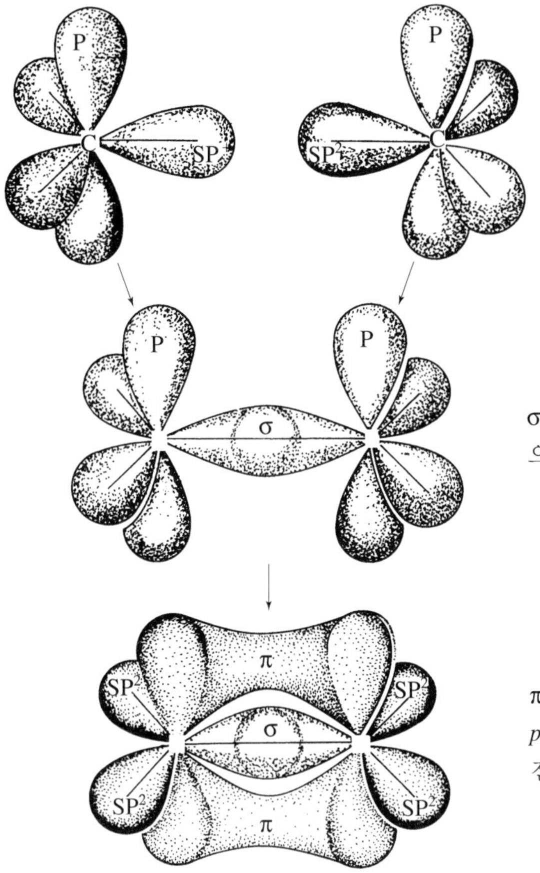

p 궤도함수가 평행으로 된 2개의 sp^2혼성탄소

σ-결합은 sp^2궤도함수들의 중첩으로 2개의 전자로 형성된다.

π-결합은 평행배열로 되어 있는 *p* 궤도함수들의 중첩으로 2개의 전자로 형성된다.

그림 15-4 탄소-탄소이중결합의 형성 개요

2개의 sp^2탄소는 1개의 σ-결합(2개의 sp^2궤도함수의 중첩)과 1개의 π-결합(알맞게 배열된 p 궤도함수들의 중첩)을 형성한다.

2개의 sp^2 궤도함수 중첩에 의하여 σ결합을 형성하는데, 이 σ결합은 일반적으로 단일결합과 유사하다. 만일 2개의 *p* 궤도함수가 각각 평형되도록 두 탄소 원자들이 알맞게 배치되면 *p* 궤도함수들은 중첩되고, π결합이란 제2의 결합을 형성하며, 이 속의 전자구름은 σ결합으로 형성된 평면에 대하여 상하로 존재하게 된다.

에틸렌 또는 에텐은 특유한 냄새를 가진 액체로서 실험실에서는 에탄올에 진한 황산을 가하고, 170°C로 가열해서 얻을 수 있지만, 공업적으로는 석유를 높은 온도의 열로 분해시켜서 프로필렌과 함께 얻는다.

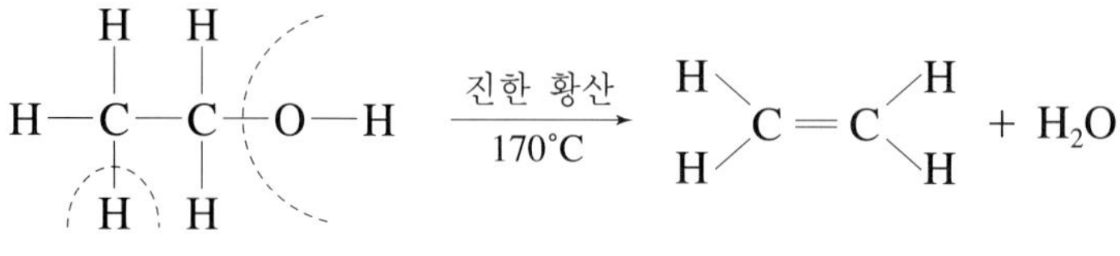

반응에 있어서 포화탄화수소와 불포화탄화수소의 중요한 차이는 포화 탄화수소는 치환반응을 하는 데 비하여 불포화탄화수소는 첨가반응을 한다는 점이다.

$$CH_3-CH_3 + Br_2 \xrightarrow{h\nu} CH_3CH_2Br + HBr \qquad \text{치환반응}$$

$$CH_2=CH_2 + Br_2 \longrightarrow \underset{Br}{CH_2}-\underset{Br}{CH_2} \qquad \text{첨가반응}$$

첨가반응은 낮은 온도에서도 대단히 빠른 속도로 진행되는 데 비하여 치환반응은 촉매나 높은 온도가 필요하다. 이중결합에 대한 첨가반응의 반응기구를 보면 다음과 같다.

이중결합의 π – 전자들은 σ – 전자들에 비하여 탄소핵에서 먼 거리에 있고, 이들에게 강하게 결합되어 있지 않다. 결과적으로 이중결합에는 전자가 풍부하며, 전자를 구하는 시약(친전자성 시약 ; electrophilic reagent)에 대하여 전자공급제의 역할을 한다.

친전자성 시약은 전자가 부족한 부류이며, 탄소와 공유결합을 할 수 있는 양이온(예를 들면, H^+이며, Na^-은 아니다)이나 1개의 전자를 얻어 전자구조를 완성할 수 있는 라디칼이기도 하다. 다음의 설명에서는 편의상 반응을 이온성(즉, 친전자성 시약은 한 쌍의 전자를 구하고 있다)이라고 취급하겠지만, 이와 같은 설명은 자유라디칼에도 해당될 수 있을 것이다.

탄소 – 탄소 이중결합 사이의 반응은 친전자성 시약이 2개의 탄소와 4개의 수소가 결합하여 형성된 평면에 대하여 수직방향으로 있는 π – 전자들을 공격함으로써 시작한다.

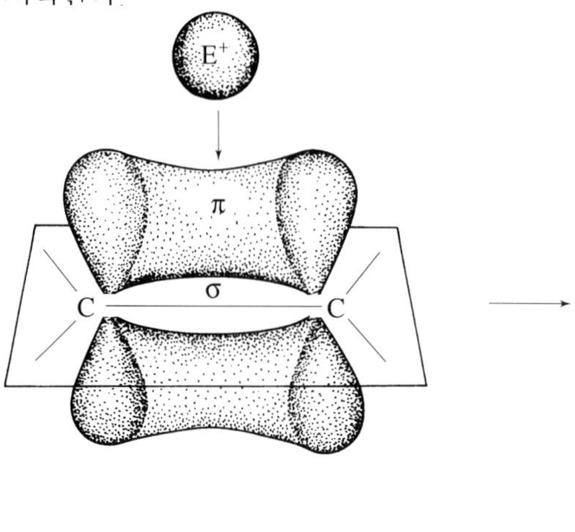

결국 친전자성 시약은 2개의 탄소 원자 가운데 어느 한쪽과 공유결합을 형성하는데 π-전자들을 사용하기 위하여 충분히 접근하게 된다.

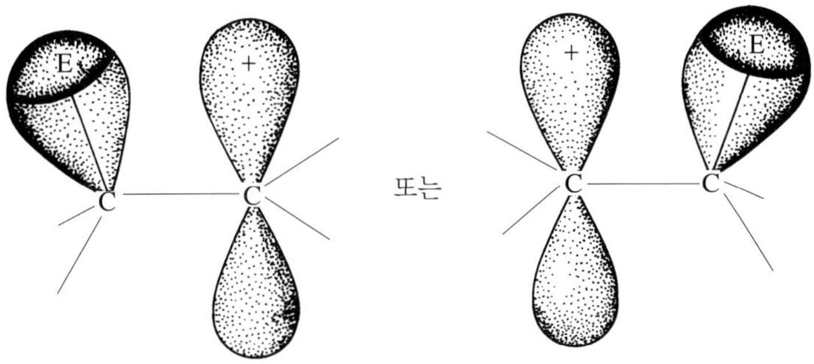

C - E 결합을 형성하는 데 π-전자를 사용해 버리면 한쪽 탄소 원자는 6개의 전자만으로 되고 한 p 궤도는 비게 된다. 따라서 그 탄소는 양으로 하전되고(카르보 양이온), 보통 전자쌍을 공급하는 음이온인 친핵성 시약(nucleophile)과 결합한다.

친핵성 시약은 평면에 대하여 위쪽이나 아래쪽으로부터 접근할 수 있겠지만, 대부분의 경우는 친전자성 시약이 들어온 반대 방향으로부터 반응한다. 전반응은 이중결합에 대한 두 원자단들의 부가반응인데 하나의 탄소에는 친전자체가 오게 되고 다른 탄소에는 친핵체가 오게 된다.

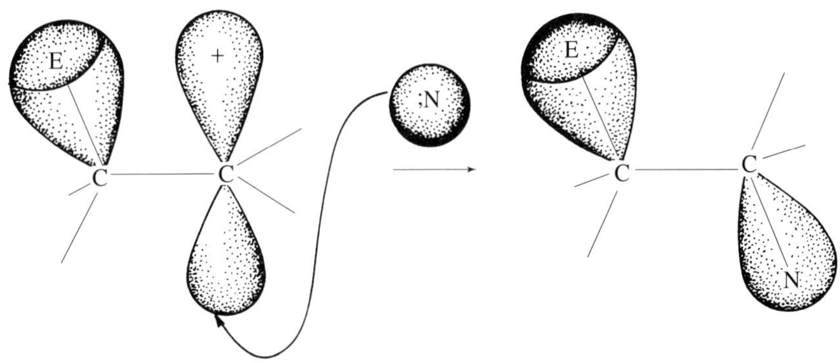

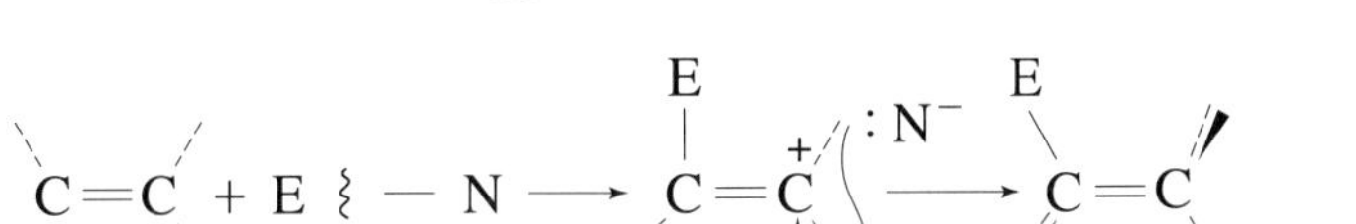

(15.1)

구체적인 예로서 이 일반적인 메커니즘을 설명하기 위하여 에틸렌에 대한 브롬의 부가를 고찰해 보기로 한다. 첫 단계에서 에틸렌은 전자쌍을 브롬 분자에게 공급해 주고, 그 결과 브롬 음이온이 떨어져 나가게 된다. 이로 인해 처음 이중결합을 이루었던 탄소 원자 중의 하나는 양전하를 띠게 된다.

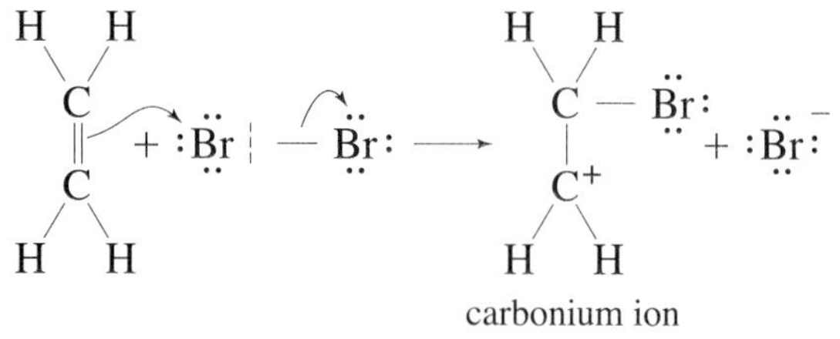

(15.2)

반응식 (15.2)에서 생성된 카르보 양이온은 전자가 부족하여 강한 친전자체가 된다. 또한 이것은 브롬 음(15.2)이온이나 브롬 분자와의 반응(15.3)으로 전자의 팔우자(八隅子)가 완성된다.

$$BrCH_2CH_2^+ + Br^- \longrightarrow BrCH_2CH_2Br \quad (15.3)$$

$$BrCH_2CH_2^+ + :\ddot{B}r - \ddot{B}r: \longrightarrow BrCH_2CH_2-Br + \ddot{B}r:^+ \quad (15.4)$$

bromonium ion

식 (15.4)에서 Br^+(브로모늄이온)은 알켄과 반응하여 카르보 양이온을 다시 만들 수 있는 친전자체이다. 이와 같이 하여 반응은 연쇄적이게 된다[식 (15.5)].

$$CH_2 = CH_2 + \ddot{B}r:^+ \longrightarrow {}^+CH_2CH_2-Br \quad (15.5)$$

전반응[식 (15.2)와 (15.3)을 합치거나 또는 (15.4)와 (15.5)를 합친다]은 다음과 같이 간단해진다.

$$CH_2 = CH_2 + Br - Br \longrightarrow \underset{\displaystyle Br}{CH_2} - \underset{\displaystyle Br}{CH_2} \quad (15.6)$$

수용액에서 부가반응이 단계적으로 일어난다는 것은 실험으로 쉽게 증명할 수 있다. 에틸렌의 브롬화 반응이 염소이온(Cl^-)이 포함된 수용액 속에서 행하여지면 1, 2-디브로모에탄과 1-브로모-2-클로로에탄의 혼합물이 얻어진다. 앞의 식 (15.2)와 같이 중간체인 카르보 양이온이 생성되고 이것이 수용액 중에 존재하는 Br^-이나 Cl^-과 반응하는 것으로 설명할 수 있다.

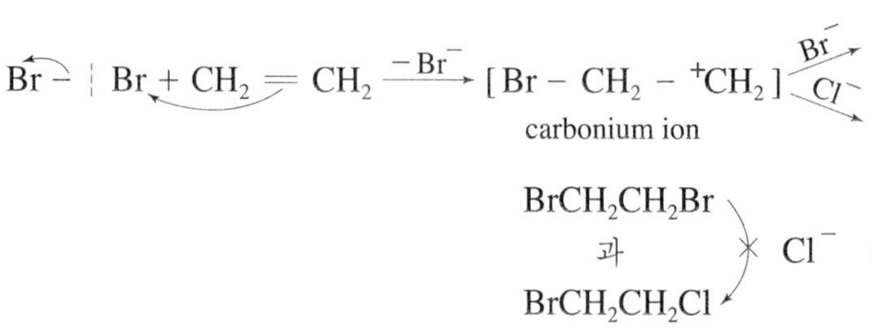

(15.7)

디브로모 화합물이 염소이온과 반응하여 브로모클로로 화합물이 생겼을지도 모른다는 설명은 같은 실험조건하에서 디브로모 화합물이 염소이온과 반응하지 않음을 확인한 별개의 실험으로 올바르지 못함을 알게 되었다.

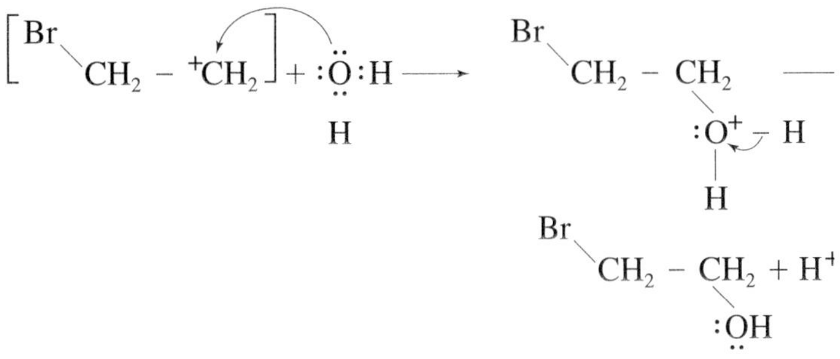

(15.8)

수산기와 브롬 원자를 포함한 몇몇 생성물 역시 형성되었다. 이것은 중간체인 카르보 양이온이 이번에는 다시 한번 친핵체로서 물 분자와 반응한 것이 된다.

브롬의 부가에 대한 다른 메커니즘은 특히 물과 같은 극성용매가 없을 때는 반응경로를 자유라디칼 연쇄반응으로 기술할 수 있다.

이 개념은 브롬 원자들이 알켄으로부터 2개의 π－전자 중에 단지 1개의 전자만을 취한다는 것을 제외하고는 위에서 설명한 이온성 메커니즘과 유사하다.

$$CH_2 \overset{..}{-} CH_2 + :\ddot{Br}:\ddot{Br}: \longrightarrow \cdot CH_2 - CH_2 :\ddot{Br} + :\ddot{Br}\cdot \quad (15.9)$$

$$BrCH_2CH_2\cdot + :\ddot{Br}\cdot \longrightarrow BrCH_2CH_2 - \ddot{Br}: \quad (15.10)$$

$$BrCH_2CH_2\cdot + :\ddot{Br}:\ddot{Br}: \longrightarrow BrCH_2CH_2 - \ddot{Br}: + :\ddot{Br}\cdot \quad (15.11)$$

$$CH_2 \overset{..}{-} CH_2 + :\ddot{Br}\cdot \longrightarrow \cdot CH_2CH_2 - \ddot{Br}: \quad (15.12)$$

알켄에 대한 브롬의 부가는 간단한 불포화도에 대한 정성실험에 이용되기도 한다. 브롬은 검은 적갈색이지만 알켄이나 디브롬화알켄은 모두 무색이다. 따라서, 어떤 불활성인 용매, 예를 들면 사염화탄소와 같은 용매에 녹인 브롬의 용액을 알켄에 가하면 즉시 탈색된다.

1, 2－디브로모에탄(관용명은 드브롬화에틸렌)은 공업적으로 에틸렌과 브롬으로부터 제조되며, 이것은 테트라에틸납이 포함된 가솔린에 가해지는데, 그 이유는 엔진에 납이 축적되는 것을 막기 위해서이다. 납은 휘발성인 브롬화납으로 변환되어 배기로서 제거된다. 그러나 이것은 불행히도 대기오염을 야기한다. 따라서 납 없이도 효과적으로 작용할 수 있는 엔진의 고안이 중요시되고 있다.

브롬 이외에 다른 많은 종류의 물질도 알켄의 이중결합에 부가반응을 할 수 있다. 일반적으로 반응은 브롬에서 상세히 기술한 것과 같은 메커니즘으로 진행된다.

기타 할로겐으로는 염소가 용이하게 반응한다.

$$CH_2 = CH_2 + Cl_2 \longrightarrow \underset{\displaystyle Cl}{\underset{|}{CH_2}} - \underset{\displaystyle Cl}{\underset{|}{CH_2}} \tag{15.13}$$

그러나 요오드와는 반응하지 않고 플로오르와의 반응은 대부분의 경우에 너무 격렬하기 때문에 사용되지 않는다.

수소는 적당한 촉매 존재하(세분된 백금, 팔라듐, 또는 니켈)에 알켄을 해당하는 알칸으로 변화시킨다.

$$\underset{\text{ethene}}{CH_2 = CH_2} + H_2 \xrightarrow{\text{Pt, Pd 또는 Ni}} \underset{\text{ethane}}{\underset{\displaystyle H}{\underset{|}{CH_2}} - \underset{\displaystyle H}{\underset{|}{CH_2}}} \tag{15.14}$$

수소 2원자의 부가는 촉매의 표면에 흡수되어, 이중결합의 동일한 쪽에서 반응한다(cis－ 부가). 활성촉매 존재하의 반응은 실온과 저압(1기압)에서 용이하게 진행되며, 다른 경우에는 높은 온도와 압력이 필요하다.

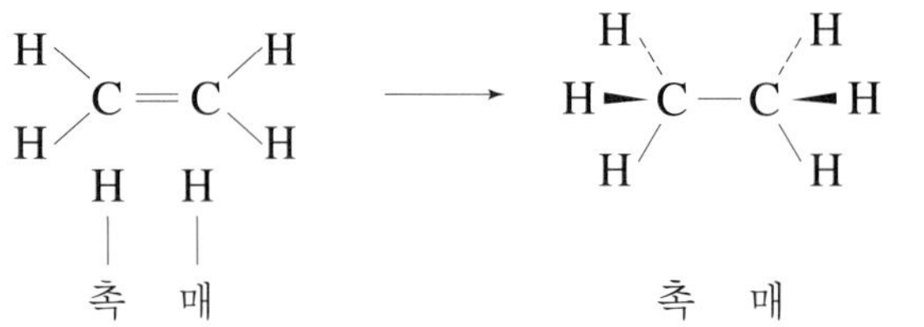

수소화 반응(hydrogenation)은 자동차나 항공기의 고옥탄값 연료 제조, 천연식물기름의 식용지방으로의 변환, 합성세제의 공업적 제법 등에 이용되는 중요한 공업적 과정이다.

모든 산(H－A)은 탄소-탄소 이중결합에서 한 탄소에는 양성자가, 다른 탄소에는 A가 붙게 된다. 양성자(H^+)는 이중결합의 π－전자를 용이하게 공격하는 좋은 친전자제이다.

할로겐화수소의 부가는 주기율표에서 아래 쪽으로 내려갈수록 잘 일어난다(HI > HBr > HCl).

$$CH_2 = CH_2 + H^+ \vdots\, Cl^- \longrightarrow \underset{\text{ethyl chloride}}{\underset{\displaystyle H}{\underset{|}{CH_2}} - \underset{\displaystyle Cl}{\underset{|}{CH_2}}} \tag{15.15}$$

또한, 알켄을 촉매 존재 하에 높은 압력, 높은 온도에서 반응시키면 많은 수의 분자가 결합해서 거대분자(macromolecule)가 된다.

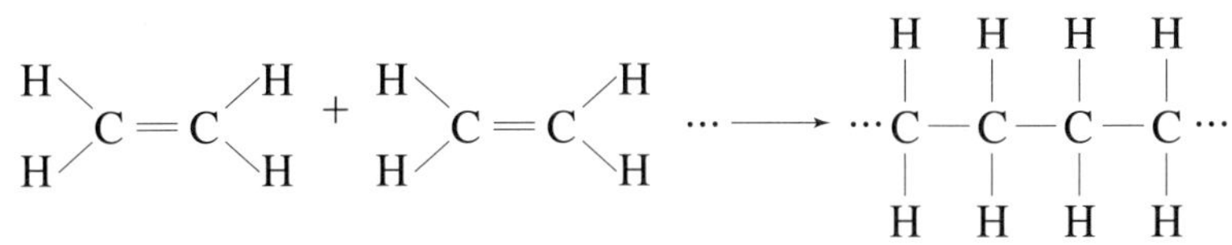

폴리에틸렌

첨가반응에 의해서 많은 에틸렌 분자가 결합하여 1개의 거대한 분자를 만드는 반응을 첨가중합(addition polymerization)이라 하며, 에틸렌의 첨가 중합으로 된 폴리에틸렌은 합성수지로 널리 사용된다.

에틸렌에서 브롬 원자가 첨가된 디브롬화에탄은 다음과 같은 두 가지의 구조식을 쓸 수 있지만, 이것은 탄소 원자 사이의 단일결합이 그 결합방향을 축으로 하여 회전할 수 있기 때문에 같은 화합물이다.

그러나 이중결합에서는 이와 같은 회전이 일어나지 않는다. 그러므로 이중결합을 가진 화합물의 예는 다음과 같다.

1, 2－디클로로에틸렌에서는 두 개의 이성질체가 있다.

디브롬화에탄

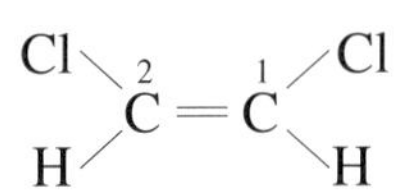

시스-1, 2-디클로로에틸렌
(무색 액체, 끓는점 60°C)

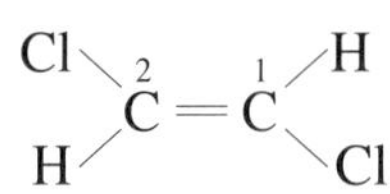

트란스-1, 2-디클로로에틸렌
(무색 액체, 끓는점 48.4°C)

치환기인 염소 원자가 이중결합에 대해 같은 쪽에 있는 것을 시스(cis－) 화합물, 반대쪽에 있는 것을 트랜스(trans－) 화합물이라고 하며, 이와 같은 이성질체를 기하이성질체(geometrical isomer)라고 한다.

2. 알킨(아세틸렌계 탄화수소)

탄소와 탄소결합 사이에 삼중결합을 가진 불포화탄화수소로서, C_nH_{2n-2}의 일반식을 갖는 동족계열의 화합물을 알킨(alkyne) 또는 아세틸렌계 탄화수소라고 한다.

일반적으로 대응하는 알칸에 비해 끓는점과 녹는점들이 조금씩 높으며, 가장 간단한 화합물은 $n=2$일 때의 아세틸렌이다.

아세틸렌은 탄화칼슘(카바이드)에 물을 작용시켜서 만들거나, 공업적으로는 천연 가스 중에 포함된 메탄을 열분해해서 얻는다.

$$\underset{\text{카바이드}}{CaC_2} + 2H_2O \longrightarrow \underset{\text{아세틸렌}}{H-C \equiv C-H} + \underset{\text{수산화칼슘}}{Ca(OH)_2}$$

$$2CH_4 \xrightarrow{\text{열분해}} H-C \equiv C-H + 3H_2$$

아세틸렌을 공기 중에서 태우면 검은 연기를 내면서 타는데, 산소의 공급량을 충분히 하여 완전 연소시키면 3,200°C 정도의 고온을 얻을 수 있다. 이것을 아세틸렌 불꽃이라고 하며, 철판의 절단이나 용접에 사용한다.

삼중결합을 가지고 있는 아세틸렌은 에틸렌보다 불포화도가 커서 알켄보다 반응성이 좋고, 첨가반응도 잘 일어난다.

아세틸렌에 물 · 염화수소 · 에탄산(초산)들을 첨가시키면 에탄알(아세트알데히드) · 염화비닐 · 초산비닐들이 만들어지는데, 이들은 합성수지, 합성섬유 · 페인트의 원료로 광범위하게 사용된다.

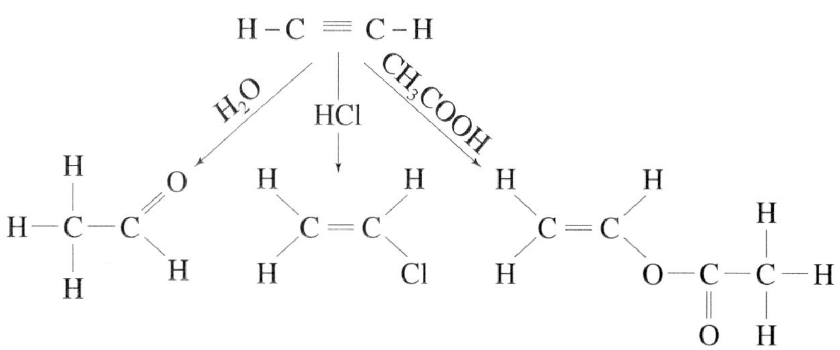

에탄알 끓는점 20.2°C　　염화비닐 끓는점 －13.9°C　　초산비닐 끓는점 73°C

15-5 알코올 및 에테르

알코올은 탄화수소 중의 수소 원자 1개를 수산기 － OH로 치환시킨 화합물을 말하며, $C_nH_{2n+1}OH$의 일반식을 갖는다. 알코올 이름은 알칸의 이름 끝에 「올」(－ol)을 어미로 붙여 부르거나, 알킬기의 이름 끝에 알코올을 붙여서 부른다. 가장 간단한 알코올은 $n=1$인 CH_3OH로서, 메탄올(메틸알코올)이라고 한다.

탄소 사슬 위의 $-OH$의 위치에 따라 1차, 2차, 3차 알코올이라 하며, 분자 중에 $-OH$수가 1개일 때는 1가 알코올, 2개일 때는 2가 알코올, 3개일 때는 3가 알코올이라고 한다.

표 15-4 알코올의 분류

① 탄소 사슬에 결합된 $-OH$의 위치에 의한 분류		
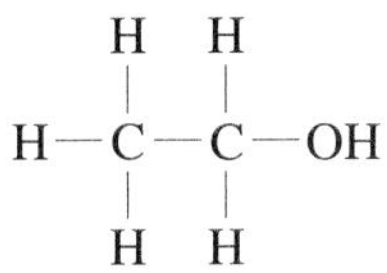	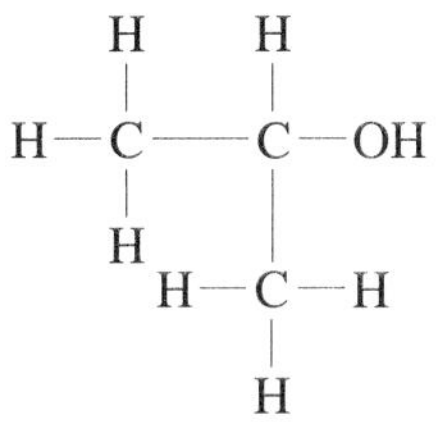	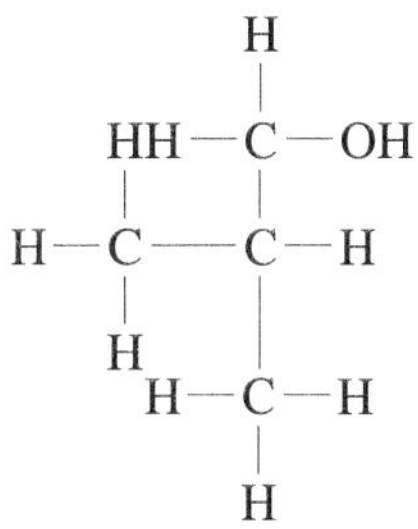
1차 알코올	2차 알코올	3차 알코올
② 분자 중의 $-OH$의 수에 의한 분류		
CH_3OH	CH_3-OH $\vert$ CH_3-OH	CH_2-OH $\vert$ $CH-OH$ $\vert$ CH_2-OH
메탄올 (1가 알코올)	에틸렌글리콜 (2가 알코올)	글리세린 (3가 알코올)

1. 메탄올(메틸알코올)

목재를 건류할 때 에탄산이나 아세톤들과 함께 부산물로 얻어지는 것이며, 이것을 목정이라고도 한다. 공업적으로는 일산화탄소와 수소의 혼합 기체를 고온과 고압하에서 $Cr_2O_3 \cdot 3ZnO$와 같은 촉매 위를 통과시켜 직접 합성한다.

$$CO + 2H_2 \xrightarrow[300\sim400^{\circ}C]{150\sim400\text{기압}} CH_3OH$$

메탄올은 무색의 액체로서 65°C에서 끓고, 유독하며 연료와 용매 등으로 사용된다. 또한, 메탄알(포름알데히드)의 제조 원료로도 쓰인다.

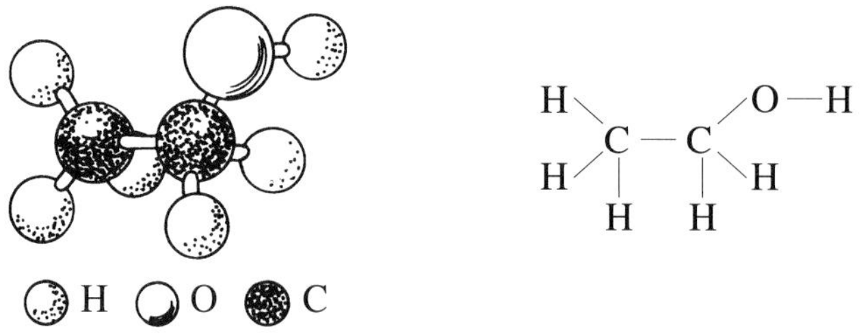

그림 15-5 에탄올의 구조

2. 에탄올(에틸알코올)

보통 알코올이라고 하며, 술의 주성분이므로 주정이라고도 한다.

에탄올은 고구마 · 감자 · 곡류들의 전분을 당화시킨 다음, 효모로 발효(fermentation)시켜 만들거나, 공업적으로는 에틸렌을 원료로 하여 합성한다.

$$\underset{\text{녹말}}{(C_6H_{10}O_5)_n} + nH_2O \longrightarrow \underset{\text{포도당}}{nC_6H_{12}O_6}$$

$$C_6H_{12}O_6 \xrightarrow{\text{치마아제}} 2C_2H_5OH + 2CO_2$$

$$CH_2 = CH_2 + H_2SO_4 \longrightarrow \underset{\text{에틸황산}}{CH_3CH_2OSO_3H}$$

$$CH_3CH_2OSO_3H + H_2O \longrightarrow CH_3CH_2OH + H_2SO_4$$

에탄올은 색깔이 없고 특유한 냄새를 갖는 액체로서, 78.3°C에서 끓고 물과 잘 섞인다. 순수한 에탄올의 비중은 15°C에서 0.794인데, 물을 가해 주면 알코올의 비중이 점점 커지므로, 물에 섞여 있는 알코올의 함유량은 그 비중을 측정함으로써 알 수 있다.

알코올은 여러 가지 유기물질을 잘 녹이므로 용매로 사용되며, 송진을 알코올에 녹인 용액을 니스(varnish)라고 한다.

에탄올에 요오드와 수산화나트륨의 수용액을 넣어 준 다음, 가열하면 노란색의 결정성인 요오드포름 CHI_3이 얻어진다. 이것은 특유한 냄새가 나기 때문에 이 요오드포름 반응을 이용하여 알코올을 검출한다.

에탄올은 활성이 매우 큰 금속과 반응하여 수소를 발생하므로 이 반응도 알코올의 확인에 이용된다.

$$2CH_3CH_2OH + 2Na \longrightarrow \underset{\text{나트륨에톡시드}}{2CH_3CH_2O^-Na^+} + H_2$$

또한, 중크롬산칼륨 $K_2Cr_2O_7$이나 과망간산칼륨 $KMnO_4$과 같은 산화제로 산화시키면 알데히드를 거쳐 카르복실산이 된다.

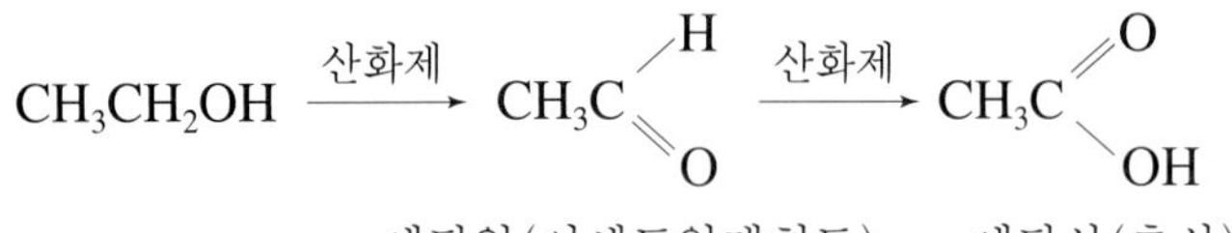

에탄알(아세트알데히드) 에탄산(초산)

3. 고급 알코올

알코올에는 펜탄올(아밀알코올) $C_5H_{11}OH$, 라우릴알코올 $C_{12}H_{25}OH$, 세틸알코올 $C_{16}H_{33}OH$ 등과 같이 탄소수가 많아서 분자량이 큰 알코올이 있다. 이와 같은 알코올을 고급 알코올이라 하며, 반면에 탄소수가 비교적 적은 알코올을 저급 알코올이라고 한다.

펜탄올은 전분을 발효해서 에탄올을 제조할 때 함께 얻어지는 퓨젤유(fusel oil)의 주성분이며, 불쾌한 냄새를 가진 기름 상태의 액체이다. 또한 라우릴알코올 및 세틸알코올은 무색의 고체이다.

알코올 분자 중에 있는 수산기는 물과 친화성이 있는 원자단으로, 친수기 또는 친수성(gydrophile) 원자단이라 하며, 알킬기의 탄소와 수소로 된 원자단은 물과 친화성이 없는 원자단으로, 소수기 또는 소수성(hydrophobic) 원자단이라고 한다.

알칼기 R－의 분자량이 비교적 적은 저급 알코올의 경우, 수산기에 의한 친수성이 세게 작용하여 물에 잘 용해되지만, R－의 분자량이 큰 고급 알코올의 경우는 소수성이 지배적으로 작용하여 물에 잘 용해되지 않는다.

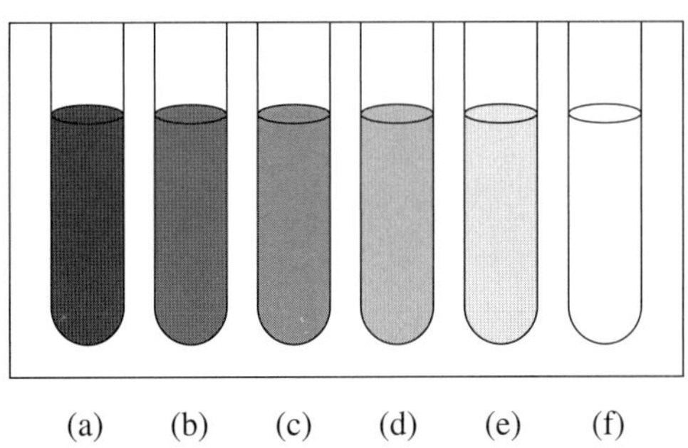

6개의 시험관
(a)~(f)에 각각 물 5㎖씩을 넣고,
(a)에는 메탄올, (b)에는 에탄올,
(c)에는 프로판올(프로필알코올),
(d)에는 부탄올(부틸알코올),
(e)에는 펜탄올(아밀알코올),
(f)에는 라우릴알코올을 각각 0.5㎖넣어서 잘 흔들어 준 다음 똑바로 세워 두었을 때의 모양이다.

그림 15-6 알코올의 물에 대한 용해성 비교

4. 에테르

알코올 두 분자에서 물 한 분자가 떨어져 나간 R－O－R의 구조를 갖는 화합물을 에테르(ether)라고 하며, 일반적으로 가장 많이 사용되고 있는 디에틸에테르 $C_2H_5OC_2H_5$를 에테르라고 한다.

디에틸에테르는 에탄올에 소량의 황산을 넣고 140°C로 가열하면 생성되며, 끓는점이 35°C인 무색의 휘발성 액체이다.

$$CH_3CH_2 - OH + H - O - CH_2CH_3 \longrightarrow CH_3CH_2 - O - CH_2CH_3 + H_2O$$

디에틸에테르의 증기는 공기보다 무겁고 인화성이 크다. 또한 마취성이 있어 마취제로 사용되어 왔으며, 지방 · 왁스 · 수지와 같은 유기물질을 잘 녹일 수 있어서 유기용매로도 널리 사용된다.

15-6 알데히드 및 케톤

분자 내에 알데히드기 $-C(=O)H$ 를 갖는 화합물을 알데히드(aldehyde)라고 하며, 일반적으로 알코올을 산화해서 얻는다. 알데히드는 알칸의 이름 끝에 「알」(− al)을 어미로 붙여 부르거나 관습적으로 부르는 관용명이 있다.

$$\underset{\text{알코올}}{R - CH_2 - OH} + (O) \longrightarrow \underset{\text{알데히드}}{R - C(=O)H} + H_2O$$

카르보닐기 $>C=O$ 에 두 개의 알킬기 $R_2C=O$ 가 결합된 화합물을 케톤(ketone)이라고 한다. 케톤 또한 알칸의 이름 끝에 「온」(−on)을 어미로 붙여 부르거나, 관습적으로 부르는 관용명이 있다.

하지만 알데히드는 쉽게 산화되어 유기산이 되지만, 케톤은 아주 센 산화제에 의해서만 산화된다. 예를 들면, 암모니아성 질산은 용액은 알데히드를 산화시키고, 자신은 금속은으로 환원되어 유리벽에 부착되면서 은거울을 만든다. 이 반응을 은거울 반응이라고 한다.

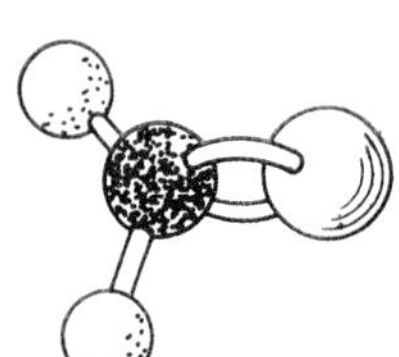

$$H_2C=O$$

그림 15-7 메탄알의 구조

케톤은 이 시약에 의해 산화되지 않으므로 은거울 반응을 일으키지 않는다. 따라서 이 반응으로 간단한 알데히드와 케톤을 구별할 수 있다.

1. 메탄알(포름알데히드)

메탄알은 은 또는 구리 촉매를 사용하고, 메탄올의 증기를 공기 중의 산소로 산화시켜 제조하거나, 또는 천연가스 중에 포함된 메탄에서 직접 얻는다.

메탄알은 무색의 자극성 있는 기체로서 물에 잘 녹는다. 메탄알의 30~40% 수용액을 포르말린(formalin)이라고 하며, 이 포르말린은 소독약이나 방부제로 사용되고 있지만, 페놀 수지나 요소수지를 만드는 원료로도 중요하다. 메탄알은 환원성이 강하므로 은이온 Ag^+을 쉽게 환원시키고, 자신은 산화되어 메탄산(포름산)이 된다.

$$2Ag^+ + \underset{\text{메탄알}}{HCHO} + H_2O \longrightarrow 2Ag + \underset{\text{메탄산}}{HCOOH} + 2H^+$$

2. 에탄알(아세트알데히드)

에탄올을 중크롬산칼륨과 같은 산화제로 산화시켜 만들며, 공업적으로는 에틸렌을 공기로 산화시켜 만든다.

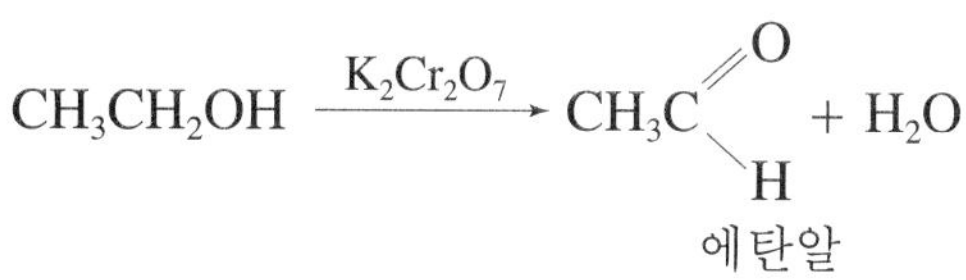

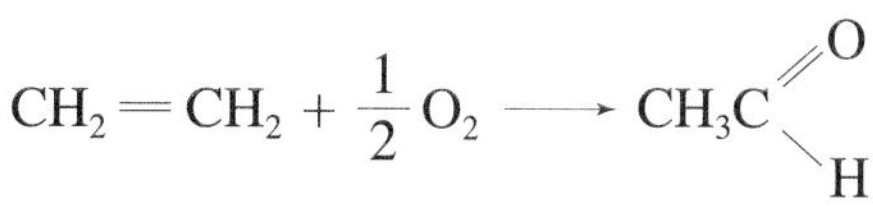

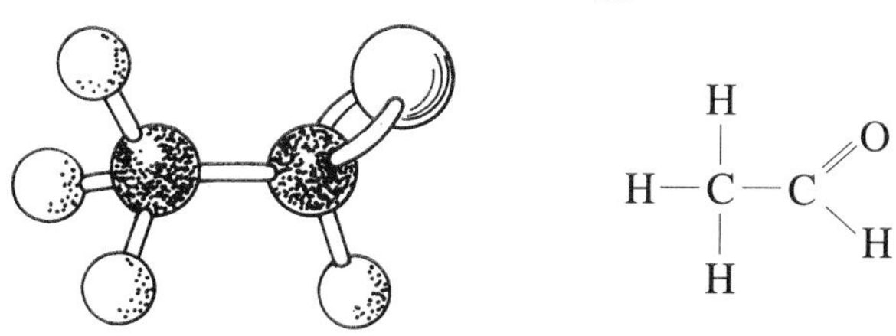

그림 15-8 에탄알의 분자 구조

에탄알(끓는점 20.8°C)은 특유의 자극성 냄새를 갖는 휘발성 액체로서, 물에 잘 용해되고 알코올이나 에테르와도 잘 섞인다. 또한, 환원성이 있어서 은거울 반응을 일으키며, 산화제에 의해 쉽게 산화되어 산이 된다.

예를 들면, 망간염을 촉매로 해서 에탄알을 공기 중의 산소로 산화시키면 에탄산이 된다.

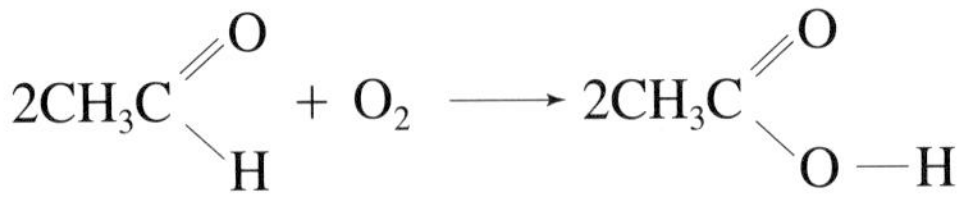

에탄알　　　　　　　　에탄산

3. 프로판올(아세톤)

케톤 화합물로 목재나 에탄산칼슘의 건류로 가장 간단하게 얻을 수 있다.

공업적으로는 이소프로판올$(CH_3)_2 \cdot CHOH$의 증기를 구리 혹은 은의 촉매 하에서 공기로 산화시켜 만든다.

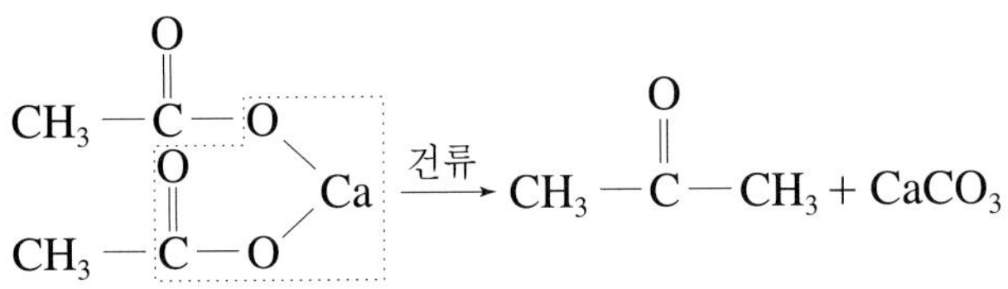

에탄산칼륨　　　　　　　　아세톤

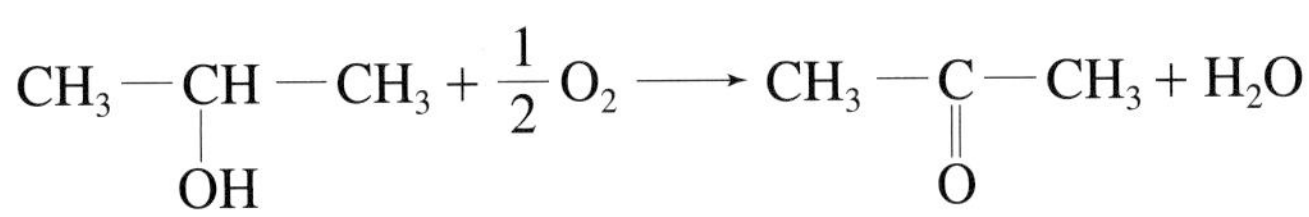

이소프로판올

아세톤은 특유한 냄새를 갖는 무색의 휘발성 액체(끓는점 56.3°C)로서 물과는 임의의 비율로 섞이며, 많은 유기화합물 · 고무 · 수지 · 지방들을 잘 녹이는 성질이 있어서 용매제와 메타크릴산 수지 제조의 원료로도 사용된다.

알데히드 케톤은 분자구조 중에 모두 카르보닐기 $>C=O$ 를 가지고 있으므로, 이들의 일반적인 화학적 성질은 비슷한 점이 많다.

15-7 지방산과 에스테르

카르보닐기와 수산기가 직접 결합된 것이 카르복실기 $-\overset{O}{\overset{\|}{C}}-OH$이며, 분자 중에 이 기를 가진 화합물을 유기산 또는 카르복실산(carboxylicacid)이라고 한다. 또한, 사슬 모양 탄화수소의 수소 원자 1개를 카르복실기로 치환한 화합물 $C_nH_{2n+1}\cdot COOH(RCOOH)$을 지방산(fatty acid) 또는 지방족 카르복실산이라고 한다.

지방족 카르복실산은 알칸의 이름 끝에 「산」(acid)을 붙여 부르거나 관습적으로 부르는 관용명이 있다. 이 지방산은 알데히드를 산화시켜 만들 수 있다.

지방산은 대체로 약산으로 그 수용액은 약한 산성을 나타내는데, 이것은 무기산이 양성자(H^+)를 해리시키는 것과 같이, 다음의 3, 4 위치의 이중결합으로 활성화된 1 위치의 수소가 떨어져 나가기 쉽기 때문이다.

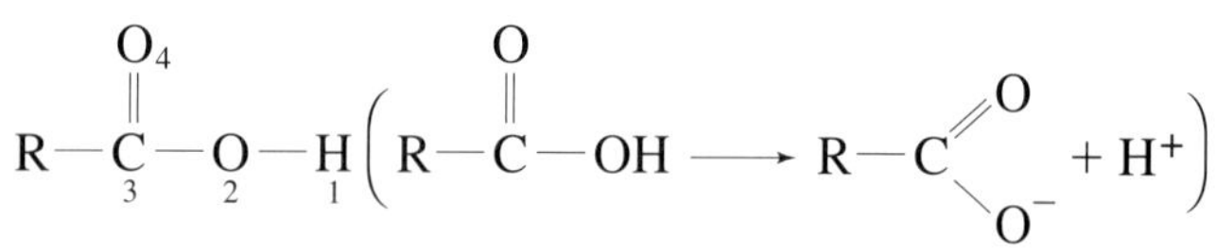

에스테르의 일반식은 RCOOR′로서 산과 알코올을 반응시켜 만든다.

1. 메탄산(포름산)

개미나 벌의 독 중에 포함되어 있는 산으로 메탄알을 산화하여 만든다.

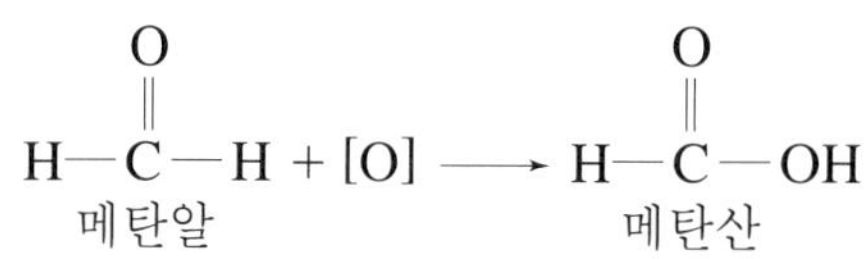

공업적으로는 수산화나트륨과 일산화탄소를 6~8atm, 120~150°C에서 반응시켜 얻은 메탄산나트륨 HCOONa에 묽은 황산을 작용시켜 만든다.

$$CO + NaOH \longrightarrow H-COONa$$

$$2H-COONa + H_2SO_4 \longrightarrow 2H-COOH + Na_2SO_4$$

메탄산은 자극성을 갖는 무색의 액체(끓는점 100.8°C)로서 피부에 닿으면 부풀어 오르고 물집이 생긴다. 유기산 중에서 메탄산은 그 구조식에 알데히드와 같은 원자단이 있으므로 환원성이 있다.

그리고 메탄산을 진한 황산과 함께 가열하면 탈수되어 일산화탄소가 생긴다.

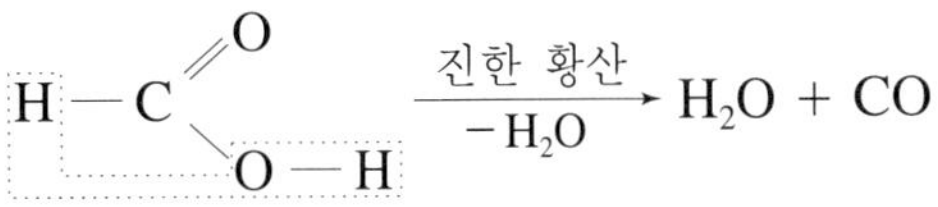

표 15-5 여러 가지 포화지방산

C_nH_{2n+1} COOH	화 학 식	이 름	종 류	녹는점 (℃)	끓는점 (℃)	비 중	있는 곳
$n=0$	$HCOOH$	메탄산 (포름산)	저 급 지방산	8.4	100.5	1.220	개미, 벌
$n=1$	CH_3COOH	에탄산 (초산)	저 급 지방산	16.6	118	1.049	식초
$n=2$	CH_3CH_2COOH	프로판산 (프로피온산)	저 급 지방산	− 22.0	141	0.992	
$n=3$	C_3H_7COOH	부탄산 (부티르산)	저 급 지방산	− 4.7	162.5	0.959	버터
$n=4$	C_4H_9COOH	펜탄산 (발레르산)	저 급 지방산	− 34.5	187	0.939	기름
$n=15$	$C_{15}H_{31}COOH$	펜타데칸산 (팔미트산)	고 급 지방산	64.0	269 (100mmHg)	0.849	기름지방
$n=17$	$C_{17}H_{35}COOH$	헵타데칸산 (스테아르산)	고 급 지방산	69.3	287 (100mmHg)	0.847	기름지방

2. 에탄산(식초산)

에탄산은 식초의 주성분이며, 카르복실산 중에서 대표적인 화합물이다. 이는 식물계에도 널리 존재하며, 알코올을 공기 중에서 산화시켜 얻을 수 있다.

$$CH_3CH_2OH + O_2 \longrightarrow CH_3COOH + H_2O$$

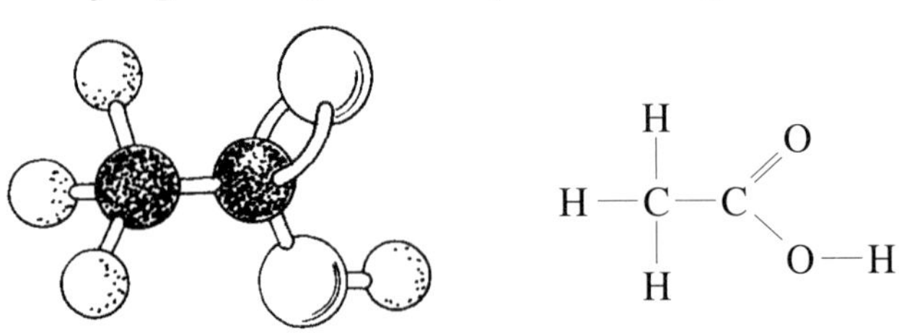

그림 15-9 에탄산의 분자구조

에탄산은 목재를 건류시켜 얻을 수도 있으며, 공업적으로는 아세틸렌에서 에탄알을 얻고, 이것을 산화시켜 만든다.

$$CH \equiv CH + H_2O \xrightarrow{HgSO_4} CH_3CHO \xrightarrow{[O]} CH_3COOH$$

순수한 에탄산은 17°C 이하에서 얼어 결정이 되므로 빙초산(glacial acetic acid)이라고 한다. 에탄산의 카르복실기는 쉽게 양성자를 방출하므로, 이의 수용액은 전류가 통하고, 신맛이 있으며, 산의 성질을 갖는다.

$$CH_3C(=O)-O-H \rightleftharpoons CH_3C(=O)-O^- + H^+$$

에탄산 　　　　에탄산 이온 　수소 이온

에탄산은 용매로서 많이 사용되며, 에탄산에스테르 · 초산비닐 · 무수에탄산들의 유기화학공업의 중요한 원료이다.

3. 에탄산에틸

에탄산과 에탄올의 혼합물에 진한 황산을 넣고 가열하면 에탄산에틸(끓는점 77°C)이 된다.

$$CH_3-C(=O)-O-H + H-O-C_2H_5 \rightleftharpoons CH_3-C(=O)-O-C_2H_5 + H_2O$$

에탄산에틸

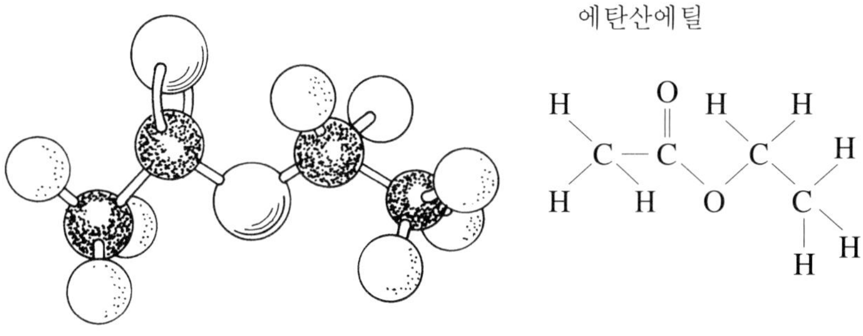

그림 15-10 에탄산에틸의 분자 구조

에스테르가 생성되는 반응은 가역반응이므로, 진한 황산을 가하여 생성되는 물을 없애고, 에스테르가 생성되는 쪽으로 반응을 진행시킨다.

에탄산에틸은 무색투명한 액체로서 과일과 비슷한 향기를 내며, 물과는 잘 섞이지 않는다.

일반적으로 에스테르 화합물은 특이한 향기를 가지고 있으므로, 과일의 에센스(essence)의 대용품으로 많이 사용되고 있는데 그 대표적인 것을 표 15-6에 나타내었다.

표 15-6 중요한 유기산 에스테르

유 기 산	알코올	에 스 테 르		비슷한 과일향
CH_3COOH	CH_3OH	CH_3COOH_3	에탄산메틸	파인애플
CH_3COOH	C_2H_5OH	$CH_3COOC_2H_5$	에탄산에틸	사 과
CH_3COOH	C_3H_7OH	$CH_3COOC_3H_7$	에탄산프로필	배, 바나나
CH_3COOH	$C_5H_{11}OH$	$CH_3COOC_5H_{11}$	에탄산이소아밀	바 나 나
C_3H_7COOH	C_2H_5OH	$C_3H_7COOC_2H_5$	프로판산에틸	파인애플
C_4H_9COOH	C_2H_5OH	$C_4H_9COOC_5H_{11}$	부탄산에틸	사 과
CH_3COOH	$C_8H_{17}OH$	CH_3COOH_3	에탄산옥틸	장 미 꽃

15-8 유 지

글리세리드(glyceride)는 팔미트산 $C_{15}H_{31}COOH$, 스테아르산 $C_{17}H_{35}COOH$, 올레인산 $C_{17}H_{33}COOH$과 같은 고급 지방산과 글리세린 사이의 탈수반응으로 얻어지는 에스테르이다. 이를 주성분으로 하는 물질을 유지 또는 지방유(fatty oil)라고 한다.

그리고 쇠기름이나 돼지기름과 같이 상온에서 고체 형태인 유지를 지방(fat)이라고 하며, 식물성 기름과 같이 액체 형태인 것을 기름(oil)이라고 한다.

$$\begin{array}{lcl} CH_2-OH\quad H\,OOC-R & & CH_2-O-CO-R \\ CH-OH+H\,OOC-R & \longrightarrow & CH-O-CO-R+3H_2O \\ CH_2-OH\quad H\,OOC-R & & CH_2-O-CO-R \end{array}$$

글리세린 지방산 유지(글리세리드)

유지는 물에 녹지 않지만 에테르나 벤젠 및 가열된 무수 알코올 등과 같은 유기용매에는 잘 녹는다.

유지를 얻는 방법에는 유지의 원료인 동식물체로부터 압착법에 의하여 짜내는 방법과 에테르나 벤젠과 같은 유기용매를 사용하여 추출하는 방법이 있으며, 연속적으로 추출할 때에는 그림 15-11과 같은 속실렛 장치를 이용한다.

유지와 물은 상온에서 반응을 잘 일으키지 않지만, 묽은 산과 함께 오랫동안 가열하거나, 고온 · 고압하에서 수증기와 반응시키면 가수분해하여 지방산과 글리세린이 된다.

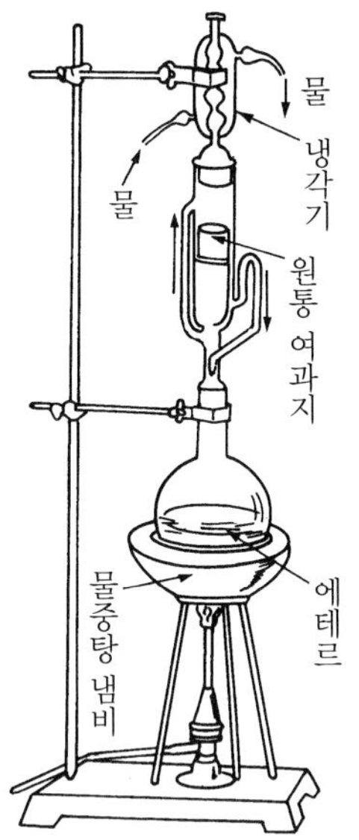

추출하려는 물질을 원통 모양의 여과지에 넣고, 플라스크 속의 에테르를 중탕냄비의 물로 데워서 이 증기를 냉각기로 냉각하여 추출하려는 물질을 녹여 낸다.

충분히 녹여 낸 다음 플라스크 속의 에테르 용액을 꺼내서 증류하면 추출물이 남는다.

그림 15-11 속실렛 추출장치

$$\begin{array}{l} CH_2-COO-R_1 \\ | \\ CH\ -COO-R_2 + 3H_2O \longrightarrow \\ | \\ CH_2-COO-R_3 \end{array} \begin{array}{l} CH_2-OH \quad R_1COCH \\ | \\ CH-OH + R_2COCH \\ | \\ CH_2-OH \quad R_3COCH \end{array}$$

유지 글리세린 지방산

이때 수증기 대신 알칼리 수용액을 사용하면 비누화되어 지방산 알칼리염과 글리세린이 생기는데, 이 지방산 알칼리염을 비누(soap)라고 한다.

$$\begin{array}{l} CH_2-COO-R_1 \\ | \\ CH\ -COO-R_2 + 3NaOH \xrightarrow{\text{비누화}} \\ | \\ CH_2-COO-R_3 \end{array} \begin{array}{l} R_1COONa \quad CH_2-OH \\ \qquad\qquad\quad | \\ R_2COONa + CH-OH \\ \qquad\qquad\quad | \\ R_3COONa \quad CH_2-OH \end{array}$$

유지를 가수분해해서 얻은 지방산은 탄소수가 16 또는 18인 고급 지방산이 많지만 야자유나 버터와 같이 비교적 탄소수가 적은 지방산이 많이 얻어지는 것도 있다.

들기름이나 아마씨기름과 같은 식물성 기름에는 구성성분의 지방산이 이중결합을 가진 불포화지방산이 많으며, 쇠기름이나 돼지기름 등에는 포화지방산이 많이 들어 있다.

불포화지방산의 검출실험에서는 브롬의 빛깔이 빨리 없어진다. 브롬의 빛깔이 쉽게 없어지는 것은 유지 중에 불포화지방산이 많이 포함되어 있어서 브롬이 쉽게 첨가되기 때문이다.

일반적으로 브롬 외에도 요오드나 염소 등을 첨가시킬 수 있는데, 유지 100g 중에 첨가되는 요오드의 g 수를 그 유지의 요오드값(iodine number)이라고 하며, 그 값의 크기에 따라 그 유지의 불포화도가 비교된다.

표 15-7 유지의 요오드값

이 름	요오드값	이 름	요오드값
들 기 름	170~204	동백기름	79~81
오동나무기름	149~176	야자유	7~10
콩 기 름	120~142	쇠기름	40~48
참 기 름	103~116	돼지기름	53~77
피 마 자 기 름	81~89	버터	25~47

불포화지방산에서 들기름이나 오동나무기름과 같이 요오드값이 130보다 큰 기름을 물체 표면에 칠한 다음 공기 중에 두면 이중결합이 산소와 반응하여 쉽게 수지화되면서 굳는다.

이와 같은 성질을 가진 기름을 건성유(drying oil)라고 한다.

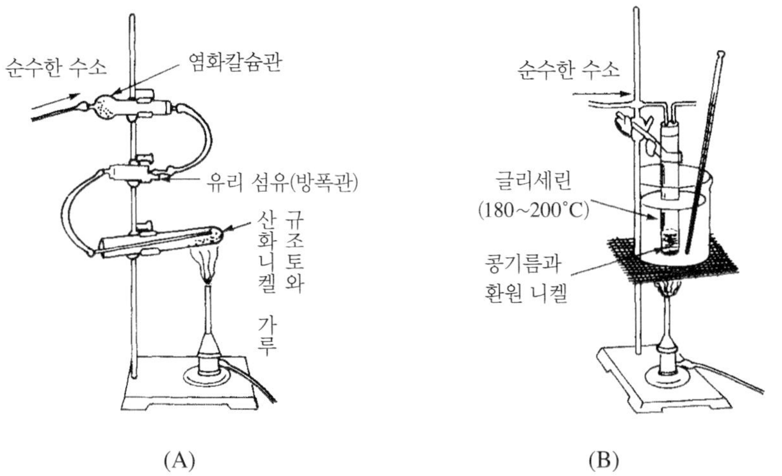

(A) 산화니켈 가루와 규조토의 혼합물(NiO dir 10%) 1g을 시험관에 넣고, 순수한 마른 수소를 통하면서 300°C로 가열하여 Ni 촉매를 만든다.
(B) 시험관에 콩기름 dir 10mL와 환원니켈 소량을 넣은 후 순수한 마른 수소를 통하면서 글리세린 중탕욕 내에서 180~200°C로 30분~1시간 동안 가열하고 식히면, 콩기름은 상온에서 고체인 지방으로 변하는 것을 볼 수 있다.

그림 15-12 경화유를 만드는 원리

반대로 요오드값이 100 이하인 피마자기름이나 동백기름 등은 공기 중에 오랫동안 놓아 두어도 굳어지지 않는데, 이와 같은 기름을 불건성유(nondrying oil)라고 한다. 또한, 콩기름 · 참기름 · 면화씨기름 등과 같이 건성유와 불건성유의 중간의 성질을 갖는 기름을 반건성유(semi-drying oil)라고 한다.

건성유에 납의 산화물 PbO이나 망간의 산화물 MnO_2을 소량 가하고 가열하여 끓이면, 불포화도가 증가하여 굳어지는 속도가 빨라지는데, 이것을 보일유(boiled oil)라고 하며, 여기에 안료를 혼합하여 페인트나 인쇄 잉크를 만드는 데 사용한다.

고기기름이나 고래기름과 같은 불포화지방산의 이중결합에 니켈을 촉매로 하여 수소 원자를 첨가시키면, 녹는점이 높고, 냄새도 없으며, 공기 중에서 변화를 받지 않는 안정한 지방을 얻을 수 있다. 이와 같이 해서 얻은 지방을 경화유(hardened oil)라고 하며, 이는 마가린의 제조에 사용된다.

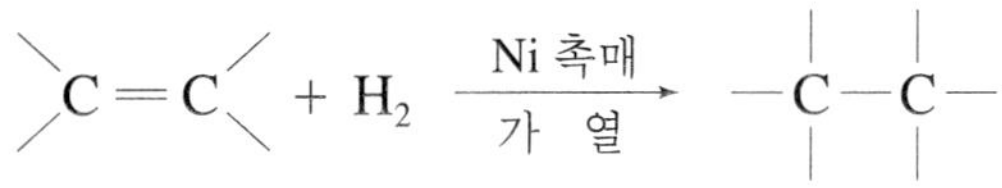

15-9 비 누

유지에 수산화나트륨을 가한 후 가열하여 비누화하여 만들거나, 유지의 가수분해로 얻어지는 고급 지방산을 수산화나트륨으로 중화해서 만든다.

$$\underset{\text{고급 지방산}}{RCOOH} + NaOH \longrightarrow \underset{\text{비누}}{RCOONa} + H_2O$$

비누 $RCOO^-Na^+$는 물에 녹으면 고급 지방산의 음이온($RCOO^-$)과 나트륨 이온(Na^+)으로 전리되는데, 수용액에서 가수분해되며 약한 알칼리성을 나타낸다.

비누의 구조상 특징은 분자의 한쪽은 소수성인 긴 탄소 사슬의 알킬기 R－(무극성)로 되어 있고, 나머지 부분은 친수성인 $-COO^-Na^+$ 이온(극성)으로 되어 있다는 것이다.

분자의 친수성인 극성부분은 이 분자를 물에 녹게 하는 성질이 있고, 반대로 분자의 소수성인 무극성 부분은 이 분자를 기름에 녹도록 하는 성질이 있다.

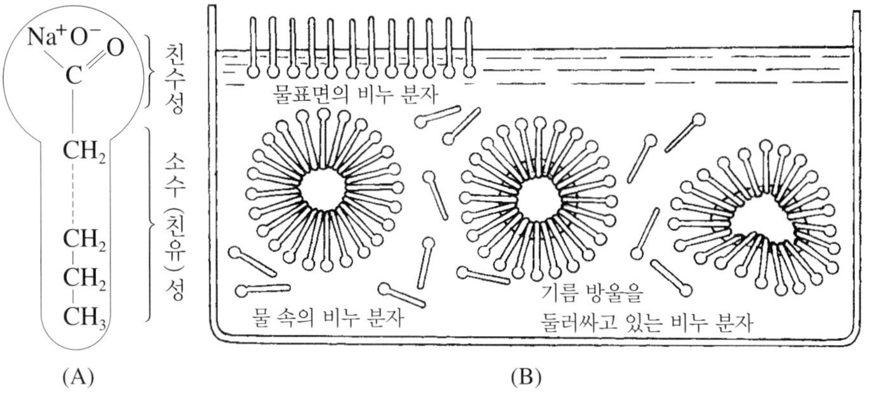

그림 15-13 비누 분자의 모형(A)과 비누 작용(B)

지방산 한 방울을 물 위에 떨어뜨리면 지방산이 퍼지면서 한 분자 두께의 얇은 막이 이루어지는데, 이 막에서 분자들은 그림 15-13에서와 같이 소수성 부분이 공기 쪽으로 향해 위로 배열되고, 친수성 부분이 물의 표면 쪽으로 배열된다.

지방산보다 더 극성인 끝을 가진 염인 비누 분자가 물에 녹으면 친수성기를 물 쪽으로 하고, 소수성기를 바깥쪽으로 하여 분자들이 뭉치게 되어 콜로이드성 용액을 형성하는데, 이와 같은 비누분자의 집합체를 미셀(micelle)이라고 한다.

이런 용액이 생기려면 분자의 탄화수소 부분이 너무 짧거나 길어서도 안되고, 보통 탄소수 12~18개 정도로 된 알킬이 적당하다.

비누가 세척작용을 하는 것은 이와 같이 형성된 미셀이 물에 녹지 않는 기름이나 무극성 물질을 물속으로 유화 · 분산시키기 때문이다.

물에 칼슘 이온 Ca^{2+}이나 마그네슘 이온 Mg^{2+}이 녹아 있거나 산성 용액에서는 비누가 지방산의 염으로 침전되므로, 그 세척력을 잃어버리게 된다.

$$2C_{17}H_{35}C\begin{smallmatrix}\nearrow O \\ \searrow O^- Na^+\end{smallmatrix} + Ca^{2+} \longrightarrow (C_{17}H_{35}COO)_2Ca^{2+}\downarrow + 2Na^+$$

이러한 결점을 없애고, 센물이나 바닷물에서도 쓸 수 있는 많은 합성세탁제(synthetic detergent)가 만들어졌다.

합성세탁제는 비누의 결점을 개량한 세척제로서, 비누와 같은 무극성 부분(소수성)과 한쪽 끝이 매우 극성인 기(친수성)를 가진 구조로 되어 있다.

예를 들면, 비누분자의 친수성 부분인 $-COO^{-}Na^{+}$을 술폰산염($R-SO_3-Na$)이나 모노황산에스테르염($R-O-SO_3-Na$)으로 바꾸어 주면 친수성도 세지고 가수분해를 일으키지 않으므로, 수용액도 중성이 된다. 따라서 센물이나 바닷물 또는 산성용액에서도 세척작용을 할 수 있게 된다.

대표적인 합성세탁제는 라우릴콜 $C_{12}H_{25}-OH$, 세틸알코올 $C_{16}H_{33}-OH$ 들의 고급 알코올에 황산을 작용시켜 에스테르화하고, 생성된 황산에스테르를 알칼리로 중화시킨 것이다.

$$C_{12}H_{25}O\boxed{H + HO}SO_3H \longrightarrow C_{12}H_{25}OSO_3H + H_2O$$

라우릴알코올 황산 라우릴알코올의 황산에스테르

$$C_{12}H_{25}OSO_3H + NaOH \longrightarrow \underbrace{C_{12}H_{25}O}_{\text{소수성 부분}} \cdot \underbrace{SO_3Na}_{\text{친수성 부분}}$$

합성세탁제에 있어서 친수성 부분인 극성기는 일반적으로는 비누와 같이 음으로 하전되어 있는데, 이와 반대로 큰 양이온과 작은 음이온으로 결합되어 있기도 한다.

$$C_{18}H_{37}N^{+}(CH_3)_3 \cdots Br^{-}$$

이런 형태의 비누를 역성비누 또는 양성비누라고 한다. 역성비누는 유화작용이나 거품이 이는 작용이 세고, 살균력이 강하다.

15-10 방향족 탄화수소

벤젠은 다른 시클로알켄과 아주 다른 성질을 가진다. 벤젠과 그와 비슷한 다수의 화합물(그들은 '벤젠 고리'를 포함한)을 합쳐서 방향족 화합물이라 부른다.

일반적으로 이 화합물들은 향기로운 냄새를 갖고 있지만 그들의 대부분은 인체에 극히 해롭다. 그러나 비타민, 단백질, 호르몬과 같이 중요한 생물학적 화합물에서 벤젠 고리가 발견되는 것은 매우 흥미로운 일이다.

이 화합물들을 만들기 위해 인체는 방향족 벤젠 고리를 합성해야만 하는데 대부분의 경우 이것이 불가능한 것으로 증명되었다. 그러므로 인체는 외부에서 이것을 얻어야만 한다.

식물은 필요한 방향족의 어떤 것은 합성할 능력을 가졌고 따라서 이것들은 우리의 음식물에서 꼭 섭취되어야 하는 것이다. 그들의 독특한 화학적 성질을 나타내는 방향족 화합물의 구조상의 주요 특징은 벤젠 고리이다.

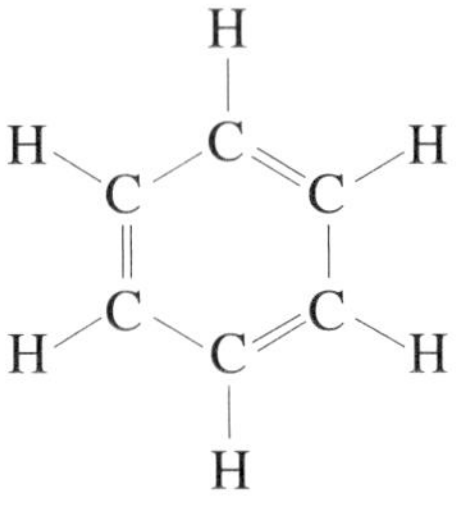

그러나 물리적 · 화학적 증거에 의하여 이것이 벤젠 분자의 정확한 구조를 나타내지 않는다는 것을 알게 되었다. 그 예로서 벤젠에서 C–C 결합 거리는 같다는 것이 실험적으로 알려졌다. 실제로 이중결합과 단일결합이 교대로 있으면 어떤 결합 거리(C–C 이중결합)는 다른 결합 거리보다 더 짧게 될 것이다.

더욱이 벤젠 분자는 이중결합을 가진 분자들에 특유한 화학반응을 쉽게 일으키지 않는다. 벤젠에서 균일한 결합거리는 공명에 의해 설명될 수 있다. 두 공명구조(kekule 구조라고도 부른다)는 다음과 같이 표현된다.

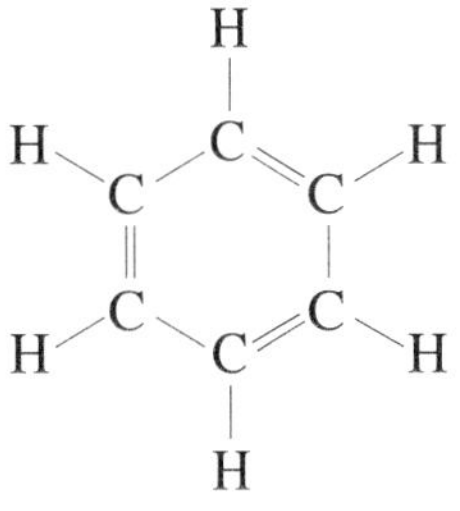

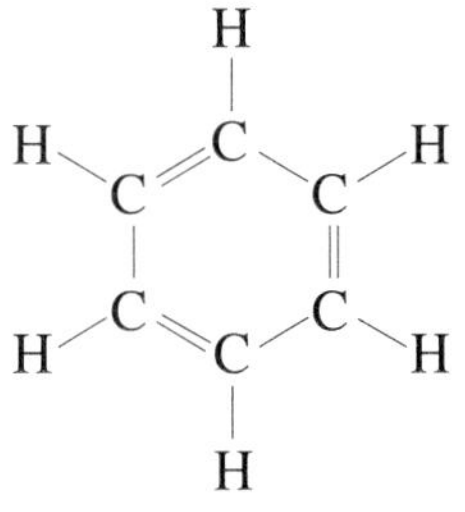

이것들은 간단히 다음과 같이 나타낸다.

육각형의 정점에 있는 탄소원자가 수소 원자와 결합하고 있다. 원자궤도함수이론에서 C–C–C 결합각이 120°C가 되기 위해서는 탄소원자는 sp^2 혼성궤도함수를 형성하여야 한다는 것을 알았다.

따라서 벤젠 고리에 있는 각 탄소 원자는 sp^2 혼성궤도함수 형태의 3개의 원자가 전자를 가지고 네 번째 전자는 순수한 p 궤도함수에 있다.

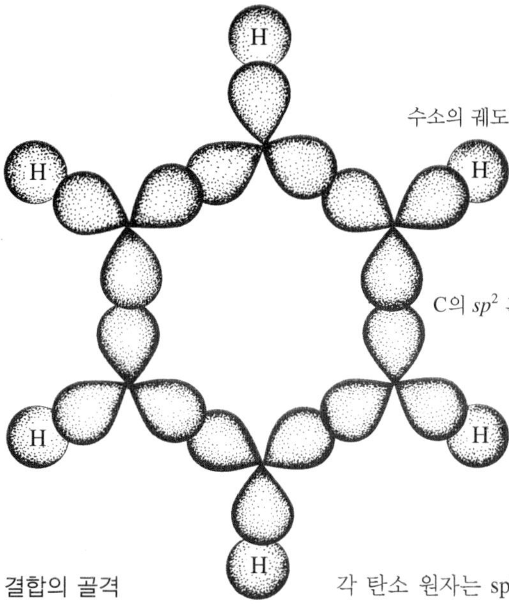

그림 15-14
벤젠의 시그마 결합의 골격

혼성화만을 나타낸 탄소 골격이 그림 15-14이다. 이와 같은 골격은 그림 15-15에서 순수한 p 궤도함수에 있는 전자뿐만 아니라 시그마 결합을 굵은 선으로 나타내고 있다.

원자가 결합이론에 따르면 벤젠의 두 공명구조는 인접한 p 궤도 함수쌍의 겹침에 의해 생긴다. 그러나 분자궤도함수이론은 공명이론의 뒷받침 없이 다원자 분자에서의 결합을 잘 설명할 수 있다.

그림 15-15 탄소원자들의 비혼성 p 궤도함수의 전자들

이 이론에 의하면 알맞게 배열한 6개의 비혼성 원자궤도함수가 서로 겹쳐져 전체 분자에 퍼진 분자궤도함수를 형성한다. 이런 관점에서 분자궤도함수의 생성에서 이루어진 결합길이와 전자밀도는 모두 동일하다.

벤젠에 있어서 6개 탄소의 비혼성 p 궤도함수는 이러한 분자궤도함수를 형성하기에 꼭 알맞은 위치에 있다.

벤젠에 대해서는 그림 15-16에서 잘 설명하고 있다. 여기서 σ결합을 탄소 사이의 실선으로 나타내고 π결합을 탄소 고리의 위와 아래에 분산된 전자운으로 나타내었다.

특정한 결합에 속하지 않고 여러 개의 핵에 퍼진 분자궤도함수에 속한 전자(벤젠에 있는 6개의 π전자와 같음)를 비편재화되었다고 말한다.

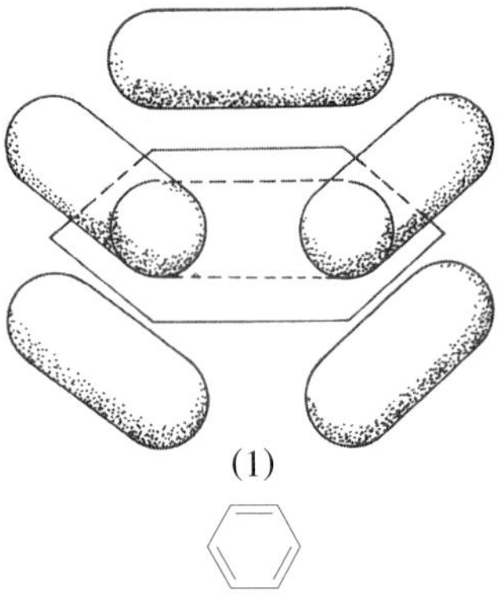
(1)

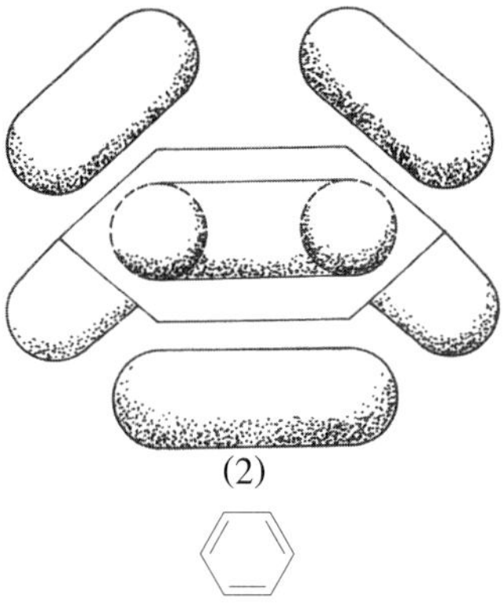
(2)

그림 15-16 벤젠의 원자가 결합 공명구조

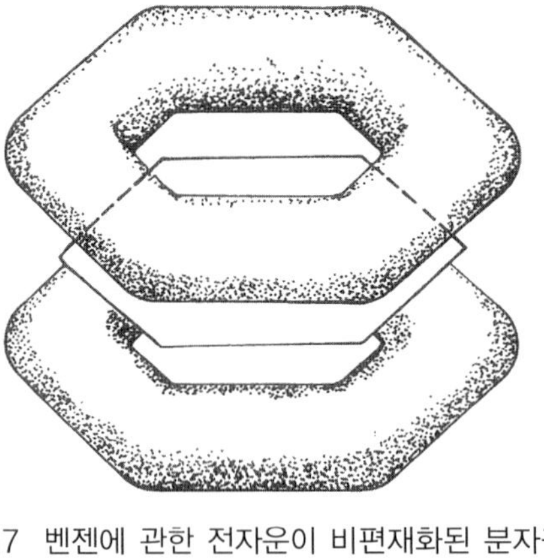

그림 15-17 벤젠에 관한 전자운이 비편재화된 분자궤도함수

벤젠 고리는 π전자의 비편재화된 상태를 강조하기 위하여 그림 15-17과 같이 그린다. 벤젠에서 π-전자운의 비편재화는 열화학 실험값으로부터 1. 3. 5 시클로 헥사트리엔에 대하여 계산된 것보다 약 36kcal/mole만큼 분자를 안정화하는 경향이 있다. 따라서 벤젠의 비편재화 에너지 또는 공명 안정화 에너지는 36kcal/mole이라고 말한다.

이와 같은 높은 공명안정화 에너지는 방향족의 모든 구성원에서 발견된다.

방향족 탄화수소의 명명법은 알칸과 알켄의 그것과 비슷하다. 여기서 벤젠은 일반적으로 어미로 보고 가지 기들은 이미 설명한 것과 같이 명명된다.

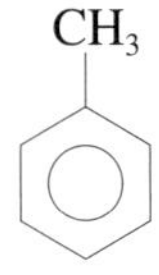
또는 $C_6H_5CH_3$

예를 들면, 화합물은 메틸벤젠이라고 불리며, 이것의 관용명은 톨루엔이다. 또 다른 예는 에틸벤젠이다.

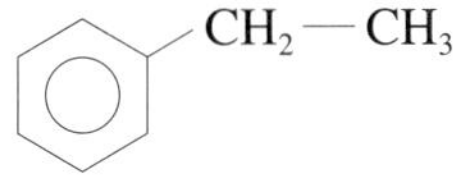
또는 $C_6H_5-CH_2-CH_3$

한 개 이상의 치환체가 고리에 붙어 있는 화합물에서 그들의 위치를 나타내는 데는 두 가지 방법이 있다. 하나는 고리를 이루고 있는 탄소 원자들에 대하여 처음 기와 결합한 탄소 원자로부터 시작하여 나머지 기들이 가장 작은 번호를 갖는 방향으로 1번부터 6번까지 번호를 붙인다. 예를 들어 다음의 화합물은 1.2 디메틸벤젠이라고 부른다.

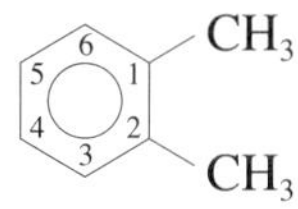

다음 화합물은 1.3 디메틸벤젠이라고 부른다.

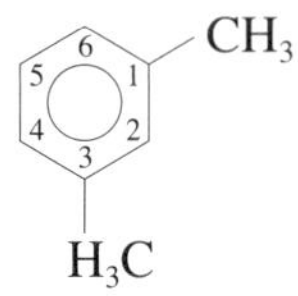

치환기의 위치가 번호보다는 이름으로 불릴 때 오르소(ortho), 메타(meta), 파라(para)라는 술어가 사용되고 어미화합물의 관용명이 일반적으로 사용된다. 오르소, 메타, 파라라는 술어는 처음 기의 위치를 1로 하였을 때 각각 2, 3 및 4의 위치를 표시한다. 예를 들면, 톨루엔에서 오르소, 메타, 파라의 위치는

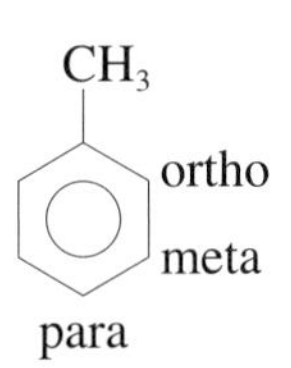

또는

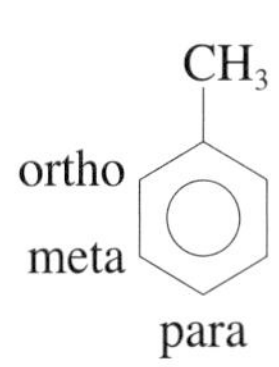

따라서 화합물

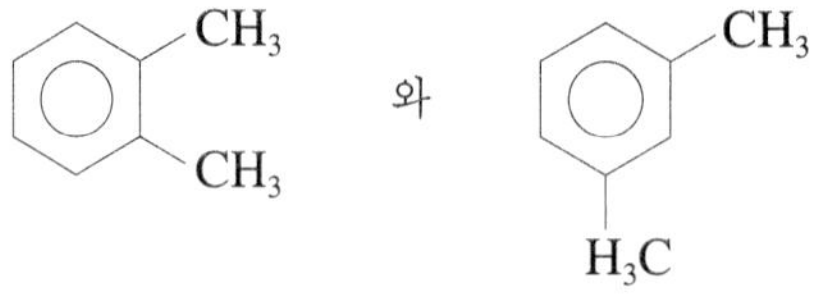

은 각각 오르소-메틸톨루엔, 메타-메틸톨루엔이라고 부른다. 이 화합물들도 각각 오르소 키실렌(xylene), 메타-키실렌(metaxylene)(또는 단순히 0-키실렌 m-키실렌)이란 관용명을 갖고 있다.

어느 정도 크고 더욱 복잡한 화합물에서는 벤젠기(C_5H_5-)를 결합된 기로서 생각하고 가장 긴 사슬을 모체로 생각하는 것이 쉬울 때가 있다. 이 경우에는 벤젠기를 페닐이라고 부르며, 알칸과 알켄에 대하여 사용된 것과 같은 규칙이 쓰인다. 예를 들면,

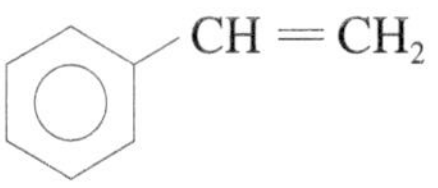

은 페닐에텐이라고 부른다.

이것은 스티렌이라는 관용명으로 더 잘 알려졌고, 이 장의 마지막 부분에서 다시 배우게 된다. 또 다른 예는 2개의 C_5H_5기를 지닌 1.2-디페닐에텐이 있다.

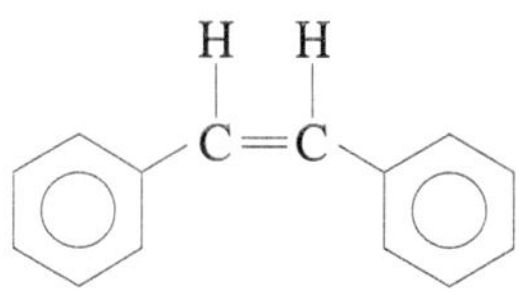

이 화합물은 시스 또는 트랜스 배치로서 존재할 수 있다는 점에 유의하여야 한다.

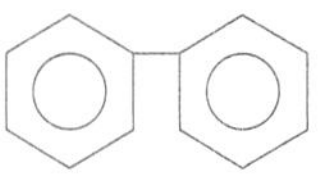

끝으로 이 화합물은 비페닐(biphenyl)이라고 부른다.

15-11 방향족 탄화수소 고리의 성질

방향족 탄화수소는 불포화탄화수소이지만 사슬 모양 화합물의 불포화탄

화수소에 비해 다른 화합물을 첨가시키는 성질이 약하다. 예를 들면, 에틸렌이나 프로필렌은 상온에서 쉽게 염소나 브롬이 첨가되지만 벤젠과 같은 방향족 탄화수소에는 쉽게 첨가되지 않는다.

그러나 방향족 탄화수소의 고리에 결합되어 있는 수소 원자는 할로겐 원자로 쉽게 치환된다. 예를 들어 염화철을 촉매로 해서 벤젠에 염소를 작용시키면 벤젠 고리의 수소 원자 1개가 염소원자 1개로 치환되어 클로로벤젠이 된다.

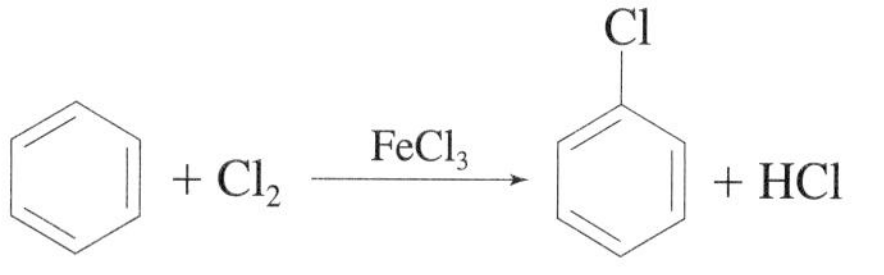

클로로벤젠(끓는점 132°C)

이와 같은 치환반응은 알칸의 수소 원자 1개가 자외선 하에서 할로겐 원자로 치환되는 반응과 비슷하다. 벤젠은 이 밖에도 여러 가지 치환반응을 한다.

예를 들어, 벤젠에 질산과 황산의 혼합물을 작용시켜 니트로벤젠 $C_6H_5-NO_2$ (끓는점 211°C)을 얻고, 벤젠에 발연 황산을 작용시켜 벤젠술폰산 $C_6H_5-SO_3H$을 얻을 수 있다.

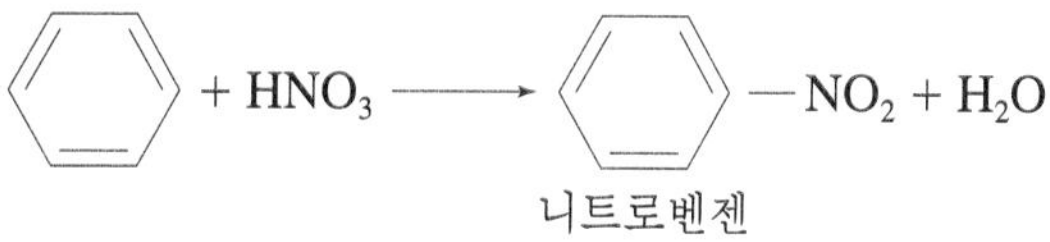

니트로벤젠

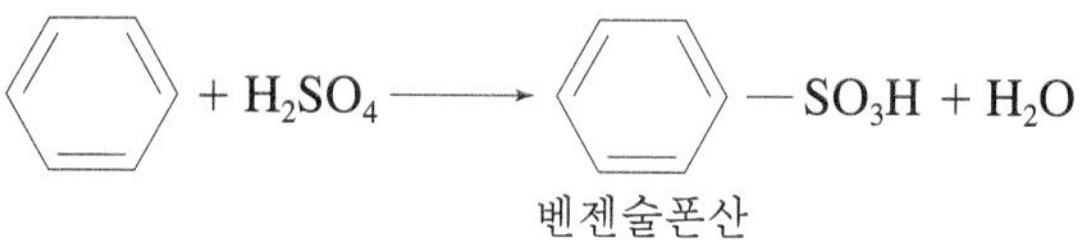

벤젠술폰산

이들은 화학공업제품을 만드는 중요한 중간체들이다.

벤젠은 주로 치환반응을 일으키지만 적당한 조건 하에서는 첨가반응도 일으킨다. 예를 들면, 벤젠에 니켈을 촉매로 하여 180°C 정도에서 수소를 통과시키면 첨가반응이 일어나서 시클로헥산 C_6H_{12}이 된다.

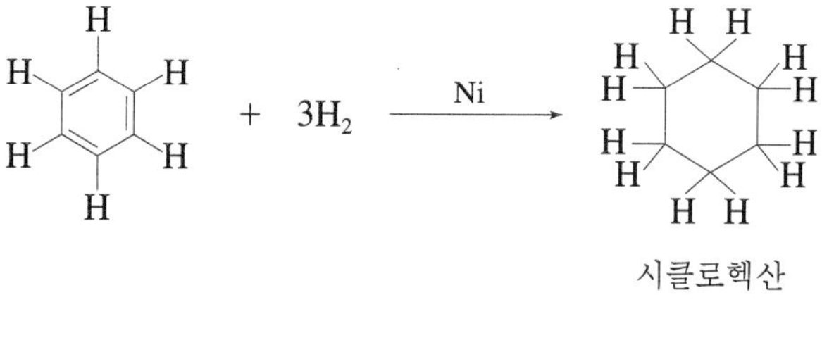

시클로헥산

그리고 자외선 하에서 벤젠에 염소를 작용시키면 벤젠헥사클로라이드 $C_6H_6Cl_6$(BHC)가 얻어지는데, 이것의 제조장치를 그림 15-18에 나타내었다.

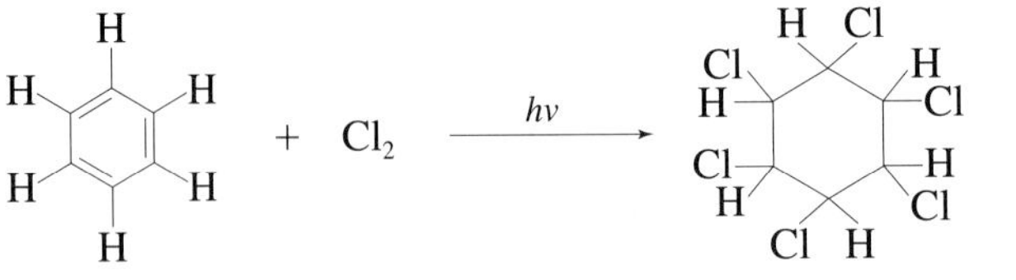

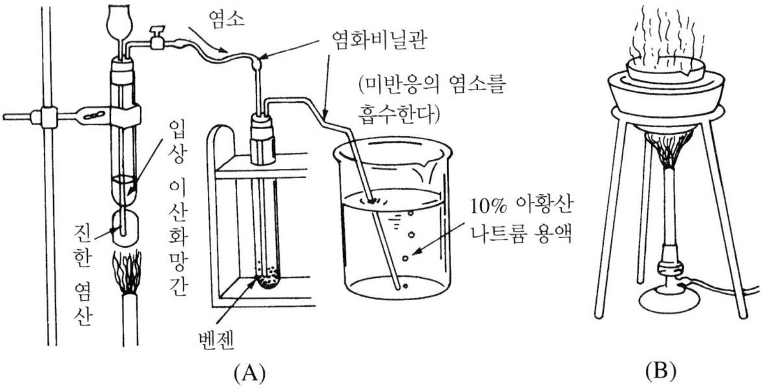

(A) 직사광선을 받을 수 있도록 장치하여 염소가스를 20분 이상 통과시킨다.
(B) 시험관의 내용물을 증발접시에 옮기고, 중탕냄비로 가열하여 벤젠을 증발시키면 B.H.C만 남는다.

그림 15-18 BHC의 제조장치

15-12 각종 방향족 화합물

1. 방향족 카르복실산

방향족 고리의 수소 원자 대신에 카르복실기가 결합된 화합물로서 벤조산 또는 안식향산 C_6H_5COOH이 대표적인 화합물이다.

벤조산은 톨루엔을 과망간산칼륨 수용액과 끓여서 생성된 이산화망간을 여과하고 여액에 묽은 염산을 가하여 산성이 되도록 해주면 생성된다.

$$C_6H_5CH_3 + 2KMnO_4 \longrightarrow C_6H_5COOK + KOH + H_2O + 2MnO_2$$
$$C_6H_5COOK + HCI \longrightarrow C_6H_5COOK + KCI$$

벤조산은 무색의 결정(녹는점 122°C)으로서 찬물에는 녹지 않으나 더운 물에는 녹으며, 방부제로 사용된다.

2. 페놀류(phenols)

방향족 고리의 수소 원자 대신에 수산기가 결합된 화합물을 일반적으로 페놀류 화합물이라고 한다.

페놀류는 알칼기에 수산기가 붙은 알코올과는 성질이 다르다. 페놀류는 수산기가 전리하여 수소 이온을 생성하므로 산성을 나타낸다.

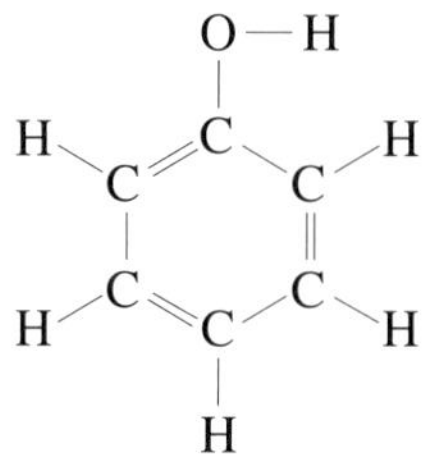

페놀의 구조식

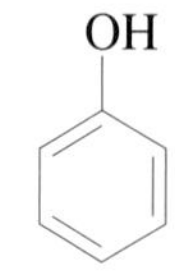

간략해서 나타낸 모양

페놀류에 염화제이철 수용액을 가하면 각각 특유한 색깔을 나타내는 정색반응을 일으키는데, 이것은 페놀류를 검출하는 데에 이용된다. 그러나 알킬기에 수산기가 결합된 알코올은 용액에 의해 변색되지 않는다. 페놀류의 대표적인 화합물은 페놀이며, 이를 석탄산이라고도 한다.

(1) 페놀(C_6H_5OH)

특유한 냄새가 있는 무색의 결정(녹는점 41°C, 끓는점 182°C)으로 독성이 있다. 페놀은 콜타르의 유분에서 직접 얻거나 또는 벤젠으로부터 합성하여 얻는다. 예를 들면, 벤젠을 벤젠술폰산염으로 만든 다음에 이를 수산화나트륨과 함께 녹여 페놀의 알칼리염인 나트륨페놀라이트를 만들고, 여기에 산을 가해서 페놀을 유리시킨다.

페놀은 포르말린과 반응시켜 페놀 수지를 만들거나 염료 · 의약품 · 폭약 등의 원료로, 또 1~3% 수용액은 살균이나 소독에 사용된다.

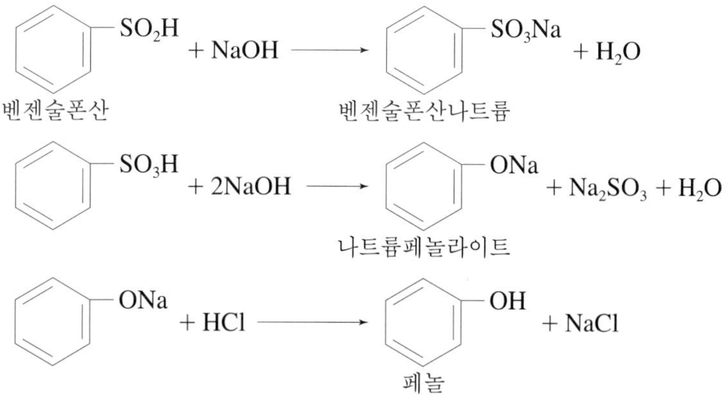

(2) 크레졸($C_6H_4(CH_3)(OH)$)

벤젠 고리의 수소 원자 2개를 메틸기와 수산기로 치환시킨 구조를 갖는 화합물로서 3종류의 이성질체가 있다.

크레졸은 페놀과 비슷한 성질을 가지며, 물에는 잘 녹지 않으나 비눗물로 유화시켜 살균 소독제로 사용한다.

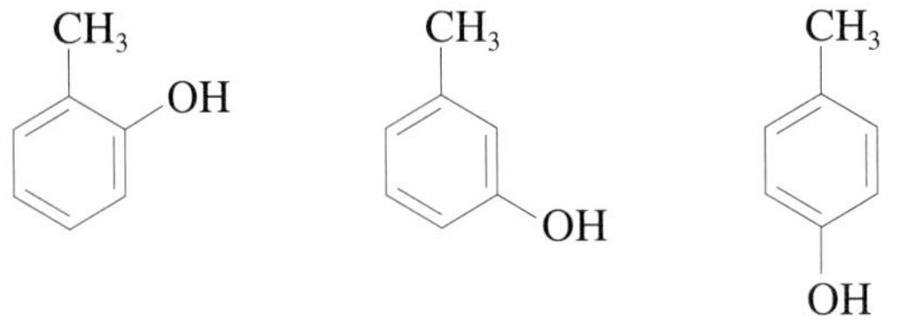

o-크레졸	m-크레졸	p-크레졸
녹는점 (32°C)	녹는점 (11°C)	녹는점 (36.5°C)
끓는점 (191°C)	끓는점 (202°C)	끓는점 (203°C)

(3) 살리실산($C_6H_4(OH)COOH$)

벤젠 고리의 수소 원자 2개를 수산기와 카르복실기로 치환시킨 화합물로서 페놀의 성질과 카르복실산의 성질을 모두 가지고 있다. 나트륨페놀라이트에 탄산가스를 작용시키면 살리실산나트륨이 만들어지는데, 이것을 산으로 분해시켜 살리실산을 얻는다.

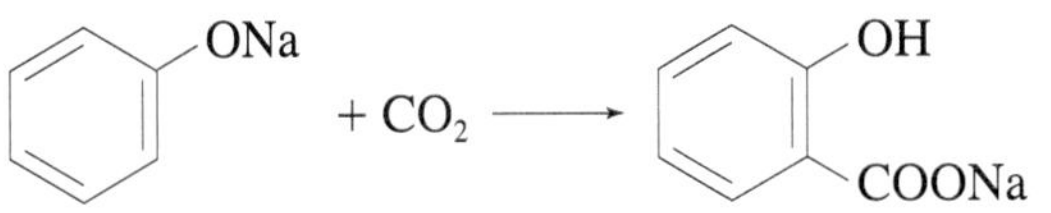

살리실산나트륨

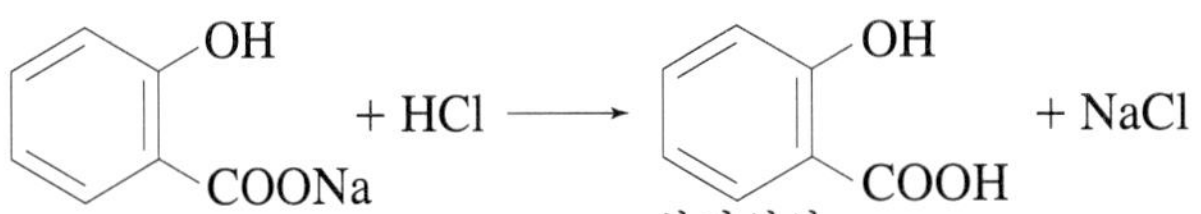

살리실산

살리실산은 무색의 바늘모양 결정(녹는점 155°C)으로 찬물에는 잘 녹지 않으나, 더운물이나 알코올에는 잘 용해된다. 그리고 방부제로 많이 사용되며, 아스피린과 같은 의약품의 제조원료로도 사용한다.

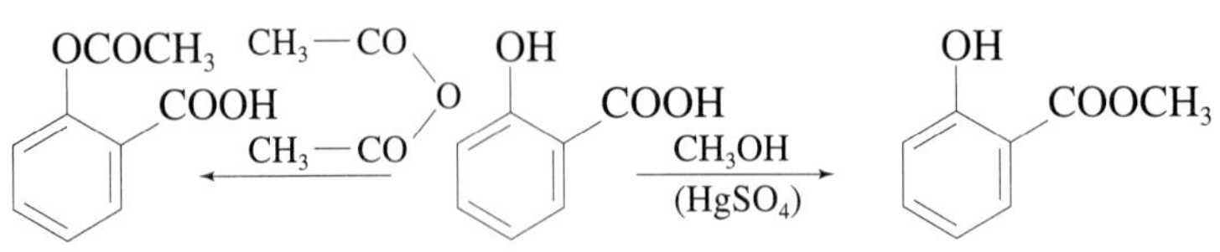

아세틸살리실산(아스피린) (녹는점 136°C) 살리실산 살리실산메틸 (녹는점 8.6°C)

3. 방향족 니트로 화합물과 아민

질소도 산소와 마찬가지로 탄소화합물을 만드는 중요한 원소이다. 천연으로 얻어지는 화합물 중 아미노산과 같은 것은 질소를 함유한 유기화합물에 해당한다. 질소를 함유한 대표적인 원자단으로는 니트로기 $-NO_2$와 아미노기 $-NH_2$가 있는데, 탄소에 니트로기가 결합된 화합물을 니트로 화합물(nitro compound)이라고 하며, 아미노기가 결합된 화합물을 아민(amine)이라고 한다.

니트로기와 아미노기는 질소원자가 산화 또는 환원된 상태에 있는 것으로, 탄화수소 R－에 결합된 니트로기와 아미노기와의 상호관계는 다음과 같다.

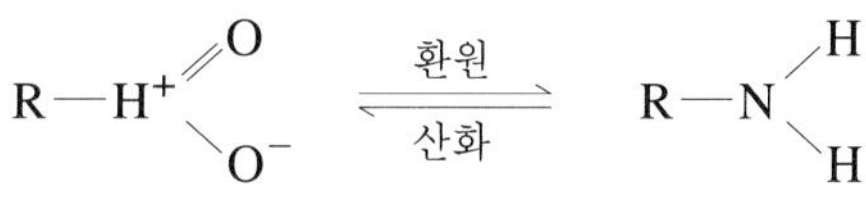

(1) 니트로 화합물

벤젠에 진한 질산과 진한 황산의 혼합물을 50~60°C에서 작용시켜 니트로벤젠을 얻는다. 니트로벤젠은 물에 녹지 않는 엷은 노란색의 액체이며, 물보다 무겁다. 그리고 아닐린 제조의 원료로 쓰이거나 용매로 사용된다.

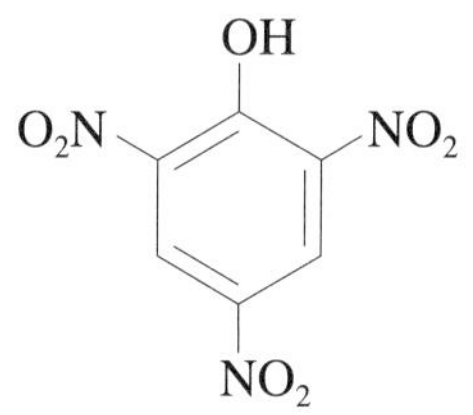

피크린산

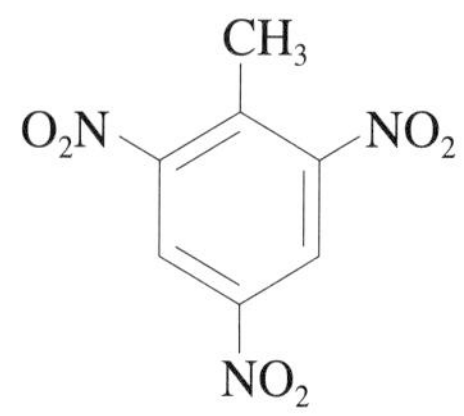

트리니트로 톨루엔

페놀이나 톨루엔에 진한 질산과 황산의 혼합물을 작용시키면, 각각에서 피크린산과 트리니트로톨루엔(T.N.T)이 얻어지는데, 이들은 모두 중요한 화약들이다.

(2) 아닐린($C_6H_5NH_2$)

니트로벤젠을 수소로 환원시키면, 방향족 아민 화합물인 아닐린이 얻어진다.

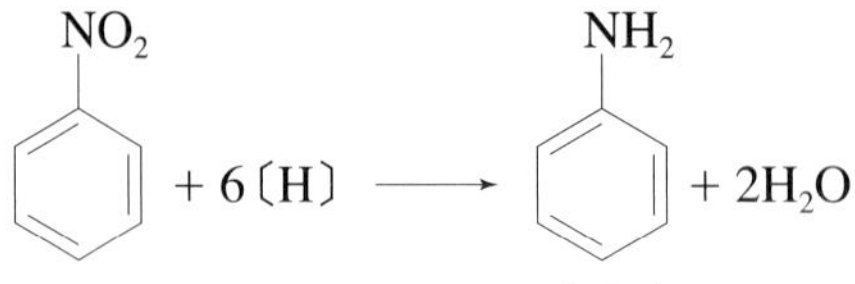

아닐린

아닐린은 독특한 냄새를 갖는 무색의 액체(끓는점 185°C)이지만 공기 중에 방치하면 산화되어 적갈색으로 변한다.

아닐린의 분자 속에 있는 아미노기는 약한 염기성을 가지므로 물에는 녹지 않으나 산과 작용하면 염이 되어서 녹는다.

$$C_6H_5NH_2 + HCl \longrightarrow [C_6H_5 \cdot NH_3]^+Cl^-$$

아닐린에 표백분의 수용액을 가하면 산화되어 붉은 보라색이 되며, 중크롬산의 황산용액으로 급격히 산화시키면 검은 침전이 된다. 이것을 아닐린 블랙(aniline black)이라고 하며, 목면 등의 염색에 이용된다. 그리고 빙초산을 가하고 가열하면, 아닐린과 에탄산 분자로부터 물 1분자가 떨어져 나가면서 아세트아닐리드(녹는점 115°C)가 된다.

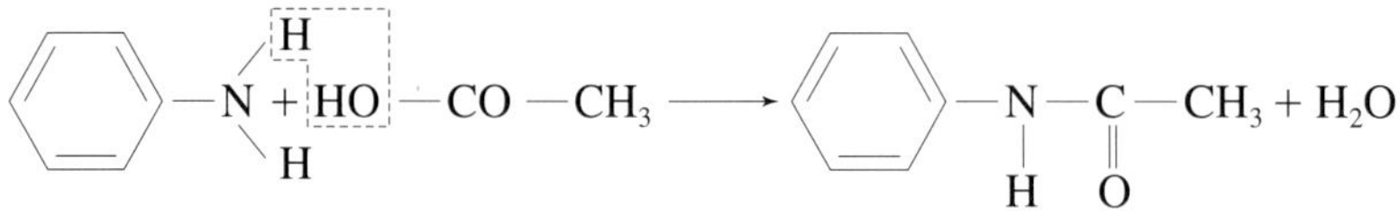

아세트아닐리드를 안티페브린이라고도 하며, 이는 해열작용이 있다.

(3) 방향족 디아조늄염 화합물

방향족 아민은 산성용액에서 아질산과 반응하여 디아조늄염(diazonium salt)을 생성한다. 이 과정을 디아조화 반응(diazotization)이라고 한다. 예를 들면, 아닐린은 아질산 및 염산과 0°C에서 반응하여 염화벤젠디아조늄의 용액을 생성한다.

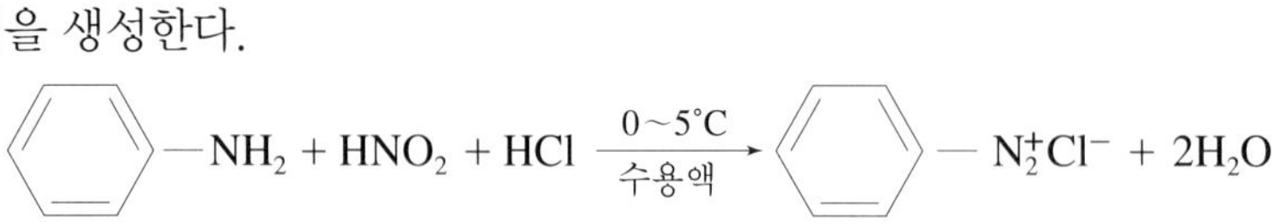

벤젠디아조늄클로라이드

15-13 염 료

옛날에는 식물의 뿌리나 잎 등에서 얻은 색소나 동물에서 얻은 색소를 사용하여 옷감에 물을 들였지만, 화학이 발달된 오늘날에는 동식물에서 얻던 알리자린이나 인디고와 같은 천연염료의 화학적 조성을 밝혀 이들 조성에 따라 인공적으로 합성하여 사용하고 있다.

1856년 영국의 퍼킨(perkin, W.H ; 1838~1907)은 콜타르에서 얻어진 아닐린을 산화시켜 모오브(mauvein)라는 최초의 합성염료를 만들었다. 그 후 콜타르 유분으로부터 얻어지는 벤젠, 나프탈렌, 안트라센들을 원료로 하여 여러 가지 염료가 합성되고 있다. 식물의 잎에서 추출한 천연염료로서 옛날부터 사용되었던 알리자린과 인디고의 구조는 다음과 같다.

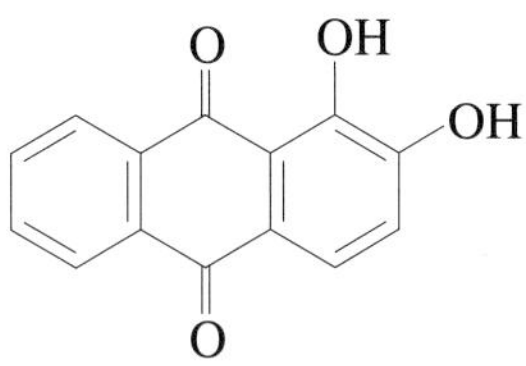

알리자린

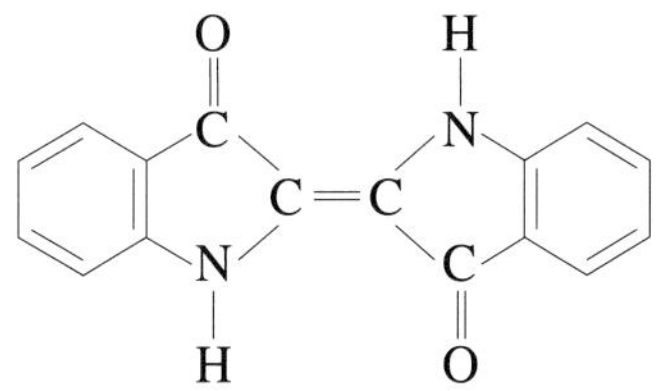

인디고

1. 염료의 색과 화학구조

유기화합물은 가시광선 중의 일정한 파장의 빛을 흡수하고 나머지 부분을 반사함으로써 우리들에게 어떤 색깔로 느껴지게 되는데, 이처럼 흡수한 파장에 대해서 느껴지는 색을 여색(complementary colour)이라고 한다.

유기화합물이 특정한 파장의 빛을 흡수하여 색깔을 나타내기 위해서는 그 분자 중에 색깔에 직접 원인이 되는 특정한 원자단을 포함하고 있어야 하는데, 이것을 발색단(chromophore group)이라고 한다.

또한, 방향족 탄화수소의 고리에 발색단이 결합된 화합물을 색원체라고 하며, 이를 염료로 사용하기 위해서는 색깔을 짙게 해주고, 섬유에 대해 친화성을 줄 수 있는 원자단을 색원체에 붙여 주어야 하는데, 이러한 원자단을 조색단(auxochromous group)이라고 한다.

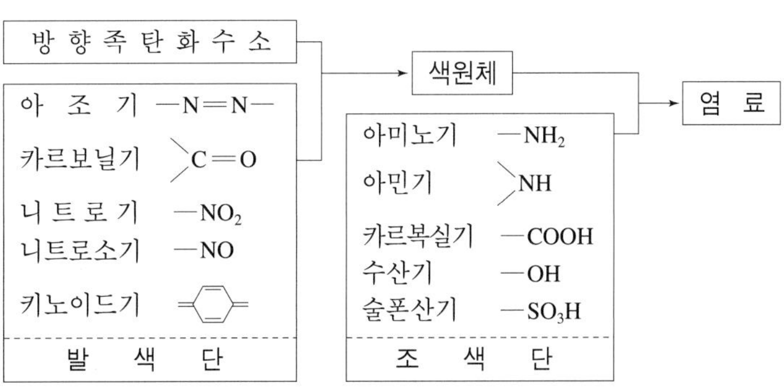

2. 염료의 종류

염료는 사용방법이나 구조상의 특징에 따라 여러 가지로 분류된다.

(1) 산성 염료

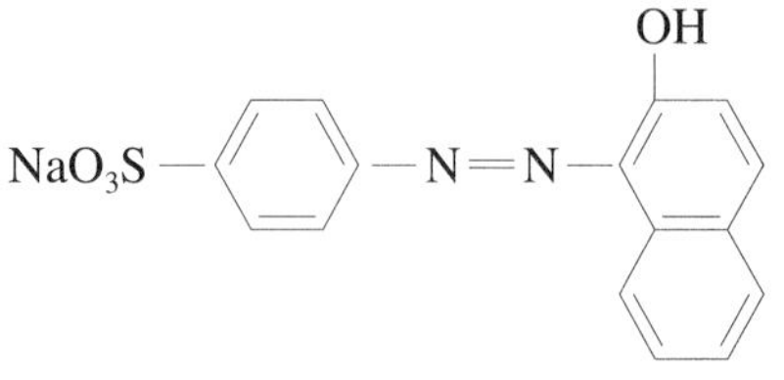

오렌지 II

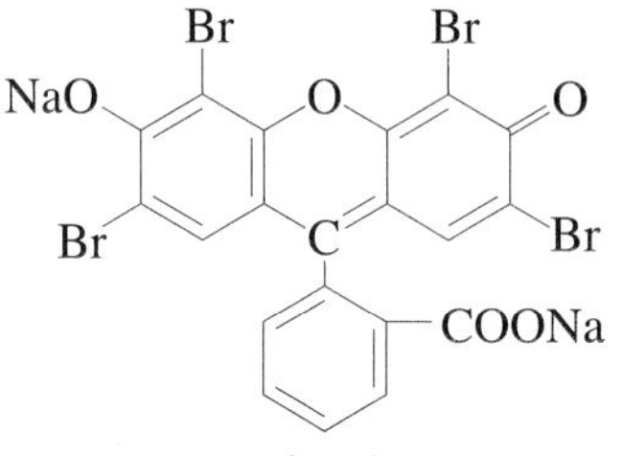

에오신

염료분자 중에 카르복실기 $-COOH$ 또는 술폰산기 $-SO_3H$나 이들의 나트륨염과 같은 산성 원자단을 갖는 화합물을 산성 염료(acidic dye)라고 한다. 산성용액에서 명주와 털과 같은 동물성 섬유를 직접 염색시킬 수 있지만, 셀룰로오스 섬유에는 염색이 잘 되지 않는다. 대표적인 염료로는 오렌지 II이나 에오신과 같은 것이 있다.

(2) 염기성 염료

염료분자 중 아미노기 $-NH_2$나 이와 유사한 염기성의 원자단을 갖는 염료를 염기성 염료(basic dye)라고 한다. 중성이나 약한 알칼리성에서 양모나 털 등의 동물성 섬유를 직접 염색할 수 있는 염료로서 아닐린 옐로나 말라키드 등이 있다.

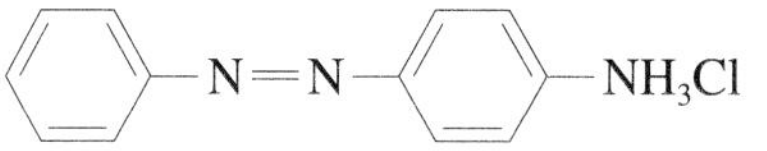

아닐린 옐로

(3) 직접 염료

물에 녹아서 광목이나 레이온과 같은 셀룰로오스 섬유나 동물성 섬유에 직접 염색할 수 있는 염료를 직접 염료(direct dye)라고 하며, 콩고레드와 같은 것이 이것이다.

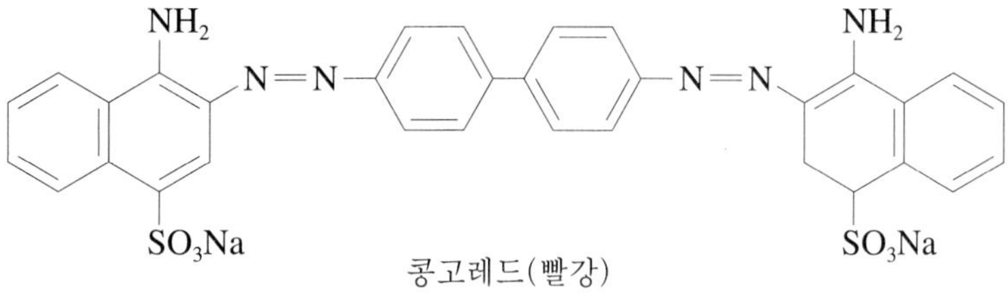

콩고레드(빨강)

(4) 매염 염료

섬유를 크롬 · 철 · 알루미늄과 같은 매염제에 끓인 뒤, 금속염으로 매염된 섬유에 염료를 결합시키면, 염료가 금속이온과 결합하여 물에 녹지 않는 착염을 섬유상에 형성하게 된다. 이와 같은 염료를 매염 염료(mordant dye)라고 한다.

매염 염료의 대표적인 것이 알리자린 염료인데, 알리자린 자체는 붉은색이지만 그의 크롬염은 갈색이고, 철염은 보라색이며, 알루미늄염은 붉은색이다.

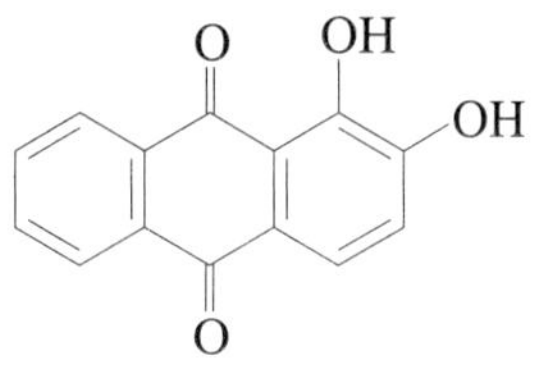

알리자린

(5) 배트 염료

카르보닐기 $>C=O$를 가진 염료로서, 물에는 녹지 않지만 $Na_2S_2O_4$ 등으로 환원시키면 물에 녹게 되고, 이 액에서 염색시킨 다음 건조시키면 공기로 산화되어 불용성 염료가 재생된다. 이와 같은 염료를 배트 염료(vat dye)라고 하며, 광목, 털, 레이온 등을 모두 염색시킬 수 있다. 이 염료를 사용한 염색물은 색깔이 곱고 잘 퇴색되지 않는다.

그 대표적인 것으로는 인디고 등이 있으며, 산화 · 환원상태를 나타내면 다음과 같다.

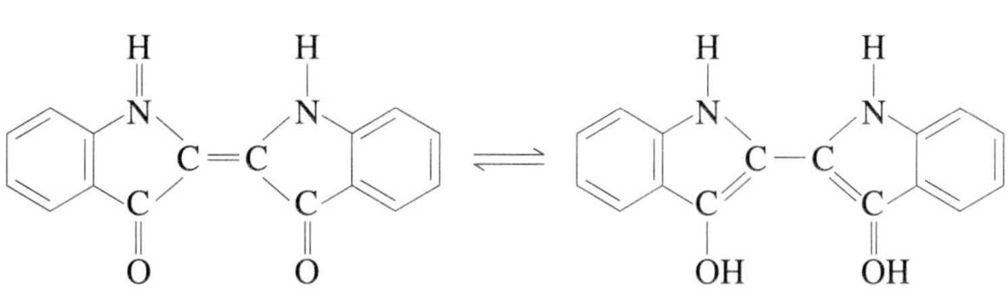

인디고의 산화상태   인디고의 환원상태

(6) 황화 염료

방향족 아민류나 페놀류를 황 및 황화나트륨과 가열하여 만든다. 이 염료는 물에 녹지 않지만, 황화나트륨에 의하여 환원되어서 가용성이 되므로, 이 액에서 염색하고 건조하면 공기로 산화되어 불용성 염료가 재생된다. 이와 같은 염료를 황화 염료(sulphit dye)라고 한다. 이 용액은 센 알칼리성을 띠므로 광목 등의 염색에 많이 사용되며, 색은 검은색이 가장 많다.

(7) 반응성 염료

섬유상에 공유결합으로 염료분자를 결합시킬 수 있는 염료를 반응성 염료(reactive dye)라고 하며, 셀룰로오스 · 동물성 섬유 · 화학 섬유 등의 염색에 사용된다. 반응성 염료를 사용하여 얻은 염색물은 직접 염료를 사용한 것과는 달리 염료와 섬유 사이의 공유결합에 의하여 센 결합이 형성되어 있으므로 물로 씻어도 잘 빠지지 않는다.

15-14 의약품

옛날에는 동물이나 식물에서 얻은 물질을 의약으로 사용하였으나, 화학의 발달과 더불어 이들 물질의 화학적인 구조가 밝혀지면서 오늘날에는 많은 의약품들이 만들어져서 사용되고 있다. 이들 의약품의 대부분이 방향족 고리 모양을 갖는 화합물이다.

이 의약품들 가운데 일부는 병의 원인이 되는 미생물에 직접 작용하지 않고 열을 내리게 해 주거나 통증을 제거하여 병에 대한 저항력을 키워 준다. 이와 같은 작용을 하는 의약품을 대증요법제라고 하며, 다음과 같은 것을 예로 들 수 있다.

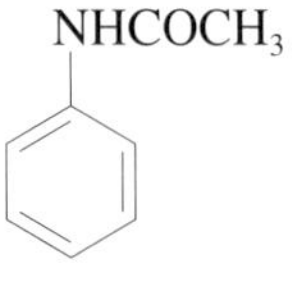

아세트아닐리드
(안티페브린)

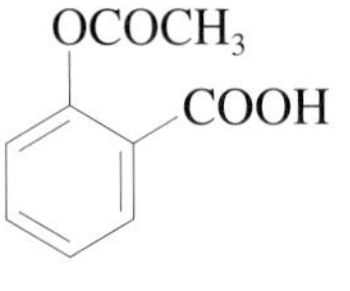

아세틸살리실산
(아스피린)

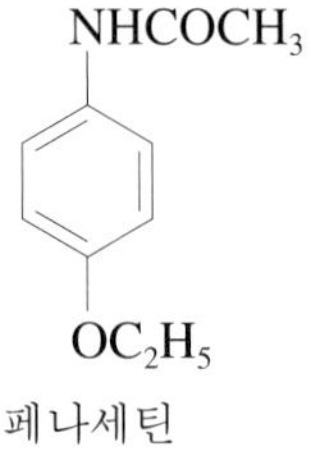

페나세틴

이와 같은 대증요법제와는 달리 몸 속의 병균을 선택적으로 죽이거나 번식을 억제시키는 의약품이 있는데, 이를 화학요법제라고 한다. 화학요법의 기초를 확립한 사람은 독일의 화학자 에를리히(Ehrlich, p.; 1854~1915)이며, 그가 발견한 살바르산(606호)은 매독 치료의 특효약으로 지금까지 사용되고 있다.

그 후 포도상균이나 폐렴균들에 대해 효과가 큰 술파민제가 만들어졌는데, 그 기본이 되는 화합물은 술파닐아민이다. 화합물에 있는 $-SO_2NH_2$기의 수소 원자를 여러 가지 원자단으로 치환시켜 만드는 술파민제의 몇 가지 중요한 예를 들면 다음과 같다.

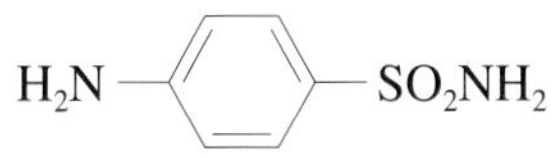

술파닐아민(술파민)

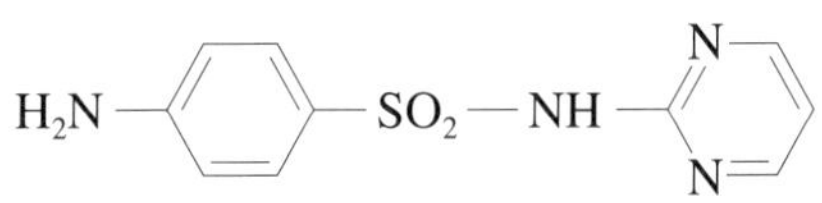

술파다이아진

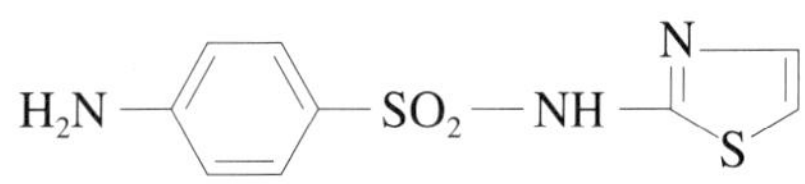

술파다이아졸

미생물의 세계에는 한 미생물에서 분비되는 물질에 의해 다른 종류의 미생물의 번식을 억제하는 작용을 하는 경우가 있는데, 이와 같은 물질을 항생물질(antibiotic)이라고 한다. 현재까지 알려진 항생물질은 수백 종류가 되지만, 독성 · 불안정성 · 작용력의 미약 등의 원인 때문에 공업적으로 만들어지는 것은 몇 종류에 불과하다.

공업적으로 제조되는 항생물질로는 1926년에 영국의 세균학자 플레밍(Fleming, S.A. ; 1881~1955)이 푸른곰팡이에서 분비되는 물질 가운데서 페니실린을 발견하여 사용된 이래, 스트렙토마이신 · 오레오마이신 · 테라마이신 등이 만들어져서 사용되고 있다.

15-15 농 약

1. 살충제

농업에 사용되는 농약에는 살충제와 살균제 및 제초제들이 있다. 과거에는 이들 농약으로 독성이 센 무기화합물들을 사용하였으나, 오늘날에는 합성 유기화합물이 대부분 사용되고 있다. 이들의 구조 대부분은 방향족 고리화합물의 유도체들이다.

살충제로는 황 · 비소 화합물인 비산납 $PbHAsO_4$ · 비산칼슘 $Ca_3(AsO_4)_2$ 들이 사용되거나, 수은의 무기화합물과 담배에 함유되어 있는 니코틴 및 제충국 등 자연에서 생산되는 화합물들이 그대로 이용되기도 하였다. 그러나 화학의 발달로 인해 D.D.T., B.H.C., 파라티온들과 같은 유기합성 농약이 공업적으로 만들어져 사용되고 있다.

이 농약들은 벌레의 몸에 닿으면 벌레의 신경조직에 침투하여 벌레를 죽이게 되는데, 사람에게도 독의 영향력이 크므로 D.D.T.나 B.H.C. 와 같은 살충제는 사용을 금지하는 나라가 많다.

2. 살균제

농작물이나 씨앗에 번식하는 미생물을 살균하는 데 사용된다. 예를 들어 나무의 방부제로는 구리염과 오염화페닐 및 타르들을 사용하고, 씨앗에는 유기 수은 화합물인 페닐에탄수은염 —Hg—$OOCCH_3$ 을 사용한다.

3. 제초제

식물에 선택적으로 작용하여 무가치적인 잡초를 죽이는 농약으로서, 염소산나트륨 $NaClO_3$이 사용되었으나 가장 강력한 것은 2.4－D이다. 페놀로부터 만들어지는 2.4－D는 무색의 결정으로, 2.4－디클로로페녹시아세트산(2, 4－Dichlorophenoxyacetic acid)의 첫 글자를 따서 붙인 이름이다.

15-16 식 품

1. 단백질(protein)

단백질은 동물과 식물의 세포원형질을 구성하는 주성분으로 세포는 물 이외의 성분이 대부분 단백질로 구성되어 있다. 식물에서는 종자 중에 많이 함유되어 있고, 동물에서는 근육 · 장기 · 혈액 · 기타의 부분에 많이 함유되어 있다.

단백질은 외부에서의 항원에 대해서는 항체로서 작용하고, 혈액 중에서는 산소를 운반하는 역할을 하며, 또 염색체 구성재료의 일부인데 생물의 형태와 조절 및 증식을 지배한다. 생물의 생명에 직접 관계가 있는 중요한 물질이다.

(1) 단백질의 조성과 종류

단백질의 조성은 종류에 따라 다르지만 꼭 질소를 함유하며, 그 원소의 조성은 일반적으로 C(50~55%), H(6~7%), O(19~30%), N(15~16%), S(0~25%)이다. 그 밖에 P, I, Fe, Cu 등을 미량 함유하고 있다.

단백질의 구조는 아직 잘 판명되어 있지 않은 것이 많고, 그 종류를 구조로 분류하는 것이 어렵기 때문에 물에 대한 용해성이나 가수분해 생성물 등에 따라 단순단백질과 복합단백질로 대별된다.

① **단순단백질** : 가수분해에 의해 아미노산만을 생기게 하는 것으로 알부민(alblumin), 글로불린(globulin), 글로테린(glutelin), 프롤라민(prolamin)등이 있다.

② **복합단백질** : 가수분해에 의해 아미노산과 그것 이외의 것을 생기게 하는 것으로 인단백질(phosphorprotein), 색소단백질(chromoprotein), 당단백질(glucoprotein) 등이 있다. 또, 단백질을 분자의 형상에서 분류하면 입상단백질과 선상단백질로 나눌 수 있다. 전자에 예로서 알부민이나 글로불린 등이 있고 후자의 예로서 케라틴, 피브로인 등을 들 수 있다.

(2) 단백질의 성질

단백질의 종류는 많고 성질도 여러 가지이지만 비교적 공통된 성질을 살펴보면 다음과 같다.

① 분해하지 않고 휘발하는 것은 없다.

② 가용성 단백질은 콜로이드의 성질을 가지고 알코올과 에테르에 녹지 않는다.

③ 양성 물질이므로 산 · 염기의 성질을 갖고 있다.

④ 침전반응, 응고반응, 정색반응을 일으키는 것이 많다.

⑤ 가수분해하면 L형의 α-아미노산을 만든다.

(3) 단백질의 반응

① 침전반응

단백질은 수은 · 은 · 구리 · 납 등의 열용액, 피크린산, 탄닌산에 의해 침전한다.

② 응고반응

단백질은 일정온도로 가열하면 응고한다. 이 반응은 비가역 반응이지만 단백질의 이와 같은 변화를 변성이라고 하며 산 · 염기 등에 의해서도 단백질은 응고한다.

③ 정색반응

- 크산토프로테인(Xanthoprotein) 반응 : 단백질에 진한 질산을 가하고 끓이면 황색이 되고 냉각한 후 암모니아로서 알칼리성으로 하면 등황색이 된다. Tyrosine, Tryptophane등의 벤젠 고리를 갖는 아미노산을 함유하는 단백질이 이 반응을 나타낸다.
- 뷰렛(Biuret) 반응 : 단백질에 수산화나트륨 용액이나 황산구리 용액을 차례로 조금 넣으면 적자색이 된다. 이것은 펩티드 결합(−CO · NH−)의 반응이다.
- 밀론(Millon) 반응 : 질산수은(II) 용액을 단백질에 가하면 백색 침전을 일으키고 끓이면 적색으로 변하는데, 이 반응은 Tyrosine의 존재를 나타낸다.
- 닌히드린(Ninhydrin) 반응 : 단백질 용액에 닌히드린 용액을 떨어뜨려서 끓이면 자청색이 된다. 이것은 아미노산과 닌히드린과의 축합생성물의 색이라고 생각된다.
- 유황반응 : 수산화나트륨 용액을 가해서 가열하고, 소량의 초산납 용액을 가해서 계속 끓이면 갈색 내지 흑색이 되는데, 이것은 시스틴(cytine)처럼 유황을 갖는 아미노산이 함유되어 있을 때에 일어난다.

(4) 주된 단백질의 소재와 성질

① 알부민(albumin)

달걀흰자 · 젖 · 혈청 · 육류에 존재한다. 물 · 염류용액 · 산 · 알칼리에 녹는다.

② 글로불린(globulin)

달걀노른자 · 근육 · 혈액 · 콩 등에 함유된다. 물에 녹지 않고 연한 알칼리 수용액 · 염산에 녹는다.

③ 케라틴(Keratin)

물에 불용성의 동물성 단백질로서 염류용액 · 알코올에 불용이며 모발 · 깃털 · 뿔 · 손톱에 존재한다.

④ 콜라겐(collagen)

물에 불용이지만 오래동안 물과 함께 끓이면 녹는다. 그 용액을 냉각하면 아교상으로 굳어진다. 연골 등의 결체 조직이다.

⑤ 핵단백질(nucleoprotein)

세포핵의 염색체를 구성하고 기타 세포질에 함유하며, 유전이나 단백질의 합성에 직접 관계있는 중요한 물질이므로 단백질과 핵산이 결합한다.

⑥ 색소단백질(chromoprotein)

단백질에 색소가 결합한 것이고 적혈구 등에 있는 헤모글로빈은 그 예이다. 헤모글로빈은 단백질의 글로빈과 헴이라고 하는 철을 함유한 색소가 결합한 것이고 산소를 각 조직에 운반하는 역할을 한다.

⑦ 당단백질(glycoprotein)

단백질에 당이 결합한 것이고 연골 · 달걀흰자 등에 함유되어 있다.

⑧ 인단백질(phosphoprotein)

우유 단백질인 카제인은 이에 속하고 단백질에 인산이 결합한 것이다.

표 15-8 단백질의 가수분해로 얻을 수 있는 아미노산

(*은 필수아미노산)

명 칭	구 조 식	특 징
Glycine	$CH_2(NH_2)\cdot COOH$	• 중성이고 가장 간단한 아미노산
*Leucine	$(CH_3)_2CH\cdot CH_2\cdot CH(NH_2)\cdot COOH$	• 중성이고 좌선성
*Teonine	$CH_3\cdot CH(OH)\cdot CH(NH_2)\cdot COOH$	• 중성이고 좌선성
Grutamic acid	$HOOC\cdot CH_2\cdot CH_2\cdot CH(NH_2)\cdot COOH$	• 산성이고 우선성, 모노나트륨염은 조미료로서 사용한다.
*Methionine	$CH_3\cdot S\cdot CH_2\cdot CH_2CH(NH_2)\cdot COOH$	• 중성이고 좌선성, 유황을 함유하는 아미노산
*Lysine	$H_2N\cdot CH_2\cdot CH_2\cdot CH_2\cdot CH_2CH(NH_2)\cdot COOH$	• 산염기성이고 우선성
Cystine	$HOOC\cdot CH(NH_2)\cdot CH_2\cdot S\cdot S\cdot CH_2CH(NH_2)\cdot COOH$	• 중성이고 좌선성, 모발 · 양모 등에 함유
Tyrosine		• 중성이고 좌선성
Thyroxine	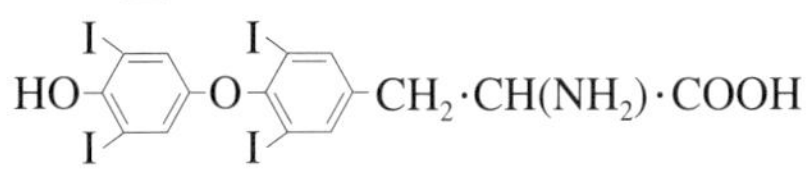	• 중성이고 좌선성, 갑상선 호르몬
Histidine	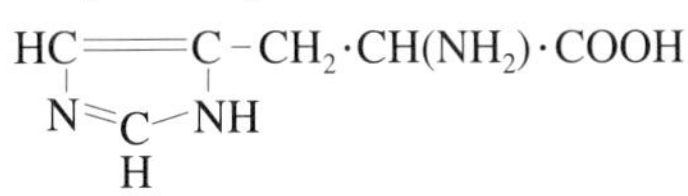	• 중성이고 좌선성
*Tryptophane	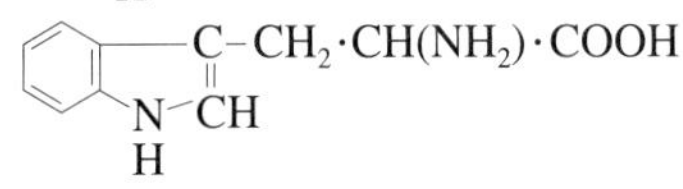	• 중성이고 좌선성

(5) 필수 아미노산

사람은 섭취한 식물 및 동물성 단백질을 아미노산으로서 흡수하고, 이것을 사용해서 인체 고유의 단백질을 체내에서 합성한다. 생존하는 데에 꼭 필요하지만 체내에서 합성할 수 없는 아미노산을 필수 아미노산이라 한다.

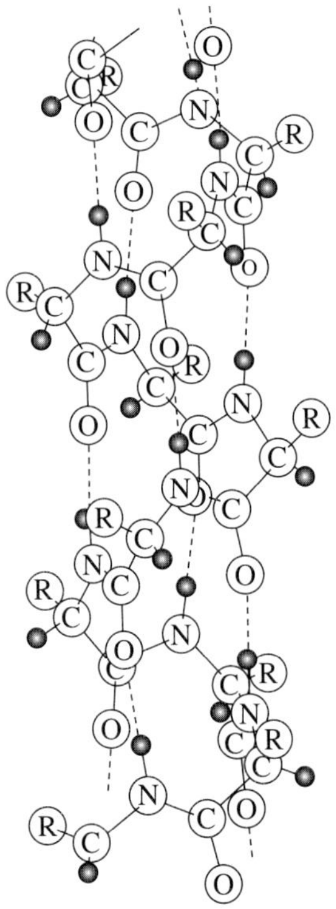

그림 15-19 단백질의 구조

필수 아미노산으로서는 Lysine, Leucine, isoleucine, Valine, Threonine, Tryptophane, Methionine, Phenyl alanine 등이 알려져 있다.

하나의 단백질은 모든 아미노산을 함유하고 있는 것이 아니라 종류에 따라서는 필수 아미노산이 극히 조금밖에 함유되어 있지 않은 것이 있다. 따라서 단백질의 영양가는 구성하는 아미노산의 종류와 함유량에 따라 지배된다.

일반적으로 식물성 단백질은 필수 아미노산이 적고, 동물성 단백질 쪽이 우수하다(표 15-8).

(6) 펩티드 결합(peptide bond)

아미노산은 펩티드 결합으로 서로 연결되어 단백질을 만들고 있다. 이 펩티드 결합은 다수의 아미노산을 서로 잇는 축합을 계속해 가면 폴리펩티드를 생성한다.

단백질은 이 폴리펩티드를 기본으로 한 것으로서 그림 15-19에 L.Pauling과 R.Corey에 의해 제안된 단백질의 모형을 표시했다.

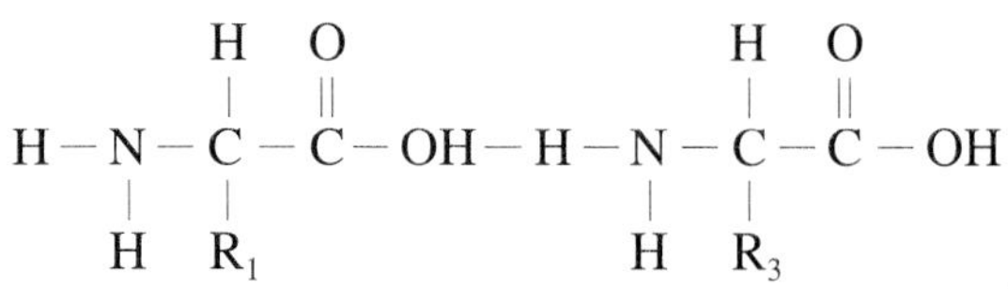

아미노산　　　아미노산

펩티드 결합
(peptide bond)

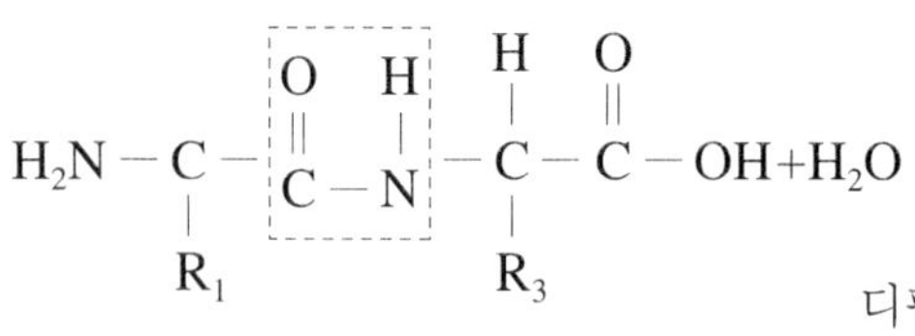

디펩티드 (dipeptide)

> [예제 15-1] 필수아미노산에 대해서 아는 것을 기술해 보라.
> 각 단백질의 독자적 성질이 나타나는 것은 무엇에 기인되는가를 생각해 보라.

2. 효소와 핵산

(1) 효소(enzyme)

전분이나 단백질 등의 가수분해를 하려면 진한 광산(鑛酸)을 가한 후 고온으로 하여 장시간을 필요로 한다. 그러나 생체 내에서는 용이하게 가수분해가 행해지는데 이것은 생체 내에서 생기는 효소가 촉매로 되어서 화학반응이 일어나기 때문이다.

일반적으로 생체 내에서 만들어지는 물질로서 특수한 촉매작용으로 행하는 것을 총칭해서 '효소' 라고 부르고 있다.

효소는 가수분해나 발효를 행할 뿐만 아니라 생체 내의 산화환원반응에 촉매작용을 하는 등 일반적으로 생체 내의 신진대사에 아주 중요한 역할을 하고 있다.

생체 중에는 여러 가지 종류의 효소가 함유되어 있고, 그 작용에 의하여 생활 현상에 필요한 여러 가지 복잡한 반응이 원활히 진행하고 있다.

효소는 반응의 형식 또는 기질의 종류에 의해 다음 6가지로 대별된다.

① 산화환원효소(oxidoreductase)
   예 alcohol dehydrogenase, oxidase 류, catalase reductase 류
② 전이효소(transferase) 예 hexokinase
③ 가수분해효소(hydrolase) 예 lipase, amylase, pepsin
④ 제지효소(lyase) 예 aldolase 류, fumarate hydratase
⑤ 이성화효소(isomerase) 예 lactate dehydrogenase
⑥ 합성효소(lygase) 예 peptidase

효소는 다음과 같은 특이한 성질을 가지고 있다.

① 하나의 효소는 특정한 물질에만 작용하는데, 그 특정물질을 기질이라 한다.
② 효소는 단백질로서의 성질을 가지고 있다.
③ 효소의 작용에는 최적의 온도가 있다. 0°C 이하에서는 많은 효소가 불활성이 되고, 50°C 이상에서는 분해되며, 20~40°C가 최적온도이다.
④ 효소의 작용은 액의 산성, 알칼리성 정도에 의해 현저한 영향을 받고 있으며 각 효소에는 각각 특정한 최적 수소이온농도가 있다. 최적 pH는 대략 5~8의 사이이다. 그러나 위액 중의 단백질을 분해하는 펩신의 최적 pH는 약 2이다.

⑤ 효소의 작용은 공존하는 다른 물질에 영향 받는 일이 많다. 예를 들면, 중금속이온이나 시안화수소 등은 여러가지 효소에 대해서 독 작용을 나타내며, 또 아밀라아제는 전분을 소화하기 위해서는 염화물 이온의 공존이 필요하다.

⑥ 광학적 활성체에 대해서는 우선체(右旋體)에만 작용하는 것으로 알려지고, 효소는 약간이 구조 차이에 의해 선택적으로 작용한다.

사무나가 1926년 콩에서 우레아제(urease)라는 효소를 결정으로 뽑아낸 이래 많은 효소가 결정으로 추출된다. 현재까지 얻어진 결정상의 효소에는 단순단백질과 복합단백질의 두 종류가 있으며, 후자 쪽을 전효소(holenzyme)라고 하고, 단백질 부분을 주효소(apenzyme), 비단백질 부분을 조효소(conzyme)라고 한다. 조효소는 생체의 작용에 필요한 어떤 종류의 비타민이나 니코틴산 아미드 등이 있다.

효소가 특정한 기질밖에 작용하지 않는 것을 효소의 특이성이라고 하는데, 이러한 특이성이 왜 생기는가에 대해서는 확실하지 않다. 오래전부터 효소와 기질의 결합은 요철(凹凸)과 같은 관계에 비유되고 있다.

(2) 핵산

① 핵산의 구조

핵산이란 아데닌(adenine), 구아닌(guanin), 티민(thymin), 우라실(uracil), 시토신(cytosine)이라고 하는 함질소유기염기와 펜토오스인 리보스 혹은 데옥시리보스의 일부만을 함유한다. 누클레오티드가 축중합해서 생성한 폴리누클레오티드라고 하는 고분자 화합물이 있다.

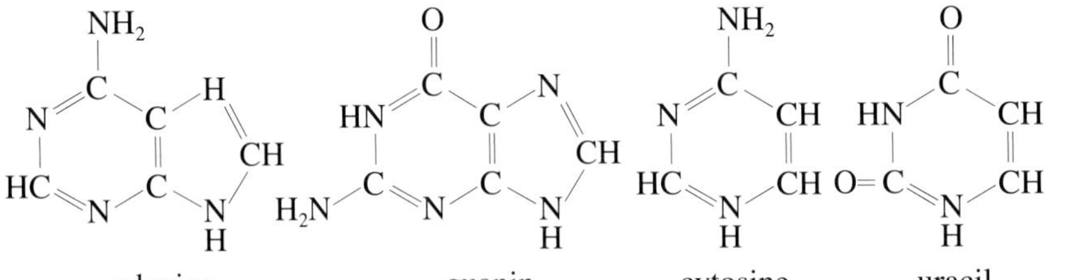

adenine, guanin, cytosine, uracil

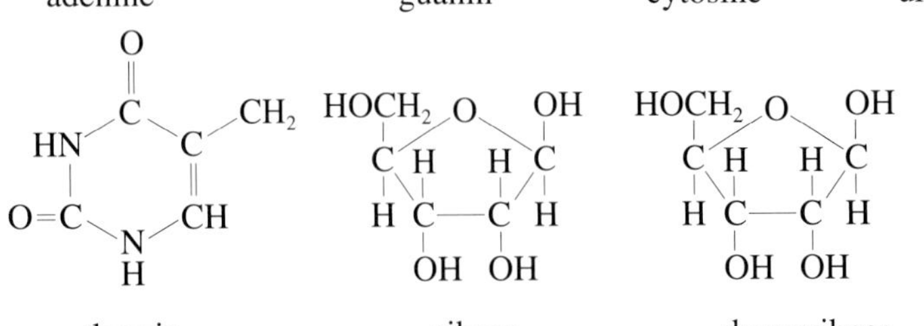

thymin, ribose, deoxyribose

당이 ribose인 때에 리보핵산(RNA), 데옥시리보스인 때에 데 옥시리보핵산(DNA)이라고 한다. 아데닌 · 구아닌 · 시토신이 RNA와 DNA에 공통하는 염기이고, 제4의 염기로서 RNA에는 우라실이 있고 DNA에는 티민이 있다. RNA의 화학구조는 그림 15-20에 나타낸 바, 측쇄에 있는 염기는 특별한 짝맞춤, 즉 아데닌-티민 사이 및 구아닌-시토신 사이에서 수소 결합이 만들어진다.

DNA는 그림 15-21에 나타낸 것처럼 당 에스테르의 긴 2개의 사슬이 나선 모양으로 엉키고, 그 사이를 측쇄의 염기가 사다리의 가로막대처럼 수소 결합으로 결부되어서 중간역할을 하는 구조를 가지고 있다.

그림은 DNA의 2중 나선 구조를 나타낸 것으로 가는 선이 당에스테르 등의 결합이고, 검게 모두 칠한 부분이 염기의 부분이다. 같은 그림 (b)에는 DNA의 2중 나선 구조를 모형적으로 나타냈다.

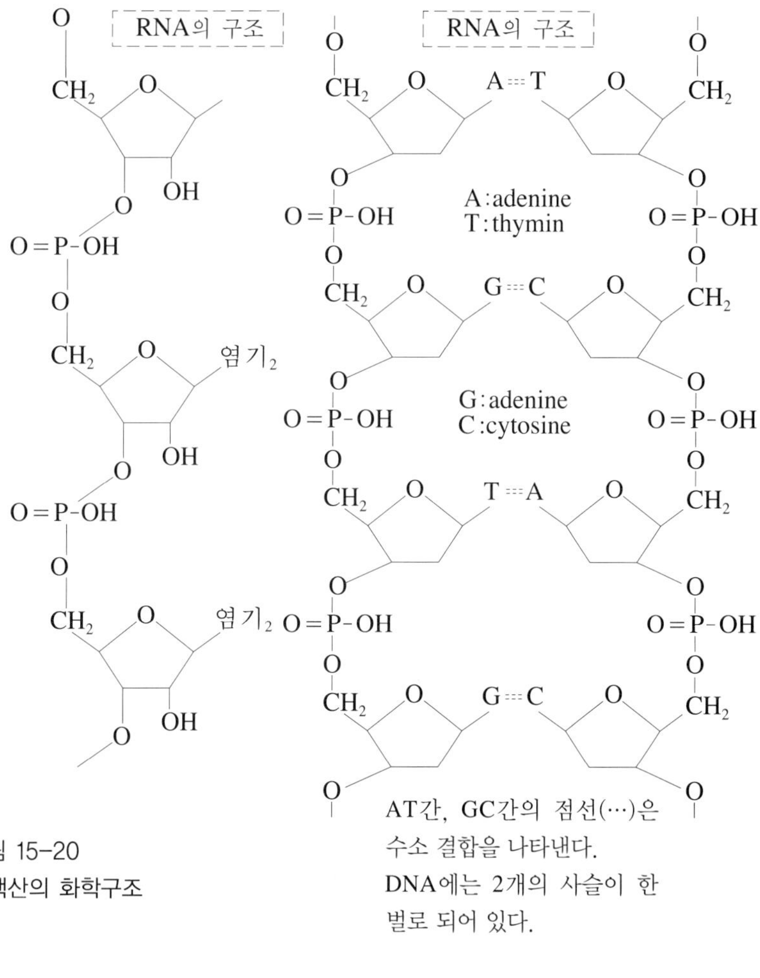

그림 15-20
핵산의 화학구조

② 핵산의 생물학적 기능

DNA는 유전자의 본체로서 2개의 중요한 기능을 갖고 있는데 그 하나는 염색체의 복제에 필요한 정보를 갖고 새끼 세포의 염색체를 위한 새로운 DNA를 합성하는 일이고, 또 다른 하나는 단백질 합성에 필요한 정보를 저장하고 또 공급하는 일이다. 또 RNA는 세포 내에 널리 존재하는데, DNA에서의 정보를 읽고 세포내 과립(顆粒)의 리보솜(rebosome) 내에서 아미노산의 순서를 결정하며 단백질 합성에 직접 관여한다.

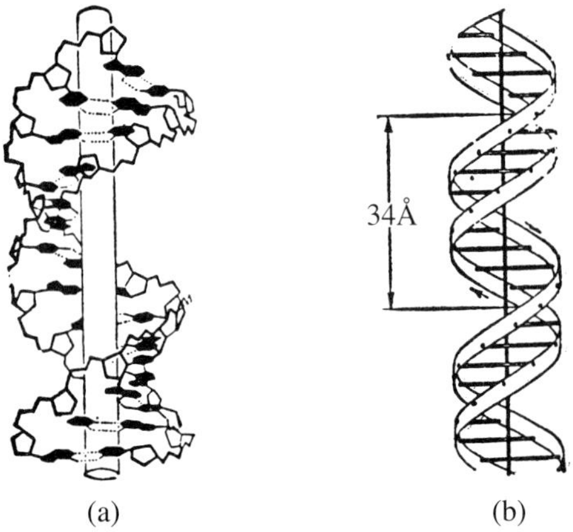

그림 15-21 DNA의 2중 나선구조

이 합성에는 전이 RNA(t-RNA)와 메신저-RNA(m-RNA)등 2종의 RNA가 생물학적 역할을 다하고 있다.

③ 복제에 있어서 핵산이 완수하는 역할

복제가 일어나는 것은 세포의 중심에 있는 세포핵에서 DNA의 나선이 풀어지고, 2개의 DNA끈에 각각 자기와 짝이 되는 DNA를 자기와 병행으로 합성하며, 2개의 완전히 같은 DNA의 나선이 만들어지기 때문이다.

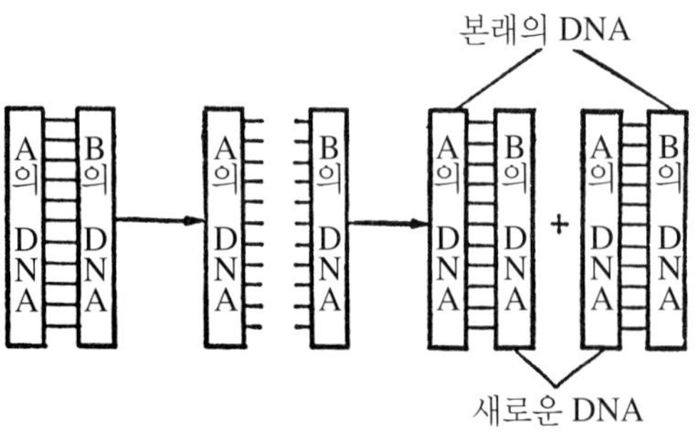

AB형의 DNA가 분열해서 AB형 DNA 2개가 된다.

그림 15-22 복제에 있어서 핵산이 완수하는 역할

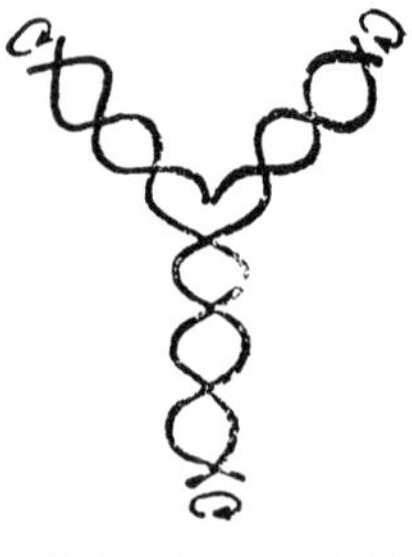

그림 15-23 DNA의 나선 해체와 복제

④ 단백질의 생합성에 있어서 핵산이 완수하는 역할

단백질의 아미노산 배열에 대한 유전정보를 가지고 있는 DNA가 자신을 주형(鑄型)으로서 RNA를 만들고, 유전정보를 준다. 유전정보를 받은 RNA(m-RNA)가 리보솜이라고 하는 과립(顆粒) 위에 부착한다. 한편, 활성화된 아미노산은 t-RNA의 끝에 화학결합되어서 리보솜 위의 m-RNA에 접근하여 m-RNA 위에 자기와 꼭 맞는 건(鍵)의 위치에 차례로 부착된다.

이에 부착한 아미노산은 서로 결합해서 폴리펩티드를 만든 후, 리보솜 위의 m-RNA에서 떨어지고, 다시 특이한 아미노산의 운반처로 가게 된다. 이를 그림 15-24에 나타내었다.

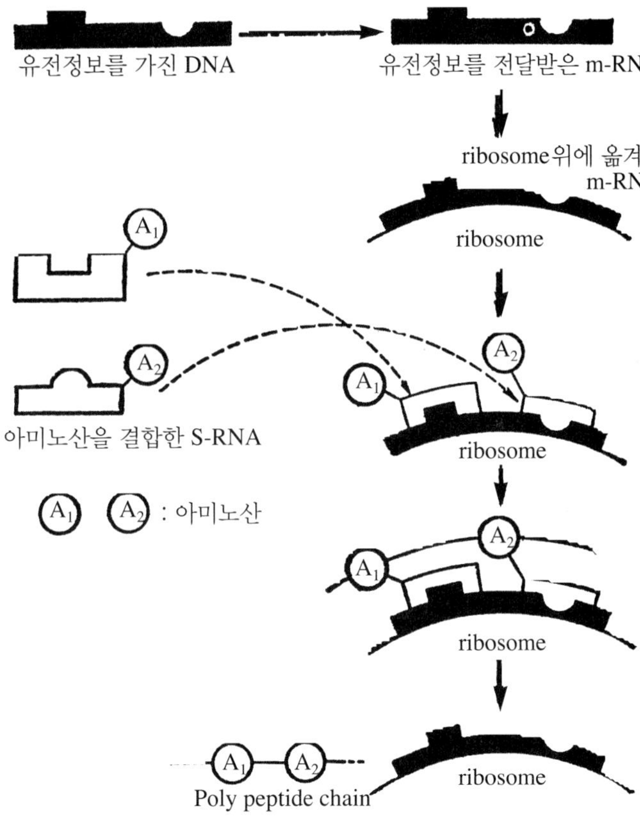

그림 15-24 단백질의 합성에 있어서의 핵산의 역할

[예제 15-2] 전효소란 무엇인가?
효소의 특이성에 대해서 설명하라.
DNA의 생물학적 기능을 기술하라.

제 16 장 화학에서의 열역학

16-1 화학방정식

화학반응은 일반적으로 열의 출입이 있다. 반응열은 같은 분자의 것이라도 기체로 행하여진 경우와 액체로 행하여진 경우와는 차이가 있다. 식 (16.1)과 같이 각 분자의 뒤에 기체 gas(g), 액체 liquid(L), 고체 solid에는 (s)를 붙이고 수용액 aqua solution에는 aq를 붙이는 경우도 있다.

$$KH(s)+H_2O(L)+aq=KOHaq+H_2(g)+31.89\text{kcal/mol} \tag{16.1}$$

위의 식은 발열반응이며 화학적으로 발열하는 열량은 (−)로 한다. 열역학에서는 흡수하는 열량을 (+)로 하기 때문에 기호가 역으로 되어 있는 것이 많다. 본장에서도 열역학에 있어서는 같은 예에 의해서 흡수하는 열량을 (+)로 하기 때문에 기호가 역으로 되어 있는 것이 많다. 이 장에서는 열역학에 있어서는 같은 예에 의해서 흡수하는 열량을 (+)로 취하고 있다.

화학반응은 반응계로부터 생성계로 100% 변화하는 것이 아니고 어떤 반응조건(온도, 압력 등)으로 평형(반응식으로 오른쪽 방향과 왼쪽방향의 반응속도가 비등해짐)에 달하게 된다. 또 암모니아 합성에서는 (16.2) 식과 같이 표시할 수 있다.

$$N_2(g)+3H_2(g) \rightleftharpoons 2NH_3(g) \tag{16.2}$$

이 식의 각 분자의 농도를 [ ]로 나타낸다면 (16.3) 식의 관계를 얻을 수 있다.

$$\frac{[NH_3]^2}{[N_2][H_2]^3}=K \tag{16.3}$$

여기서 K는 반응조건이 정하여지면 반응계에 고유한 것으로 각 분자의 농도가 변하여도 변하지 않는다. 따라서 NH_3을 대량제조하려면 분모의 농도를 높여도 좋다. 이와 같은 경우 NH_3을 제거하면 분자의 농도는 묽어지므로 (16.2) 식은 오른쪽으로 진행된다. 이 K를 평형상수라고 말한다.

이와 같이 평형상태에 있어서는 이 계통의 각 물질의 양의 상이에 일정한 관계가 있다. 이 관계를 질량작용의 법칙이라고 하며, 양에 상등하는 것으로는 농도 c 외에 기체 분자의 압력 p와 몰 분율 x를 생각할 수 있다.

여기서 화학의 일반 반응식을

$$aA+bB+\cdots\cdots \longrightarrow fF+gG+\cdots\cdots \tag{16.4}$$

라고 하면 평형상수도 다음 세 가지 식이 성립한다.

$$K_p=\frac{p_F{}^f\cdot p_G{}^g\cdots}{p_A{}^a\cdot p_B{}^b\cdots} \tag{16.5}$$

$$K_c=\frac{c_F{}^f\cdot c_G{}^g\cdots}{c_A{}^a\cdot c_B{}^b\cdots} \tag{16.6}$$

$$K_x=\frac{x_F{}^f\cdot x_G{}^g\cdots}{x_A{}^a\cdot x_B{}^b\cdots} \tag{16.7}$$

이상기체에 있어서는

$$\varDelta n=(f+g+\cdots\cdots)-(a=b+\cdots\cdots) \tag{16.8}$$

라고 하고, 전체의 압력을 P라고 하면

$$K_p=K_c(RT)^{\varDelta n}=K_xP^{\varDelta n} \tag{16.9}$$

의 관계가 되고, $\varDelta n=0$일 때에는 $K_p=K_c=K_x$가 된다. 이상기체의 경우 K_p 또는 K_c는 (16.9) 식에 의해 압력과는 관계가 없음을 알 수 있다. 그러나 K_x의 경우는 $\varDelta n$의 대소에 의해 변화가 온다.

압력에 의한 K_x의 영향을 알아본다. (16.9) 식을

$$K_x=K_pP^{-\varDelta n} \tag{16.10}$$

로 바꾸어 쓰고, 압력 P에 대하여 편미분하기 쉽게 우선 양변에 대수(로그)를 취하면

$$\ln K_x=\mathrm{Ln}\mathrm{K}_p-\varDelta n\ln P \tag{16.11}$$

가 된다. 이것을 압력 P로 편미분하면

$$\left(\frac{\partial \ln K_x}{\partial P}\right)_T=-\frac{\varDelta n}{P} \tag{16.12}$$

가 된다. 한쪽 $\varDelta n$가 $\varDelta v$의 체적을 나타낸다고 하면 $P\varDelta V=\boldsymbol{\varDelta nRT}$가 되므로 $\varDelta n/P$를 (13.12) 식에 대입시키면

$$\left(\frac{\partial \ln K_x}{\partial P}\right)_T = \frac{-\Delta V}{RT} \tag{16.13}$$

가 얻어진다. 이 식에 의해 ΔV가 음(陰)의 (생성물의 용량이 적어진다) 반응에서는 우변이 (+)가 되는 것으로 K_x는 압력의 증가에 따라 증대한다. 또 ΔV가 양(陽)의 반응에서는 K_x가 감소한다.

또한 암모니아 합성의 반응으로는 K_x는 압력과 함께 증대한다. 또 수식으로는 후술하겠지만 흡열반응에서는 온도의 증가와 함께 평형상수 K는 커진다.

이는 "물질의 변화는 외력(열도 포함)의 효과를 감소시키는 방향으로 나간다"라고 하는 르샤트리에(Le Chatelier)의 원리에 합치한다.

16-2 반응의 속도

반응의 속도는 평형상수의 크기에 반드시 좌우되지는 않는다.

A → B+C와 같은 반응속도(rate of reation)는 A, B, C의 농도 [A], [B], [C] 등과 같은 시간에 의한 변화 $-d[\mathrm{A}]/dt$, $d[\mathrm{B}]/dt$, $d[\mathrm{C}]/dt$로 나타낸다.

$$-\frac{d[\mathrm{A}]}{dt} = k[\mathrm{A}] \text{ 또는 } -\frac{d[\mathrm{A}]}{dt} = k[A]^a[B]^b[C]^c \tag{16.14}$$

로 나타내는 실험 사실이 있을 때에는 전자의 경우를 1차 반응, 후자의 경우를 $(a+b)$ 2차 반응이라고 한다. 이때 반응의 차수는 정수가 아닌 것도 있다.

1. 1차 반응

반응물이 처음 a몰로서 이것이 t시간 후에 x몰이 되었다고 할 때에 이것이 1차 반응이라면

$$\frac{dx}{dt} = k(a-x) \tag{16.15}$$

가 된다. 이 식은

$$\frac{dx}{a-x} = kdt, \text{ 적분하면 } -\ln(a-x) = kt + C$$

가 된다. 여기서 적분상수 C는 $t=0$의 경우를 생각하면 $x=0$가 되고 $C=-\ln a$가 된다. 따라서 속도정수 k는 다음 관계가 된다.

$$k=\frac{1}{t}\ln\frac{a}{a-x} \tag{16.16}$$

이때 자연대수(로그)의 분자는 반응의 처음 농도이고 분모는 t시간 후의 농도이다. 처음 농도를 측정하지 못하는 경우에도 t_1일 때 a_1, t_2일 때 a_2의 농도이면

$$k=\frac{1}{t_2-t_1}\ln\frac{a_1}{a_2} \tag{16.17}$$

이 성립한다.

처음 농도가 1/2이 될 수 있는 반응시간 $t_{1/2}$을 반감기라고 하나 이때의 $t_{1/2}$은

$k=\frac{1}{t_{1/2}}\ln 2$가 되어 $t_{1/2}=\frac{1}{k}\ln 2=\frac{0.693}{k}$이 된다.

이 식은 방사성 원소의 경우와 반감기 계산에도 사용된다.

2. 온도에 의한 반응속도의 변화

반응속도와 온도의 관계가 아레니우스(S.A. Arrhenius)의 다음의 식으로 주어진다.

$$\frac{d\ln k}{dT}=\frac{E}{RT^2} \tag{16.18}$$

여기서 E는 활성화 에너지이다.

$$d\ln k=\frac{E}{RT^2}dT \tag{16.19}$$

를 적분하면

$$\ln k=-\frac{E}{RT}+\ln A,\ \text{또는}\ k=A\cdot e^{-E/RT} \tag{16.20}$$

가 된다. 2개의 농도 T_1, T_2에 있어서의 반응속도를 k_1, k_2로 하면 위의 식에서

$$E=\frac{R\cdot T_1\cdot T_2}{T_2-T_1}\ln\frac{k_2}{k_1} \tag{16.21}$$

가 되므로 활성화 에너지를 산출할 수가 있다. 반응온도가 10°C 올라갈 때 반응속도가 2배가 되는 경우의 E를, 0~100°C에 대해서 위의 식에 의해 산출해 보면 14~20kcal/mol이 된다.

표 16−1에 나타나 있듯이 E는 이 범위의 것이 많다. 이와 같이 반응온도를 10°C 높이면 반응온도가 2배가 된다고 하는 설이 있다.

표 16−1 활성화 에너지 E의 예

	반응의 형식	E(kcal/mol)
분자 간의 반응 예	$O_2+CO \longrightarrow CO_2+O$	60
	$NO+O_3 \longrightarrow NO_2+O_2$	2.5
유리기의 결합반응 예	$CH_3+C_2H_5 \longrightarrow C_3H_8$	14
	$C_2Cl_5+C_2Cl_5 \longrightarrow C_4Cl_{10}$	1.3
액상 1차 반응 예	아조화합물의 시트트란스 이성화	21~27
	나트륨 가용매분해	1725
액상 2차 반응 예	방향족화합물의 니트로화	13~23
	HCl의 탈리에 의한 CN 결합의 생성	17~22
유리기의 분해반응 예	$C_2H_5 \longrightarrow C_2H_4+H$	41
	cycro$C_5C_9 \longrightarrow C_5H_8+H$	39
기상열 분해반응 예	$CH_4 \longrightarrow CH_3+H$	104
	$C_2H_6 \longrightarrow CH_3+CH_3$	100

16−3 촉매와 활성화 에너지

활성화 에너지(activation energy)가 큰 것은 반응하기 어렵다. H_2와 할로겐(F, Cl, Br, I을 X로 한다)은 심하게 발열반응하나 그대로는 반응하지 않는다. 이것은 활성화 에너지가 필요하기 때문이다.

이것들은 어떤 에너지를 얻어 그림 16−1의 정상에 도달하면 (16.22) 식과 같은 활성착화합물(active complex)을 만들고, 그림 16−1의 오른쪽으로 진행되어 HX가 된다.

$$H_2+X_2 \longrightarrow \begin{matrix} H\cdots X \\ \vdots \quad \vdots \\ H\cdots X \end{matrix} \longrightarrow 2HX \tag{16.22}$$

활성착화합물

반응열을 낸 후에는 반응계로부터 안정한(에너지 차원이 낮은) 상태가 된다. 반응열이 활성화열보다 클 경우는 일단 가한 활성화 열에 의하여 차례로 반응이 진행되는데, 이것을 연쇄반응이라고 한다.

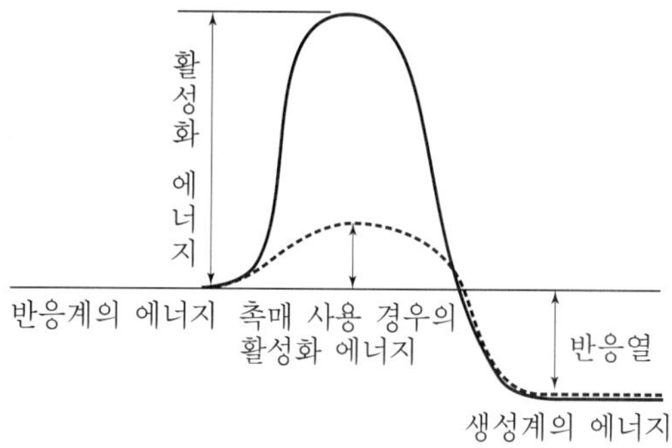

그림 16-1 활성화 에너지의 설명도

반응열이 지나치게 크면 폭발적으로 반응이 일어난다. 예컨데 프로판(C_3H_8)과 공기 중의 산소의 반응이 그것이다. 또, 촉매(catalyser)를 사용하면 반응이 일어나기 쉬우므로 이것은 그림 16-1에 나타나는 것과 같은 활성화 에너지가 적어 흡수되어 버리기 때문이며 반응열은 변하지 않는다.

유기물에 수소를 첨가하는 반응(hydrogenation)은 촉매를 사용하는 것이 보통이나 물과 유황이 있으면 부촉매(반응방해물)의 역할을 하는 경우가 많다. 이와 같이 자연에 들어가기 쉬운 불순물에 방해되지 않는 촉매의 연구도 많이 하고 있는데, 반응하는 가운데에는 부촉매를 고의로 가하는 경우도 있다.

자동차나 비행기에 녹킹이라는 현상이 있으나 이것은 휘발유와 흡입되는 공기 중의 산소와의 반응이 빨라져서 기계적인 힘의 전달이 늦어지는 경우에 탕 탕 탕 하는 노크 소리를 내는 현상이다.

이것을 막기 위해서는 반응을 느리게 하는 부촉매(안티노크제)를 사용하면 좋다. 예로부터 pb$(C_2H_5)_4$가 유효하다고 전해지고 있는데, 이것들은 대기를 오염시키는 물질로 앞으로는 사용되지 않을 것이다.

16-4 계(系)의 조건에 따른 반응열

열역학(thermodynamics)은 거시적 현상만을 취급하는 학문으로 평형상태에 있는 계통만을 취급한다. 계(系)란, 대상으로 하고 있는 범위를 말하며 기타의 범위를 외계라고 한다.

계가 외계로부터 압력 P와는 반대로 체적 V_1에서 체적 V_2로 팽창했을 때 계는 외계에 해야 할 일을 했다고 말할 수 있으며, 할 일 W은

$$W=\int_{V_1}^{V_2} PdV \tag{16.23}$$

로 나타난다.

외계로부터 Q의 열량을 흡수해서 외계에 W의 할일을 했을 때 계의 내부 에너지의 변화를 ΔU로 나타내면

$$\Delta U=Q-W \tag{16.24}$$

라고 할 수 있다. 이 식은 계내 에너지는 항상 일정하다고 하는 열역학의 제1법칙을 나타내고 있다.

$dV=0$로써 체적의 변화가 없을 때의 Q를 Q_v로 쓴다면 위의 식은 간단히

$$\Delta U=Q_v \tag{16.25}$$

가 된다.

엔탈피(enthalpy) H를 상태함수로 해서

$$H=U+PV \tag{16.26}$$

라는 식으로 정의한다면 정압에 있어서의 외계로부터의 열량 Q_p는 다음에 표시하는 식으로부터 간단한 관계가 얻어진다. (16.26)식을 전미분하면

$$dH=dU+PdV+VdP \tag{16.27}$$

상태 1로부터 상태 2로 옮겨간 차를 ΔH라고 하면

$$\Delta H=H_2-H_1=U_2-U_1+\int_{V_1}^{V_2} PdV+\int_{P_1}^{P_2} VdP \tag{16.28}$$

$$\Delta H=\Delta U+W+\int_{P_1}^{P_2} VdP=Q+\int_{P_1}^{P_2} VdP \tag{16.29}$$

여기서 대기압하의 반응과 같이 압력이 일정한 경우는 $dP=0$, $\Delta U+W=Q_p$ 따라서

$$\Delta H=Q_p \tag{16.30}$$

가 된다. 즉, 엔탈피라고 하는 상태함수를 도입하면 대기 중에서 반응은 그것이 발열량과 같게 된다. ΔH는 외계로부터 흡열했을 때 (+)쪽에 있게 된다. (16.1)식의 경우는 부호가 역으로 되어 있는 것에 주의해야 한다.

16-5 열용량

1몰의 물질의 온도를 1°C 변화시키는 데 필요한 열량을 그 물질의 열용량(heat capacity)이라고 말하며, 또 물질 1g의 열용량을 비열(specific heat)이라고 한다.

열의 출입에는 체적의 변화가 따르게 되므로 다음 두 가지의 열용량이 쓰이고 있다. 봄베속과 같이 체적이 일정하다고 보고 1몰의 물질의 온도를 1°C 상승시키는 데 필요한 열용량을 정용열용량이라고 하며, C_v로 나타낸다.

또, 대기 중과 같이 일정 압력하에서 1몰의 물질의 온도를 1°C 상승시키는 데 필요한 열량을 정압열용량이라고 하며 C_p로 나타낸다.

열용량은 온도에 의해서도 변화한다. 예를 들면, N_2, CO_2의 가스에서는

$$\left.\begin{aligned}(C_p)_{N_2} &= 27.30+5.230\times10^{-3}T-0.04\times10^{-7}T^2\ \mathrm{J\cdot K^{-1}\cdot mol^{-1}}\\ (C_p)_{CO_2} &= 6.396+10.193\times10^{-3}T-35.33\times10^{-7}T^2\ \mathrm{J\cdot K^{-1}\cdot mol^{-1}}\end{aligned}\right\} \tag{16.31}$$

과 같다. 단위는 줄(joule)로 나타내는 경우와 칼로리(cal)로 나타내는 경우가 있는데, 어느 것으로도 용이하게 환산된다.

C_p와 C_v의 관계를 이상기체에 대해서 생각해 보자. 이상기체에서는 내부에너지 U는 온도뿐만의 함수이며 수학적으로는 $(\partial YU/\partial V)_T=0$라고 말할 수 있다. 따라서 등온팽창에서는 $\Delta U=0$이다. 거기서 정압에서는 $C_p=(\partial H/\partial T)_p$이므로 (16.26) 식 $H=U+PV$를 정압하에서 편미분하면

$$C_p=\left(\frac{\partial U}{\partial T}\right)_p+\mathrm{P}\left(\frac{\partial V}{\partial T}\right)_p \tag{16.32}$$

의 형이 된다. 이상기체의 내부에너지는 온도뿐만의 함수이므로 체적이 일정한 경우에도 변하지 않는다. 따라서

$$\left(\frac{\partial U}{\partial T}\right)_p=\left(\frac{\partial U}{\partial T}\right)_v \tag{16.33}$$

로 놓을 수 있다. 위의 식의 우변은 C_v에 지나지 않으므로

$$C_p=C_v+P\left(\frac{\partial V}{\partial T}\right)_p \tag{16.34}$$

가 성립한다. 여기서 1몰의 이상기체에서는 $PV=RT$이므로

$$R = P\frac{V}{T} = P\left(\frac{\partial V}{\partial T}\right)_p \tag{16.35}$$

이고, (16.34) 식의 우변의 제 2항은 R가 된다. 따라서

$$C_p = C_v + R \tag{16.36}$$

의 관계가 성립한다.

이상기체의 내부에너지 U를 $U=3RT/2$라고 하면 C_v는 U를 T로 나누어 $C_v=3R/2$가 되고, C_p는 R을 더해서 $C_p=5R/2$가 된다. 알곤의 C_p는 $20.79\text{J}\cdot\text{K}^{-1}\ \text{mol}^{-1}$로써 $5R/2$에 가까우나 2원자분자 등으로는 이상기체로부터 멀리 떨어지게 되므로 $5R/2$보다 크다($R=8.3143\text{J}\cdot\text{K}^{-1}\text{mol}^{-1}$).

16-6 기체발생 반응의 온도 상승

금속의 산을 가하면 염이 생기고 발열해서 수소를 발생하는 경우가 많은데 이와 같은 경우의 온도 상승에 대하여 생각해 보자.

밀폐한 용기 속에서 반응을 행하면 기체가 발생해도 팽창할 수가 없다. 따라서 반응계는 일을 하지 못한다. 이와 같은 경우에는 (16.25) 식에 나타난 바와 같이 생성물과 반응물의 내부에너지의 차가 반응열이 된다. 1몰의 반응열을 생성계의 열용량 C_v로 나누면 반응에 의한 온도 상승이 예측된다.

통상의 화학반응은 대기압 아래에서 행하여진다. 이와 같은 경우의 압력 변화는 $\Delta P=0$이므로 (16.27) 식은

$$\Delta H = \Delta U + P\Delta V \tag{16.37}$$

가 된다. 이상기체로서의 $P\Delta V = \Delta nRT$로서 $P=1$기압이라고 하면 $\Delta V = \Delta nRT$가 되면 (16.37) 식은

$$\Delta H = \Delta U + \Delta nRT \tag{16.38}$$

가 된다. 여기 Δn 몰은 생성계로부터 반응계의 기체체적을 뺄 때의 몰 수이다. 따라서 개방되어 있는 계에서는 ΔnRT만 기체가 일을 하기 때문에 그것이 열에 환산되어 발생하는 열량에서 뺀 것이 된다.

열역학의 방정식에서는 밖으로 향하여 하는 일(팽창)은 (−)의 부호가 된다. 따라서 반응에 의한 온도 상승은 밀폐된 계보다 적다. 밀폐용기에서의 반응은 고온이고 발생하는 기체가 고압이기 때문에 약한 용기에서 반응시키면 폭발할 위험이 있다.

16-7 Entropy(ΔS)

반응계로부터 생성계로 변화하는 것은 반응계보다 생성계 쪽이 안전하기(에너지 차원이 낮음) 때문에 발열해서 반응하는 것은 에너지가 낮아진다. 그러나 화학반응에는 흡열반응이 있다.

$O_3(g)$, $N_2O(g)$, $NO_2(g)$, $C_2H_4(g)$, $C_2H_2(g)$

등의 생성열은 흡열로서 흡열반응 속에서는 그대로 방치해 두더라도(촉매 등을 사용하지 않아도) 자연히 반응이 진행하는 것도 있다.

이와 같은 예로는 발열량뿐으로 반응의 방향을 알 수가 없다. 발열 · 흡열의 반응을 포함시켜 설명하는 데는 entropy S가 되게 상태함수를 도입해서 자유에너지(free energy)부터 연구하면 좋겠다.

열역학에서는 상태 1이 상태 2로 변화했을 때 entropy의 차를 $\Delta S = S_2 - S_1$으로 하고, 절대온도 T, 흡수한 열량의 차를 dQ로 하면 변화 전후의 entropy의 차는

$$\Delta S = \int_1^2 \frac{dQ}{T} \tag{16.39}$$

로 정의한다.

이 식은 가역과정(계의 변화가 무한으로 천천히 행하여지는 것으로 되돌려 받는 과정)에서만 성립한다. 실제 변화에서는 준정적 과정이라고 말할 수 있으나 모든 것은 불가역 과정인 것이다.

일반적으로 계의 열량은 상태 1에서 상태 2로 변화하는 순서에 의해 변하고 가역(reversible)과정에서는 불가역(되돌려받을 수 없는) irreversible 과정보다 dQ가 크고 $dQ_r > dQ_{ir}$인 것이다.

따라서

$$\Delta S = \int_1^2 \frac{dQ_r}{T} > \int_1^2 \frac{dQ_{ir}}{T} \tag{16.40}$$

가 된다. 한쪽 S_1과 S_2는 초기상태와 종료상태에 의해 정해지는 상태함수이기 때문에 ΔS는 변하지 않는다. 따라서 $\Delta S - \int_1^2 \frac{dQ_{ir}}{T}$는 언제나 양(陽)이고 entropy는 증대하지 않으면 안 되게 된다.

entropy를 사용한 열역학의 제2법칙(영구기관은 할 수 없음)의 표현에서 불가역계를 돌려감는(계와 외계의) entropy는 증대한다(가역계의 entropy는 변하지 않음)고 말할 수 있다. 통계학적 entropy는

$$S = k\ln Q \tag{16.41}$$

로 표시할 수 있으며 k는 볼츠만 정수, Q는 따로 얻을 수 있는 상태의 수이다. 계의 entropy가 증대하는 방향에 변화가 일어난다고 하면 계는 복잡하게 되는 방향으로 변화한다.

2종의 가스체를 따로따로 넣은 상자를 접합해서 접합면에 구멍을 뚫어 서로의 가스가 통하도록 하면 분자의 이동이 일어나 혼합한다. 그러나 이것들은 결코 분리되어 원상태가 되지 않는다. 이와 같은 현상은 (16.14) 식에서 설명된다.

열역학적 entropy의 값과 통계역학적 entropy의 값(분광학적으로 구한 값)과는 대체로 일치하고 있다. entropy의 개념을 명확히 하기 위해 온도는 변하지 않고 상태가 변하는 경우의 entropy의 변화를 생각하여 보자.

100°C의 물을 상태 1로 하고 100°C의 증기를 상태 2로 하여 1기압 아래서 1몰의 물이 증발했을 때를 생각하여 보자. 이때 증발열로써 $9.7\text{kcal}\cdot\text{mol}^{-1}$을 계가 흡수했다고 하면 (16.39)의 식은

$$\Delta S = \int_{100°\text{C의 물}}^{100°\text{C의 수증기}} \frac{dQ}{T} = \frac{9.7}{373}\text{kcal}\cdot\text{mol}^{-1} \tag{16.42}$$

이 되고, 이것을 계산하면 $\Delta S = 26\text{cal}\cdot\text{mol}\cdot\text{K}^{-1}$이 된다.

다음에 온도가 상태 1로부터 상태 2로 변했을 때를 생각하여 보자. 어떤 기체가 대기 중에서 $T_1 = 80°\text{C}$부터 $T_2 = 20°\text{C}$로 변화했을 때 ΔS는 어떻게 될 것인가 하는 경우이다. 이 기체의 열용량을 C_p라고 하면 $dQ = c_p dT$이므로 (16.39) 식은

$$\Delta S = \int_{T_1}^{T_2} \frac{C_p dT}{T} \tag{16.43}$$

라고 쓸 수 있다. 이 우변을 적분하면 자연대수(로그)가 되기 때문에

$$\Delta S = C_p \ln \frac{T_2}{T_1} = C_p \ln \frac{273+20}{273+80} \tag{16.44}$$

이 되고, C_p를 알게 되면 계산할 수 있다.

2개의 기체가 혼합되어 온도가 일정해진 때, 이 두 개의 기체를 A, B로 해서 ΔS_A와 ΔS_B를 구하면 한쪽이 (−)가 될 때가 있으나 ΔS_A나 ΔS_B를 가하게 되면 그 값은 (+)가 된다. 따라서 이 변화는 불가역이다.

16-8 자유에너지

자유에너지(free energy)라고 하는 상태함수에는 Gibbs와 Hermholtz의 것이 있다. Gibbs자유에너지 G는

$$G = H - TS \tag{16.45}$$

로 표시된다. 이 식을 전미분하면

$$dG = dH - TdS - SdT \tag{16.46}$$

가 된다. 온도가 일정할 때 행하여지는 화학반응에서는 $dT=0$이고, 상태 1에서 상태 2로 옮겨지는 경우의 변화는

$$\Delta G = \Delta H - T\Delta S \tag{16.47}$$

가 된다. 여기서 (16.29) 식의 ΔH 관계를 대입시키면

$$\Delta G = Q + \int_{P_1}^{P_2} VdP - T\Delta S$$

대기압 아래의 반응에서는 $dP=0$이고

$$\Delta G = Q - T\Delta S \tag{16.48}$$

(16.39) 식은 $Q_r = T\Delta S$로 쓸 수 있으므로

$$\Delta G = Q - Q_r \tag{16.49}$$

온도압력이 일정한 경우의 가역반응에서는

$$Q = Q_r \quad \therefore \ \Delta G = 0 \tag{16.50}$$

불가역반응에서는

$$Q < Q_r \quad \therefore \Delta G < 0 \tag{16.51}$$

이기 때문에 대기 중과 같은 일정 압력 아래에서 온도를 일정하게 반응시키면 자유에너지는 결코 증가하지 않는다고 할 수 있다. 자유에너지에 대한 것을 화학반응에 적용시키면 (16.48) 식에 있어서 Q는 외계로부터 열을 흡수했을 때 (+) 부호이므로 발열반응 시 Q는 (−)가 되고 $T\Delta S$에 관계없이 ΔG는 (−)가 되고 반응이 일어난다.

흡열 시는 Q가 (+)가 되므로

$$|Q| < |T\Delta S| \text{ 일 때, } \Delta G < 0 \tag{16.52}$$

$$|Q| > |T\Delta S| \text{ 일 때, } \Delta G > 0 \tag{16.53}$$

가 되고, (16.52)의 조건일 때에는 흡열반응에서도 반응이 진행하게 된다.

16-9 표준자유에너지

화학에 있어서의 표준상태(그 밖의 학문에서는 정의가 다를 수도 있다)는 물론 그때에 있어서의 물질과 반응에 알맞은 정의를 다음과 같이 정할 수 있다.

① 화학으로서의 표준상태는 1기압, 25°C로 한다.

② 표준상태에 있는 각 원소가 더욱 더 안정한 형태(N_2 또는 기체)일 때의 자유에너지는 0으로 한다.

③ 표준상태에 있는 화합물 1몰이 그 구성원소의 표준상태로부터 만들어질 때의 자유에너지를 표준생성 자유에너지 ΔG_f^0라고 한다.

④ 위에서와 같이 발생하는 생성열을 표준생성 enthalpy ΔH_f^0라고 한다.

⑤ 표준상태에 있는 물질 1몰이 갖는 entropy를 표준 entropy S^0라고 한다.

이와 같은 정의 아래에서 반응에 의한 생성물의 표준자유에너지(normal free energy) 변화 ΔG^0는

$$\Delta G^0 = \Sigma \Delta G_f^0(\text{생성물})\ \Sigma \Delta G_f^0(\text{반응물}) \tag{16.54}$$

로 계산된다. 여기서 ΔG^0는

$$\Delta G^0 = \Delta H^0 - T\Delta S^0 \tag{16.55}$$

이므로

$$\varDelta G^0=\{\Sigma H_f^{\ 0}(\text{생성물})-\Sigma H_f^{\ 0}(\text{반응물})\}$$
$$-T\{\Sigma S^0(\text{생성물})-\Sigma S^0(\text{반응물}) \qquad (16.56)$$

에 의해서 구할 수 있다. 암모니아 합성에 있어서

$$\frac{1}{2}N_2(g)+\frac{3}{2}H_2(g) \rightleftarrows NH_3(g) \qquad (16.57)$$

의 반응으로서는 N_2와 H_2의 $\varDelta G_f^{\ 0}$는 0이 된다. 그러나 모든 분자에 S^0는 있는 것으로 25°C(298K)에 있어서의 $\varDelta G^0$는

$$\varDelta G^0=\varDelta H_f^{\ 0}{}_{(NH_3)}-298[S^0{}_{(NH_3)}-\{1/2S^0{}_{(N_2)}+3/2S^0{}_{(H_2)}\}] \qquad (16.58)$$

로서 구할 수 있다. 표 16-2를 참고하여 계산하면 $\varDelta G^0-3.98\text{kcal}\cdot\text{mol}^{-1}$이 된다.

표 16-2 NH_3에 관한 $\varDelta H_f^0$ 및 S^0

	$\varDelta H_f^0$ kcal·mol^{-1}	S^0cal·mol^{-1}
$N_2(g)$	0	45.79
$H_2(g)$	0	31.21
$NH_3(g)$	−11.04	46.01

표준자유에너지와 평형정수와의 관계는

$$\varDelta G^0=-RT\ln K_p \qquad (16.59)$$

로서 주어진다. 또 $\varDelta G^0$는 (16.55) 식의 관계가 있으므로 이 두 식으로부터

$$\ln K_p=-\frac{\varDelta H^0}{RT}+\frac{\varDelta S^0}{R} \qquad (16.60)$$

의 관계가 얻어진다. 여기서 $\varDelta H^0$와 $\varDelta S^0$가 온도에 관계하지 않는다면

$$\left(\frac{\partial \ln K_p}{\partial T}\right)_p=\frac{\varDelta H^0}{RT^2} \qquad (16.61)$$

가 된다.

이 식의 의미는 $\varDelta H^0$가 (+)의 경우 K_p가 (+)가 된다고 할 수 있다.

열역학에서는 계가 흡수하는 열량을 (+)로 하고 있기 때문에 흡열반응시는 온도가 상승함에 따라 평형정수가 커지는 것을 나타낸다. 이것은 이 장의 앞에서 언급한 르샤트리에(Le Chatelier)의 원리와 일치한다.

16-10 반응열 가감의 법칙

반응열에는 생성열, 분해열, 연소열, 폭발열, 용해열, 희석열, 증발열, 융해열, 승화열, 중화열 등이 있다. 그러나 내부 에너지나 enthalpy에 관해서는 반응을 나아지게 하는 방법에는 관계하지 않는다고 하는 것이 열역학의 법칙에서 밝혀지고 있다.

즉, 반응열은 반응물과 생성물의 상태만으로 정할 수 있다는 것이다. 따라서 하나의 반응이 1단계에서 끝나거나 3단계에서 끝나거나 최종적으로 반응계의 반응열 합계는 같아진다고 하는 것이다.

1840년 스위스의 화학자 G.H. Hess의 제창에 의한 이 법칙을 Hess의 법칙이라고 하며 이 법칙은 에너지 보존법칙으로 발전하였다. 에너지 보존법칙은 1842년에 최초의 발표(J.R. Mayer)가 있었고 1848년에 완성단계에 있었으나 전적으로 인정받게 된 것은 얼마 되지 않는다. 그러므로 Hess의 업적은 위대한 것이다.

이 법칙에 의하면 직접 측정하기 어려운 반응열도 주변의 반응열을 알고 있으면 계산에 의해서 구할 수가 있다. 예를 들어, 탄소를 연소시켜 $CO(g)$가 발생할 때의 생성열을 측정하는 경우, $CO_2(g)$가 동시에 측정되고 정밀측정은 어렵다. 그러나 모든 기체를 CO_2로 (완전연소시킴) 할 수가 있다.

여기서 다음과 같은 2가지 반응의 반응열을 측정한다.

$$C(s)+O_2(g)=CO_2(g)+\Delta H_1 \tag{16.62}$$

$$CO(g)+\frac{1}{2}O_2(g)=CO_2(g)+\Delta H_2 \tag{16.63}$$

다음 계산으로 (16.62) 식에서 (16.63) 식을 변끼리 빼면

$$C(s)+\frac{1}{2}O_2(g)=CO_2(g)+\Delta H_1-\Delta H_2 \tag{16.64}$$

가 되고, $(\Delta H_1-\Delta H_2)$의 계산치를 구하면 $CO(g)$의 생성열이 된다.

한 가지의 예를 들면 C−H의 결합에너지를 구하고자 할 때 석묵(石墨)의 승화열 ΔH_1, 수소분자의 해리에너지 ΔH_2, 메탄의 생성열 $\Delta H_f^0(CH_4)$를 알고 있으면, C−H의 결합 에너지를 계산으로 구할 수가 있다. 즉,

$$C(s)=C(g)+\Delta H_1 \tag{16.65}$$

$$H_2(g) = 2H(g) + \Delta H_2 \tag{16.66}$$

$$C(s) + 2H_2(g) = CH_4(g) + \Delta H_f^0(CH_4) \tag{16.67}$$

가 주어진 조건이다. 여기서

(16.67) 식 − (16.65) 식 − 2 × (16.66) 식의 가감으로

위의 식을 정리하면

$$C(g) + 4H(g) = CH_4(g) + \Delta H_{f\,(CH_4)}^0 - \Delta H_1 - 2\Delta H_2 \tag{16.68}$$

가 된다. 또 우변의 2, 3, 4항을 계산하면 (C − H) × 4의 생성열이 나온다.

$\Delta H_1 = 170.9\text{kcal}\cdot\text{mol}^{-1}$, $\Delta H_2 = 104.2\text{kcal}\cdot\text{mol}^{-1}$, $\Delta H_{f\,(CH_4)}^0 = -17.9\text{kcal}\cdot\text{mol}^{-1}$

의 값을 대입시켜 CH_4의 생성열을 계산하면 $-397.2\text{kcal}\cdot\text{mol}^{-1}$, C − H의 생성열은 $\frac{1}{4}$의 $-99.3\text{kcal}\cdot\text{mol}^{-1}$

따라서 C − H의 결합에너지는 부호를 역으로 해서(열역학적 정의로부터 화학적 정의로) $99.3\text{kcal}\cdot\text{mol}^{-1}$이 된다.

제 17 장

환경과 화학

17-1 환경오염

인간이 살아가고 있는 유일의 천체인 지구는 그 71%가 해양이고 30% 미만이 육지이나, 그 가운데서도 높은 산이나 양극지방 또는 사석지 등 인류생활에 적당하지 않는 일부를 제외하면 극히 한정된 토지에 약 60억 명의 인간이 살고 있다.

특히 우리나라는 이 협소한 국토에 6,000만 명의 사람들이 서로 어울려 생활을 하지 않으면 안 되는 숙명에 놓여 있다. 그래서 우리들은 옛 선조에게 물려받은 우리 국토를 소중하게 여기고 언제까지나 잘 가꾸어 나가는 지혜와 각오가 중요하다.

인류는 200~300만 년 전에 지구상에 나타나 다른 생물로부터 의 · 식 · 주의 재료를 구하여 생활했고, 자손을 번영시켜 현재에 이르게 되었다. 인류는 영지를 가지고, 능숙하게 불을 사용했으며, 기계기구를 만들어 필요한 식량을 얻고, 의류를 만들고, 혹은 주거를 짓기 위해 자연을 훼손시켰다. 이것이 즉, 여러 가지 산업인 것이다.

이와 같은 산업에 의해서 인류의 독특한 생활활동이 시작되었고, 그 결과 지식과 기술은 점차 진보 발전하였다. 인구의 증가와 함께 인류는 더욱더 번성하고 풍부한 생활환경을 만들어내게 되었다.

이와 같은 번영을 이루기 위해서는 끊임없이 물질과 에너지를 얻어 이용하지 않으면 안 되었다. 즉, 인류는 생존 · 번식 · 활동에 필요한 소재를 얻기 위해 항상 자연을 파괴하고 자연을 오염시켜 온 결과가 되었다.

좁은 국토, 과밀한 인구, 빈곤한 자원 속에 6 · 25동란으로 인한 폐허 속에서도 기적적으로 일어서게 된 우리나라의 각종 산업은 짧은 기간 내에 급속한 발전을 하게 되어 세계의 이목을 집중시켰다.

그러나 이와 같은 급격한 경제적 성장은 협소한 국토의 개발, 도시인구의 집중, 심지어 교통사정의 악화 등을 초래하여 금수강산을 자랑하던 우리 국토는 점차로 변모됨과 동시에 지금까지 경험하지 않던 대기오염이라든가 수질오탁 등 환경의 일변양상을 가져와 우리들 일상생활이 부단히 위협받게 되었다.

이웃 일본에서의 미나마타병이나 이타이이타이병 등은 유명한 공해병으로 우리들의 기억 속에 생생하다. 여하간 인간에 있어서의 모순은, 한없이 증가하는 인구와 이들이 살아가는 지구라고 하는 자연이 유한하며 게다가 인간이 자기의 이익만을 위해 물건을 만든다면 결코 자연과의 조화가 이루어질 수 없다고 하는 것이다.

인간에 의한 환경의 변화는 그 생존에 기반을 두는 자연을 스스로 인간자신에 의해 일으키게 되는 것이다. 각종 공업에 의한 유용물의 생산은 필요 이상의 무용물의 배출을 낳게 한다.

이와 같은 환경오염을 우리들은 넓은 의미로 공해라고 부르나 사회용어로서 사용되는 공해는 그 적용의 범위가 대부분 다르다.

좁은 의미의 공해란 다음과 같이 정의될 수 있을 것이다.

① "산업활동 등 인간 활동에 따라 생기고, ② 상당한 범위에 달하는 대기의 오염, 수질의 오탁(수도 이외의 물의 상태 또는 수저의 수질이 악화되는 것도 포함), 토양의 오염, 소음, 진동, 지반의 침하 및 악취에 의해 ③ 사람의 건강 또는 생활환경에 관계되는 피해를 주는 일"이라고 할 수 있다.

법에 나타난 공해의 범위에 의하면 때로는 사회공해라고 불리우는 일조(日照)의 저해 · 라디오 · TV 등의 수신을 방해하는 전파장해 등을 말하며, 지진, 태풍, 낙뢰, 홍수 등 자연현상에 기인한 인간의 생명과 생활환경의 손상은 공해에 포함되지 않는다.

또한 천재지변이라고 느껴지는 현상일지라도 실제로는 인재지변인 경우가 있는 것으로 양자의 구별은 대단히 하기 어려운 일이다.

공해대책으로는 현재 공장, 사업장 또는 교육기관이나 연구소 등에서 작업 혹은 실험에 의해서 배출되는 유해물질, 오염물질, 특히 공장 사업장의 경우는 소음 등에 대해서도 규제할 뿐만 아니라 환경기준이 만들어져서 소기의 목적달성을 위해 노력하고 있다.

1. 대기오염

대기오염의 원인이 되는 물질은 그 종류가 대단히 많으나 주가 되는 것은 유황산화물과 질소산화물 및 일산화탄소 등이다. 이와 같은 물질은 주로 석탄이나 석유 등의 연소에 의하여 생기는 경우가 많다.

석탄이나 석유의 주성분은 탄화수소로서 이것이 완전연소하면 이산화탄소와 수증기가 되나 실제 이것들 속에는 불순물로서 유황이 포함되어 있어 연소배기가스 중에 이산화황으로 혼입되어 배출된다.

이러한 것들은 대기 중의 수증기와 반응하여 액체방울 속에 용해되어 아황산이온이 되고 다시 액적 속의 철과 망간 등을 촉매로 해서 황산이온에 산화되어 대기 중에 황산 mist가 생긴다고 한다. 또 이것들은 대기 중에 미량의 암모니아를 용해시켜 일부 유안으로도 된다.

이 중 황산은 유해하지만 유안과 초산암모늄이나 염화암모늄 등은 무해하다.

1974년 여름 일본에 내린 산성비로 눈병을 앓은 사람이 있었으나 그 원인은 수소이온으로서 황산근은 아니었다. 일산화탄소는 연료의 불완전 연소에 의해서 생기는 유독한 기체이다.

현재 다양화되고 있는 교통사정에 의해 자동차가 격증해진 관계로 배기가스도 점차 많아져 인체에 커다란 영향을 주게 되어 우려되는 바가 크다. 질소산화물(No_x)은 일산화질소(NO)와 이산화질소(NO_2) 등의 총칭이지만 이것도 자동차나 공장 보일러 등의 배기가스에 포함되는 인체에 유해한 기체이며 여러 가지 광화학 스모그의 요인이라고 생각할 수 있다.

표 17-1 환경기준(환경보전법 제4조)

항 목	기 준	
아황산가스 (SO_2)	연간평균치 24시간평균치	0.05ppm 이하 0.15ppm 이하(연간 3회 이상 초과해서는 안 된다)
일산화탄소 (CO)	1개월평균치 8시간평균치	8ppm 이하 20ppm 이하(연간 3회 이상 초과해서는 안 된다)
질소화물 (NO_2)	연간평균치 1시간평균치	0.05ppm 이하 0.15ppm 이하(연간 3회 이상 초과해서는 안 된다)
부유분진 (TSP)	연간평균치 24시간평균치	$15\mu g/m^3$ 이하 $300\mu g/m^3$ 이하(연간 3회 이상 초과해서는 안 된다)
옥시단트 (O_3로서)	연간평균치 1시간평균치	0.02ppm 이하 0.1ppm 이하(연간 3회 이상 초과해서는 안 된다)
탄화수소 (HC)	연간평균치 1시간평균치	3ppm 이하 10ppm 이하(연간 3회 이상 초과해서는 안 된다)

기타 염소, 염화수소, 유화수소 등 대기오염의 요인이 되는 물질의 종류는 많다. 대기오염에 관한 오염물질 및 환경기준치는 표 17-1과 같다.

2. 수질오염

원래 하천과 해양에는 여러가지 자정작용(自淨作用)이 있었다. 오염물질이 혼입했어도 수중의 산소와 박테리아 등이 번식함에 따라 자연적으로 정화되었던 것이다. 그러나 최근에 와서 도시가 과밀화되고 하구원과 연해에 공장이 세워짐에 따라 하천, 호수, 연안해역 등 여러가지 공공수역에 오탁물질의 유입이 현저해져서 수질환경오염은 이미 자정화 작용으로서는 도저히 복귀할 수 없는 지경에 도달하였다.

국민보건상 수질오탁방지는 중요한 문제로 대두되어 일본의 경우는 1967년에 '공해대책기본법'이 설정되었고 이에 따라 1971년에 '수질오염방지법'이 공포되어 각종 공장으로부터 배출되는 오염물질에 엄한 규제가 행하여지게 되었다.

표 17-2 사람의 건강에 따른 환경기준

항목	기준치	항목	기준치
산	검출되지 않음	납	0.1mg/L 이하
알킬수은	검출되지 않음	크롬(6가)	0.05mg/L 이하
유기인	검출되지 않음	비소	0.05mg/L 이하
카드뮴	검출되지 않음	총수은	0.0005mg/L 이하

* 이 표와 다른 예외 성질도 있음.

최근에는 각 교육 기관, 연구소 등의 실험에 따라 배출되는 폐기물에 대해서도 규제를 받게 되었다.

유해오염항목 또는 생활환경오염항목에 지정되어 있는 원소 또는 화합물을 외부로 배출하게 될 때에는 그것을 기준 이하로 하는 의무가 있다.

수질오탁에 따른 환경기준은 1971년에 고시되어 공공용수역의 수질오탁에 따른 환경기준은 사람의 건강보호 및 생활환경보전에 관해 제각기 정해져 있으나 우선 사람의 건강에 관한 환경기준은 표 17-2에 나타난 것과 같다.

한편 생활환경에 관해서는 하천과 호수(천연호수 및 저수량 1,000만m^3 이상의 인공호) 및 해역에 대해서 환경기준이 정해져 있는데, 이것을 각 항목에 따라 정리하여 보면 대체로 다음과 같다.

(1) pH(수소이온농도)

물의 산성도를 보는 것으로서 깨긋한 물의 pH는 약간 산성을 띠며 해수는 약 8.2를 나타낸다. 기준치로는 6.5~8.5(하천, 호수), 7.8~8.3(해역) 범위의 것을 목표로 삼고 있다.

(2) SS(부유물질)

수중에 부유 또는 현탁되어 있는 미소의 고유물질(입경 2mm 이하)로 그 양은 보통 mg/L단위로 나타내며 이 값이 크면 어류의 호흡작용을 방해하고 광선의 투과가 불충분하여 조류의 동화작용이 저해된다. 기준치는 붕어나 잉어가 서식할 수 있는 정도의 하천에서는 25mg/L이하가 바람직하다고 한다.

(3) DO(용존산소)

물에 녹아 있는 산소량으로서 보통 mg/L단위로 나타낸다. 수중생물의 호흡작용, 박테리아에 의한 유기물의 분해, 환원성물질(황화물 등)의 산화 등으로 소비 오탁되어 있는 수원에서 그 소비가 한결같다. 고기가 서식하는 데 필요한 기준치는 5mg/L이상으로 되어 있다.

(4) BOD(생물화학적 산소요구량)

수중의 유기물은 미생물의 활동에 의해서 분해되어 점차 안정한 물질로 변화한다. 이 과정에서 소비되는 산소량을 말하고 mg/L단위로 나타낸다. 이 소비산소량은 수중에서 분해된 유기물량에 상당하며, 환경기준으로는 이 값이 1mg/L이하가 되면 깨끗한 물이고 5mg/L이하가 되면 잉어 · 붕어 등이 서식할 수 있다.

(5) COD(화학적 산소요구량)

수중의 유기물을 산화제 $KMnO_4$로 산화시켜 이때 소비되는 과망간산칼륨의 양으로부터 소비산소량을 구하여 mg/L단위로 표시한다. 산화제는 유기물뿐만 아니라 산화시키기 쉬운 모든 물질의 산화, BOD의 측정이 곤란한 중금속을 가진 배수와 호소 및 해수 중의 유기물 측정에 이용된다. 깨끗한 물은 1mg/L이하이고 우리가 일상생활에 불쾌감이 생겨나지 않는 한도는 8mg/L이하이다.

3. 소음

협소한 토지에 주택과 공장이 밀집되어 있고, 각종 교통기관이 들어서 있는 곳, 또는 고속도로와 공항 주변에서는 여러가지 소음에 의한 공해가 격증하여 생활환경이 위협을 받게 되므로 그러한 곳에 거주하는 사람들로부터의 진정과 분쟁은 끊임없이 일어나게 된다.

환경기준치는 지역에 따라 다르나 병원과 같이 요양시설이 밀집되고 특히 정숙을 필요로 하는 지역은 야간 35dB 이하에 주간 45dB 이하가 요구되며, 일반 주거지역에서는 야간 40dB에 아침과 저녁 45dB이고 주간 50dB의 한도로서 이 이하가 되도록 하여야 할 것이다.

여기서 dB이란 음의 크기의 단위로서 소근거리는 소리가 25dB 정도, 보통 회화는 60~65dB, 공장의 소음은 90~100dB이다.

4. 악취

양돈이나 양계장 등의 냄새, 수산가공공장과 도살장의 냄새, 폐기물 소각장 등의 악취가 규제대상이 된다.

악취는 사람의 감각에 주는 공해로서 그러한 곳에서 일하는 사람들과 취기에 의한 피해자와는 감각적으로 달라서 습관과 심리적인 요소가 크다.

또한 취기의 발생이 단독물질에 의해서 생기는 경우는 적으며, 그 방지대책에 대해서도 많은 어려움이 있으나, 특히 표 17-3과 같이 악취물질을 지정해서 규제가 행하여지고 있다.

표 17-3 악취방지법에 의한 규제지역의 공장 · 사업소 등에 있어서 발생하는 악취의 규제기준(일본)

법으로 정해져 있는 악취물질	규제기준의 범위(대기 중에 있어서의 함유율, mg/L)
암모니아	1~5
메틸메르캅탄	0.002~0.01
황화수소	0.02~0.2
황화메칠	0.01~0.2
트리메칠아민	0.005~0.07

17-2 수 은(Hg)

수은은 상온으로서 액체의 형태를 취하는 유일의 금속원소이기 때문에 예로부터 폭넓게 이용되어 왔다. 동시에 강한 독성을 갖고 생활환경에 피해를 주고 있음도 잘 알려져 있다.

촉매 · 농약 · 의약 · 전해소다용 등 여러 가지 용도로 사용되며 무기수은과 유기수은으로 대별할 수 있다. 무기수은의 급성중독은 자살을 목적으로 먹는 경우와 치료를 목적으로 경구, 주사, 기타 치료에 이용되기도 한다.

공업적으로도 다량의 수은증기에 폭로됨으로써 일어나는데 이는 0.1g만 먹어도 급성중독이 일어난다. 만성중독의 경우는 공업독으로서 오랜 기간에 걸쳐서 수은 증기를 마셨을 경우가 많다. 이러한 경우, 전형적인 증상은 특수한 구내염(침을 흘리고, 금속맛, 치아의 이완) 또는 특이한 정신이상 등을 일으키며 유기수은의 급성중독은 직접 피부에 부착되어 피부염을 일으킨다. 만성중독인 경우에는 주로 신경계통에 침입하여 피해를 준다.

일본의 미나마타에서 발생한 미나마타병은 유기수은으로 인한 공해병으로서 이 병의 기본증상은 구심성 시야협착 · 청력저하(난청) · 언어장해 · 보행장해 운동실조 · 지각장해 · 가벼운 정신장해가 70~100%로 나타나며 작은골을 중심으로 대뇌피질로 넓게 퍼진다.

수은화합물의 독성은 생체 내의 단백질에 수은이 특이적으로 결합되기 때문이라고도 한다. 체내에 머물러 있는 수은은 일반적으로 생물학적 과정에서 스스로 분해 · 배설되지만 어느 정도 이상으로 축적되면 건강에 영향을 받게 되는 것이다.

17-3 카드뮴(Cd)

카드뮴에 의한 인체의 영향으로 만성중독증상을 보면 자각증상으로는 기침 · 담 · 비점막의 이상 · 식욕부진 · 구토 · 반복성설사 · 위장장해 · 체중감소 등을 볼 수 있으며, 신장기능 장해로서 다뇨 · 산성산성뇨 · 저분자단백뇨를 볼 수 있다. 또한 골장해로서 골조직은 카드뮴에 민감하게 반응하여 뼈에 이상을 초래한다.

일본에서 수질오염으로 인하여 발생한 '이타이 이타이병' (Itai Itai disease)은 카드뮴으로 인한 대표적인 공해병이다. 이 병은 40세 이상의 농촌여성, 특히 다산부에 많이 발생하였으며, 이 질환은 허리가 아프고 차츰 복관절부의 통증 때문에 오리와 같이 엉덩이를 좌우로 흔들면서 걷게 된다.

이와 같은 상태에서 점점 동통정도의 범위가 넓어져서 마침내는 보행이 어려워지고 사지골과 늑골에 골절이 일어나는데, 이 때 사지는 문어다리와 같이 굴곡이 지며 체위변환이 오며 담소 · 기침 · 깊은 호흡시에 전신에 동통을 느껴 환자는 밤과 낮이 없이 '아야, 아야' (이타이 이타이)를 연발한다는 뜻에서 일본말의 '이타이 이타이' 란 별명이 붙게 되었다.

이러한 증상에 대하여 항간에서는 영양장해설이나 비타민 D 결핍설 등의 학설이 나왔으나 당시 가끔 미나마타에서의 수은중독이 문제화됨과 동시에 카드뮴광독설이 인정받게 되었다. 즉, 일본 신통천 상류에 있는 광업소로부터 유출된 카드뮴이 강유역을 오염시켜 하천의 물이 음식물에 들어가 만성 카드뮴 중독을 일으켰다고 한다.

17-4 광화학 스모그

Smog란 연기(smoke)와 안개(fog)의 합성어로서 시정의 저하를 나타내는 말이다. 미국 L.A. 지방에서는 광화학 오염에 따라 점차 Smog가 발생하여 시정의 약화를 가져왔기 때문에 광화학 Smog란 말을 사용하게 되었으며 1950년경부터 그 발생의 원인과 발생기구에 대한 연구가 행하여지게 되었다.

광화학 오염현상은 상당히 복잡한 문제로 단순한 결론을 내리기는 힘들지만 일반적으로 다음과 같이 설명할 수 있다. 즉, 광화학 대기오염이란 질소산화물(NO_2)과 탄화수소의 혼합가스가 태양광선 중의 자외선(3,770Å)에 의해 오존을 형성하고 이것이 대기 중의 미량성분(유기물)과 반응하여 처음의 물질과는 전혀 다른 물질을 형성하여 대기를 오염시키는 것이라고 하겠다. 광화학 스모그가 일어나는 기상조건은 다음과 같다고 볼 수 있다.

① 높은 기온, 즉 24°C 이상의 경우에 일어나기 쉽고 따라서 계절은 5~9월경이 된다.

② 햇빛이 강하고 태양광선 속에 3700Å 이하의 자외선이 주어져야 한다.

③ 바람이 미약하고 상공에 안정한 역전층이 존재할 것
④ 우기의 탁월방향(어떤 계절에서 늘 부는 바람의 방향)의 풍상에 닿는 지점에 광화학오염원(대형공항, 고속도로 등)이 존재할 것 등을 들을 수 있다.

대기오염의 원흉으로서 또 자동차배출가스가 있다. 이에 대해서는 엄하게 규제되고 있으나 실로 이와 같은 환경오염 현상은 복잡하고 많은 요인이 있어서 쉽게 정할 수 없다.

예를 들어 항공기의 발진이나 착륙시의 배출가스에 의한 피해 및 오물소각로에서 발생하는 유독가스 문제 등 신중한 검토를 요하는 문제가 많다.

17-5 크 롬(Cr)

크롬산과 중크롬산제조업과 화학비료공업 · 염색공업 · 시멘트제조업, 크롬도금업 · 피혁제조업 등에서 사용됨으로써 실내공기 및 대기를 오염시키는데, 크롬은 화합물을 형성할 때에는 +2, +3, +6가를 갖는다. 인체에 유해한 것은 6가의 크롬을 포함하고 있는 크롬산이나 중크롬산이다.

호흡기 및 피부를 통하여 체내에 흡수된 크롬은 간장 · 신장 · 부갑상선 및 골수에 축적되며, 주로 신장을 통하여 배설되나 장을 통하여서도 배출된다. 크롬의 만성중독은 코 · 폐 및 위장의 점막에 병변을 일으키는 것이 특징이다.

점막장해는 주로 크롬분진이나 증기를 장기간 흡입하면 비점막에 염증을 나타낸다. 빠르면 2개월 이내에 나타나며 회색 빛의 반점이 생기고 점막이 비후하여 궤양을 형성한다. 심하면 비중격의 연골부에 동그란 천공이 생기는데 약간의 출혈은 있으나 통증을 느끼지 못하며 본인이 느끼지 못하는 사이에 온다.

피부장해는 피부표면이 짓무르는 경우, 치유가 쉽지 않다. 크롬 중에서 6가의 크롬은 강한 산화작용을 가지며 산성용액 중에서 용이하게 반응하고 3가 크롬에 환원된다. 크롬산염의 독작용은 주로 이 산화작용에 의한다. 금속크롬은 생물학적으로 불활성이므로 유해한 작용을 일으키지는 않는다.

3가 크롬의 화합물은 독성이 거의 없고 장해를 일으키지 않으며 흡수되는 양도 적다. 건강장해를 일으키는 것은 6가 크롬 화합물로서 경구, 경구도, 경피 어느 곳으로든지 흡수되어 자극작용과 부식작용이 있다.

17-6 이산화황

이산화황 SO_2는 '아황산가스' 라고도 하며 석유나 석탄의 연소에 의해서 대량으로 대기 중에 방출된다. 무색 자극성 기체로서 심하게 점막을 자극하고 동 · 식물에 유해하다. 공기 중에 0.01% 정도 혼합되어 있어도 인체에 해를 주게 되고, 0.003% 포함되어 있으면 식물이 고사한다.

불순물로서 포함되어 있는 석탄 중의 유황분은 보통 0.3~2.5%로 황산염 이외의 가연성 유황분의 반 이상이 이산화황으로 대기 중에 방출된다. 또 원유는 보통 1% 이상, 중유는 0.3~3.0%의 유황을 포함하나 이것들도 연소에 의해 이산화황이 되어 대기를 오염시킨다.

따라서 연료를 많이 사용하는 공장지대에서는 기타 유해물질과 작용해서 여러가지 피해를 주게 된다. 이를 위해서 우리나라에서는 '연간평균치 0.05mg/L이하로서 또는 24시간의 값이 0.15mg/L이하' 가 되도록 엄격한 규제가 행하여지고 있다.

17-7 PCB

PCB란 폴리염화비페닐(poly chlorobiphenyl)의 약칭으로서 비페닐 $C_6H_5-C_6H_5$의 각종 염소치환체의 혼합물이다. 그 중 대표적 예로는 사염화물 $C_{17}H_6C_{14}$와 6염화물 $C_{12}H_4C_{16}$이 있고 그 구조식은 다음과 같다.

PCB는 물에 용해하기 어려우나 유기용매에는 잘 용해된다. 불연소성으로 절연성이 좋고 화학적으로 안정하다는 특성이 있기 때문에 각종 용도에 이용하게 된다. 예를 들면, 절연용, 열매체(가열 혹은 냉각용), 윤활유, 도료, 기타 인쇄용 잉크, 복사지 등 가정용품으로부터 공업용품에 이르기까지 다량으로 소비되어 왔다.

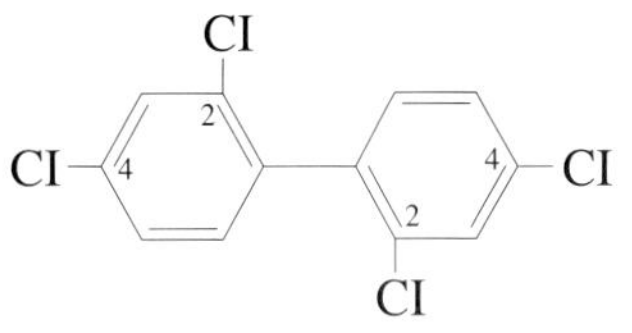

2, 4, 2', 4' - 사염화비페닐

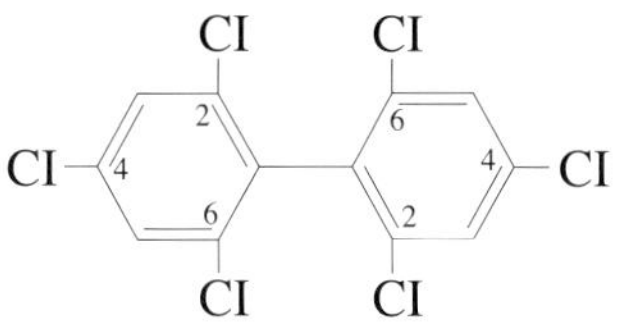

2, 4, 6, 2', 4', 6' - 육염화비페닐

그러나 1968년에 일본의 가네미창고가 발매한 가네미 미강유의 사용자로부터 많은 '가네미유증' 환자가 다수 발생하였고 그 원인이 취기를 없애기 위한 열매체용으로 사용되어 온 PCB의 혼입에 의한 것으로 밝혀지게 되었다. 이와 같이 이 물질이 인체에 유해하다는 것이 인정되자 1972년부터 PCB의 생산은 금지되었다.

17-8 결 론

앞에서 언급한 바와 같이 화학공업의 급격한 발전에 따라 인간은 그 혜택을 받고 있으나 반면 환경의 오염과 파괴도 많아서 그 피해도 적지 않다.

앞으로 이와 같은 환경의 오염을 방지하여 공해에 의한 피해를 없애고 풍요로운 인간생활을 영위하기 위해서는 화학의 지식은 날로 중요한 역할을 담당하게 되었다고 말할 수 있겠다. 환경오염의 해소는 화학의 힘을 필요로 하기 때문이다.

참고 문헌

Sleven S.zumdahl, "CHEMISTRY", 2000.

강참용 · 김을환 · 서정선 · 이기창 · 오응주 · 편무실, "일반화학", 삼광출판사, 1987.

경국현 · 김재호, "고압가스기능사", 지구문화사, 1996.

고춘남 · 이우식 · 허윤행, "일반화학", 창문각, 2006.

대학화학교재연구회, "대학화학", 지구문화사, 2003.

안용근 · 인세진, "일반화학", 도서출판 효일, 2005.

일반화학 편찬위원회, "일반화학", 단대출판부, 1993.

찾아 보기

ㄱ

ㄴ

ㄷ

ㄹ

ㅁ

ㅂ

ㅅ

ㅇ

ㅈ

ㅊ

ㅋ

ㅌ

ㅍ

ㅎ

A

B

C

D

E

F

H

I

L

N

P

S

V

자연계 / 의학계열의 기본서

NEW 일반화학

2008년 2월 20일 초 판 인쇄
2010년 3월 1일 개 정 판 발행
2011년 3월 5일 개정재판 발행
2018년 1월 10일 개정 3판 발행

저 자 허윤행 / 이강윤 / 이정선 / 남진식
강윤진 / 도성탁 / 이상태
정무상 / 조수준 / 황성규

발행인 주 병 오

발행처 지구문화사
JIGU PUBLISHING Co.
경기도 파주시 회동길 209
파주출판문화도시
영업부 (031) 955-7566·7577
편집부 (031) 955-7731
FAX (031) 955-7730

등록번호 1979년 7월 13일 제 57-1 호

ISBN 978-89-7006-496-3 20,000 원

기본적인 국제(SI) 미터 단위 환산인자

길이(Length)

SI 단위 : meter(m)

$1\ km = 10^3 m = 0.621\ 37 mi$

$1\ mi = 5280\ ft = 1760\ yd = 1.6093\ km$

$1\ m = 10^2 cm = 1.0936\ yd$

$1\ in. = 2.54\ cm$(exactly)

$1\ cm = 0.393\ 70\ in.$

$1\ Å = 10^{-10} m = 100 pm$

무게

SI 단위 : kilogram(kg)

$1\ kg = 10^3\ g = 2.2046\ lb$

$1\ lb = 16\ oz = 453.59\ g$

$1\ oz = 28.35\ g$

$1\ ton = 2000\ lb = 907.185\ kg$

$1\ metric\ ton = 10^3\ kg = 1.102\ tons$

$1\ amu = 1.660\ 54 \times 10^{-27}\ kg$

온도(Temperature)

SI 단위 : kelvin(K)

$0\ K = -273.15℃ = -459.67°F$

$K = ℃ + 273.15$

$℃ = \left(\frac{5}{9}°F - 32\right)$

$°F = \left(\frac{9}{5}℃ + 32\right)$

에너지(Energy. derived)

SI 단위 : joule(J)

$1\ J = 1(kg \cdot m^2)/s^2 = 0.239\ 01\ cal = 1\ C \times 1\ V$

$1\ cal = 4.184\ J$(exactly)

$1\ eV = 1.602\ 176 \times 10^{-19}\ J$

$1\ MeV = 1.602\ 176 \times 10^{-13}\ J$

$1\ kWh = 3.600 \times 10^6 j$

$1\ Btu = 1055\ J$

질량(Pressure, derived)

SI 단위 : pascal(Pa)

$1\ Pa = 1 N/m^2 = 1\ kg/(m \cdot s^2)$

$1\ atm = 101,325\ Pa = 1.013\ 25\ bar$

$= 760\ mmHg(torr)$

$= 14.70\ ib/in.^2$

$1\ bar = 10^5\ Pa$

부피(Volume, derived)

SI 단위 : cubic meter(m^3)

$1\ L = 10^{-3}\ m^3 = 1 dm^3 = 10^3\ cm^3$

$= 1.0567\ qt$

$1\ gal = 4\ qt = 3.7854\ L$

$1\ cm^3 = 1\ mL$

$1\ in.^3 = 16.4 cm^3$

물리적인 기본 상수(常數)

Atomic mass unit	1 amu	$= 1.660\ 539 \times 10^{-27} kg$
	1g	$= 6.022\ 142 \times 10^{23}$ amu
Avogadro's number	N_A	$= 6.022\ 142 \times 10^{23}/mol$
Boltzmann's constant	k	$= 1.380\ 650 \times 10^{-23} J/K$
Elementary charge	e	$= 1.602\ 176 \times 10^{-19} C$
Electron charge	$-e.$	$= -1.602\ 176 \times 10^{-19} C$
Electron charge-to-mass ratio	$-e/m_e$	$= -1.758\ 820 \times 10^{11} C/kg$
Electron mass	m_e	$= 5.485\ 799 \times 10^{-4} amu = 9.109\ 382 \times 10^{-31} kg$
Faraday's constant	F	$= 9.648\ 534\ 10^4 C/mol$
Gas constant	R	$= 8.314\ 472 J/(mol \cdot K) = 0.082\ 0582 (L \cdot atm)/(mol \cdot K)$
Neutron mass	m_n	$= 1.008\ 665\ amu = 1.674\ 927 \times 10^{-27} kg$
pi	π	$= 3.141\ 592\ 6536$
Planck's constant	h	$= 6.626\ 069 \times 10^{-34} J \cdot s$
proton mass	m_p	$= 1.007\ 276 aum = 1.672\ 622 \times 10^{-27} kg$
Rydberg constant	R	$= 1.097\ 373 \times 10^7/m$
Speed of light	c	$= 2.997\ 924\ 58 \times 10^8\ m/s$